机工IT

Java Web Advanced Development in Practice

Java Web进阶开发实战

高效编写Spring Boot应用框架及类Spring生态

寇波/著

本书是 Java Web 编程之 Spring 系列，主要介绍 Spring 生态下的框架编写技巧，以及自编类 Spring 的大型框架及相关生态的思路和具体实现。本书共分两篇，第 1~4 章为第 1 篇，介绍 Spring 底层的运行原理和动态代理机制；第 5~8 章为第 2 篇，是综合实战，展示了在 Spring 生态下不同类型框架的详细编写方法，以及自编类 Spring 框架及其“全家桶”的完整实现过程。第 1 篇的内容是为第 2 篇服务的，第 2 篇实战时用到的很多知识和思想均源自第 1 篇。

本书是一本专注于面向抽象编程的进阶指南，读者对象为依托 Spring 生态的通用框架编写者，以及基于 Spring 编码的各层次业务程序员。

图书在版编目(CIP)数据

Java Web 进阶开发实战：高效编写 Spring Boot 应用框架及类 Spring 生态 / 寇波著. -- 北京：机械工业出版社, 2025. 7. -- ISBN 978-7-111-78710-5

Ⅰ. TP312. 8

中国国家版本馆 CIP 数据核字第 202591MW76 号

机械工业出版社(北京市百万庄大街 22 号　邮政编码 100037)

策划编辑：张淑谦　　　　责任编辑：张淑谦　章承林

责任校对：刘　雪　张雨霏　景　飞　　责任印制：单爱军

保定市中画美凯印刷有限公司印刷

2025 年 8 月第 1 版第 1 次印刷

184mm×240mm · 24 印张 · 545 千字

标准书号：ISBN 978-7-111-78710-5

定价：119. 00 元

电话服务　　　　　　　　　网络服务

客服电话：010-88361066　　机　工　官　网：www. cmpbook. com

010-88379833　　机　工　官　博：weibo. com/cmp1952

010-68326294　　金　书　网：www. golden-book. com

封底无防伪标均为盗版　　机工教育服务网：www. cmpedu. com

前 言

PREFACE

在 Java Web 编程领域，Spring 占据了大半江山，甚至从某种程度上讲，“Java Web 编程”几乎等同于“Spring 编程”。经过多年发展与演进，Spring 拥有十分完善的生态和庞大的用户群体，展现出强大的生命力。

Spring 的核心是 IoC 容器，以此为基础诞生了所谓的“全家桶”，业务程序员的大部分编码需求，这些“桶”都能满足，极大地提高了生产效率。但万事无绝对，Spring 的“桶”再多，也不可能完全满足世界上成千上万业务程序员的每一个需求，它总有鞭长莫及的时候，这就产生了一个新的编程“行当”——为 Spring 生态打造适合自己的“桶”，也就是自编 Spring 生态下的框架。

编写框架和编写一般的业务代码有很大不同，它是纯粹的面向抽象编程，而不是面向具体业务数据的 CRUD。框架需要适配很多场景，因此需要很多考量，不仅要考虑纯技术方面，也要考虑业务程序员的用户体验。一个高度抽象、易于扩展和维护，并且能让业务程序员用起来得心应手的框架必然会受到广泛欢迎，它可以让业务程序员更加专注于业务编码本身，并且有可能大幅减少他们的编码工作量。

框架虽好，但编写它需要较多的知识储备。这些知识涵盖多个方面，有些来自通用的计算机和软件工程理论，还有些来自 Java 语言以及 Spring 生态。也就是说，编写框架比编写一般的业务逻辑更加困难，更加考验一个程序员的综合素养。

编写 Spring 生态下的框架，首先需要了解 Spring、研究 Spring，然后才能做到“融入 Spring”，本书正是为此而生。本书不是 Spring 的入门教程，阅读本书至少要求读者能编写基本的 Spring Boot 程序。本书的目标在于研究 Spring 的底层机制，并结合其他的编程知识，最终使读者能灵活自如地为 Spring 生态添加应用型框架，甚至编写属于自己的 Spring（即“类 Spring 框架”）。退一步讲，哪怕读者不是框架编写者而是业务程序员，阅读本书后，相信也可以获得很多编程技巧。

放眼当下，我们已进入 AI 时代，程序员的编码要求也在提高，因为简单的 CRUD 代码都可以让 AI 来完成，仅停留在“会用语法”层次的程序员将会非常被动，行业对程序员的抽象思维能力和架构设计能力提出了新的要求。程序员必须持续学习，对自己使用的工具和框架进行深入的研究，甚至具备自行编写新工具和框架的能力。

本书附赠所有源码。第 1 篇是一个整体，因此第 1 篇所有内容将共享工程（基于 JDK 21 及 Spring Boot 3 的 project-one 和基于 JDK 8 及 Spring Boot 2 的 project-two）。读者查阅这两个工程的源码时如果发现某些代码被“//”或“/＊ ＊/”注释，按需取消注释即可。第 2 篇是综合实战，除第 5 章外，每一章的源码都在独立的工程中，打开源码目录即可找到。

本书在编写过程中得到了机械工业出版社张淑谦老师的大力支持，在此致以衷心的感谢！

尽管作者在编写时力求准确，但由于自身水平有限，书中错误和疏漏之处在所难免，恳请读者予以指正。

寇　波

CONTENTS 目录

前　言

第1篇　Spring的重要特性解析

第1章 CHAPTER.1 准备活动 / 3

1.1 相关说明和约定 / 3
1.2 新建Spring Boot项目 / 3
　1.2.1 初始化页 / 4
　1.2.2 配置微调 / 5
　1.2.3 自由编码 / 6
1.3 本章小结 / 6

第2章 CHAPTER.2 Spring运行时的核心组成——Bean / 7

2.1 控制反转(IoC)和依赖注入(DI)简介 / 7
　2.1.1 IoC和DI的思想 / 8
　2.1.2 Spring中的IoC容器 / 8
2.2 Bean的获取 / 9
　2.2.1 常规依赖注入 / 9
　2.2.2 依赖查找 / 17
2.3 Bean的创建和初始化 / 20
　2.3.1 模式注解和注解扫描 / 20
　2.3.2 配置 / 20
　2.3.3 BeanDefinition / 25
　2.3.4 调用接口创建Bean / 26
　2.3.5 @Import注解 / 32
　2.3.6 SPI机制 / 34

2.3.7 FactoryBean / 37
2.3.8 与初始化相关的注解和接口 / 39
2.4 Bean 的诞生过程 / 42
2.4.1 BeanFactory 与 DI、DL 的关系 / 42
2.4.2 DL 的底层逻辑 / 43
2.4.3 原始 Bean 的诞生 / 46
2.4.4 DI 的底层逻辑和批量注入时的排序机制 / 58
2.4.5 Bean 的初始化逻辑 / 73
2.4.6 SmartInitializingSingleton 的运行时机 / 77
2.5 Bean 相关的其他重要内容 / 78
2.5.1 Spring Boot 的主启动流程 / 78
2.5.2 SPI 机制实现原理简介 / 81
2.5.3 由 Source 载入 BeanDefinition 的过程 / 84
2.5.4 解析配置的过程 / 87
2.6 本章小结 / 102

第 3 章 CHAPTER 3 属性值 / 103
3.1 常用的值获取 / 103
3.2 使用第三方工具注入值 / 105
3.2.1 静态变量与实例变量的统一注入 / 105
3.2.2 注入至 final 或 static final 变量 / 106
3.3 @ Value 注入的底层逻辑简析 / 109
3.3.1 值查找的底层逻辑 / 110
3.3.2 值注入的底层逻辑 / 111
3.4 本章小结 / 113

第 4 章 CHAPTER 4 动态代理 / 114
4.1 代理的相关介绍 / 114
4.1.1 静态代理 / 114
4.1.2 使用动态代理 / 116
4.1.3 动态代理实现原理简介 / 120
4.2 注解的底层实现 / 127

4.2.1 编译时处理 Retention / 128
4.2.2 注解的“真实身份”和属性的类型约束 / 130
4.3 本章小结 / 134

第2篇 综合实战

第5章 CHAPTER5 框架编写的一些原则 / 137
5.1 面向技术的原则 / 137
5.1.1 编程对象的转换 / 137
5.1.2 JDK 的版本选择 / 138
5.1.3 第三方组件的取舍 / 139
5.1.4 pom 文件的依赖配置 / 141
5.1.5 框架中可以使用的工具类 / 143
5.2 面向用户的原则 / 144
5.2.1 提供给用户的扩展点 / 144
5.2.2 提供默认实现 / 145
5.2.3 降级方案 / 146
5.2.4 扩展点的取舍 / 146
5.3 软件设计之 SOLID 原则 / 149
5.3.1 单一职责原则(Single Responsibility Principle) / 149
5.3.2 开闭原则(Open Closed Principle) / 150
5.3.3 里氏替换原则(Liskov Substitution Principle) / 152
5.3.4 接口隔离原则(Interface Segregation Principle) / 155
5.3.5 依赖倒置原则(Dependence Inversion Principle) / 156
5.4 本章小结 / 157
第6章 CHAPTER6 统一的 Controller——UniController / 158
6.1 问题起源 / 159
6.2 解析问题并选定方案 / 161
6.3 框架设计 / 164
6.3.1 UniController 支持的功能和方法形参设计 / 164
6.3.2 DAO 接口的标记 / 167

6.4 具体编码实现 / 170
6.4.1 工程结构 / 170
6.4.2 JDK 约定和依赖选择 / 171
6.4.3 UniController 的编码实现 / 173
6.4.4 UniService 的技术设计 / 176
6.4.5 UniService 的技术细节 / 178
6.5 测试 / 195
6.5.1 测试 JPA / 196
6.5.2 测试 MyBatis / 206
6.6 本章小结 / 211

第 7 章 CHAPTER.7 仿 JPA：通过接口方法名执行逻辑——Calculator / 212

7.1 需求场景和准备 / 212
7.1.1 方法名约定和自定义运算 / 213
7.1.2 定义身份注解和接口 / 215
7.1.3 定义@Enable×××注解 / 216
7.2 具体编写实现 / 217
7.2.1 解析方法名和计算表达式 / 217
7.2.2 编写动态代理之 InvocationHandler 实现类 / 221
7.2.3 计算拦截器 CalculateInterceptor / 226
7.2.4 启动时扫描用的 ImportBeanDefinitionRegistrar / 227
7.3 测试 Calculator 框架 / 233
7.3.1 测试模块的 pom 文件 / 233
7.3.2 编写 Calculator 用户组件 / 234
7.3.3 编写拦截器 CalculateInterceptor / 235
7.3.4 编写测试代码 / 236
7.4 推广 / 237
7.5 本章小结 / 237

第 8 章 CHAPTER.8 自编类 Spring 框架及生态——Universe / 238

8.1 框架命名 / 238
8.2 Universe 核心模块 / 239

8.2.1 核心注解 / 240
8.2.2 核心接口 / 243
8.2.3 大纲及基础工具 / 244
8.2.4 编码实现——基本说明和 StarDefinition / 245
8.2.5 编码实现——StarDefinitionHolder 接口 / 247
8.2.6 编码实现——StarDataHolder 接口 / 253
8.2.7 Universe 的配套接口 / 256
8.2.8 Universe 接口及其前置逻辑 / 259
8.2.9 Universe 接口之 getStar / 263
8.2.10 Universe 其他方法 / 277
8.2.11 Universe 的启动流程 / 281
8.3 测试 Universe / 284
8.3.1 通用测试 / 285
8.3.2 独立模块的自动配置 / 287
8.3.3 测试 SuperCluster / 290
8.4 Universe 生态下的 Web 框架——Singularity / 295
8.4.1 Web 框架命名 / 296
8.4.2 注解和接口设计 / 296
8.4.3 SingularityManager 接口的设计和准备 / 298
8.4.4 SingularityManager#findAllSingularities 方法 / 301
8.4.5 Servlet 实现类的设计和具体实现 / 304
8.4.6 SingularitySuperCluster 和自动配置类 / 326
8.4.7 启动 Servlet 容器 / 327
8.4.8 测试 Singularity / 332
8.5 仅三个类的 ORM 框架——UniverseMybatis / 340
8.5.1 第一个类：自动配置 DataSource 和 SqlSessionFactory / 340
8.5.2 第二个类：用于 JDK 动态代理的 InvocationHandler / 343
8.5.3 第三个类：扫描和自行创建 Star 的 SuperCluster / 345
8.5.4 测试 UniverseMybatis / 347
8.6 Universe 中的 AOP 框架——Wormhole / 352
8.6.1 依赖说明 / 352
8.6.2 大致思路 / 353
8.6.3 UniverseJoinPoint 组件 / 355

8.6.4 动态代理组件 / 356
8.6.5 StarRound 组件和自动配置 / 359
8.6.6 测试 Wormhole / 362
8.7 余兴节目 / 365
8.7.1 无实物表演——丢掉主启动类的 main 方法 / 365
8.7.2 让我们的应用可以线上部署——打包运行 / 371
8.7.3 未完成或可改进的部分 / 372
8.8 本章小结 / 374

第 1 篇

Spring的重要特性解析

既然我们的最终目的是编写 Spring 体系下的各种框架甚至自编类 Spring 的大型生态，那么弄懂 Spring 的底层运行原理就成了绕不过去的“必修课”。为什么@Component 注解能使一个类被 Spring 自动创建对象并纳入 Bean 容器？为什么@Autowired 注解可以把 Bean 容器中的 Bean 注入至目标字段？为什么配置类可以加载那么多的组件？为什么配置文件中的值可以准确地注入至字段？自动配置的重要支撑——SPI 是如何实现的？BeanFactory 是什么，Bean 的初始化又是如何被 BeanFactory 自动调起的？Spring Boot 通过一个 main 方法就可以启动，那究竟是如何启动的？……凡此种种，我们在普通的业务编码中从不需要考虑，直接使用这些机制就行了，但当我们开始编写框架或者框架级代码时，就需要开展更多的学习研究，深入探究底层原理。这和数学是很像的——应用一个定理相对简单，而证明一个定理往往困难得多。因此我们现在应该转变思维，做好心理准备，以“证明定理”而不是“应用定理”的态度来开始我们的讨论。

本篇我们的主要任务是介绍 Spring 体系下常见功能和机制的底层实现。只有弄清楚了这些才能将之纳为己用，最终形成我们自己的知识储备，为后续编写各种框架级代码打下基础。

第1章 准备活动

“工欲善其事，必先利其器”，就像运动员在比赛之前要热身一样，我们也很有必要在正式讨论前做一些约定和准备。

1.1 相关说明和约定

随着 Spring Boot 3 的正式发布，Java 17 及后续版本(后续统称 Java 17+)终于要在历史舞台上大显身手了。由于 Spring Boot 3 的最低 JDK 版本要求是 Java 17，加上 Oracle 官方对 Java 8 的 Premier Support 也于 2022 年 3 月结束(后续只会提供 Extended Support 和 Sustaining Support)，Java 8 这个长期称霸的“英雄”受到了强力挑战。无论是 Oracle 官方还是 Spring 社区，对 Java 17+的推进都在努力，因此拥抱 Java 17+是迟早的事。由于作者写稿时最新的 JDK 长期支持(Long-Term Support，LTS)版本是 21，因此除特殊说明外，本篇中 Spring Boot 3 环境下使用 JDK 21 编码。

虽然 Java 17+的流行已经可以预见，但 Java 8 毕竟是旧版本的集大成者，目前仍具有强大的生命力，市场上存在着海量基于 Java 8 的项目需要更新和维护，并且很多新的项目仍然基于 Java 8 构建。鉴于这种特别的局面，本篇在讲解时有必要同时兼顾。我们构建两个示例工程，一个是 Spring Boot 3+JDK 21(示例工程 1)，另一个是 Spring Boot 2+JDK 8(示例工程 2)。本篇在给出示例代码时以示例工程 1 为主，示例工程 2 比照运行即可。

IDE 方面，本书使用支持 JDK 21 的 IntelliJ IDEA(Community Edition)进行编码(大于或等于 2023.3 版)。

1.2 新建 Spring Boot 项目

或许有读者早已是 Spring Boot 编码的高手了，但为了兼顾各个水平的读者，我们仍然在此将新建 Spring Boot 工程的步骤简单说明一下。已熟悉新建和配置工程的读者可以直接跳过本节内容。

由于本文约定使用社区版 IDEA，为了统一描述，我们先去官方提供的 Spring Boot 初始化页面配置并下载初始化工程。如果读者订阅了专业版的 IDEA，则可以直接通过其菜单完成 Spring Boot 工程创建，此处不再赘述。

1.2.1 初始化页

按照前面的相关版本说明，我们需要配置两个示例工程。现在打开初始化页 https://start.spring.io，作者编写此章时此页上尚还有 Spring Boot 2 的相关选择，但估计读者读到此处时，初始化页上已经没有了 Spring Boot 2 和 Java 8 的踪影，不过这没有关系，我们可以在 pom.xml 文件中自行修改。

1. 示例工程 1

针对示例工程 1，我们的配置如表 1-1 所示。

表 1-1　示例工程 1 配置

项	值
Project	Maven
Spring Boot	3.0.3
Group	com.example
Artifact	project-one
Name	project-one
Description	Example-Java21-Springboot3
Package Name	com.example.project.one
Packaging	Jar
Java	21
Dependencies	Spring Web

作者编写此章时尚可以在初始化页上找到 Spring Boot 3.0.3，但当读者打开此页时，相信已经找不到这个版本了，不过问题不大，选择任意 Spring Boot 3 版本即可。如果读者想和作者使用的版本保持一致(推荐)，可以在生成工程压缩包后手动修改 pom.xml 文件的<version>节点值为 3.0.3。

配置好工程之后，点击页面下方的“GENERATE”按钮即可生成工程压缩包同时自动下载，解压之后即可通过 IDEA 打开并进行编码和启动。

2. 示例工程 2

针对示例工程 2，如果初始化页上已经找不到 Spring Boot 2 和 Java 8，那么直接复制一份示例工程 1，然后修改其 pom.xml 文件即可作为示例工程 2，相关配置如表 1-2 所示。

表 1-2　示例工程 2 配置

项	值
Project	Maven
Spring Boot	2.7.9
Group	com.example
Artifact	project-two
Name	project-two
Description	Example-Java8-Springboot2
Package Name	com.example.project.two
Packaging	Jar
Java	8
Dependencies	Spring Web

本书的工程均使用 Maven 作为构建工具，使用 Gradle 的读者请自行调整配置。当 Maven 编译的结果和直接使用 IDEA 编译的结果有区别时，以 Maven 编译结果为准——因为流水线上部署时不可能使用 IDEA 编译。在大部分情况下，无须执行 Maven 的 clean 和 compile 操作，直接启动系统是没有什么问题的，如果启动系统时出现一些莫名其妙的错误，请尝试使用 Maven 进行 clean 操作，再执行 compile 操作，然后再启动。对于 Maven 而言，既可以手动在 Terminal 中敲命令，也可以直接在 IDEA 界面的“Maven”一栏中双击命令运行。

表 1-1、表 1-2 的配置不包括 Lombok，读者可以按需自行在 pom.xml 中引入。无论是 JDK 21 还是 JDK 8，Lombok 都可以使用 1.18.34 版本，如代码片段 1-1 所示。

代码片段 1-1：Lombok 配置

```
<dependency>
    <groupId>org.projectlombok</groupId>
    <artifactId>lombok</artifactId>
    <version>1.18.34</version>
    <scope>provided</scope>
</dependency>
```

1.2.2　配置微调

初次打开工程时，它会自动下载需要的依赖包，然后我们简单调整一下配置就可以使用了。

对示例工程 1 而言，打开菜单栏 File -> Project Structure…，点击左边的 Project 一栏，将本工程全局默认 SDK 设置为 21。

对于示例工程 2 而言，设置方法是一样的，选择任意 JDK 8 作为 SDK 即可。

另外，由于有两个工程，为避免端口冲突和方便识别，我们在各自的 resources 目录下添加 application.yml配置文件(或 application.properties 文件)，简单指定配置信息。

对示例工程 1，以.yml 文件为例，其内容如代码片段 1-2 所示。

代码片段 1-2：示例工程 1 的全局配置

```
server:
  port: 8080
  servlet:
    context-path: /one
```

对示例工程 2，内容如代码片段 1-3 所示。

代码片段 1-3：示例工程 2 的全局配置

```
server:
  port: 8081
  servlet:
    context-path: /two
```

1.2.3 自由编码

此时准备工作完成，可以热身了，熟悉的内容可以往工程里添加了！比如@RestController、@Autowired、@Service、@Component 等注解可以使用起来了。作者在两个工程中均创建了一个简单的 Runner，在系统启动完毕时打印“Hello World”至控制台，宣告本书的讨论正式开始，如代码片段 1-4 所示(路径：示例工程 1 或 2，HelloWorldRunner)。

代码片段 1-4：本书的 Hello World

```
@Component
public class HelloWorldRunner implements CommandLineRunner {
    @Override
    public void run(String... args) {
        System.out.println("Hello World");
    }
}
```

1.3 本章小节

本章是简单的开篇引导。我们在本章建立了空白的示例工程，并且尽可能地兼容新老 JDK 版本，并且作了一些约定以便后续更快捷地讨论和编码。

虽然作者在编写本章时，JDK 的最新 LTS 版本是 21，但读者读到本章时，或许更新的 JDK 也已经发布(比如 JDK 25 LTS)，这不是什么大问题。鉴于 JDK 9 以后各版本的亲缘性，如果读者想在示例工程 1 中使用 JDK 25(如果已经发布)，一般说来直接在工程中设置 SDK 即可，即在 IDEA 中选择 Project Structure→Project 选项设置 SDK 版本。同时也建议同步修改 IDEA 编译器设置中的字节码版本，即在 IDEA 中选择 Settings→Build，Execution，Deployment→Compiler→Java Compiler 选项设置 Per-module bytecode version，并修改 Maven 工程中 pom.xml 的相关属性(比如 java.version 或 maven.compiler.source 等)，并且使用支持 JDK 25 的 IDEA 和 Lombok 版本。

第2章 Spring运行时的核心组成——Bean

通过简单的第1章，我们已经建立起了示例工程，现在是时候讨论 Spring 运行时的核心组成——Bean 了。

Bean 英文本意为“豆子”，在 Spring 框架中，它们是被 Spring 创建、组装和管理的对象。正是这一个一个的“豆子”，支撑起了庞大的框架和业务。我们在本章重点要研究清楚的其实是 Bean 底层的一些运行原理，比如它们如何被创建、如何初始化等，以便为后面自行编写 Spring 生态下的应用框架甚至自行编写类 Spring 的大型框架提供指导思想和编码方向。这其中也会配套提及一些应用层面的内容，它们是为研究底层逻辑服务的。

本章分为两部分，前面部分讲应用，后面部分讲底层。应用是表象，底层是原理，在底层原理的介绍过程中，我们会一步一步揭开它们支撑应用层面的“秘密”。构造函数注入和注解注入是如何进行的？批量注入至数组或 List 时为什么可以使用排序机制？InitializingBean 接口和 SmartInitializingSingleton 接口的初始化为什么会不同？一个 Bean 的创建流程是如何进行的？诸如此类的问题，我们都将在本章一一作答，并且在后面编写框架的时候将底层的一些思想纳为己用。

2.1 控制反转（IoC）和依赖注入（DI）简介

Java 语言是典型的面向对象语言，它的逻辑是由一个一个对象支撑起来的。在没有框架的情况下，我们不得不自行创建和维护这些对象，这就造成了一个困惑——我们的核心目的是解决业务问题，还是解决这些对象的问题？为了创建和维护这些对象，我们不得不额外花费时间和精力，但它们似乎又和“解决业务问题”这个宗旨没有直接联系，同时还加重了代码之间的耦合。换句话说，作为需求方，只关心“这个业务如何解决”，而非“这些对象怎么维护”，所以创建和维护 Java 对象不应该交给程序员在各个业务系统中单独处理，而应该有统一的、与业务无关的处理方式，于是“控制反转”（Inversion of Control，IoC）思想就诞生了。而为了实现 IoC，Spring 中最典型的方式就是依赖注入（Dependency Injection，DI）。

2.1.1 IoC 和 DI 的思想

IoC 与现实中的网络支付很相似。A 要买 B 的商品，由于两者不熟，大概率相互不信任。A 担心钱先打给 B 了 B 不发货，B 担心先发货的情况下 A 不付钱，于是担保方就诞生了。A 先把钱打给担保方，B 发货，等 A 收到货确认无误之后下指令给担保方，担保方再将 A 付的钱打给 B，皆大欢喜。在此过程，担保方将 A 和 B 对钱的依赖解耦了。围绕“钱”这个核心内容，A 和 B 原来高度互相依赖，都想控制钱的流向，僵持不下，现在将其控制权交由担保方，轻松完成交易，这就是 IoC。

同理，Java 对象的创建和维护不应该在业务逻辑中零散处理，这样的代码将是无序和凌乱的。想象一下，A 对象正在处理业务逻辑，现在需要一个 B 对象协同，不得不先创建一个 B 对象并进行适当初始化，然后再回来接着处理。这样造成了 A 对 B 的控制和高度依赖，业务逻辑也没有了连贯性，不利于编码，也不利于后续维护(想象一下很多地方同时依赖业务组件 B 时，它们将同时调用 new B()……这将对编码和性能造成灾难性的影响)。现在我们像担保交易一样处理，将各个对象的创建和维护交给专门的框架，自身只专注业务逻辑即可，由框架帮忙控制对象(比如传递对象、持有对象等)，形成 IoC。当 A 对象处理业务逻辑需要一个 B 对象协同时，框架立刻提交一个早已准备好的 B 对象引用，A 对象无须任何额外动作即可使用 B 对象继续处理业务，并且无额外的性能开销。

没错，Spring 就是运用 IoC 的佼佼者。在 Spring 编码中，我们一般通过依赖注入(DI)的方式获取需要的对象(比如注解注入、构造函数注入等)，这正是 Spring 将其控制的 Bean 转交给我们使用的过程。通过这样的依赖注入，我们将“需要自行创建和控制对象”变成了“由框架创建和控制对象”，实现了 IoC，既成功解耦，又避免了性能浪费。

2.1.2 Spring 中的 IoC 容器

引入 IoC(控制反转)这个概念之后，就需要真正去实现“控制”，比如前面提到过的创建、持有、传递对象等。为了创建对象，需要提前知道哪些对象要被创建；为了持有对象，必须有专门的集合安全地存放它们；为了传递对象，必须分析各个业务组件的代码，在适当的地方进行对象的植入或者注入(即 DI)。

在 Spring 中，规定 BeanFactory 接口作为 Bean 的控制容器或者说工厂，它的实现类需要承载 Bean 的创建、初始化、传递等一系列功能，同时为了扩展 BeanFactory，Spring 还专门建立了更为全面的 ApplicationContext 接口，它是 BeanFactory 的子接口。它不仅是一个 Bean 工厂，还承载着整个应用的上下文。ApplicationContext 弥补了原始 BeanFactory 的不足，添加了更多的功能，如事件发布器(用于各个事件的通知-监听)、资源解析器(用于加载和解析资源)、国际化支持等，同时还持有 Environment(用于处理配置文件 Profile 和解析属性 Properties)。两者之间的主要关系如图 2-1 所示(省略了部分接口)。

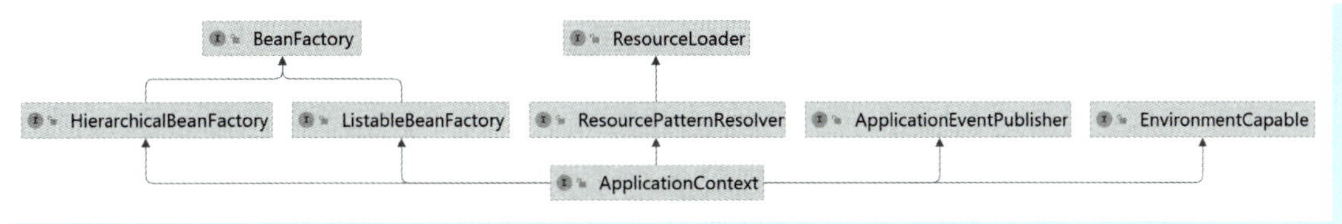

• 图 2-1 BeanFactory 与 ApplicationContext 的关系

我们平时所说的“Spring 容器”或“Spring 的 IoC 容器”，即指 BeanFactory 或 ApplicationContext（其本质上也是 BeanFactory）。容器中缓存着创建好的 Bean（对象）供全局使用。Singleton 作用域下，Bean 以单例的形式存在，后面如果没有特殊说明，“Bean”均指单例 Bean。

2.2 Bean 的获取

前面已经做了足够多的铺垫，现在正式介绍 Bean 的获取。获取 Bean 的方式中，依赖注入（DI）是使用最频繁的。常用的 DI 方式有注解、Setter 和构造函数，但在编码过程中对 Bean 获取的需求和方式并不止这些。

2.2.1 常规依赖注入

DI 在 Spring 生态体系中占据着至关重要的地位，它的使用方式多种多样，本节我们大致回顾一下这些方式，在后面我们自编类 Spring 的大型框架时，这些方式都可以借鉴和参考。

常见情况下，DI 有以下使用方式：对单个 Bean 的注入而言，有注解注入（也称为字段注入、属性注入等）、Setter 注入和构造函数注入；对批量注入而言，有注入至数组或集合（List、Set）、注入至 Map 等，并且当注入的目标容器是数组或 List 时，还支持对 Bean 的注入顺序进行控制（可通过@Order 注解或 Ordered、PriorityOrdered 接口等实现）。

1. 注入单例 Bean

这应该是编码中用得最多的情形，也是相比之下最简单的情形，我们直接给出例子即可，如代码片段 2-1 所示（以下默认皆以示例工程 1 为例。路径：com.example.project.one.runner.DIRunner）。

代码片段 2-1：注入单例 Bean

```
//a1.注解注入,目标类型的 Bean 必须存在且唯一
@Autowired
private Environment env;

//a2.注解注入,并且指定 BeanName。
@Qualifier("environmentX")
@Autowired(required = false) //此设定下如果不存在此 Bean 也不会报错
```

```
private Environment environment;

//b.Setter 注入,并且指定 BeanName(可选)
private Environmentenv2;
@Autowired
public void setEnv2(@Qualifier("environment") Environment env2) {
    this.env2 = env2;
}

//c.构造函数注入(此时目标字段允许使用 final)
private final Environmentenv3;
public DIRunner(Environment env3) {
    this.env3 = env3;
}
```

上面的代码都比较常用，这里需要再提一下的就是：强制依赖的 Bean 注入时首选构造函数注入(这也是 Spring 官方推荐的做法)，相关优势在此不再细说。

小提示

如果是下面的代码，构造函数注入还会强制依赖吗？启动还会报错吗？注意：系统中并不存在名为"envX"的 Environment 类型的 Bean。

```
private final Environment envX;
public DIRunner(@Autowired(required = false) @Qualifier("envX") Environment envX) {
    this.envX = envX;
}
```

强制依赖与否，取决于@Autowired 注解的 required 属性设定，只有"required = true"时注入才是强制性的(默认如此)。

2. 批量注入 Bean

批量注入 Bean 在操作上和注入单例 Bean 其实差不多，常见的也是注解注入、Setter 注入和构造函数注入这些形式，不过也有一些区别，如代码片段 2-2 所示(路径：com.example.project.one.runner.DIRunner。代码中用到的 InjectInterface 及其实现类参见 com.example.project.one.inject.InjectInterface)。

代码片段 2-2：批量注入 Bean

```
//a.注入所有 InjectInterface 类型的 Bean。如果一个 Bean 也没有,则抛出异常。由于容器是 List,因此
//BeanClass 中定义的@Order、@Priority 注解或 Ordered、PriorityOrdered 接口等排序机制生效
@Autowired
private List<InjectInterface> iiList;

//b.注入所有 InjectInterface 类型的 Bean,如果一个 Bean 也没有,则不抛异常,忽略之。由于容器是 Set,
```

```
//排序机制不生效
@Autowired(required = false)
private Set<InjectInterface> iiSet;

//c.Setter 方式注入。排序机制对数组生效。
private InjectInterface[] iiArr;
@Autowired
public void setIiArr(InjectInterface[] iiArr) {
    this.iiArr = iiArr;
}

//d.构造函数注入。排序机制对 Map 不生效。
private final Map<String, InjectInterface> iiMap;
public DIRunner(Map<String, InjectInterface> iiMap) {
    this.iiMap = iiMap;
}
```

注意，代码片段 2-2 的 a、c 两处是有排序机制的。其中，实现 PriorityOrdered 接口的 Bean 是最靠前的，之后才是 Ordered 接口、@Order 注解、@Priority 注解共同排序。至于为什么 PriorityOrdered 接口最优先，具体的排序机制又是如何实现的？本章后文会解答。

批量注入是编码中常见的操作，尤其是框架类编码(无论业务框架还是技术框架)。框架提供一个接口(比如 InjectInterface)让用户自行实现，然后在逻辑中依次调用这些实现类的对象处理业务，这就需要用到批量注入。有时候还要考虑用户没有提供任何实现的情况，这时候的批量注入就需要进行兼容处理(代码片段 2-2 的 b 处)。

需要注意的是，通过注解批量注入和通过构造函数批量注入略有区别：当没有一个 Bean 符合条件时，对于注解批量注入而言，若声明“required = true”（默认值），会直接报错，若声明“required = false”，会注入 null；对于构造函数批量注入而言，若声明“required = true”（默认值），会注入空集合、数组、Map，若声明“required = false”，会注入 null——也就是无论如何都不会报错。这一点，请读者自行调试下面的代码片段 2-3(路径：com.example. * * * .DIRunner)。

代码片段 2-3：批量注入时没有目标 Bean

```
@Autowired(required = false)
private List<Field> fields0; //a

private final List<Field> fields1; //b
public DIRunner(/*@Autowired(required = false)*/ List<Field> fields1) { //c
    this.fields1 = fields1;
}
```

当前系统中并不存在 Field 类型的 Bean，因此字段 fields0 和 fields1 都不可能真正接收到 Bean。请在 DIRunner 中适当的地方打上断点，启动系统然后观察最终 fields0 和 fields1 两个字段值的区别。修改 a 处的 required 值，会有什么不同？打开 c 处注释掉的@Autowired，会有什么不同？Setter 注入与 fields0 字段相似，还是和 fields1 字段相似？请读者自行测试。

3. 第三方工具

本小节简单讨论编码简化。Java 语言中，源文件(即.java 文件)由程序员编写，它本身也只是面向程序员的。通过编译，源文件可以产生字节码文件(即.class 文件)，这是 JVM 可以理解和执行的格式。所以在编码阶段我们力求简洁易读，这样才好维护和扩展；至于简洁的源文件最终通过编译产生的字节码是否易读，这一点都不重要，因为这是给 JVM 读取的，和程序员没有关系。源文件和编译产生的字节码文件看起来有可能大相径庭，我们可以用耳熟能详的代码简洁工具 Lombok 窥知一二(Lombok 的引入，参见 1.2.1 初始化页一节，本书使用 1.18.34 版本)。

Lombok 是基于注解处理器(Annotation Processing Tool，APT)工作的。使用 IDEA 编译时，为了让它生效，需要提前在全局设定中开启，具体操作如下：File→Settings…→Build，Execution，Deployment -> Compiler -> Annotation Processors，在页面上的导航栏选中当前工程(比如 project-one)，勾选 Enable annotation processing，同时选中第 2 项“Obtain processors from project classpath”(从工程类路径中获取所有可能的 APT)，如图 2-2 所示。

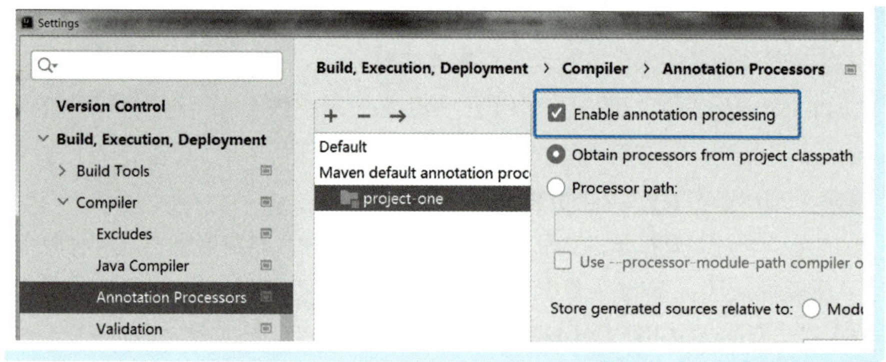

图 2-2　在 IDEA 中开启注解处理器

之后就可以测试了。编写简单 DTO，如代码片段 2-4 所示(路径：com.example.project.one.dto.StudentDTO)。

代码片段 2-4：一个学生的简单信息表示

```
@Data
public class StudentDTO {
    private String no;
    private String name;
    private Integer age;
}
```

编译代码片段 2-4，找到工程的 target 目录中对应的 StudentDTO 字节码文件，双击打开，IDEA

会自动反编译，如代码片段 2-5 所示(路径：com.example.project.one.dto.StudentDTO，字节码反编译)。

代码片段 2-5：StudentDTO 反编译

```
public class StudentDTO {
    private String no; //a
    private String name; //b
    private Integer age; //c

    public StudentDTO() {
    }

    public String getNo() {
        return this.no;
    }

    public String getName() {
        return this.name;
    }

    public Integer getAge() {
        return this.age;
    }

    public void setNo(final String no) {
        this.no = no;
    }

    public void setName(final String name) {
        this.name = name;
    }

    public void setAge(final Integer age) {
        this.age = age;
    }

    public boolean equals(final Object o) {
        ...//省略方法体
    }

    protected boolean canEqual(final Object other) {
        ...//省略方法体
    }

    public int hashCode() {
        ...//省略方法体
```

```
    }

    public String toString() {
        ...//省略方法体
    }
}
```

说实话，这字节码相比于原始的源代码真的太“恐怖”了。其中，只有 a、b、c 三处与原始的代码相同，其余全是@Data 注解的作用！这正像 Java 程序员说的一样：开局 3 个变量，代码全靠编(编译)。

Lombok 是典型的编译时处理抽象语法树(Abstract Syntax Tree，AST)的工具，通过 APT 机制引入，在编译时以注解作为标记干预 AST 的生成，从而帮忙在字节码中生成那些格式化的、烦琐的内容。如 Setters、Getters、hashCode、equals、toString 等，免去了程序员手动添加这些代码的麻烦。

受到 Lombok 的启发，我们也可以来考虑一下这个问题——既然 DI 方式有多种，而其中以注解注入最为简洁，那我们能不能在源代码中使用注解注入的代码，但是通过像 Lombok 那样在编译时对 AST 的处理，让最终生成的字节码按我们的心意“变”成构造函数注入或 Setter 注入？这样的话，我们可以以最简洁的代码换来任何一种注入方式，岂不妙哉？

对此，作者自己也有一些探索，现简略说明。

作者基于与 Lombok 相似的原理，通过在编译时修改 AST 构建了一个简单小工具——Pbwired(即 Purpblue Wired，Purpblue 是作者常用的网络名)，它依赖于 Spring 生态，可以在一定程度上简化一些代码的编写，DI 简化就是其中之一。相关工程源码已上传至 GitHub(https://github.com/wbzdwjsm/pbwired)。AST 相关的编程不在本书的讨论范围，本书中只讨论相关工具的使用和代码简洁。

在示例工程 1 的 pom.xml 中引入 Pbwired，如代码片段 2-6 所示。

代码片段 2-6：示例工程 1 中引入 Pbwired

```
<dependency>
  <groupId>com.purpblue</groupId>
  <artifactId>pbwired-spring-boot3-java17</artifactId>
  <version>1.4.2</version>
</dependency>
```

示例工程 2 的 pom.xml 需要的 artifactId 不一样，如代码片段 2-7 所示。

代码片段 2-7：示例工程 2 中引入 Pbwired

```
<dependency>
  <groupId>com.purpblue</groupId>
  <artifactId>pbwired-spring-boot2-java8</artifactId>
  <version>1.4.2</version>
</dependency>
```

另外，由于 IDEA 默认的设定，为了正确运行修改 AST 的代码，需要提前在 IDEA 全局设定中稍做处理，具体操作如下：File→Settings…→Build，Execution，Deployment→Compiler，找到 User-local build process VM options(overrides Shared options)，将其值设为“-Djps.track.ap.dependencies=false”，如图 2-3 所示。

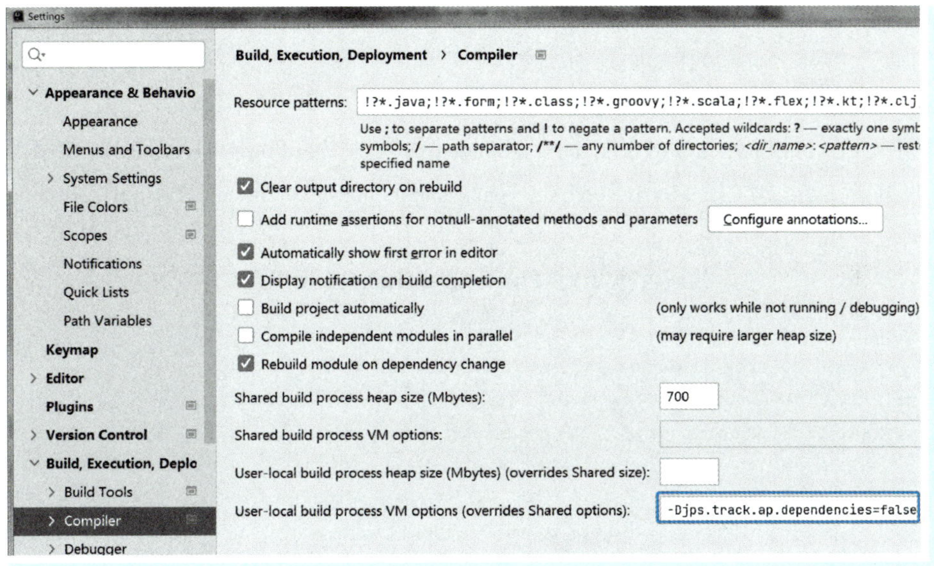

● 图 2-3　修改 IDEA 默认的编译设定

以上设定只针对 IDEA，当代码在流水线上编译、打包、部署、运行时不会遇到此问题。

准备完毕，现在继续以示例工程 1 为例。我们新建一个专门用于测试 Pbwired 的 Runner，如代码片段 2-8 所示(路径：com.example.project.one.runner.PbwiredTestRunner)。

代码片段 2-8：新建测试 Pbwired 的 Runner

```
@Component
public class PbwiredTestRunner implements CommandLineRunner {
    @Pbwired //a.构造函数注入
    private BeanFactory beanFactory;

    @Pbwired(name = "org.springframework.context.annotation.internalConfigurationAnno-
tationProcessor") //b.带 BeanName 的构造函数注入
    private BeanFactoryPostProcessor processor;

    @Pbwired(wireType = WireType.SETTER) //c.Setter 注入
    private ApplicationContext context;

    @Override
```

```
    public void run(String... args) throws Exception {
        //doSth
    }
}
```

以上代码中使用了@Pbwired 这个注解，它有一个 wireType 属性来指定注入方式，可选值有 CONSTRUCTOR 和 SETTER，分别指通过构造函数注入和通过 Setter 注入，并且前者是默认值(a 处没有显式指定，默认为此值)，同时还有一个 name 属性，用于指定 BeanName。由此可知，a、b 两处会使用构造函数注入，并且 b 处指定了 BeanName，而 c 处则会使用 Setter 注入。

编译整个工程(推荐使用 Maven 编译)，在 target 目录中找到 PbwiredTestRunner 的字节码，打开会自动反编译，如代码片段 2-9 所示(路径：com.example.project.one.runner.PbwiredTestRunner，字节码反编译)。

代码片段 2-9：PbwiredTestRunner 反编译

```
@Component
public class PbwiredTestRunner implements CommandLineRunner {
    private final BeanFactory beanFactory; //a1
    private final BeanFactoryPostProcessor processor; //b1
    private ApplicationContext context; //c1

    public void run(String... args) throws Exception {
        //doSth
    }

    @Autowired
    public PbwiredTestRunner(BeanFactory beanFactory, @Qualifier("org.springframework.
context.annotation.internalConfigurationAnnotationProcessor") BeanFactoryPostProcessor pro-
cessor) {
        this.beanFactory = beanFactory; //a2
        this.processor = processor; //b2
    }

    @Autowired
    public void setContext(ApplicationContext context) {
        this.context = context; //c2
    }
}
```

从上面的字节码反编译可以看出，原来指定由构造函数注入的两个变量(代码片段 2-8 中 a 处 beanFactory 和 b 处 processor)皆已成功放在构造函数中(a2、b2 处)，并且已加上了 final 保护(a1、b1 处)，而且在源码中为 processor 指定的 BeanName 也体现在了@Qualifier 注解中；同时 context 变量的注入也被正确放在了 Setter 之中(c1、c2 处)。所有注入都按设想完成了。

此外，@Pbwired 也支持静态变量的注入——直接将其标记在静态变量上即可，和代码片段 2-8

中针对实例变量的注入没有任何区别，请读者自行实践。这个功能区别于@Autowired 等注解，我们知道@Autowired 等注解本身不支持静态变量注入(后续会分析原因)。

对于@Pbwired 的注入方式，WireType 只有 CONSTRUCTOR 和 SETTER 两个值可选，如果想由注解直接注入字段，就不要使用@Pbwired 了，直接使用@Autowired 或@Resource 即可，@Pbwired 不包含此功能。

通过上面的实践可以看出，借助运行时修改 AST 这种机制是可以使得源代码中 DI 的编写变简洁的。再次回顾源代码(代码片段 2-8)，a、b、c 三处表面上看起来都是注解注入，但编译过后却是各归各处，从而兼顾了代码的简洁和注入机制的取舍。

不过，一切简洁都是有代价的，这句话自然也适用于 Lombok 或 Pbwired。虽然源代码更简洁了，但无形中增加了排错的成本(虽然出错概率很低)。万事万物都有两面，工具没有对错，适合自己的才是最好的。

代码简洁是一个庞大的话题，本书难以尽述，只是在涉及相关内容时略做说明，读者可自行思考。另外 Pbwired 这个小工具还有一些作用和机制，在后面的内容中会有所提及。

2.2.2 依赖查找

前面讨论了 DI 的很多内容，但这些内容都在一个前提下才能成立，那就是当前对象归 Spring 容器管理。由于所有对象都在 Spring 的管理之下，所以在其中进行各种 DI 都很方便，正如封闭式学校对学生的管理一样。

既然有封闭式学校，自然也就有非封闭式学校。在后面这种学校内，对于走读的学生，学校的管理就不能全天候全方位无死角了，Spring 也面临同样的问题。有一些类，其对象不方便或不必要注册为 Bean，但是这些对象又需要使用 Spring 容器中的 Bean 配合工作；还有一些代码，它具体需要哪种类型的 Bean 要在运行时才能动态确定，因此提前在编码时以 DI 的方式注入 Bean 也就无法做到……在这些情况下我们不能简单依赖 Spring 容器，而需要另外的手段来获取 Bean。

前面说过，Spring 中 IoC 最常见的实现方式就是依赖注入(DI)，但 DI 不是唯一的 IoC 方式，只要当前业务对象不负责依赖对象的管理而将之交给第三方，都可以叫 IoC，即控制反转。

依赖注入(DI)，是一种“被动请求”的方式。即我声明需要依赖的对象(比如使用@Autowired 声明)，然后依赖管理者(比如 Spring 容器)根据我的声明将合适的依赖注入进来。除此以外，还有另外一种比较重要的方式——依赖查找(Dependency Lookup，DL)，相比 DI 它是一种“主动查找”的方式。即我不需要声明什么，当我需要相关依赖的时候，我会通过依赖管理者提供的方法去查找它。DL 相比 DI 拥有更大的灵活性，当然它也有缺点。接下来简单介绍 DL。

1. 建立 DL 的工具类

既然 BeanFactory 或 ApplicationContext 被称为 Spring 容器，那我们进行依赖查找自然也需要通过它们进行。根据前面介绍已知，ApplicationContext 扩展了 BeanFactory 接口，所以事实上它也是 BeanFactory。由于 ApplicationContext 相比于单纯的 BeanFactory 更加完善，所以我们通常使用它来查找 Bean（但不绝对）。

要查找 Bean，需要用到 ApplicationContext。作为系统最底层的组件之一，获取 ApplicationContext 可以通过 ApplicationContextAware 接口来实现。现在我们使用这个接口来获取 ApplicationContext 对象，以此建立依赖查找的工具类，如代码片段 2-10 所示（路径：com.example.project.one.util.SpringDLUtils）。

代码片段 2-10：用于 DL 的简单工具类

```
@Component
public class SpringDLUtils implements ApplicationContextAware {
    private static ApplicationContext context;
    @Override
    public void setApplicationContext(ApplicationContext applicationContext) {
        //通过接口方法获取 ApplicationContext 对象
        SpringDLUtils.context = applicationContext;
    }
// ------------------对外提供 DL 静态工具方法------------------
    //获取单个 Bean
    public static <T> T getBean(String name) {
        return (T) context.getBean(name);
    }

    public static <T> T getBean(Class<T> type) {
        return context.getBean(type);
    }

    //获取同一类型全部 Bean,key 即为 BeanName
    public static <T> Map<String, T>getBeans(Class<T> klazz) {
        return context.getBeansOfType(klazz);
    }
}
```

SpringDLUtils 类通过 ApplicationContextAware 接口获取了 ApplicationContext 对象并赋值给全局静态变量 context，之后在运行中就可以对外提供两个重载的静态方法——getBean，分别接受 BeanName 和 BeanType 为参数。这两个方法本质上调用了 ApplicationContext 的相关方法进行 DL，为了方便使用进行了简单包装。getBean 是 Spring 底层最重要、最核心的方法之一，后续我们会详细介绍它的内部逻辑，并且在后面自编类 Spring 的大型框架时，也会实现类似的功能。

读者也可以参照 ApplicationContext 接口的其他方法，在 SpringDLUtils 中进行简单的包装以提供类似的功能。

Aware，即“感知”，很多系统级组件都提供了对应的 Aware 接口。除了 ApplicationContext-Aware 外，还有 BeanFactoryAware、EnvironmentAware、ServletConfigAware 等，它们的使用方法都差不多——用于获取（感知）目标对象。

2. 使用工具类执行 DL

我们知道，Runner 对象（CommandLineRunner 或 ApplicationRunner）的 run 方法仅在系统启动时自动运行一次，那如果我们想手动在非 Spring 管理的地方（比如静态方法内）再次运行这个 run 方法该怎么办（不考虑这样做的合理性）？这时候可以使用前面创建的工具类来执行 DL，把这个 Runner 类型的 Bean 找出来，再次调用 run 方法即可。

还记得前面创建的 HelloWorldRunner 吗？此 Bean 在系统启动完成时在控制台打印字符串“Hello World”，之后便没有了作用。现在我们想在启动类的 main 方法中，在系统启动完成、所有 Runner 都运行完之后再次调用 HelloWorldRunner 打印“Hello World”，则可以编码如代码片段 2-11 所示（路径：com.example.project.one.ProjectOneApplication）。

代码片段 2-11：应用 DL 工具类

```
@SpringBootApplication
public class ProjectOneApplication {
  public static void main(String[] args) {
      SpringApplication.run(ProjectOneApplication.class, args);
      //静态方法内使用 DL 方式获取 Bean 并运行方法
      HelloWorldRunner helloWorldRunner = SpringDLUtils.getBean(HelloWorldRunner.class);
      helloWorldRunner.run();
  }
}
```

可以看到，DL 非常灵活且方便，随取随用，但代价就是——获取 Bean 的过程需要手动进行，增加了代码复杂度。但也正因为可以手动控制的缘故，我们能在运行时动态传入需要的 BeanName 或 BeanType，从而实现动态 Bean 查找，大大拓宽了获取 Bean 的方法。

需要注意的是，DI 方式可以注入非 Bean 的系统组件如 BeanFactory、ApplicationContext、ServletRequest、ApplicationEventPublisher 等，这一点 DL 就做不到了（BeanFactory 和 ApplicationContext 等系统核心组件的对象不是 Bean！但这些组件比较特殊，使用 DI 时容器做了特殊处理，可将对应的对象进行注入）。换言之，运行“SpringDLUtils.getBean(BeanFactory.class);”这样的代码是无法查找到 BeanFactory 对象的，不仅不能查找到，还会导致 NoSuchBeanDefinitionException 异常。究其原因，DI 时容器除了匹配 Bean 缓存外，还会匹配特殊依赖缓存（如 DefaultListableBeanFactory 的 resolvableDependencies字段），而 DL 仅查找 Bean 缓存。由于 BeanFactory 对象刚好位于特殊依赖缓存之中，所以无法通过 DL 获取。因此获取 BeanFactory 这种系统级对象，应该通过 DI（@Autowired）

或者通过 Aware 接口(BeanFactoryAware)来实现。

还有就是，如果所需的 Bean 没有找到，DI 在系统启动时就会报错，而 DL 则必须等到代码运行到查找的那一行才能发现问题，延迟了问题的暴露时间，这不是一个好事情。因此在 Spring 能管理到的地方，还是以 DI 为主。

除了主动 DL 之外，还有一些办法也可以在非 Spring 管理的地方获取到 Bean，比如 LoadTime-Weaving(LTW)机制。@Configurable 注解就是在此机制下工作的(注意与用于定义配置类的@Configuration 进行区分)。鉴于此机制的使用略显烦琐(需要引入额外的依赖，还要配置 Java Agent)，并且使用率也不高，此处就不具体介绍了，这不是本书的重点。另外，前面提到作者编写的 Pbwired 工具也能实现类似的功能，请有兴趣的读者移步 https://github.com/wbzdwjsm/pbwired/tree/1.4.1-springboot3-java17，查看 Part 5。

注意

虽然 Pbwired 可以简化某些编码，但这毕竟是作者个人编写的小工具，它没有经历过严苛的测试和大规模的生产应用，因此读者只可以将之当作练习时的工具使用，绝对不应该在企业级编码中使用它。

2.3 Bean 的创建和初始化

讨论完 Bean 的获取之后，自然地进入下一个问题——如何在代码中创建 Bean？本节简单介绍一下 Bean 的各种创建方式。

2.3.1 模式注解和注解扫描

最简单也是最常见创建 Bean 的方式，应该就是模式注解了——位于 org.springframework.stereotype 包下的注解，称为模式注解，比如@Component、@Service 等。在 Spring 的扫描路径下，所有标记了模式注解的类(BeanClass)，其对象会被 Spring 纳入管理(即，对象会成为 Bean)，然后我们就可以在其他地方注入它了；而若某个 BeanClass 不在 Spring 的扫描路径下，有时候为了让 Spring 也“照看”到它，我们可以通过使用@ComponentScan 注解指定扫描路径。

以上这些内容都比较基础，在此只简单提及，我们重点关注的是框架底层处理它们的方式。

2.3.2 配置

无论是理论学习还是面试，当说到 Spring Boot 时，相信我们第一个想到的特性就是“自动配置”。正是因为有了自动配置，才使得 Spring Boot 有如此灵活且强大的扩展性和自由度。

配置是 Spring Boot 的核心组成之一，它是个需要深挖的话题。在本节，我们只讨论如何在配置中创建 Bean。关于配置本身的作用和相关控制等深入的话题，会在后面专门详述。

1. 由@Configuration 标记的“专业”配置类

配置类，即被@Configuration 标记的类，本质上也是一个 BeanClass，它拥有@Component 的功能(请读者翻阅@Configuration 的源码，可以看到其带有@Component 标记)，同时还有更强的功能。对配置类而言，除了自身的对象会被注册为 Bean 外，其内部各个@Bean 方法所创建的对象也会被注册为 Bean，这种方式极大扩展了我们创建 Bean 的能力。试想，如果要注册某个 List 对象为 Bean，像上一节那样使用@Component 标记在类上能做到吗？当然做不到，因为我们无法修改 JDK 中 List 实现类的源码。不过，通过在配置类中添加@Bean 方法的方式却可以达成，如代码片段 2-12 所示(路径：com.example.project.one.config.CommonConfiguration)。

代码片段 2-12：在配置类中注册 JDK 对象为 Bean

```
@Bean
public List<String> listString() {
    return Arrays.asList("ABCD", "EFGH"); //a
}
```

就这样，我们注册了一个 List 对象为 Bean，然后，我们尝试在其他 Bean 中注入它，如代码片段 2-13 所示(路径：com.example.project.one.runner.DIRunner)。

代码片段 2-13：注入 JDK 类型的 Bean

```
@Autowired
private List<String> listStr; //x
```

上面的代码没有任何问题，注入 JDK 类型的 Bean 和注入普通 Bean 是一样的。这里 x 处这个 listStr 字段，其值就是代码片段 2-12 中 a 处创建的那个对象(Bean)，请读者自行在 DIRunner 中调试。

> **注意**
>
> 被@SpringBootApplication 标记的启动类对象同样会成为 Bean 被 Spring 纳入管理，为什么呢？只要再深挖一下此注解上标记的各个注解就可以发现奥秘。其中有一个注解是@SpringBootConfiguration，其定义如下：
>
> ```
> @Configuration
> @Indexed
> public @interface SpringBootConfiguration {
>     …
> }
> ```
>
> @SpringBootConfiguration 事实上也是@Configuration。

2. 由@Component 标记的“业余”配置类

我们已经知道，@Configuration 拥有@Component 的功能，那现在不妨大胆一点猜想：既然在@Configuration 注解的配置类中可以使用@Bean 方法创建 Bean，那么在由@Component 注解的普通 BeanClass 中能不能完成这个功能呢？

我们创建 ComponentConfiguration 类，如代码片段 2-14 所示（路径：com.example.project.one.config.ComponentConfiguration）。

代码片段 2-14：创建“业余”配置类

```
@Component
public class ComponentConfiguration {
    @Bean
    public List<Boolean> listBoolean() {
        return Arrays.asList(false, true, false);
    }
}
```

之后，在 DIRunner（或其他任意 Bean，下同）中正常注入 List<Boolean>试试，可以发现成功了，就像代码片段 2-13 一样，请读者自行验证。从这里看来，似乎@Component 和@Configuration 没有什么区别，都可以使用@Bean 方法创建 Bean。

真的如此吗？现在，我们拿正在使用的“业余”配置类 ComponentConfiguration（标注@Component）和之前建立的“专业”配置类 CommonConfiguration（标注@Configuration）做个对比。

我们在两个类中均使用@Bean 方法创建线程池和线程池集合相关的 Bean，其中在“业余”配置类 ComponentConfiguration 中添加代码，如代码片段 2-15 所示（路径：com.example.project.one.config.ComponentConfiguration）。

代码片段 2-15：“业余”配置类中的 Bean 创建

```
@Bean("es-Component") //a1
public ExecutorService es() {
    return new ThreadPoolExecutor(
        10, //核心线程数
        20, //最大线程数
        60L,
        TimeUnit.SECONDS,
        new LinkedBlockingQueue<>()
    );
}

@Bean("esList-Component") //a2
public List<ExecutorService> esList() {
    return Collections.singletonList(es()); //a3
}
```

同样，在“专业”配置类 CommonConfiguration 中，添加差不多的代码，如代码片段 2-16 所示（路径：com.example.project.one.config.CommonConfiguration）。

代码片段 2-16：“专业”配置类中的 Bean 创建

```
@Bean("es-Configuration") //b1
public ExecutorService es() {
    return new ThreadPoolExecutor(
        10, //核心线程数
        20, //最大线程数
        60L,
        TimeUnit.SECONDS,
        new LinkedBlockingQueue<>()
    );
}

@Bean("esList-Configuration") //b2
public List<ExecutorService> esList() {
    return Collections.singletonList(es()); //b3
}
```

两段代码片段的作用一样，但各个@Bean 方法创建的 Bean 的 BeanName 不一样。这些@Bean 方法一共产生 4 个 Bean，其中有两个是 ExecutorService 类型（线程池对象），还有两个产生 List<ExecutorService>（装着线程池对象的集合），这些无需关心，我们需要关心的是 DI 的问题。现在向 DIRunner 中添加 DI 代码，同时在其 run 方法中添加简单的验证代码，如代码片段 2-17 所示（路径：com.example.project.one.runner.DIRunner）。

代码片段 2-17：“业余”配置类和“专业”配置类创建 Bean 的方式对比

```
// “业余”配置类中的 Bean
@Resource ( name = "es-Component" )
private ExecutorService esComponent;
@Resource ( name = "esList-Component" )
private List<ExecutorService> esListComponent;
// “专业”配置类中的 Bean
@Resource ( name = "es-Configuration" )
private ExecutorService esConfiguration;
@Resource ( name = "esList-Configuration" )
private List<ExecutorService> esListConfiguration;
@Override
public void run ( String... args ) {
    System. out. println ( esComponent == esListComponent. get ( 0 ) ) ; //c
    System. out. println ( esConfiguration == esListConfiguration. get ( 0 ) ) ; //d
}
```

启动系统，观察 run 方法中代码运行的结果，发现了什么？c 处输出 false，但 d 处却输出了

true！这令人震惊的结果，说明了@Component 和@Configuration 配置类中的@Bean 方法是不一样的。更具体说来，esComponent 字段和 esListComponent 集合中持有的对象不是同一个，但 esConfiguration 字段和 esListConfiguration 集合中持有的对象却是同一个！是不是同一个对象，有时候会导致不一样的行为，我们需要知晓具体情况，因此我们来研究一下@Component 类和@Configuration 类中的@Bean 方法究竟有何不同。

回到代码片段 2-15 和代码片段 2-16，根据刚才的实践结果我们已经知道问题就出在两个方法中对 es 方法的调用上（a3 和 b3 处）。

对于@Component 而言这非常简单（代码片段 2-15）——每次调用 es 方法，es 方法都会实实在在运行一次。在 a1 处本身需要创建 Bean，运行一次 es 方法创建一个 ExecutorService 对象；而在 a3 处需要再次调用 es 方法完成 Bean 创建，因此会再调用一次 es 方法。所以最终的结果是，DIRunner 中注入的 esComponent 对象和 esListComponent 集合中包含的对象不是同一个——这是因为真实调用了两次 es 方法，也就是调用了两次 new 操作，这必然会产生两个不同的对象，因此 DIRunner#run 中“==”判断会失败（代码片段 2-17，c 处）。

那么@Configuration 是什么情况呢（代码片段 2-16）？首先，在 b1 处本身需要创建 Bean，因此这里 es 方法需要运行一次，但和@Component 类不一样的是，这个方法被代理了或者说增强了（对动态代理不清楚的读者请耐心读下去，后面我们会详细介绍，这里先略过，不影响对当前内容的理解）。在代理的控制下 es 方法运行完成且创建了一个 ExecutorService 类型的对象作为 Bean 被容器纳入管理。es 方法在被代理之后就不是原来的那个方法了，它的行为受代理控制。在 b1 处方法运行完毕之后，代码运行至 b2 处，这时候需要再次调用 es 方法，由于代理的原因，es 方法会进入 ConfigurationClassEnhancer.BeanMethodInterceptor#intercept 方法运行，在经历一系列操作之后，会调用 resolveBeanReference 方法，如代码片段 2-18 所示（路径：org.springframework.context.annotation.ConfigurationClassEnhancer.BeanMethodInterceptor#resolveBeanReference）。

代码片段 2-18：方法被代理的底层逻辑

```
ObjectbeanInstance = (useArgs ? beanFactory.getBean(beanName, beanMethodArgs) : beanFac-
tory.getBean(beanName));
```

这里调用的不是方法本身，而是 getBean 方法！Spring 在代理中运行 getBean 方法（DL）获取之前的结果（Bean），导致本次 es 方法的真实运行被拦截了，这里直接通过 getBean 查找出最开始在 CommonConfiguration#es 方法中创建的 Bean（代码片段 2-16，b1 处），并将其作为方法返回值传给 CommonConfiguration#esList 方法（代码片段 2-16，b2 处）中“Collections.singletonList”这一句作参数（b3 处），最终得以创建 List<ExecutorService>类型的 Bean。也就是说，代码片段 2-16 中，b1 和 b2 两处@Bean 方法运行结束后确实创建了两个 Bean，但其实 b1 处 es 方法中的 new 操作只运行了一次。至于 b2 处的 es 方法运行，事实上被代理对象在 ConfigurationClassEnhancer.BeanMethodInterceptor#intercept 方法中调用 resolveBeanReference 方法，在其中用 getBean 方法偷梁换柱了——这里 getBean

方法查找到的当然就是 b1 处之前创建的那个对象，导致了 b2 处接收到的 es 方法返回值和 b1 处运行产生的对象是同一个，这样就解释了 DIRunner#run 方法中输出 true 的原因(代码片段 2-17，d 处)。

可见，@Component 类和@Configuration 类作为配置类时确实有所不同。在编码中一定要注意这个细节，不然某些配置或业务逻辑可能会异常。

为什么两个注解会有这些不同呢？我们可以从各自的源码中窥知一二。打开两个注解的源码，可以看到@Component 只有一个 value 属性，它用于承载 BeanName，我们已经很熟悉了；而@Configuration的源码就要复杂一些，如代码片段 2-19 所示(路径：org.springframework.context.annotation.Configuration)。

代码片段 2-19：@Configuration 源码

```
@Component
public @interface Configuration {
  ...
  boolean proxyBeanMethods() default true;
  ...
}
```

上述源码已省略无关部分，我们来关注 proxyBeanMethods 属性。该属性是@Component 所不具有的，光看名字就非常容易理解——代理 Bean 方法，并且默认值为 true。正是因为这个 true 的默认值使得 CommonConfiguration 中的@Bean 方法 es(代码片段 2-16，b1 处)被代理了，保证了在 Spring 容器管辖的范围内多次调用时仍然返回同一个 Bean。如果把此值手工置为 false 的话，es 方法的调用在代码片段 2-15 和 2-16 中表现就一样了(即每次都重新运行)，请读者自行调试。

本小节内容可总结为：如果配置类被增强了，那么重复调用同一个@Bean 方法会获取到同一个对象(Bean)；如果没有增强，那么每次调用同一个@Bean 方法得到的都是全新的对象(这或许是我们最好理解的情形)，在真实编码中需要根据不同的情形做不同的选择。

在 proxyBeanMethods 属性为 true 的@Configuration 类中处理@Bean 方法的模式被称为 “Full 模式”；在@Component 类中，或者声明 proxyBeanMethods 属性为 false 的@Configuration 类中处理@Bean方法的模式被称为 “Lite 模式”。

2.3.3 BeanDefinition

无论@Component 也好，@Configuration 也好，@Bean 也好，稍微深入研究一下会发现，当系统刚启动，BeanFactory 开始扫描带有这些注解的目标时，都会首先生成一个 Bean 定义的描述符——BeanDefinition，其家族十分 “繁荣”，重要成员大致如图 2-4 所示。

有了 BeanDefinition 描述符后，将之注册至 BeanFactory，再运行 getBean 方法就会发生神奇的一幕——在单例模式下(默认就是)，如果这个 Bean 已经创建，则直接获取此 Bean 并返回，这也就是我们前面的 DL 编码方式(参见本章 “依赖查找” 部分)；但是，如果当前 Bean 尚未创建，这时 getBean 就会运行一系列机制，解析之前注册的 BeanDefinition，再经过创建对象、DI 组装、初始化等复杂的动作之后，一个 Bean 就创建好了，创建之后它同时也会被放入 Spring 容器缓存之中，在需要的时候随时调用(相关机制后文会详述)。

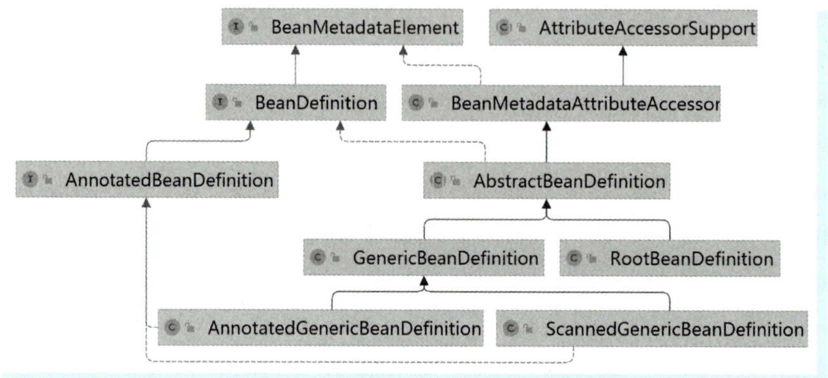

● 图 2-4　BeanDefinition 家族重要成员

那如果没有提前注册 BeanDefinition、也没有创建 Bean 的情况下就运行 getBean 方法来获取这个 Bean 会发生什么事呢？这种情况会出现 NoSuchBeanDefinitionException 异常，表示在 Spring 容器中未找到 Bean 定义。

BeanDefinition 可以看作是对一个 BeanClass 的解构。目标 Class 的名字是什么？@DependsOn 注解依赖了哪些 Bean？初始化方法叫什么名字？是否带有@Lazy 注解？是否带有@Primary 注解？……凡此种种，皆在其中，BeanDefinition 是大部分 Bean 诞生的“温床”，我们接下来会介绍使用它的方法。

2.3.4　调用接口创建 Bean

现在来介绍一下通过调用接口创建 Bean 的情况。接口创建的巨大优势之一，就是灵活，它可以以编码的形式按需动态创建 Bean。

我们来查看启动类上标记的@SpringBootApplication 注解的源码，可以发现其上组合有一个@EnableAutoConfiguration，继续查看此注解的源码，可以发现其上有@AutoConfigurationPackage 和@Import(AutoConfigurationImportSelector.class)，继续查看@AutoConfigurationPackage，可以发现它使用了@Import(AutoConfigurationPackages.Registrar.class)，以上源码如代码片段 2-20 所示(路径：org.springframework.boot.autoconfigure.SpringBootApplication等)。

代码片段 2-20：@SpringBootApplication 等注解的源码

```
//@SpringBootApplication 源码
...
@EnableAutoConfiguration //a1
public @interface SpringBootApplication { //a2
```

```
    ...
}

//@EnableAutoConfiguration 源码
...
@AutoConfigurationPackage //b1
@Import(AutoConfigurationImportSelector.class) //b2
public @interface EnableAutoConfiguration { //b3
    ...
}

//@AutoConfigurationPackage 源码
...
@Import(AutoConfigurationPackages.Registrar.class) //c1
public @interface AutoConfigurationPackage { //c2
    ...
}
```

简单理解一下，综合起来就是，@EnableAutoConfiguration（b3 处）实际上就是对两个 BeanClass 的@Import 导入：AutoConfigurationImportSelector（b2 处）和 AutoConfigurationPackages.Registrar（c1 处）。

现在我们来简单看一下这两个特定的类究竟有什么玄机。首先，AutoConfigurationImportSelector 的定义如代码片段 2-21 所示（路径：org.springframework.boot.autoconfigure.AutoConfigurationImportSelector）。

代码片段 2-21：AutoConfigurationImportSelector 的定义

```
public class AutoConfigurationImportSelector implements DeferredImportSelector, Bean-
ClassLoaderAware, ResourceLoaderAware, BeanFactoryAware, EnvironmentAware, Ordered {
    ...
}
```

一眼望去，这个类实现的一堆接口中，包括了各种 Aware 接口和 Ordered 接口。抛开这些接口再看，就只剩下我们重点关注的接口——DeferredImportSelector，它是 ImportSelector 的子接口，有延迟加载 BeanDefinition 的作用（后续会介绍其底层逻辑）。ImportSelector 即“导入选择器”，只要被此接口中相关方法导入，效果就和@Import 注解导入差不多——毕竟名字里都有 Import。

接下来，再看一下 AutoConfigurationPackages.Registrar 的定义，如代码片段 2-22 所示（路径：org.springframework.boot.autoconfigure.AutoConfigurationPackages.Registrar）。

代码片段 2-22：AutoConfigurationPackages.Registrar 定义

```
static class Registrar implements ImportBeanDefinitionRegistrar, DeterminableImports {
    ...
}
```

Registrar 即“登记员”，看名字就知道是专业“登记 BeanDefinition”的角色，它实现了两个名字中都带有“Import”的接口——ImportBeanDefinitionRegistrar 和 DeterminableImports，这两个接口的作

用自然也都是用来 Import。基于重要性和知名度，我们只讨论大名鼎鼎的 ImportBeanDefinitionRegistrar。

各种 Import 类型的接口，我们举一些例子来展示它们的使用。首先，创建简单的配置类，如代码片段 2-23 所示(路径：com.example.project.anywhere.OuterConfiguration)。

代码片段 2-23：主启动类“外层包”的配置类

```
@Configuration
public class OuterConfiguration {
    public OuterConfiguration() {
        System.out.println("OuterConfiguration is loaded!"); //x
    }

    @Bean("es-OuterConfiguration")
    public ExecutorService es() { //a
        return new ThreadPoolExecutor(
            4,
            10,
            60L,
            TimeUnit.SECONDS,
            new LinkedBlockingQueue<>()
        );
    }

    @Bean("esList-OuterConfiguration")
    public List<ExecutorService> esList() {
        return Collections.singletonList(es()); //b
    }
}
```

注意这个配置类的路径，它在启动类的“外层包”中(以示例工程 1 为例，主启动类位于 com.example.project.one包，而此类位于 com.example.project.anywhere 包)，默认情况下 Spring 容器是不会扫描它的(默认扫描主启动类所在的 com.example.project.one 包)，自然也就不会自动为此配置类创建 Bean，其中的@Bean 方法也都不会自动运行，就好像@Configuration 注解根本不存在一样。现在我们来手动干预它，使用不同的 Import 接口加载这个配置类至容器，这样 Spring 就认识它了，一切就“正常”起来了——配置类本身的 Bean 被创建了，其中的@Bean 方法也都会自动运行并注册相应的 Bean。

1. ImportSelector 接口

只有一个需要实现的接口方法 selectImports(因此它是函数式接口)，如代码片段 2-24 所示(路径：com.example.project.one.imports.ImportSelectorTest)。

代码片段 2-24：自定义 ImportSelector 实现类

```
public class ImportSelectorTest implements ImportSelector {
    @Override
```

```
    public String[] selectImports(AnnotationMetadata importingClassMetadata) {
        //a.返回需要导入的所有 BeanClass 全限定名数组
        return new String[]{"com.example.project.anywhere.OuterConfiguration"};
    }
}
```

定义好了 ImportSelector 实现类，还需要引入它。我们在之前的配置类 CommonConfiguration（见 2.3.2 小节）上使用@Import 将其引入，如代码片段 2-25 所示（路径：com.example.project.one.config.CommonConfiguration）。

代码片段 2-25：在配置类上引入 ImportSelector

```
@Configuration
@Import({...,ImportSelectorTest.class})
public class CommonConfiguration {
    ...
}
```

之后启动系统，可以发现控制台打印出“OuterConfiguration is loaded!”，这说明自定义的 ImportSelector 实现类已经生效，其接口方法 selectImports 成功运行（代码片段 2-24，a 处），导入了默认情况下扫描不到的“外层类”OuterConfiguration（代码片段 2-23）。

可能有读者会问，导入一个外层配置类而已，需要这么麻烦吗？使用@ComponentScan 注解指定包路径（例如@ComponentScan("com.example.project.anywhere")），或者使用“@Import(OuterConfiguration.class)”语句直接引入，这些处理方式相比之下都简单得多，ImportSelector 将简单事情复杂化，是否有这个必要？确实，如果只是简单导入一个确定的“外层”配置类，那确实不需要 ImportSelector，但仔细一想，如果导入的类是运行时才能决定的，这时候 ImportSelector 是不是就很香了？与@ComponentScan 或@Import 等注解不同，ImportSelector 可以以编程的方式决定导入哪些 BeanClass，代码运行到此才能决定，具有动态能力。这就好比同样是调用无参构造函数创建对象，简单的“new ×××()”操作与基于反射的“Class.forName("×××").newInstance()”都能完成目的，但前者已经限定了对象类型必须是“×××”，后者虽然看起来麻烦一些，却可以在运行时动态决定创建哪个类型的对象，具有强大的灵活性。Spring 底层自动创建 Bean 时，使用的正是后者这种机制。

作为对 ImportSelector 的结束语，我们修改一下 ImportSelectorTest#selectImports 接口方法的代码，以此来见识一下它的动态能力，如代码片段 2-26 所示（路径：com.example.project.one.imports.ImportSelectorTest#selectImports）。

代码片段 2-26：ImportSelector 接口的动态能力

```
//如果当前时间戳是奇数,加载外层包的 OuterConfiguration
//如果是偶数,加载外层包的 OuterConfiguration2
if ((System.currentTimeMillis() & 1) == 1) {
```

```
        return new String[]{"com.example.project.anywhere.OuterConfiguration"};
    }
        return new String[]{"com.example.project.anywhere.OuterConfiguration2"};
```

2. ImportBeanDefinitionRegistrar 接口

不同于 ImportSelector 接口返回待注册的 BeanClass（后续 Spring 据此创建 BeanDefinition 并生成 Bean），ImportBeanDefinitionRegistrar 接口更加“霸道”，它直接让程序员就地手动注册 BeanDefinition！现在来演示它的简单使用，如代码片段 2-27 所示（路径：com.example.project.one.imports.ImportBeanDefinitionRegistrarTest）。

代码片段 2-27：ImportBeanDefinitionRegistrar 接口的使用

```
public class ImportBeanDefinitionRegistrarTest implements ImportBeanDefinitionRegistrar {
    @Override
    public void registerBeanDefinitions(AnnotationMetadata importingClassMetadata, Bean-
DefinitionRegistry registry) {
        //x.类型转换。这里的 registry 就是 DefaultListableBeanFactory
        DefaultListableBeanFactory factory = (DefaultListableBeanFactory) registry;
        //创建 BeanDefinition 对象
        GenericBeanDefinition bd = new GenericBeanDefinition();
        //设置 BeanClass 类名(全限定名)
        bd.setBeanClassName("com.example.project.anywhere.OuterBean");
        //添加注入(OuterBean#c 字段)
        bd.getPropertyValues().addPropertyValue("c", factory/* registry */.getBeanDefi-
nition("CommonBean"));
        //注册 BeanDefinition 并指定 BeanName
        registry.registerBeanDefinition("outerBean", bd);
    }
}
```

编写完 ImportBeanDefinitionRegistrarTest 后，与前面 ImportSelectorTest 一样，在 CommonConfiguration 配置类中通过@Import 注解引入它即可工作。

通过上面 ImportBeanDefinitionRegistrarTest 的工作，使得原本 Spring 不会处理的普通类 OuterBean 成为 BeanClass，后续它会被 Spring 自动创建对象并纳入 Bean 体系。

ImportSelector 和 ImportBeanDefinitionRegistrar 接口经常和各个 Aware 接口同时使用，以便注入 ApplicationContext 或 BeanFactory 等系统级依赖。

3. SingletonBeanRegistry 接口

前两个接口，一个用于动态指定 BeanClass，一个用于动态注册 BeanDefinition，现在我们来介绍一个更“厉害”的接口，它允许我们无需 BeanDefinition 直接动态注册 Bean 实例，这就是 SingletonBeanRegistry接口。

我们在介绍 ImportSelector 和 ImportBeanDefinitionRegistrar 两个接口时，各自定义了它们的实现

类用于说明问题(代码片段 2-24 和代码片段 2-27)，那么 SingletonBeanRegistry 接口也需要自定义实现类吗？一般不需要这么做，系统已经自带了它的实现类，并且此实现类十分震撼，那就是整个 Spring 底层的核心类——DefaultListableBeanFactory。我们看一下它的多重身份，有些事情就会一目了然，如图 2-5 所示。

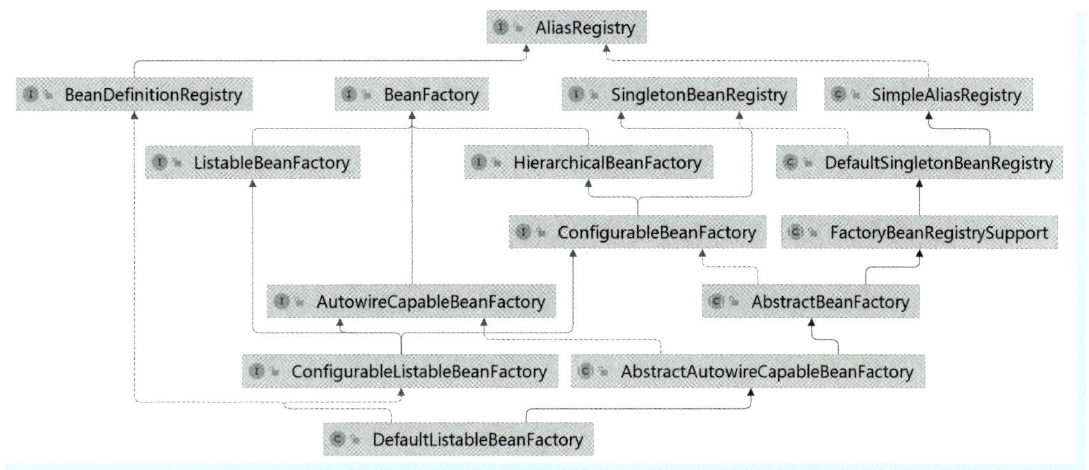

• 图 2-5　DefaultListableBeanFactory 相关信息

从此图可以看出，DefaultListableBeanFactory 除了具有各个 BeanFactory 的身份外，还拥有 BeanDefinitionRegistry 和 SingletonBeanRegistry 两种身份，也就是说它额外具有注册 BeanDefinition 和注册单例 Bean 两种能力，在此即将演示的就是后一种。至于前一种能力，其实刚刚已经演示过了，请参见代码片段 2-27 中 x 处的类型转换。

我们尝试使用 SingletonBeanRegistry 接口绕过 BeanDefinition 直接注册单例 Bean，如代码片段 2-28 所示(路径：com.example.project.one.imports.ImportBeanDefinitionRegistrarTest#registerBeanDefinitions)。

代码片段 2-28：使用 SingletonBeanRegistry 注册单例 Bean

```
public void registerBeanDefinitions(AnnotationMetadata importingClassMetadata, BeanDefi-
nitionRegistry registry) {
    ...
    //直接注册单例 Bean
    SingletonBeanRegistry singletonBeanRegistry = (SingletonBeanRegistry) registry; //y
    singletonBeanRegistry.registerSingleton("outerBean2", new OuterBean2());
}
```

我们复用了代码片段 2-27 的接口方法，在其中添加了直接注册单例 Bean 的逻辑。有了图 2-5 展示的关系，我们知道 y 处的类型转换一定可以成功(registry 本质上就是 DefaultListableBeanFactory 对象)。

注册完成以后，这个名为“outerBean2”的 Bean 和其他由 Spring 根据 BeanDefinition 自动创建的

Bean 没有任何区别，既可以在其他 Bean 中进行 DI，也可以通过 getBean 进行 DL，如代码片段 2-29 所示(路径：com.example.project.one.runner.DIRunner)。

代码片段 2-29：使用直接注册的单例 Bean

```
@Autowired
private OuterBean2 outerBean2; //a

@Override
public void run(String... args) {
    OuterBean2 dlOuterBean2 = SpringDLUtils.getBean("outerBean2"); //b
    ...
}
```

启动系统，在 DIRunner 中适当的地方打上断点，可以看到 a 处的 outerBean2 字段被成功 DI，b 处的 DL 也同样会成功(SpringDLUtils 工具类请回顾 2.2.2 小节)。

直接注册单例 Bean，看起来很“霸道”，但因为全程手动，所以一般情况下不会使用它，推荐使用@Component 注解。

2.3.5 @Import 注解

我们已经知道，要将某个类的对象注册为 Bean，除了使用@Component 等模式注解外，使用相关接口，或者在配置类中使用@Bean 方法创建都可以。后两者不仅适用于自编的类，还适用于 JDK 或第三方依赖包中的类(即“不可修改源码的类”)，适配能力非常强。除这些外，我们还有其他选择，比如前面提到过的@Import 注解。

@Import 注解，顾名思义，“导入”的意思，其本身定义十分简单，只有一个 value 属性(此处省略源码，请读者自行查阅)，被@Import 注解导入的类将被自动创建 Bean。现在在 CommonConfiguration 上添加@Import 以做实验，如代码片段 2-30 所示(路径：com.example.project.one.config.CommonConfiguration)。

代码片段 2-30：使用@Import 注解

```
@Configuration
@Import({ArrayList.class, LinkedList.class})
public class CommonConfiguration {
    ...
}
```

上面的代码中我们用@Import 直接导入了两个著名的 List——ArrayList 和 LinkedList。这样做没有任何问题，即使它们是 JDK 自带的类型，同样可以直接导入为 Bean，连@Bean 方法都可以省掉。而 BeanName 与@Bean 方法的规则略有不同，这里不能自定义，默认是它们自己的全限定名。导入之后，可以直接在其他 Bean 中注入验证，如代码片段 2-31 所示(路径：com.example.project.one.runner.DIRunner)。

代码片段 2-31：注入通过@Import 导入的 Bean

```
@Resource(name = "java.util.ArrayList")
private Listlist; //指定 BeanName 导入 List 类型的 Bean
@Autowired
private ArrayList arrayList; //按类型导入
@Autowired
private LinkedList linkedList; //按类型导入
@Override
public void run(String... args) {
    System.out.println(list != null);
    System.out.println(arrayList != null);
    System.out.println(linkedList != null);
}
```

上面的 run 方法在系统启动后均会输出 true，即表明 list、arrayList 和 linkedList 三个字段都被成功注入了，所以都不是 null(事实上 list 字段和 arrayList 字段指向的是同一个 Bean)。

现在我们更大胆一点，不妨猜想在@Import 中注入基本类型或数组类型会怎么样？比如，如果使用“@Import(long.class)”或“@Import(Long[].class)”进行导入会发生什么事呢？请读者自行验证。

通过@Import 注解，我们能够使用一种非常简洁的方式导入任何路径上的 BeanClass，哪怕这个路径并不在 Spring 容器的扫描范围内。不过一般说来，@Import 注解只被推荐用来导入配置类，如官方对@Import 注解的描述：

```
Indicates one or more component classes to import— typically @Configuration classes.
```

@Import 注解除了可以引入一般的配置类外，还可以引入前文介绍过的带 Import 的两类接口——ImportSelector 和 ImportBeanDefinitionRegistrar。被引入的接口实现类不需要标记模式注解，也不需要关心自己所在的路径，其对应的接口方法在系统启动时就会运行(上一节已经实践过)，这在自动配置中是一个常见的手段，我们已然知道通过这两类接口创建 Bean 的方式具有强大的动态能力。

除了@Import 注解外，还有一个看起来有些相似的@ImportResource 注解，它不能引入配置类，而是用于引入 .xml 文件。.xml 文件相当于一个配置类，其中的内容可以看作一个一个的@Bean 方法，在以前非 Spring Boot 时代比较流行，Spring Boot 兼容了这种形式。当旧的 Spring 工程升级为 Spring Boot 工程时，相关的.xml 文件就可以使用@ImportResource 注解引入，其中的 Bean 会被自动创建。至于新建的 Spring Boot 工程，推荐使用配置类而不是.xml 文件。

小提示

@Import 注解可以标记在@Configuration 类上，也可以标记在@Component 类上，这没有什么影响，被引入的 BeanClass 使用 Full 模式还是 Lite 模式处理并不取决于@Import 注解标记在哪里，而是取决于被引入的 BeanClass 有没有@Configuration 标记。一般说来，建议@Import 注解放在@Configuration 类上，便于识别和维护。

2.3.6 SPI 机制

SPI(Service Provider Interface)是一个非常神奇的机制，它自身也是接口(Interface)，但是比普通接口“厉害”多了，它是专用的“服务提供者”接口——JDK 或者 Spring 容器等生态底层已经提供了处理 SPI 的完整逻辑，而它的具体实现则由服务开发者自行完成(位于不同的依赖包中)。最终，接口和具体实现类在运行时通过 SPI 机制“相遇”从而协同工作。此机制实现了包级解耦，创造了“行业标准到厂商”这样的生产形式。接口标准的制定者和接口的具体实现者(即服务提供者)完全不必在一起工作(甚至不必是同一个厂商)，将软件设计 SOLID 原则之依赖倒置原则发挥得淋漓尽致。

> **小提示**
>
> SPI 有丰富的应用场景，比如 JDBC 中的 Driver 接口——java.sql.Driver。JDK 定义此 SPI(但没有任何实现类)，并提供对它的完整支持，各数据库厂商在自己的驱动中各自实现此接口的细节从而使得 Driver 接口可以适配任何数据库。在 Spring Boot 工程的配置文件中设置数据源时，其中一项通常是指定数据库驱动(“spring.datasource.driver-class-name”属性)，即指定 java.sql.Driver 这个 SPI 的具体实现类(服务类)。Driver 接口配上服务类之后，各种 ORM 框架最终得以调用 JDBC 的底层能力与数据库交互。

JDK 支持 SPI 机制，Spring Boot 也支持。可以想象一下，如果我们自行编写一个类 Spring Boot 的重量级框架，肯定也会考虑使用 SPI 机制。本节我们会分别介绍 JDK 中的 SPI 和 Spring Boot 中的 SPI。

1. JDK 中的 SPI 机制

JDK 中的 SPI 和 Spring Boot 的 SPI 配置略有不同，但本质上差不多，这里有必要先介绍前者。

(1)创建 SPI

我们定义一个接口作为 SPI，比如名称定为 MySPI，如代码片段 2-32 所示(路径：com.example.project.one.jdkspi.MySPI)。

代码片段 2-32：自定义 SPI

```
public interface MySPI {
    void doSth();
}
```

(2)编写 SPI 实现类

既然 SPI 也是接口，那自然是需要实现类的。假定我们就是 MySPI 的服务提供者，现在提供一个实现类，如代码片段 2-33 所示(路径：com.example.project.one.jdkspi.MySPIImpl)。

代码片段 2-33：SPI 的实现类

```
public class MySPIImpl implements MySPI {
    @Override
```

```
    public void doSth() {
        System.out.println("MySPIImpl: do sth");
    }
}
```

(3)建立 SPI 配置文件

在 resources 目录下新建 META-INF→services 两层目录，之后创建一个配置文件，这个文件的名称很有意思，它恰好是 MySPI 的全限定名：com.example.project.one.jdkspi.MySPI。创建好之后，在里面直接添加此 SPI 实现类的全限定名即可(有多个实现类的话，每一个占一行)，如图 2-6 所示。

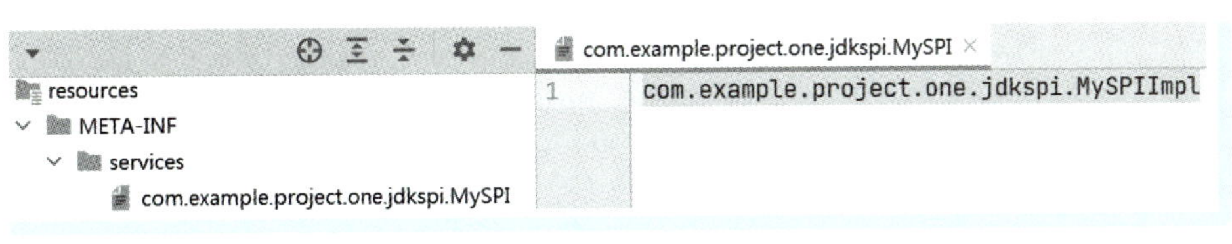

● 图 2-6 JDK 中的 SPI 配置文件

(4)在代码中以 SPI 方式引入实现类

配置好之后，JDK 会提供工具类 ServiceLoader 给我们使用，我们调用其相关方法引入实现类，在引入实现类的同时 ServiceLoader 已经自动帮我们完成了其对象的创建，如代码片段 2-34 所示(路径：com.example.project.one.jdkspi.SpiDemo)。

代码片段 2-34：通过 ServiceLoader 引入 SPI 实现类

```
public class SpiDemo {
    public static void main(String[] args) {
        //a.下面 for 循环中的的 ServiceLoader.load(MySPI.class)返回所有实现了 MySPI 接口的对象
        //b.所有在配置文件中的实现类的对象都可以从此迭代器获取
        for (MySPI mySPI : ServiceLoader.load(MySPI.class)) {
            //c.以接口(SPI)的形式调用注入的服务对象完成业务
            mySPI.doSth();
        }
    }
}
```

运行此 main 方法，查看控制台，可以看到我们前面编写的 MySPI 实现类 MySPIImpl 的对象正常工作了。这个机制为灵活创建对象和解耦提供了新的途径——从配置文件就可以完成相关接口的对象创建，具有很强的适配能力(实现类可以随意替换)。读者可以编写更多 MySPI 的实现类并写入如图 2-6 所示的配置文件中，然后不进行修改重新运行代码片段 2-34，观察运行结果，以此体会 JDK 中 SPI 机制的特点。

作为对照，我们来看一下各个数据库驱动包中的 SPI 配置，如图 2-7、图 2-8 所示。

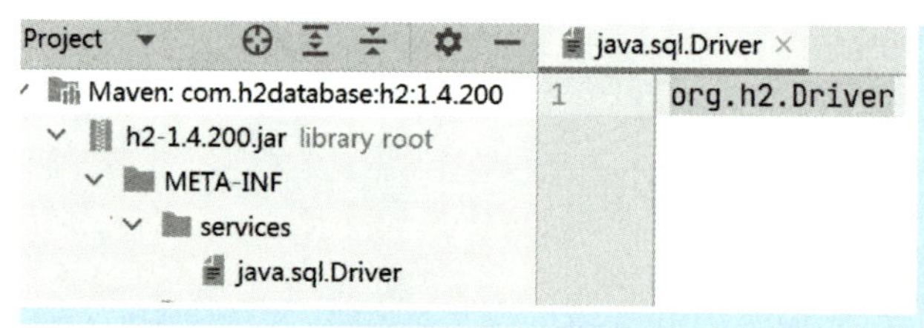

● 图 2-7　H2 数据库驱动的 SPI 配置

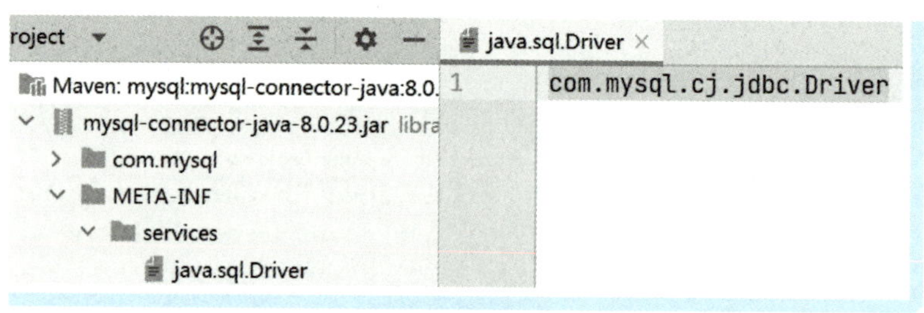

● 图 2-8　MySQL 数据库驱动的 SPI 配置

例子就举到这里，还有 Oracle 等数据库的驱动就不再列举了，请读者自行引入 ojdbc 的依赖，然后在其中找出 SPI 配置。

2. Spring Boot 中的 SPI 机制

在详细介绍了 JDK 中 SPI 的应用之后，我们来关注 Spring Boot 中与之相似的机制。将自己编写的依赖包提供给第三方使用时，通过 SPI 机制可以让对方无感知地加载一些内容从而完成自动配置，这种体验十分流畅。在本节中，我们主要讨论在 Spring Boot 中应用 SPI 机制加载配置文件。

可以想象，Spring Boot 的 SPI 配置文件和 JDK 的肯定不会一模一样，不然会引起混乱，但基本理念差不多。对 Spring Boot 2.7+版本而言（自然也包括 Spring Boot 3），它和 JDK 的 SPI 配置一样位于 resources/META-INF 目录下，不同的是不在 services 子目录中，而在 spring 子目录中，且文件名特别长：org.springframework.boot.autoconfigure.AutoConfiguration.imports。其实这个文件的名字，除去最后的扩展名“.imports”外，就是 Spring Boot 中和自动配置有关的注解@AutoConfiguration 的全限定名（后文再提到这个文件名时，一般简称为“ * AutoConfiguration.imports 文件”）。对于 Spring Boot 2.x 版本而言（包括 2.7+），除上述配置文件外，还额外有一个传统的 SPI 配置文件，也就是经典的 spring.factories，它直接位于 META-INF 目录下。两种 SPI 配置文件中内容的写法稍有不同，我们一一介绍。

对于全新的 imports 文件，使用起来非常简单，直接把要引入的配置或 BeanClass 全限定名写在里面就行，一个占一行，和 JDK 的 SPI 配置写法一模一样；而对于 spring.factories 文件，则要麻烦一点点，需要写成“接口=实现类”这样的 key-value（键-值）结构。

假定我们想在 SPI 中引入 CommonConfiguration 配置类，对于全新的 * AutoConfiguration.imports

文件，可以如代码片段 2-35 所示。

代码片段 2-35：高版本 Spring Boot 中全新的 SPI 配置

```
com.example.project.one.config.CommonConfiguration
```

直接将其全限定名写到文件里，独占一行即可。而对于传统的 spring.factories 文件，则如代码片段 2-36 所示。

代码片段 2-36：低版本 Spring Boot 中传统的 SPI 配置

```
org.springframework.boot.autoconfigure.EnableAutoConfiguration = com.example.project.
one.config.CommonConfiguration
```

如果需要同时引入多个配置，则各个配置类的全限定名之间使用逗号隔开。

经过 SPI 配置之后，就不再需要以编码的形式引入配置了，哪怕被打包成 jar 包提供给第三方都没问题。系统一旦启动，SPI 机制会自动工作，其中的配置文件会自动运行。

作为对照，我们来列举几个 Spring Boot 中自身依赖包的 SPI 配置(以 Spring Boot 3 为例)，如图 2-9、图 2-10 所示。

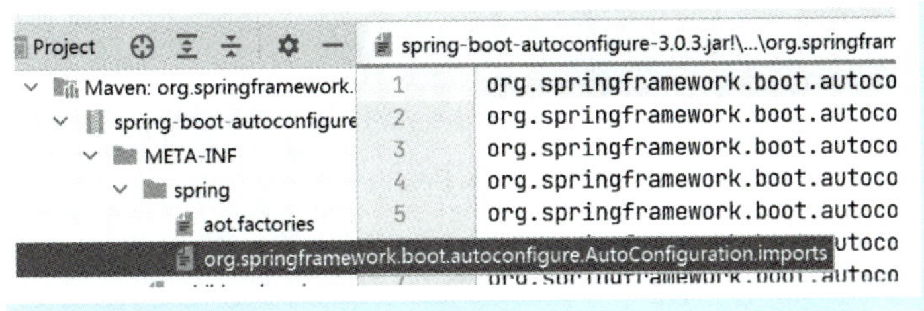

● 图 2-9 spring-boot-autoconfigure-3.0.3.jar 包的 SPI 配置

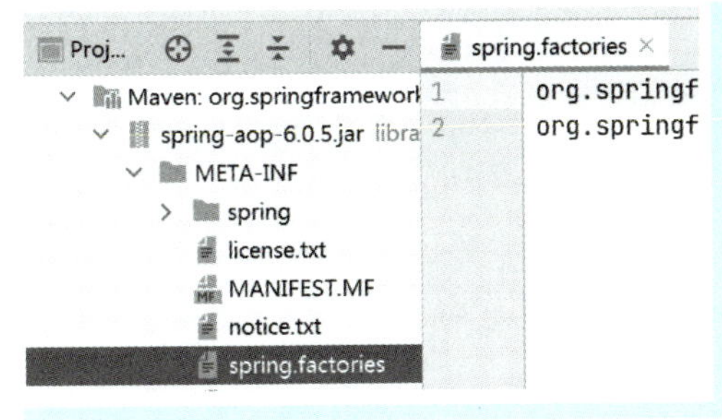

● 图 2-10 spring-aop-6.0.5.jar 包的传统 SPI 配置

2.3.7 FactoryBean

说到 Bean 的高级创建方式，FactoryBean 基本是迈不过去的坎。它的名称中带着 Factory，可见是创建 Bean 的工厂(并且它自身也会被注册为 Bean)，一般用于动态创建复杂的 Bean。此接口的核心方法，名为“getObject”（请读者自行查阅源码）。

由于 getObject 方法的逻辑由我们自行编写，因此可以这么理解：这个接口存在的意义之一，便是 BeanFactory 为我们提供的一种手动创建 Bean 的方式。

按官方的文档说明，FactoryBean 应该以 SPI 的眼光来看待（meant to be defined as SPI instances）——Spring 容器底层已经提供了处理 FactoryBean 的完整逻辑，此接口的各种实现类由生态开发者根据需求自行完成，最终 Spring 通过此接口调起相关服务，从而完成相关 Bean 的创建（后文会简述底层逻辑）。

关于 FactoryBean 的使用，我们先来简单演示一下。

假定我们有一个很“复杂”的组件 ProcessInfo，其定义如代码片段 2-37 所示（路径：com.example.project.one.scope.ProcessInfo）。

代码片段 2-37：“复杂”的组件

```
@Data //不喜欢使用 Lombok 的读者请自行生成相关 Getter、Setter 等
@AllArgsConstructor
public class ProcessInfo {
    private long ts; //时间戳,无意义的占位字段
}
```

鉴于此组件的复杂性，我们决定使用 FactoryBean 的形式来创建它，如代码片段 2-38 所示（路径：com.example.project.one.scope.ProcessInfoFactoryBean）。

代码片段 2-38：FactoryBean 的编写

```
@Component
public class ProcessInfoFactoryBean implements FactoryBean<ProcessInfo> {

    @Override
    public ProcessInfo getObject() { //x.FactoryBean 核心方法
        return new ProcessInfo(System.currentTimeMillis());
    }
    @Override
    public Class<?> getObjectType() {
        return ProcessInfo.class;
    }
}
```

看起来和普通 BeanClass 也差不多，但因为 Spring 底层对 FactoryBean 有特殊的处理，所以当 ProcessInfoFactoryBean 对象被创建为 Bean 时，Spring 会自动调用其 getObject 方法，并且将此方法返回的对象也注册为 Bean——够特殊了吧？这样处理过后，事实上会得到两个类型的 Bean，ProcessInfoFactoryBean 类型和 ProcessInfo 类型。我们在 DIRunner 中进行验证，如代码片段 2-39 所示（路径：com.example.project.one.runner.DIRunner）。

代码片段 2-39：验证 FactoryBean

```
@Autowired
private ProcessInfoFactoryBean processInfoFactoryBean;
@Autowired
private ProcessInfo processInfo;
```

请读者在 DIRunner 中适当的位置打上断点(或者直接在其 run 方法中输出相关信息)，观察上面代码中两个字段的注入情况。作为对比，去掉 ProcessInfoFactoryBean 定义(代码片段 2-38)上标注的@Component 注解，看看 DI 还能成功吗？如果不使用@Component 注解而通过@Bean 方法创建 ProcessInfoFactoryBean 对象，效果是不是一样？

ProcessInfo 没有任何模式注解标记，一般情况下 Spring 是不认识它的，除非我们手动调用，但因为有了 FactoryBean 的创建，它的对象最终也变成了 Bean。

最后，一个经典的信息要说明一下——我们在上面一系列代码中通过模式注解注册了 ProcessInfoFactoryBean 对象(Bean)，但其 BeanName 却不是“processInfoFactoryBean”，这个 BeanName 属于它运行了 getObject 方法后生成的 Bean(代码片段 2-38，x 处)，也就是 ProcessInfo 类型的 Bean 的名称。那么 ProcessInfoFactoryBean 在 Spring 容器中的 BeanName 究竟是什么呢？其实也很简单，在前面加一个“&”符号，即“&processInfoFactoryBean”。

除了 FactoryBean，还存在一个重要的“Factory”接口——ObjectFactory，它的使用和 FactoryBean 比较相似，核心方法名都是“getObject”，大名鼎鼎的 BeanFactory#getBean 方法实现中就使用了它。不过这两个接口定位不一样，前文已提到过，按官方说法，FactoryBean 应该作为 SPI 来对待，而 ObjectFactory 则是和 Bean 相关的普通 API。官方还非常贴心地为两个接口声明了不一样的异常列表，前者是通用的 Exception，后者则是 BeansException。

2.3.8 与初始化相关的注解和接口

常用的初始化机制包括注解和接口。注解主要是指@PostConstruct 和@Bean，接口则有 InitializingBean 和 SmartInitializingSingleton。@PostConstruct 注解看起来最是“自由”，只需往初始化方法上一放，当前 Bean 创建时便可自动运行。在使用方面，虽然源码文档中写了许多说明，其实一般说来并没有太多使用上的禁忌——基本上唯一禁忌就是不能有方法形参。我们可以在 BeanClass 的非静态方法上标记@PostConstruct，并且被标记的方法也可以有返回值，最终启动系统时它们都可以正确运行，只不过方法的返回值会被忽略罢了。

> **小提示**
>
> @PostConstruct 不是 Spring 的注解，它属于 Jakarta、Javax。与@Resource 注解一样，因为 JDK 版本变化导致路径变动，@PostConstruct 在 Spring Boot 3 中的路径是 jakarta.annotation.PostConstruct，而在 Spring Boot 2 中，jakarta 需要换成 javax。

除了@PostConstruct 注解之外，我们还能通过@Bean 方法来指定初始化方法（配置类中经常使用的@Bean）。@Bean 注解除了 name 属性外，还有 initMethod 属性，即初始化方法。通过此属性指定目标类中的自定义方法为初始化方法，其效果和@PostConstruct 类似。

除了注解，接口也可用于 Bean 的初始化，最常见的可能就是 InitializingBean 接口了。此接口与@PostConstruct 注解不同，它是真正的 Spring 组件（org.springframework.beans.factory.InitializingBean）。接口相比注解看起来更“正规”，毕竟接口方法把所有的约束都限定好了，正确实现它就能完成功能。对 InitializingBean 接口而言，只需要实现其对应的 afterPropertiesSet 方法即可完成 Bean 初始化，非常简单。相比之下注解的约束就弱得多，看起来“不那么正规”：是否为 static，是否为 final，是否有返回值，方法名是什么？都完全随意。

在运行时机方面，@PostConstruct 方法、@Bean 注解指定的初始化方法和 InitializingBean 接口方法是差不多的，都是在当前 Bean 创建完成时运行，且运行完了这些初始化方法后，当前 Bean 才算是真正进入了服务状态。一定要比较三者的运行时机的话，@PostConstruct 方法略早于 InitializingBean 接口方法，而后者又略早于@Bean 注解指定的初始化方法，后面在分析初始化机制的时候会提到。

接下来讲解 SmartInitializingSingleton 接口，从名称上看也知道，它也是用于 Bean 初始化的，不过它的运行时机比较有意思——在上下文刷新的最后阶段，所有非懒加载的 Bean 都被创建完成、系统即将启动 Web 容器时，它的接口方法才会被调用，这种运行时机有助于一些需要全局统筹或全局缓存的初始化。比如处理事件监听器的 org.springframework.context.event.EventListenerMethodProcessor 就实现了 SmartInitializingSingleton 接口，在接口方法中缓存全局@EventListener 事件监听方法，有兴趣的读者可以自行查阅其源码。

现在综合上面所述，我们来看一个例子，如代码片段 2-40 所示（路径：com.example.project.one.init.InitTest/InitForBeanAnno/InitTestConfiguration）。

代码片段 2-40：演示 Bean 的各种初始化

```
@Component
public class InitTest implements InitializingBean, SmartInitializingSingleton {
//-------------以下演示@Bean 注解以外的初始化机制-------------
    //a1.@PostConstruct 方法 1,final 方法
    //注意:官方文档不推荐@PostConstruct 标注于 final 方法,此处仅演示功能
    @PostConstruct
    public final void init0() {
        System.out.println("@PostConstruct-init0");
    }
    //a2.@PostConstruct 方法 2,static 方法
    //注意:官方文档不允许@PostConstruct 标注于 static 方法,此处仅演示功能
    @PostConstruct
    public static String init1() {
        System.out.println("@PostConstruct-init1");
```

```
        return "";
    }
    //a3.@PostConstruct 应该标注于普通实例方法
    @PostConstruct
    Public void init2(){
        System.out.println("@PostConstruct-init2");
    }

    //a4.InitializingBean 接口方法
    @Override
    public void afterPropertiesSet() throws Exception {
        System.out.println("InitializingBean 接口方法");
    }
    //a5.SmartInitializingSingleton 接口方法
    @Override
    public void afterSingletonsInstantiated() {
        System.out.println("SmartInitializingSingleton 接口方法");
    }
}
//-------------以下演示@Bean 注解的初始化机制-------------
//b.不带模式注解的普通类
public class InitForBeanAnno {
    public void init() {
        System.out.println("@Bean 注解指定初始化方法");
    }
}

//c1.注册 InitForBeanAnno 的配置类
@Configuration
public class InitTestConfiguration {
    @Bean(initMethod = "init") //c2.注册目标 Bean 并指定初始化方法
    public InitForBeanAnno initForBeanAnno() {
        return new InitForBeanAnno();
    }
}
```

启动系统，观察控制台的输出，感受不同初始化机制的运行时机，后续我们将详细阐述它们的底层运行原理。从这些初始化方式来看，@PostConstruct 注解和两个接口都比较直观，在 BeanClass 定义中就可以看出来，而通过@Bean 注解指定初始化方法的方式略显麻烦，但这种初始化方式对 BeanClass 的代码是无侵入的——既不需要在 BeanClass 中标注@ PostConstruct，也不需要 BeanClass 实现任何初始化接口。当不能修改 BeanClass 源码的时候（比如 BeanClass 位于第三方依赖包中），使用@ Bean 的初始化机制不失为一个好办法。

最后作为练习，请通过 SmartInitializingSingleton 接口获取当前 Spring 容器持有的全部 BeanName，

统计其中带有“spring”字样的部分并输出。提示：在 InitTest 中注入 ListableBeanFactory，然后在 afterSingletonsInstantiated 方法中调用 ListableBeanFactory#getBeanDefinitionNames 方法获取全部 BeanName 数组。

2.4 Bean 的诞生过程

从本节开始，我们将深入到框架底层进行研究。

我们基本介绍完了 Bean 的注入、查找、创建和初始化等内容，除此以外，还包括了各种配置的使用。对于 Bean 的操作而言，getBean 是非常重要且常用的一个方法，因此有必要将此方法的执行过程与前面的操作联系起来研究一下，从而揭示一个 Bean 的诞生过程。在研究的过程中，前面介绍过的各种机制，其底层原理也都会被一一揭示，这也是很多读者感兴趣的话题。

以下的解析默认基于示例工程 1 进行(Spring Boot 3.0.3)，示例工程 2(Spring Boot 2.7.9)与示例工程 1 大同小异，读者可以自行对比研究。后续分析底层逻辑时亦遵循此说明。

2.4.1 BeanFactory 与 DI、DL 的关系

我们已经提到，Spring 中实际的 BeanFactory 实现类是 DefaultListableBeanFactory，它实现了多个接口，同时有一些祖先类，这已经在 2.3.4 小节进行了说明，接下来我们围绕 BeanFactory 提出一个问题——依赖注入(DI)和依赖查找(DL)的区别在哪里?

首先我们需要达成一个共识——对于我们开发者来讲是 DI 的处理，对 Spring 而言就是 DL。这正如张三向李四借东西，对张三而言是借入(Borrow)，而对李四而言就是借出(Lend)，二者含义不同。正因为如此，BeanFactory 的 getBean 系列和 getSingleton 系列方法就成了谈论对象。当我们直接在代码中调用它们获取 Bean 时是 DL(主动查找)，而 BeanFactory 调用它们给我们的目标字段或目标方法参数(包括构造函数参数)赋值时，就变成了 DI(被动注入)。主动或被动，均是针对程序员而言，因为程序员才是编码的第一视角，Spring 框架只是个服务提供者。

然后更进一步，DI 也好，DL 也好，都需要一个 Bean 仓库。这好比一个快递点，假设我的快递已经在该点的仓库里了，我如果要求送货上门，这就是 DI(被动接收)，而如果我要自己来取，这就是 DL(主动收取)。主动与被动掌握在我这个收件人手里(主体)，而不是快递员手里(服务提供者)。所以事实上 DI 和 DL 都是对容器中 Bean 缓存的查找，只是发起查找的主体不同、时机不同而已。

弄清楚了这些，我们现在把目光聚焦至 BeanFactory#getBean 系列方法，这个系列的方法是获取 Bean 的核心，集成了查找、创建、初始化和注入 Bean 等相关功能，而且 getBean 方法内部也包含了对 getSingleton 方法的调用，所以我们重点研究 getBean，当涉及 getSingleton 方法时，也会一并说明。

getBean 方法虽然有多个重载版本，但最终都会指向 AbstractBeanFactory#doGetBean 方法，很多关于 Bean 的关键实现细节，都在其中。

2.4.2 DL 的底层逻辑

进入 doGetBean 方法后，最先的事情并不是创建 Bean，而是从缓存查找 Bean，在没有找到的情况下才会创建，如代码片段 2-41 所示（路径：org.springframework.beans.factory.support.AbstractBeanFactory#doGetBean）。

代码片段 2-41：BeanFactory 的查找逻辑

```
...
String beanName = transformedBeanName(name);
Object beanInstance;
//a.首先 getSingleton 查找已经存在的 Bean
Object sharedInstance = getSingleton(beanName);
if (sharedInstance != null && args == null) {
  ...
  //b.如果找到 Bean,判断是否 FactoryBean,是的话自动调用 getObject 方法并返回结果,否则返回本体
  beanInstance = getObjectForBeanInstance(sharedInstance, name, beanName, null);
}
...
```

这是 doGetBean 方法最开始的部分，在 a 处，我们便可以理解依赖查找（DL）的原理。以 BeanName 为参数，调用 getSingleton 方法查找 Bean 缓存。找到目标 Bean 之后，在 b 处判断此 Bean 是否为 FactoryBean：如果不是，直接返回目标 Bean，DL 结束；如果是，返回其 getObject 方法创建的对象。对于 FactoryBean 而言，“通常意义下的” BeanName 对应的 Bean 并不是自身，而是自己的 getObject 方法创建的 Bean（真正的业务 Bean），这正是我们在 2.3.7 FactoryBean 小节中提到过的内容。

至此，我们调用 getBean 进行 DL 的底层逻辑也就结束了。

更进一步，我们现在来关注代码片段 2-41a、b 两处的实现细节，即 getSingleton 方法和 getObjectForBeanInstance 方法。对于前者，如代码片段 2-42 所示（路径：org.springframework.beans.factory.support.DefaultSingletonBeanRegistry#getSingleton（java.lang.String，boolean））。

代码片段 2-42：BeanFactory 查找单例 Bean

```
protected Object getSingleton(String beanName, boolean allowEarlyReference) {
  //a.无锁查找 Bean 缓存,若找到,立即返回
  Object singletonObject = this.singletonObjects.get(beanName);
  if (singletonObject == null && isSingletonCurrentlyInCreation(beanName)) {
      singletonObject = this.earlySingletonObjects.get(beanName);//b
      if (singletonObject == null && allowEarlyReference) {
        synchronized (this.singletonObjects) { //c
```

```
            singletonObject = this.singletonObjects.get(beanName);//d
            if (singletonObject == null) {
              singletonObject = this.earlySingletonObjects.get(beanName); //e
              if (singletonObject == null) {
                  ObjectFactory<?> singletonFactory = this.singletonFactories.get(beanName); //f
                  if (singletonFactory != null) {
                    singletonObject = singletonFactory.getObject(); //g
                    this.earlySingletonObjects.put(beanName, singletonObject);
                    this.singletonFactories.remove(beanName);
                  }
              }
            }
          }
        }
  }
  return singletonObject;
}
```

此方法涉及 Spring 容器中经典的三层缓存机制，值得一提。a 处非常简单，无锁快速查找 Bean 缓存，若找到目标直接返回即可；如果没有找到，在 b 处查找更深层次的缓存，找到即返回；如果还是没有找到，则无锁快速查找彻底失败，在 c 处加锁再找，事实上形成双重检查锁（Double Checked Locking，DCL）。其原因是，万一在步骤 b 之后、c 之前这一小段时间内，恰好其他线程创建了目标 Bean 并写入缓存，DCL 可确保在 d 处完成查找并返回，避免并发情况下本线程因为早查找而返回 null 导致此 Bean 被重新创建一遍（请仔细体会这种并发情形）。如果 d 处仍然未找到，则在 e 处再次查找更深层的缓存，找到即返回；如果还是没有找到，则在 f 处查找最底层的缓存，找到即运行其 getObject 方法返回 Bean。最底层缓存与上两层不同，它缓存的是装载着原始 Bean 的 ObjectFactory 对象（2.3.7 小节有所提及，稍后会继续说明），要让它真正产生作用，必须运行 getObject 方法。

注意

DCL 是一种并发编程技巧，有兴趣的读者请自行参阅相关文章或书籍。假定有 A、B 两个线程（甚至更多线程。这里只以两个线程作说明）都想获取对象 X，它们并发运行。若当前系统并不存在对象 X，则 A 和 B 执行查找都会返回 null，这时候就面临一个问题：应该由哪个线程来创建 X？很明显，两个线程都创建一遍 X 是低效且危险的。这时候应该通过抢锁来争取此权利：抢到锁的线程进入同步块，创建 X，然后拿到它离开，等该线程离开同步块后，另一个线程进入同步块，这时候**不应该**立刻执行创建逻辑！它应该再次判断能否从全局缓存获取到 X，若获取到（因为其他线程提前创建了），直接返回获取到的对象 X 并离开，若获取不到（X 尚未被创建），再运行创建 X 的逻辑，这就是代码片段 2-42 在 synchronized 前后都会执行“singletonObject == null”判断的原因。

getSingleton 执行完代码片段 2-42 的逻辑后，如果仍然没有获得目标 Bean，则方法结束并返回 null，从而为后续 getBean 方法的走向提供条件判断。受到 protected 修饰符的限制，我们自己的业务代码无法直接调用此方法(业务代码必然不可能和此方法位于同一个 package 中)，但如果我们调用此方法的 public 版本——getSingleton(String)获取 Bean 的话，则需要自行兼容 null 返回值，因为这里返回 null 并不会触发异常。由此可以看出，getBean 方法并不是 Spring 提供给我们查找 Bean 的唯一方法，DL 时需要哪一种方法应该由我们自行判断——若可以容忍查找到 null 值，使用 getSingleton(String)方法，若不能容忍，则使用 getBean 方法。

回到本章节最开始的 doGetBean 方法(代码片段 2-41)，接下来看一下 b 处 getObjectForBeanInstance 方法的部分实现。对此方法我们的关注度要低一些，仅仅看一下它如何处理 FactoryBean 的 BeanName 即可，如代码片段 2-43 所示(路径：org.springframework.beans.factory.support.AbstractBeanFactory#getObjectForBeanInstance)。

代码片段 2-43：DL 时 Spring 对 FactoryBean 的处理

```
protected Object getObjectForBeanInstance(
      Object beanInstance, String name, String beanName, @Nullable RootBeanDefinition mbd) {
  //a.判断 BeanName 是否以"&"开头,若是则认定为 FactoryBean
  if (BeanFactoryUtils.isFactoryDereference(name)) {
      ...
      //b.以"&"开头的 BeanName 却不是 FactoryBean,不合规,抛出异常
      if (!(beanInstance instanceof FactoryBean)) {
        throw new BeanIsNotAFactoryException(beanName, beanInstance.getClass());
      }
      ...
      //c.判断结束。因为 BeanName 以"&"开头,所以需要获取的就是 FactoryBean 本身,并不需要再运行
//其 getObject 方法获取对象
      return beanInstance;
  }
  ...
  //d.BeanName 不以"&"开头,并且不是 FactoryBean,说明是普通 Bean,直接返回对象
  if (!(beanInstance instanceof FactoryBean<?> factoryBean)) {
      return beanInstance;
  }
  //e.代码运行到这里,说明调用方需要 FactoryBean#getObject 方法生成的对象。下面处理
//FactoryBean#getObject 方法相关的内容
  Object object = null;
  if (mbd != null) {
      ...
  }
  else {
      //f.从缓存获取,避免多调用一次 getObject 方法
      object = getCachedObjectForFactoryBean(beanName);
  }
```

```
  if (object == null) {
      ...
      //g.若是缓存中没有,则调用 getObject 方法生成新对象并缓存,供下次在步骤 f 处直接获取
      object = getObjectFromFactoryBean(factoryBean, beanName, ! synthetic);
  }
  //h.返回 FactoryBean#getObject 方法制造出的对象
  return object;
}
```

看了此方法，读者对前面介绍过的 FactoryBean 的相关内容有没有理解得更透彻一些？

上面的源码中每一步皆不难理解，因此将注释直接写在了源码中。g 处调用了 getObjectFromFactoryBean 方法，其源码较易理解，读者可以直接查看，此处就不再进行说明。此方法主要就是运行 getObject 方法并缓存之，并且添加了后置处理(如果需要)。

讨论至此，我们需要再次回顾本节最开始的代码片段 2-41，进一步关注 doGetBean 的后续逻辑。

我们之前讨论的内容基于 DL 成功，也就是在 a 处查找到了需要的 Bean，无论其是不是 FactoryBean，皆可以正确提取并返回。现在考虑更加复杂的情况，也就是在 a 处未找到需要的 Bean，即 getSingleton 方法返回了 null 的情况，此时目标 Bean 还未诞生，处理方法将在下一节进行讲解。

2.4.3 原始 Bean 的诞生

在 AbstractBeanFactory#doGetBean 方法(代码片段 2-41)中，在 getSingleton 方法返回 null 之后，doGetBean 方法不会立即返回，而是进入更深层次的逻辑，如代码片段 2-44 所示(路径：org.springframework.beans.factory.support.AbstractBeanFactory#doGetBean)。

代码片段 2-44：doGetBean 处理找不到目标 Bean 的情况

```
else {
  ...
  try {
      ...
      //a.获取 BeanDefinition
      RootBeanDefinition mbd = getMergedLocalBeanDefinition(beanName);
      checkMergedBeanDefinition(mbd, beanName, args);
      ...
      //b.处理@DependsOn 注解
      String[] dependsOn = mbd.getDependsOn();
      if (dependsOn != null) {
        for (String dep : dependsOn) {
            ...
            registerDependentBean(dep, beanName);
            try {
              //x.调用 getBean 方法创建 dependsOn 数组中的 Bean
```

```
                getBean(dep);
            }
            ...
        }
    }
    ...
    if (mbd.isSingleton()) {//c.单例 Bean 的创建
        //d.查找 Bean
        sharedInstance = getSingleton(beanName, () -> {
            try {
                //e.创建 Bean
                return createBean(beanName, mbd, args);
            }
            ...
        });
        //f.处理 FactoryBean 相关
        beanInstance = getObjectForBeanInstance(sharedInstance, name, beanName, mbd);
    }
    else if (mbd.isPrototype()) {
        ...
    }
    else {
        ...
    }
  }
  ...
}
```

从 b 处可以看到，在当前 Bean 对象尚未创建的情况下，将优先处理 dependsOn 数组，即当前 Bean 明确指定过需要先于自己创建的 Bean 数组，此数组正是来自我们熟悉的@DependsOn 注解。也就是说，在最初扫描并生成 BeanDefinition 阶段，@DependsOn 注解中写入的 BeanName 数组就会被记录，最终在 b 处得以体现，在当前 Bean 尚未创建完成的情况下被优先处理——这便是@DependsOn注解的底层支撑。

有了上面的介绍，我们来关注 x 处。此处直接对 dependsOn 数组中的 BeanName 循环调用 getBean方法，已知 getBean 系列方法最终都会指向对 doGetBean 方法的调用，既能查找，也能创建，因此事实上这里的 getBean 最终会递归调用 doGetBean 方法自身，而如此做的目的，自然并不是只是“获取(即 getBean 的 get)”当前 Bean 依赖的这些 Bean，而是要“创建”它们(如果之前尚未创建的话)。对每一个依赖的 BeanName 全部调用过一次 getBean 方法之后，可以确保这些 Bean 全部被创建，从而使得当前 Bean 所依赖的其他 Bean 全部就绪，为当前 Bean 的后续创建扫清障碍。在理解这部分代码的时候，一定要站在“当前 Bean”的角度，暂时不理会那些被依赖的 Bean 的具体创建流程(比如 x 处)。

之后，代码继续向下运行，开始进行当前 Bean 的创建。由于 Singleton 是最常用的 Scope，因此我们只关注 c 处这个 if 块。至于 Prototype 或其他的 Scope，读者可以按相同的思路自行剖析。

代码在 if 块中，d 处调用了 getSingleton 方法，这也是当前块中最重要的步骤。这里的写法乍一看有点奇怪，其实是运用了 Java 8 的特性——函数式接口。e 处的 createBean 方法事实上是 ObjectFactory#getObject方法的具体实现，这里可能不太容易理解，直接查看 getSingleton 方法的定义就清楚了，如代码片段 2-45 所示(路径：org.springframework.beans.factory.support.DefaultSingletonBeanRegistry#getSingleton)。

代码片段 2-45：带函数式接口参数的 getSingleton 方法

```
public Object getSingleton(String beanName, ObjectFactory<?> singletonFactory) {
  ...
  //a.所有线程调用 getBean 方法创建 Bean 都会进入这里,添加同步锁
  synchronized (this.singletonObjects) {
      //b.进入同步块后再次获取当前 Bean,看看之前是否已被其他线程创建。若已被成功创建,获取 Bean 后
//直接返回,否则开始当前 Bean 的创建流程(相当于一个跨度很长的 DCL)
      Object singletonObject = this.singletonObjects.get(beanName);
      if (singletonObject == null) {
        ...
        boolean newSingleton = false;
        ...
        try {
            //c.创建 Bean,也就是 createBean(上一代码片段 e 处)
            singletonObject = singletonFactory.getObject();
            newSingleton = true;
        }
        ...
        if (newSingleton) {
            //d.新创建出来的单例 Bean,添加至缓存后返回给调用方
            addSingleton(beanName, singletonObject);
        }
      }
      return singletonObject;
  }
}
```

省略了不太重要的部分后，剩余的核心代码已不难理解。很显然，每一个单例 Bean 只应该被某个线程创建一次后缓存，并且整个创建的过程都是排它的，所以整个方法实现几乎全被一个同步块包起来了(a 处)：synchronized（this.singletonObjects）{…}。可以想象如果没有这个同步锁，那么当并发情况下多个线程请求同一个目标 Bean 并且同时到达这里时，它们将有可能各自独立创建目标 Bean(因为在 b 处它们获取的结果都是 null，这样将各自运行 c、d 等处的代码)，这肯定是不合适的，导致重复创建且存在隐患。同步块保证了所有线程创建 Bean 的行为在这里变成串行(线程阻塞相互竞争，同一时间只有一个线程会胜出)，这样就避免了目标 Bean 的创建行为在不

同的线程之间同时上演。

进入同步块之后，b 处再次调用 Bean 缓存试图获取目标 Bean(DCL)，若当前线程在其他线程后进入同步块，且之前的线程已经将目标 Bean 创建好了，那么当前线程获取到 Bean 即可返回，避免了重新创建一次。要知道，当前线程很可能也是经过了排队竞争后进入 a 同步块的，如果有其他线程在之前与当前线程竞争中胜出，则会优先于当前线程进入 a 同步块，如果这个线程试图获取的 Bean 恰好和当前线程是同一个(即“目标 Bean”)，那它就会提前创建。它离开同步块后，目标 Bean 事实上已经缓存至容器中了，这时当前线程进入同步块，只需要再次查询 Bean 缓存即可完成全部逻辑，无须再执行一次创建流程，这就是 b 处代码的意义。上面的流程可以简单用图 2-11 表示。

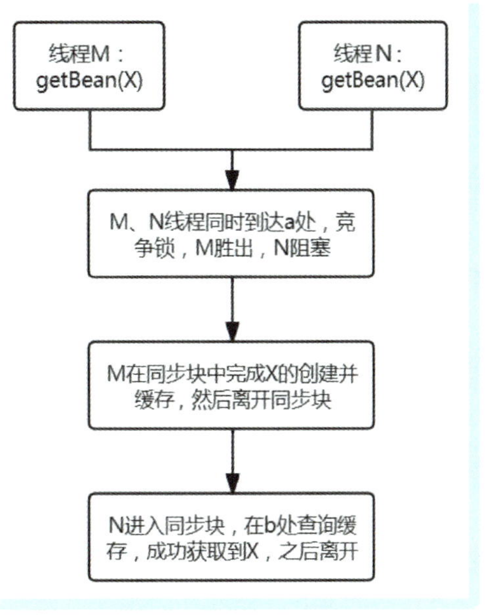

● 图 2-11 并发情况下各线程同时 get 目标 Bean 的流程

上面描述的是多个线程同时试图获取目标 Bean 的情况。如果当前线程是第一个请求目标 Bean 的线程的话，在 b 处代码将仍然获取到 null，这时候代码就会继续运行至 c 处，开始目标 Bean 的创建。这里调用了 ObjectFactory#getObject 方法，此方法的实现是在 doGetBean 方法(代码片段 2-44)中 d 处 getSingleton 方法的第 2 个参数(ObjectFactory 类型)，主要就是 createBean 方法(再次说明这里使用了函数式接口的写法，所以看起来有一点“奇怪”)。通过 getObject 方法之后，目标 Bean 将被成功创建，之后 getSingleton 方法(代码 2-45)进入 d 处，将目标 Bean 添加至缓存然后返回之。至此，一个 Bean 创建完成。

有读者可能会问，这里看起来只有 Bean 的创建主流程，但具体创建逻辑、DI 和初始化机制呢？没错，既然这里走完了 Bean 的创建流程也没有找到那些逻辑，只能说明它们全部隐藏在 c 处 ObjectFactory#getObject 方法中，即从 doGetBean 方法(代码片段 2-44)e 处传入的 createBean 方法中！createBean 方法如代码片段 2-46 所示(路径：org.springframework.beans.factory.support.AbstractAutowireCapableBeanFactory#createBean)。

代码片段 2-46：Spring 根据 BeanDefinition 创建 Bean 的主方法

```
protected Object createBean(String beanName, RootBeanDefinition mbd, @Nullable Object[]
args) throws BeanCreationException {
  ...
  try {
      //a.调用 InstantiationAwareBeanPostProcessor 接口方法接管 Bean 的创建流程
      Object bean = resolveBeforeInstantiation(beanName, mbdToUse);
```

```
        if (bean != null) {
            return bean;
        }
    }
    ...
    try {
        //b.BeanFactory 创建 Bean 的核心逻辑
        Object beanInstance = doCreateBean(beanName, mbdToUse, args);
        ...
        return beanInstance;
    }
    ...
}
```

在 a 处，会调用一个特别的后置处理器——InstantiationAwareBeanPostProcessor，按源码中的注释，这里本质上是给程序员一个自定义代理 Bean 的机会，从而避开 BeanFactory 的 Bean 创建机制，一般我们用不上（AOP 之类的框架会用得着。在本书最后一章我们也会简单实现类似机制），所以我们的关注目光来到 b 处，这里可能就是整个 createBean 方法中最值得关注的地方了。

小提示

后置处理器（BeanPostProcessor，BPP）用于在 Bean 创建过程中对 Bean 进行一些自定义的修改，很多重要的功能都是由它们实现的。按源码中的注释，它们的本质是"Factory hook"。因为 DI 本身也是对 Bean 的修改（为其中的字段赋值，相当于修改了字段值），所以 DI 的处理也是通过后置处理器完成的。

就像 getBean 最终进到 doGetBean 一样，createBean 最终也进到 doCreateBean 方法，我们来看一下其源码，如代码片段 2-47 所示（路径：org.springframework.beans.factory.support.AbstractAutowireCapableBeanFactory#doCreateBean）。

代码片段 2-47：创建原始 Bean 的具体逻辑

```
protected Object doCreateBean(String beanName, RootBeanDefinition mbd, @Nullable Object[]
args) throws BeanCreationException {
    ...
    if (instanceWrapper == null) {
        //a.创建持有 Bean 对象的 BeanWrapper
        instanceWrapper = createBeanInstance(beanName, mbd, args);
    }
    //b.获取 Bean 对象
    Object bean = instanceWrapper.getWrappedInstance();
    ...
    synchronized (mbd.postProcessingLock) {
        if (!mbd.postProcessed) {
```

```
        try {
          //c.在这里运行一些特别的后置处理器
          applyMergedBeanDefinitionPostProcessors(mbd, beanType, beanName);
        }
      ...
    }
  }
  ...
  if (earlySingletonExposure) {
      ...
      //d.将当前尚未完全创建好的 Bean 添加至容器三层缓存的最后一层
      addSingletonFactory(beanName, () -> getEarlyBeanReference(beanName, mbd, bean));
  }
  ...
  Object exposedObject = bean;
  try {
      //e.组装 Bean,DI 在此完成
      populateBean(beanName, mbd, instanceWrapper);
      //f.初始化 Bean,各种初始化接口、方法和注解在此运行
      exposedObject = initializeBean(beanName, exposedObject, mbd);
  }
  ...
  try {
      //g.注册 DisposableBean,用于关闭 JVM 时调用销毁方法
      registerDisposableBeanIfNecessary(beanName, bean, mbd);
  }
  ...
  return exposedObject;
}
```

我们尽可能省略了和主干无关的源码，专注于一个 Bean 诞生的过程。光看代码中的注释，读者有没有一下子发现了很多细节？没错，我们平时用到的很多编码机制都在这里一一完成。

在 a 处完成了原始 Bean 对象的创建，并将之绑定至一个 BeanWrapper。a 处实际调用了 createBeanInstance 方法，如代码片段 2-48 所示(路径 org.springframework.beans.factory.support.AbstractAutowireCapableBeanFactory#createBeanInstance)。

代码片段 2-48：创建原始 Bean

```
protected BeanWrapper createBeanInstance(String beanName, RootBeanDefinition mbd, @Nullable Object[] args) {
  ...
  //a.通过调用@Bean 方法创建 Bean
  if (mbd.getFactoryMethodName() != null) {
      return instantiateUsingFactoryMethod(beanName, mbd, args);
  }
```

```
    //b.通过自动调用构造函数创建 Bean(此处省略)
    ...
}
```

createBeanInstance 方法的调用链很深，需要关注两点：基于 FactoryMethod 的对象创建和基于构造函数的对象创建。

FactoryMethod 是什么？其实它是我们的老朋友了，就是@Bean 注解的方法！前面我们在配置类中编写的一个个标注了@Bean 注解的方法，被称为 FactoryMethod(请自行体会此名称)。我们知道@Bean 注解方法的返回值将直接作为一个 Bean 被容器处理，因此 createBeanInstance 方法中必然有对@Bean 注解方法的调用和结果处理。处理 FactoryMethod 的调用链如下所示。

```
AbstractAutowireCapableBeanFactory#createBeanInstance,
→ AbstractAutowireCapableBeanFactory#instantiateUsingFactoryMethod,
→ ConstructorResolver#instantiateUsingFactoryMethod,
→ ConstructorResolver#instantiate,
→ SimpleInstantiationStrategy#instantiate。
```

最终来到 SimpleInstantiationStrategy#instantiate 方法，如代码片段 2-49 所示(路径：org.springframework.beans.factory.support.SimpleInstantiationStrategy#instantiate)。

代码片段 2-49：@Bean 方法的运行时机

```
public Object instantiate(RootBeanDefinition bd, @Nullable String beanName, BeanFactory owner,@Nullable Object factoryBean, final Method factoryMethod, Object... args) {
  try {
      //a.非 public 的@Bean 方法一律打开访问限制
      ReflectionUtils.makeAccessible(factoryMethod);
      ...
      try {
        ...
        //b.调用@Bean 方法,接收其返回值
        Object result = factoryMethod.invoke(factoryBean, args);
        if (result == null) {
            //c.若@Bean 方法返回 null,则使用 NullBean 作为占位符
            result = new NullBean();
        }
        return result;
      }
      ...
  }
  ...
}
```

在 a 处打开了非 public 的@Bean 方法的访问限制，也就是说哪怕我们编写的@Bean 方法由 private修饰，依然会被正确调用。在 b 处则是对@Bean 方法的反射调用并承接结果，也就是在此

处，我们在@Bean 方法中写下的逻辑会被执行，并且返回结果供后续处理，如果@Bean 方法有形参的话（也就是需要注入其他的 Bean），也会映射到这里的 args 变量上一并进行方法调用。解析@Bean方法参数的调用链如下所示。

```
AbstractAutowireCapableBeanFactory#instantiateUsingFactoryMethod,
→ ConstructorResolver#instantiateUsingFactoryMethod,
→ ConstructorResolver#createArgumentArray,
→ ConstructorResolver#resolveAutowiredArgument,
→ DefaultListableBeanFactory#resolveDependency,
→ DefaultListableBeanFactory#doResolveDependency。
```

最后的 doResolveDependency 方法十分有名，我们后续会频繁提起它。它是解析依赖的核心方法，只要解析 Bean 依赖都用它（而且它也解析值注入，后面会介绍），后续我们会专门分析此方法。它既用于构造函数或@Bean 方法注入时获取与形参对应的依赖（普通 Bean 或 BeanFactory 等系统组件），也用于字段注入和 Setter 注入等依赖获取。在表面上见到的形形色色的表现，放到底层都是同一套逻辑。

现在回到 instantiate 方法（代码片段 2-49）的 c 处，这里的逻辑表明，哪怕在@Bean 方法中返回 null，依然不会报错，容器会使用 NullBean 作为占位符 Bean 返回，后面的逻辑将照常进行。不过，如果我们试图在其他 Bean 中注入此 NullBean 的话，会发生什么？有兴趣的读者请大胆一试。

FactoryMethod 的逻辑完成后，我们再次回到 createBeanInstance 方法（代码片段 2-48）关注另一个分支（b 处），即由@Component 等模式注解标记的 BeanClass 如何被自动调用构造函数创建 Bean？这时候的调用链如下所示。

```
AbstractAutowireCapableBeanFactory#createBeanInstance,
→ AbstractAutowireCapableBeanFactory#autowireConstructor,
→ ConstructorResolver#autowireConstructor,
→ ConstructorResolver#instantiate,
→ SimpleInstantiationStrategy#instantiate,
→ BeanUtils#instantiateClass(java.lang.reflect.Constructor<T>, java.lang.Object...)。
```

跟着调用链追踪，最终来到 BeanUtils#instantiateClass 方法，在这里终于见到了 JDK 级别的构造函数调用，如代码片段 2-50 所示（路径：org.springframework.beans.BeanUtils#instantiateClass）。

代码片段 2-50：BeanClass 构造函数的运行时机

```
public static <T> T instantiateClass(Constructor<T> ctor, Object... args) throws BeanIn-
stantiationException {
  ...
  try {
      //a.打开非 public 构造函数的访问权限
      ReflectionUtils.makeAccessible(ctor);
      ...
      else {
        int parameterCount = ctor.getParameterCount();
```

```
        ...
        if (parameterCount == 0) {
            //b.调用无参构造函数
            return ctor.newInstance();
        }
        Class<?>[] parameterTypes = ctor.getParameterTypes();
        Object[] argsWithDefaultValues = new Object[args.length];
        for (int i = 0 ; i < args.length; i++) {
            if (args[i] == null) {
              Class<?> parameterType = parameterTypes[i];
              argsWithDefaultValues[i] = (parameterType.isPrimitive() ? DEFAULT_TYPE_VAL-
UES.get(parameterType) : null);
            }
            else {
              argsWithDefaultValues[i] = args[i];
            }
        }
        //c.调用有参构造函数
        return ctor.newInstance(argsWithDefaultValues);
      }
  }
  ...
}
```

对于使用默认构造函数(即无参构造函数)的 BeanClass 而言非常简单，在 b 处直接调用即可生成对象；而如果构造函数有形参，即有对其他 Bean 或组件的 DI，则会和前面处理 FactoryMethod 一样，经历长长的调用链最终调用到 doResolveDependency 方法。通过 doResolveDependency 方法解析参数需要的依赖，最后在 c 处得以完成对有参构造函数的调用，从而成功创建出需要的 Bean。同样，我们在此给出获取参数所需依赖的调用链。

```
AbstractAutowireCapableBeanFactory#createBeanInstance,
→ AbstractAutowireCapableBeanFactory#autowireConstructor,
→ ConstructorResolver#autowireConstructor,
→ ConstructorResolver#createArgumentArray, //a
→ ConstructorResolver#resolveAutowiredArgument,
→ DefaultListableBeanFactory#resolveDependency,
→ DefaultListableBeanFactory#doResolveDependency。
```

可以看到从 a 处开始，其实和前面处理 FactoryMethod 一样是调用了同一个方法解析依赖，因此最终同样到达 doResolveDependency 方法。

到目前为止，无论是通过@Bean 方法还是 BeanClass 的构造函数，目标 Bean(原始状态)都已经被创建出来了，那是不是到这里就算大功告成了呢？并不是，后续还有其他逻辑，诸如当前 Bean 对其他 Bean 的非构造函数 DI(字段注入、Setter 注入之类)、Bean 的初始化等(可以回顾

2.3.8 小节）。从 BeanUtils#instantiateClass 方法（代码片段 2-50）的 c 处可以看出，基于构造函数的 DI 时机非常早（argsWithDefaultValues 变量承载了全部需要 DI 的内容），必须准备好相关依赖后才能调用构造函数（即强制依赖），而非调用构造函数生成原始对象后再进行 DI。

现在我们跟着 JVM 的脚步，释放栈帧，返回至 doCreateBean 方法（代码片段 2-47）的 b 处，在这里将从 BeanWrapper 中取得刚才创建的原始 Bean 对象。至于 c 处，则是运行一些后置处理器，这里面就包括了处理@Autowired 注解的 AutowiredAnnotationBeanPostProcessor 和处理@Resource 注解的 CommonAnnotationBeanPostProcessor。在这里它们的作用基本相同，即提前扫描需要 DI 的字段或方法并缓存。以前者为例，其主体逻辑如代码片段 2-51 所示（路径：org.springframework.beans.factory.annotation.AutowiredAnnotationBeanPostProcessor#findAutowiringMetadata）。

代码片段 2-51：缓存@Autowired 依赖的内容

```
private InjectionMetadata findAutowiringMetadata(String beanName, Class<?> clazz, @Nullable PropertyValues pvs) {
  String cacheKey = (StringUtils.hasLength(beanName) ? beanName : clazz.getName());
  //a.快速检查缓存
  InjectionMetadata metadata = this.injectionMetadataCache.get(cacheKey);
  if (InjectionMetadata.needsRefresh(metadata, clazz)) {
      synchronized (this.injectionMetadataCache) {
        //b.同步块中双检查锁(DCL),保证相同的内容只会被一个线程缓存一次
        metadata = this.injectionMetadataCache.get(cacheKey);
        if (InjectionMetadata.needsRefresh(metadata, clazz)) {
            ...
            //c.缓存需要注入的内容
            this.injectionMetadataCache.put(cacheKey, metadata);
        }
      }
  }
  return metadata;
}
```

如果@Autowired 字段或方法被 static 修饰，AutowiredAnnotationBeanPostProcessor 会发出警告并忽略（即平时编码试图注入至静态变量时遇到的警告，没有遇到过的读者请立刻实践）；而处理@Resource注解的 CommonAnnotationBeanPostProcessor 则严格得多，一旦遇到需要 DI 的变量或方法被 static 修饰，将直接抛出 IllegalStateException 异常，结束启动流程，这一点也请读者自行编码验证。

AutowiredAnnotationBeanPostProcessor 在扫描字段或方法时，遇到 static 时的处理逻辑如代码片段 2-52 所示（路径：org.springframework.beans.factory.annotation.AutowiredAnnotationBeanPostProcessor#buildAutowiringMetadata）。

代码片段 2-52：@Autowired 注解遇到静态字段时的处理

```
private InjectionMetadata buildAutowiringMetadata(Class<?> clazz) {
  ...
```

```
do {
    ...
    ReflectionUtils.doWithLocalFields(targetClass, field -> {
      MergedAnnotation<?> ann = findAutowiredAnnotation(field);
      if (ann != null) {
          if (Modifier.isStatic(field.getModifiers())) {
            if (logger.isInfoEnabled()) {
                //a.静态字段警告
                logger.info("Autowired annotation is not supported on static fields: " + field);
            }
            return;
          }
          ...
      }
    });
    ReflectionUtils.doWithLocalMethods(targetClass, method -> {
      ...
      if (ann != null && method.equals(ClassUtils.getMostSpecificMethod(method, clazz))) {
          if (Modifier.isStatic(method.getModifiers())) {
            if (logger.isInfoEnabled()) {
                //b.静态方法警告
                logger.info("Autowired annotation is not supported on static methods: " + method);
            }
            return;
          }
          ...
      }
    });
    ...
}
```

仔细看上面警告处输出的内容，是不是和我们平时使用@Autowired 注解静态字段时遇到的内容完全匹配？相比之下使用@Resource 注解注入静态字段或方法就没有这么温和了，CommonAnnotationBeanPostProcessor 会“重拳出击”，如代码片段 2-53 所示（路径：org.springframework.context.annotation.CommonAnnotationBeanPostProcessor#buildResourceMetadata）。

代码片段 2-53：@Resource 注解遇到静态字段时的处理

```
private InjectionMetadata buildResourceMetadata(Class<?> clazz) {
  ...
  do {
    ReflectionUtils.doWithLocalFields(targetClass, field -> {
      ...
      else if (field.isAnnotationPresent(Resource.class)) {
          if (Modifier.isStatic(field.getModifiers())) {
```

```
                //a.针对@Resource 修饰的静态字段抛异常
                throw new IllegalStateException("@Resource annotation is not supported on static
fields");
            }
            ...
        }
    });
    ReflectionUtils.doWithLocalMethods(targetClass, method -> {
        ...
        if (method.equals(ClassUtils.getMostSpecificMethod(method, clazz))) {
            ...
            else if (bridgedMethod.isAnnotationPresent(Resource.class)) {
                if (Modifier.isStatic(method.getModifiers())) {
                    //b.针对@Resource 修饰的静态方法抛异常
                    throw new IllegalStateException("@Resource annotation is not supported on
static methods");
                }
                ...
            }
        }
    });
    ...
}
```

我们再次回到主逻辑上来，doCreateBean 方法(代码片段 2-47)来到 d 处，将刚才创建的 Bean 以 ObjectFactory 的形式添加至容器的第三层缓存，即 singletonFactories 缓存之中。读者可以回顾一下上一节的 getSingleton 方法(代码片段 2-42)，第三层缓存是不是正是这个变量名？而且从第三层缓存中取出的对象，是不是都要运行一次 getObject 方法才返回(代码片段 2-42 中 g 处)？

为什么会在此处将 Bean 做成 ObjectFactory 放入缓存呢？这可以给依赖当前 Bean(即“目标 Bean”)的其他 Bean 一个占位符(比如并发创建 Bean、循环依赖等)。有了此占位符，虽然目标 Bean 尚未创建完成，但其他依赖此 Bean 的 Bean 却可以正常完成 DI，不必受制于目标 Bean 的完成情况。其中，最“严重”的情况当属循环依赖了。

循环依赖是一种不安全的编程方式，在高版本的 Spring Boot(>=2.6)中默认已被禁用，但确实可以开启它并使用。假定 A-Bean 中存在对 B-Bean 的 DI，而 B-Bean 中也存在一个对 A-Bean 的 DI，如果 DI 发生在构造函数中，这个操作将无法完成。试想，A-Bean 想要创建自身对象，首先需要创建 B-Bean 作为参数，但要想创建 B-Bean，又得先去创建 A-Bean 作为参数，如此循环将永远也没有终点(想一下最终会怎么样?)。虽然 Spring 可以提前检测到此不良循环依赖并阻止，但仍然无法正常完成此循环 DI，启动失败。如果循环依赖不是发生在构造函数中而是通过注解或 Setter 来表现的话，Spring 可以帮忙完成，这时候上面讲到的第三层缓存也就派上用场了。试想，原始的 A-Bean 刚刚被创建出来，尚未完成初始化等步骤，不能正常提供服务，但却被包装成

ObjectFactory 放到了容器的第三层缓存中。由于 A-Bean 依赖 B-Bean，因此在 A-Bean 创建完成之前，会先创建 B-Bean 以供 A-Bean 使用。与 A-Bean 的创建类似，当原始的 B-Bean 被创建出来且放到第三层缓存中之后，会发现依赖 A-Bean，这时候怎么办？这时直接从第三层缓存中取出包装着 A-Bean 的 ObjectFactory 再运行其 getObject 方法即可获取到 A-Bean。虽然这时候 A-Bean 依赖的 B-Bean 尚未完全准备好，但毕竟不是 null 了。这逻辑看起来确实有些“巧妙”，无论如何，它确实解决了循环依赖的问题。上面的流程如图 2-12 所示。

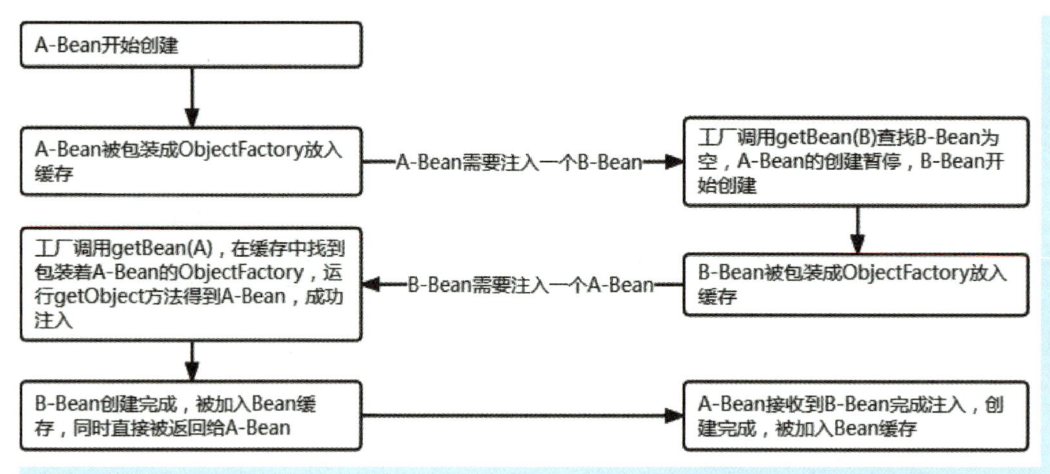

• 图 2-12　循环依赖的初始化大致流程

从上面的介绍可以再次清楚看出，基于构造函数的 DI 确实更加稳固——必须完全准备好依赖的 Bean 之后才能运行当前 Bean 的构造函数。

2.4.4　DI 的底层逻辑和批量注入时的排序机制

我们继续关注 doCreateBean 方法（代码片段 2-47）。将对象包装成 ObjectFactory 放到第三层缓存 singletonFactories 之后，便来到 e 处，开始处理对象中的各种 DI，这里称作“populate”挺贴切的，因为 DI 的本质就是将需要的 Bean“填充至”目标字段中。e 处的 populateBean 方法，自然处理的是非构造函数 DI（请读者回忆一下构造函数 DI 是在哪里完成的），包括注解注入与 Setter 注入，处理它们也依然由后置处理器（BPP）完成。

1. DI 的大致流程

populateBean 方法乍一看逻辑很多，但我们在此仅需关注对 BPP 的调用，如代码片段 2-54 所示（路径：org.springframework.beans.factory.support.AbstractAutowireCapableBeanFactory#populateBean）。

代码片段 2-54：非构造函数 DI 入口

```
protected void populateBean (String beanName, RootBeanDefinition mbd, @Nullable BeanWrapper
bw) {
```

```
  ...
  if (hasInstantiationAwareBeanPostProcessors()) {
    ...
    for (InstantiationAwareBeanPostProcessor bp : getBeanPostProcessorCache().instanti-
ationAware) {
      //a.调用 InstantiationAwareBeanPostProcessor
      PropertyValues pvsToUse = bp.postProcessProperties(pvs, bw.getWrappedInstance(),
beanName);
      ...
    }
  }
  ...
}
```

此方法中我们目前只需要关注 a 处，即对 InstantiationAwareBeanPostProcessor 接口方法 postProcessProperties 的调用。InstantiationAwareBeanPostProcessor，光看名字就知道它仍然是一种 BPP，它是原始的 BeanPostProcessor 接口的子接口。前面提到过的处理@Autowired 和@Resource 注解的两个 BPP——AutowiredAnnotationBeanPostProcessor 和 CommonAnnotationBeanPostProcessor，也实现了 InstantiationAwareBeanPostProcessor 接口，所以它们都会在这里被调用，而两者的 postProcessProperties 方法中逻辑也高度相似，以 AutowiredAnnotationBeanPostProcessor 为例，大致如代码片段 2-55 所示(路径：org.springframework.beans.factory.annotation.AutowiredAnnotationBeanPostProcessor#postProcessProperties)。

代码片段 2-55：@Autowired 的注入入口

```
public PropertyValues postProcessProperties(PropertyValues pvs, Object bean, String bean-
Name) {
  //a.从缓存中寻找目标 Bean 中由@Autowired 注解的字段和方法
  InjectionMetadata metadata = findAutowiringMetadata(beanName, bean.getClass(), pvs);
  try {
    //b.执行注入
    metadata.inject(bean, beanName, pvs);
  }
  ...
  return pvs;
}
```

a 处从缓存中寻找全部带有@Autowired 注解的字段和方法(在 findAutowiringMetadata 方法中已经缓存了，代码片段 2-51)，b 处执行注入。

针对 b 处，最终字段注入的逻辑如代码片段 2-56 所示(路径：AutowiredAnnotationBeanPostProcessor.AutowiredFieldElement#inject)。

代码片段 2-56：@Autowired 字段的注入

```
Field field = (Field) this.member;
  ...
```

```
  else {
      //a.寻找需要注入内容
      value = resolveFieldValue(field, bean, beanName);
  }
if (value != null) {
  //b.打开非 public 字段的访问限制
  ReflectionUtils.makeAccessible(field);
  //c.设值(DI)
  field.set(bean, value);
}
```

Setter 方法注入的逻辑如代码片段 2-57 所示(路径：org.springframework.beans.factory.annotation.AutowiredAnnotationBeanPostProcessor.AutowiredMethodElement#inject)。

代码片段 2-57：@Autowired Setter 方法的注入

```
try {
  //a.打开非 public 方法的访问限制
  ReflectionUtils.makeAccessible(method);
  //b.运行方法(DI)
  method.invoke(bean, arguments);
}
...
```

再看一下 CommonAnnotationBeanPostProcessor 中的注入逻辑，如代码片段 2-58 所示(路径：org.springframework.beans.factory.annotation.InjectionMetadata.InjectedElement#inject)。

代码片段 2-58：@Resource 字段和方法的注入

```
protected void inject(Object target, @Nullable String requestingBeanName, @Nullable Proper-
tyValues pvs) throws Throwable {
  if (this.isField) {
      Field field = (Field) this.member;
      //a.打开非 public 字段的访问限制
      ReflectionUtils.makeAccessible(field);
      //b.设值(DI)
      field.set(target, getResourceToInject(target, requestingBeanName));
  }
  else {
      ...
      try {
        Method method = (Method) this.member;
        //c.打开非 public 方法的访问限制
        ReflectionUtils.makeAccessible(method);
        //d.运行 Setter 方法(DI)
```

```
        method.invoke(target, getResourceToInject(target, requestingBeanName));
      }
      ...
    }
}
```

原来，平时看起来神秘莫测的依赖注入，剖析到底就是这样的！

源码研究到这里，DI 的流程就结束了。观察上述几个 DI 的源码片段，发现了什么？没错，全是反射！正是反射让 Java 具有了动态能力，这是编写抽象代码的必备技能。Spring 的尽头就是 JDK，或者说，一切 Java 技能的尽头都是 JDK 的各种演绎。扎实的 JDK 功底，是我们理解 Spring 框架的设计思想和底层源码的必备条件。

2. BeanFactory 对 DI 的处理

我们知道，DI 不仅可以注入单例 Bean，也可以把一堆 Bean 以数组、集合或 Map 等形式注入（参见 2.2.1 小节），并且针对数组或 List 类型还支持排序；当找不到目标 Bean 时，通过声明 required的方式让 Spring 按需抛出异常或忽略。所谓 DI，其实就是 Spring 主动调用了 getBean 或 getSingleton 之类的方法在 Bean 缓存中帮我们寻找到需要的 Bean，然后以反射形式赋值给目标 Bean 中相关的字段或方法参数。以前面@Autowired 字段注入为例（代码片段 2-56），a 处用于 DI 的 value 变量，其值的来源大致经历了如下的调用链。

```
AutowiredAnnotationBeanPostProcessor.AutowiredFieldElement#resolveFieldValue
→ DefaultListableBeanFactory#resolveDependency
→ DefaultListableBeanFactory#doResolveDependency
```

又看到了 doResolveDependency 方法！上面的调用链中，我们来关注最后一步的 DefaultListable-BeanFactory#doResolveDependency 方法（接下来一段内容称此方法为解析 Bean 的“主方法”），如代码片段 2-59 所示（路径：org.springframework.beans.factory.support.DefaultListableBeanFactory#doResolveDe-pendency）。

代码片段 2-59：解析 Bean 的主方法

```
public Object doResolveDependency(DependencyDescriptor descriptor, @Nullable String bean-
Name, @Nullable Set<String> autowiredBeanNames, @Nullable TypeConverter typeConverter)
throws BeansException {
  ...
  try {
      ... //x.省略部分是值注入的逻辑,将在后面章节中分析
      //a1.解析多个 Bean 用于注入至集合、数组、Map 等
       Object multipleBeans = resolveMultipleBeans(descriptor, beanName, autowiredBean-
Names, typeConverter);
      if (multipleBeans != null) { //a2
        return multipleBeans;
```

```
    }
    //b.解析单例 Bean,最常见的 DI
    Map<String, Object> matchingBeans = findAutowireCandidates(beanName, type, descriptor);
    if (matchingBeans.isEmpty()) {
      //c1.没有匹配的 Bean
      if (isRequired(descriptor)) {
          //c2.当找不到候选 Bean 时,如果声明了 required 为 true,则抛出异常并提示
          raiseNoMatchingBeanFound(type, descriptor.getResolvableType(), descriptor);
      }
      //c3.当找不到候选 Bean 时,如果没有声明 required 为 true,则返回 null
      return null;
    }
    String autowiredBeanName;
    Object instanceCandidate;
    if (matchingBeans.size() > 1) {
      //d1.当找到不止一个候选 Bean 时,确定优先级最高的那个 BeanName
      autowiredBeanName = determineAutowireCandidate(matchingBeans, descriptor);
      if (autowiredBeanName == null) {
          //d2.若没有找到合适的 BeanName
          if (isRequired(descriptor) || ! indicatesMultipleBeans(type)) {
          //d3.若指定 required=true,或者虽然指定了 required=false 但目标字段非数组、集合、
//Map,抛出异常
          return descriptor.resolveNotUnique(...);
          } else {
              //d4. 针对数组、集合、Map 类型,若指定了 required=false,返回 null
              return null;
          }
      }
      //d5.抽取出对应的优先级最高的 Bean
      instanceCandidate = matchingBeans.get(autowiredBeanName);
    }
    else {
      // We have exactly one match. //e.官方注释,唯一 Bean 匹配
      Map.Entry<String, Object> entry = matchingBeans.entrySet().iterator().next();
      autowiredBeanName = entry.getKey();
      instanceCandidate = entry.getValue();
    }
    ...
    return result;
  }
  finally {
    ...
  }
}
```

这个主方法是解析 DI 和值注入最核心的方法，这里面可以解答我们在之前 DI 中遇到的一些疑问。

1) x 处省略的是值注入部分的逻辑，我们将在后续章节介绍值注入时分析它。

2) Bean 解析开始，首先在 a1 处尝试解析多 Bean。当我们注入至数组、集合或 Map 时，此处 resolveMultipleBeans 方法就会返回我们需要 DI 的全部内容，然后在 a2 处直接返回。若此处没有找到任何需要的 Bean，或者我们并不是要解析多 Bean(比如只是简单注入一个 Bean)，都会返回 null。返回 null 之后逻辑会到达 b 处。因为前面解析多 Bean 已经失败了，b 处必然就只会解析单个 Bean 的注入了。但是需要注意，b 处 findAutowireCandidates 方法的“目的”是解析单例 Bean，并不是说它只会返回拥有单个键值对的 Map——没错，它依然有可能返回带着多个键值对的 Map，然后继续后续处理。它也可能返回空 Map，表示完全找不到所需类型的 Bean。

3) 当 b 处的 findAutowireCandidates 方法找不到任何候选 Bean 而返回空 Map 时，将进入 c1 处。这里非常简单，也正是我们前面遇到过的情况——若是 DI 时注解上声明了 required 为 true(@Autowired 和@Resource 默认皆如此)，则逻辑进入 c2 处，以抛异常结束(控制台可能会有更人性化的错误提示，比如常见的“Consider defining a bean of type ×××...”)；而若是 required 为 false 的话，则会绕过 c2 直达 c3 处，返回 null 作为最终 DI 的值。这里正好对应了前面针对@Autowired 注解的一些使用和介绍(参见 2. 2. 1 小节)。

4) d1 处和 c1 处的情况正好相反——当 b 处解析出不止一个 Bean 时，由于当前目标字段只能承接一个，因此必须做出取舍，甚至报错。那么如何取舍呢？带@Primary 注解的 BeanName 将被优先选取；如果没有的话，带@Priority 注解且序号最小的那个 BeanName 将被选取；仍然没有的话，如果字段名恰好是目标 BeanName，则也可以命中。但如果还是没有呢？那就要看 isRequired 属性了(d2 处)：如果是 true，抛出异常(d3 处)；如果是 false，又要分情况：若目标字段是非数组、集合、Map 类型，抛出异常(d3 处)，否则(即数组、集合、Map 类型)返回 null 结束(d4 处)。如果 d2、d3、d4 三处逻辑都没有触发，一切正常，说明 BeanName 已被确定！逻辑将运行至 d5 处，根据这个 BeanName 获取到它对应的 Bean 作为最终结果。

5) 上面我们讨论了这么多条件分支，其实很多情况下，我们的注入都只有唯一一个满足条件的 Bean，这就是 e 处。非常简单的逻辑，应该也是本方法中应用最多的一处逻辑——matchingBeans 这个 Map，其 size 为 1，所以调用一次 next 方法即可获取其中的内容。

至此，解析 Bean 的主逻辑就分析完了，通过这里获取到对应的 Bean，返回至诸如 AutowiredAnnotationBeanPostProcessor.AutowiredFieldElement#inject 方法中(代码片段 2-56，a 处)，接下来就可以完成一个 DI。

3. 解析多 Bean 的逻辑

由于 doResolveDependency(代码片段 2-59)是解析 Bean 的主方法，因此其中一些重要的方法调用有必要特别研究一下，这将解释我们平时编码时遇到的一些情景或问题，我们后续自编类

Spring 的大型框架时亦会借鉴。

(1) resolveMultipleBeans 方法

主方法中 a 处即为解析多 Bean 的逻辑。resolveMultipleBeans 方法完成了查找多个 Bean 并排序(如果可能)的功能，如代码片段 2-60 所示(路径：org.springframework.beans.factory.support.DefaultListableBeanFactory#resolveMultipleBeans)。

代码片段 2-60：BeanFactory 针对数组、集合或 Map 解析多 Bean

```
private Object resolveMultipleBeans(DependencyDescriptor descriptor, @Nullable String bean-
Name, @Nullable Set<String> autowiredBeanNames, @Nullable TypeConverter typeConverter) {
  Class<?> type = descriptor.getDependencyType();
  ...
  else if (type.isArray()) {
      //a1.注入至数组
      Class<?> componentType = type.getComponentType();
      ...
      Map<String, Object> matchingBeans = findAutowireCandidates(beanName, componentType,
new MultiElementDescriptor(descriptor)); //a2
      //a3.如果没有候选 Bean,返回 null
      if (matchingBeans.isEmpty()) {
        return null;
      }
      ...
      Object result = converter.convertIfNecessary(matchingBeans.values(), resolvedArray-
Type);
      if (result instanceof Object[] array) {
        //a4.如果是 Object 数组(非基本类型数组),则执行排序
        Comparator<Object> comparator = adaptDependencyComparator(matchingBeans);
        if (comparator != null) {
            Arrays.sort(array, comparator);
        }
      }
      return result;
  }
  else if (Collection.class.isAssignableFrom(type) && type.isInterface()) {
      //b1.注入至集合且用户使用了接口类型(Collection、List、Set 等)
         Class <? >  elementType  =  descriptor. getResolvableType ( ). asCollection ( ).
resolveGeneric();
      if (elementType == null) {
        //b2.没有指定泛型类型时,直接返回 null
        return null;
      }
      Map<String, Object> matchingBeans = findAutowireCandidates(beanName, elementType,
            new MultiElementDescriptor(descriptor)); //b3
      //b4.如果没有候选 Bean,返回 null
```

```
    if (matchingBeans.isEmpty()) {
      return null;
    }
    ...
    Object result = converter.convertIfNecessary(matchingBeans.values(), type);
    if (result instanceof List<?> list && list.size() > 1) {
      //b5.如果集合类型是 List 且不止一个元素,执行排序
      Comparator<Object> comparator = adaptDependencyComparator(matchingBeans);
      if (comparator != null) {
          list.sort(comparator);
      }
    }
    return result;
  }
  else if (Map.class == type) {
    //c1.注入至 Map
    ResolvableType mapType = descriptor.getResolvableType().asMap();
    Class<?> keyType = mapType.resolveGeneric(0);
    if (String.class != keyType) {
      //c2.只接受 String 类型的 key,否则直接返回 null
      return null;
    }
    Class<?> valueType = mapType.resolveGeneric(1);
    if (valueType == null) {
      //c3.如果 Bean 类型为空,直接返回 null
      return null;
    }
    Map<String, Object> matchingBeans = findAutowireCandidates(beanName, valueType,
          new MultiElementDescriptor(descriptor)); // c4
    //c5.如果没有候选 Bean,返回 null
    if (matchingBeans.isEmpty()) {
      return null;
    }
    ...
    return matchingBeans;
  }
  else {
    //d.不是以上类型(比如只是注入单例 Bean),返回 null,后续进一步处理
    return null;
  }
}
```

相信读者仅看代码中作者的注释，就可以理解前面注入至数组、集合或 Map 时的一些代码表现了。上面的方法从流程上并不难理解，主要就是解析依赖的信息、获取相关的 Bean 并排序(如果可能)和包装的事情。

1)a1 处开始注入至数组的逻辑。解析描述符的内容、查找候选 Bean，并以 Map 的形式包装返回(a2 处，此 Map 的 key 是 BeanName)。如果查找候选 Bean 的 findAutowireCandidates 方法最终得到空 Map，则 a3 处会返回 null。我们在前面对主方法(代码片段 2-59)的整体分析中已经知道这里返回的 null 并非最终结果，之后还会回到主方法之中的逻辑。对于当前方法而言，null 意味着批量注入 Bean 至数组的意图失败了，BeanFactory 在解析 Bean 的主方法中会继续向下尝试直接寻找此数组类型的 Bean(注意是直接将整个数组类型而不是数组元素的类型作为 Bean 类型寻找)。比如，“×××[ ]”类型的字段，一开始 BeanFactory 尝试寻找“×××”类型的全部 Bean 并试图注入至数组，当一个也找不到时(a3 处)，后续会尝试直接寻找“×××[ ]”类型的 Bean(请读者自行查看随附源码中的 CommonConfiguration#ints 方法，整个数组也可以作为 Bean 被注册)。如果仍然找不到，这才会进入主方法(代码片段 2-59)中 c1 处进行相关判断。

继续讨论 resolveMultipleBeans 方法(代码片段 2-60)。将 findAutowireCandidates 方法返回的承载候选 Bean 的 Map 处理过后，就得到了结果数组。如果此数组元素不是基本类型的话，就可以对结果进行排序了(a4 处)。我们之前介绍过的排序机制，比如 PriorityOrdered、Ordered 接口和@Order、@Priority 注解等(参见 2. 2. 1 常规依赖注入小节的 2. 批量注入 Bean 相关内容)，就会被用在这里进行排序。

2)b1 处开始是注入至集合的逻辑。首先需要注意的是，这里限定了“type.isInterface( )”，即注入时我们声明的集合必须是接口类型而不能是具体实现类(抽象类也不行)。也就是说，注入至 List<×××>、Set<×××>或者 Collection<×××>肯定是没有问题的，但想注入至 ArrayList<×××>、HashSet<×××>等会失败。请读者想想为什么这样设计？后者这种操作是报错还是仅仅无法注入呢？请读者自行编码验证。再者，Queue、Deque、SortedSet、NavigableSet 等也是 Collection 的子接口，注入至这些集合能否成功呢？亦请读者自行编码验证。在 b2 处如果注入多 Bean 至集合时没有指定泛型类型(如“@Autowired List list;”)，则返回 null。同样，这并非最终结果，和数组的情形一样，此 null 传递至主方法之后，将导致后续逻辑继续运行，这时候 BeanFactory 会认为此集合本身就是一个 Bean(而不是需要承载 Bean 的集合，请注意区分。比如“@Autowired List list;”，就会导致 BeanFactory 去寻找 List 类型的 Bean)，这样它将查找与此集合的类型匹配的 Bean 作为返回值。这也就是 2. 3. 5 小节中直接注入 List 类型的 Bean(代码片段 2-30 和代码片段 2-31)相关内容的底层解释。

b2 处处理完后，b3 处与 a2 处一样，解析描述符的内容、查找候选 Bean 并以 Map 的形式包装返回。如果此 Map 为空 Map，依然返回 null(b4 处)至主方法进行后续处理。到了 b5 处，就是对结果进行排序了，不过需要注意的是只对 List 类型的集合进行排序，而 Set 类型是没有此操作的，我们知道 Set 内部的元素理论上是无序的。

3)c 处是注入至 Map 的逻辑。首先请看这个条件“Map.class = = type”，它比上面步骤中注入至集合限定得更严格。注入至集合时要求声明的集合类型必须是接口类型，还有至少 3 种接口类型可选(Collection、List、Set)，而注入至 Map 连选择都没了，必须是 Map 类型，使用它的任何子类型都不行。也就是说，只有“Map<String，×××>”没问题，其他的，比如“SortedMap<String，×××>”“HashMap<String，×××>”等通通不正确。不允许使用实现类可以理解(和 Collection 的情形一致)，但这里为什么连 Map 的子接口也不允许呢？究其原因，大概因为 Map 的一些子接口可能存在复杂的情况，比如 SortedMap，它要求其中的元素是可比较的——要么元素实现 Comparable 接口，要么 SortedMap 自身提供 Comparator，否则元素无法放入其中。而很多 Bean 很可能两个条件都不满足(也不需要)，所以干脆选择保守的处理方式。

除此之外还需要说明：c2 处如果检测到承载 Bean 的 Map 不是以 String 类型为 key 的话直接返回 null 至主方法后续处理；c3 处如果检测不到 Bean 类型的话也是直接返回 null 至主方法后续处理。什么叫“不是以 String 类型为 key”？这个很好理解，比如“Map<Object，BeanPostProcessor>”的 key 就不是 String 类型，这种情况下无法将 BeanPostProcessor 类型的 Bean 正确注入。什么又叫“检测不到 Bean 类型”？比如“Map<String，？>”这种情况下就检测不到。那“Map<String，？ extends BeanPostProcessor>”能不能检测到 Bean 类型呢？请读者自行调试。

c3 处后面的内容就与前面大同小异了，Map 类型和 Set 类型一样，无法执行排序操作。

4)由于主方法中注入至数组、集合、Map 的逻辑在注入单例 Bean 之前，因此有了 d 处的逻辑：如果当前只是简单的单例 Bean 注入，那它肯定不满足 a、b、c 处的逻辑，因此在 d 处直接返回 null 以便主方法后续继续寻找单例 Bean。

(2)查找候选 Bean 的逻辑

在前面解析多 Bean 的 resolveMultipleBeans 方法中(代码片段 2-60)，可以关注一下 a2、b3、c4 三处查找候选 Bean 的逻辑，即 findAutowireCandidates 方法，如代码片段 2-61 所示(路径：org.springframework.beans.factory.support.DefaultListableBeanFactory#findAutowireCandidates)。

代码片段 2-61：BeanFactory 搜寻用于 DI 的候选 Bean

```
protected Map<String, Object>findAutowireCandidates(
      @Nullable String beanName, Class<?> requiredType, DependencyDescriptor descriptor) {
    //a.获取指定类型的 BeanName 数组
    String[] candidateNames = BeanFactoryUtils.beanNamesForTypeIncludingAncestors(
          this, requiredType, true, descriptor.isEager());
    Map<String, Object> result = ...
    //b.搜索特殊依赖缓存,处理类似“BeanFactory”之类的系统组件 DI
    for (Map.Entry<Class<?>, Object> classObjectEntry : this.resolvableDependencies.en-
trySet()) {
      Class<?> autowiringType = classObjectEntry.getKey();
      if (autowiringType.isAssignableFrom(requiredType)) {
          Object autowiringValue = classObjectEntry.getValue();
          ...
          if (requiredType.isInstance(autowiringValue)) {
            result.put(ObjectUtils.identityToString(
              autowiringValue), autowiringValue);
            break;
```

```
            }
        }
    }
    //c.搜寻 Bean 相关的缓存,寻找普通 Bean
    for (String candidate : candidateNames) {
        if (! isSelfReference (beanName, candidate) && isAutowireCandidate (candidate, de-
scriptor)) {
            addCandidateEntry(result, candidate, descriptor, requiredType); //c1
        }
    }
    ...
    return result;
}
```

方法的逻辑非常清晰。首先寻找候选 Bean 的全部 BeanName(a 处)。在这之后立即搜索特殊依赖缓存，其目的是为了匹配非 Bean 的系统组件注入(如“@Autowired private BeanFactory beanFactory;”或者“@Autowired private List<BeanFactory> beanFactories;”)。

在搜索完 b 处的特殊依赖后，c 处开始搜索 BeanDefinition 缓存和普通 Bean 缓存，在这里找到各个 Bean 然后统一放入 Map 返回。其中，addCandidateEntry 方法比较有意思(c1 处)。这个“有意思”，并不是说其逻辑有多复杂(事实上很简单。源码略，请自行参阅)，而是有这么一句核心代码：“descriptor.resolveCandidate(×××)”，其源码如代码片段 2-62 所示(路径：org.springframework.beans.factory.config.DependencyDescriptor#resolveCandidate)。

代码片段 2-62：解析候选 Bean 的底层逻辑

```
public Object resolveCandidate (String beanName, Class<? > requiredType, BeanFactory bean-
Factory) throws BeansException {
  return beanFactory.getBean (beanName);
}
```

最终的解析逻辑，竟然就是一个简单的 getBean。这就是 DI“最深处的秘密”，果然大道至简。

(3)多 Bean 的排序机制

我们很清楚，当把多个同类型 Bean 注入至 List 或数组等有序容器时，可以通过排序机制指定它们的顺序——比如实现 PriorityOrdered、Ordered 接口，或者标记@Order、@Priority 注解。其中 PriorityOrdered 接口是最强大、最优先的，属于第一梯队，Ordered 接口、@Order 注解和@Priority 注解则同属于第二梯队。这些内容已在 2.2.1 小节中说明过，现在来研究一下底层的处理逻辑。

多 Bean 的 resolveMultipleBeans 方法中(代码片段 2-60)a4、b5 两处即为排序逻辑，它们都调用了同一个方法获取比较器——adaptDependencyComparator。此方法非常简单，此处就不给出源码作说明了，读者朋友一查便知。通过 Debug 可以发现，此方法返回的比较器为 AnnotationAwareOrderComparator 对象，因此我们将目标聚焦到此比较器上。

作为比较器(java.util.Comparator)，排序时起作用的自然是其 compare 方法。AnnotationAwareOrderComparator 继承自 OrderComparator，其 compare 方法也是借用了父类的，如代码片段2-63 所示(路径：org.springframework.core.OrderComparator#doCompare)。

代码片段 2-63：Spring 底层的排序逻辑

```
private int doCompare(@Nullable Object o1, @Nullable Object o2, @Nullable OrderSourcePro-
vider sourceProvider) {
  //a1.判断被比较的元素是否实现了 PriorityOrdered 接口
  boolean p1 = (o1 instanceof PriorityOrdered);
  boolean p2 = (o2 instanceof PriorityOrdered);
  if (p1 && ! p2) {
      //a2.若 o1 实现了 PriorityOrdered 接口但 o2 没有实现,则 o1 排前
      return -1;
  }
  else if (p2 && ! p1) {
      //a3.若 o2 实现了 PriorityOrdered 接口但 o1 没有实现,则 o2 排前
      return 1;
  }
  //b.若 o1、o2 都实现了 PriorityOrdered 接口或者都没有实现,获取各自的序号比较,值小的排前
  int i1 = getOrder(o1, sourceProvider);
  int i2 = getOrder(o2, sourceProvider);
  return Integer.compare(i1, i2);
}
```

代码并不复杂，足以让我们轻松理解 PriorityOrdered 接口。集合中某两个元素排序时，若其中一个实现了 PriorityOrdered 接口而另一个没有实现，无论序号是多少，实现了 PriorityOrdered 接口的元素永远排在前面——这让作者想起了迪士尼的 Fastpass。鉴于 PriorityOrdered 接口如此高的优先级，因此当我们在某个数组或 List 中注入一堆 Bean 时，如果无论如何都想让某个 Bean 尽可能往前排，那一定要让它实现 PriorityOrdered 接口，这也正是作者把 PriorityOrdered 接口称为“第一梯队”的原因。换句话说，排序时只有两种排序机制，PriorityOrdered 接口和其他。

当两个元素都实现了 PriorityOrdered 接口或都没有实现时，才重新回到同一起跑线，把各自的序号拿出来通过 Integer#compare 方法比大小，结果就是序号小的靠前。getOrder 方法如代码片段 2-64 所示(路径：org.springframework.core.OrderComparator#getOrder)。

代码片段 2-64：Spring 底层比较器获取排序号

```
private int getOrder(@Nullable Object obj, @Nullable OrderSourceProvider sourceProvider) {
  Integer order = null;
  if (obj != null && sourceProvider != null) {
      ...
      if (orderSource != null) {
        if (orderSource.getClass().isArray()) {
            for (Object source : ObjectUtils.toObjectArray(orderSource)) {
```

```
                order = findOrder(source); //a
                if (order != null) {
                    break;
                }
            }
        }
        else {
            order = findOrder(orderSource); //b
        }
    }
  }
  return (order != null ? order : getOrder(obj)); //c
}
```

上面的代码依然很简单，我们需要特别关心的是 a、b、c 三处。这三处有一个共同特点：寻找目标对象的序号。其中 a、b 两处调用了 findOrder 方法，而 c 处调用了 getOrder 方法。前者在 AnnotationAwareOrderComparator 中有自己的实现，后者则依然借用父类。findOrder 方法如代码片段 2-65 所示(路径：org.springframework.core.annotation.AnnotationAwareOrderComparator#findOrder)。

代码片段 2-65：排序器的 findOrder 方法(子类实现)

```
protected Integer findOrder(Object obj) {
  //a.寻找 Ordered(包括 PriorityOrdered)接口指定的序号
  Integer order = super.findOrder(obj);
  if (order != null) {
      return order;
  }
  //b.若是没有实现接口,寻找注解(@Order、@Priority)指定的序号
  return findOrderFromAnnotation(obj);
}
```

代码主流程依然很简单：先调用父类的 findOrder 方法寻找 Ordered、PriorityOrdered 接口指定的序号(PriorityOrdered 是 Ordered 的子接口，因此共用同一个 getOrder 方法指定序号)，若找不到，则调用自己的 findOrderFromAnnotation 方法继续寻找。那 a 处父类的 findOrder 方法又是什么样呢？更简单，如代码片段 2-66 所示(路径：org.springframework.core.OrderComparator#findOrder)。

代码片段 2-66：Spring 底层寻找 Ordered、PriorityOrdered 接口指定的序号

```
protected Integer findOrder(Object obj) {
  return (obj instanceof Ordered ? ((Ordered) obj).getOrder() : null);
}
```

该方法作用就一个：寻找 Ordered、PriorityOrdered 接口指定的序号——这也就是我们实现 Ordered、PriorityOrdered 接口的底层处理，即调用我们编写的 getOrder 方法。

回到上一处 AnnotationAwareOrderComparator#findOrder 方法(代码片段 2-65)，可以看到当 a 处

没有获取到接口中的序号时(也就是说目标没有实现 Ordered 或 PriorityOrdered 接口)，在 b 处寻找注解中的序号。这里的调用链如下所示。

```
AnnotationAwareOrderComparator#findOrderFromAnnotation
→ OrderUtils#getOrderFromAnnotations
→ OrderUtils#findOrder
```

值得关注的是最后的方法 OrderUtils#findOrder，如代码片段 2-67 所示(路径：org.springframework.core.annotation.OrderUtils#findOrder)。

代码片段 2-67：Spring 底层寻找注解中指定的序号

```
private static Integer findOrder(MergedAnnotations annotations) {
  MergedAnnotation<Order> orderAnnotation = annotations.get(Order.class);
  if (orderAnnotation.isPresent()) { //a.获取@Order 指定的序号
      return orderAnnotation.getInt(MergedAnnotation.VALUE);
  }
  MergedAnnotation<?> priorityAnnotation = annotations.get(JAVAX_PRIORITY_ANNOTATION);
  if (priorityAnnotation.isPresent()) { //b.获取@Priority 指定的序号
      return priorityAnnotation.getInt(MergedAnnotation.VALUE);
  }
  return null;
}
```

上面的代码仍然简洁明了，首先获取@Order 注解中指定的序号，如果没有，则获取@Priority 注解中指定的序号，如果还是没有，则返回 null。这样就完全和前面的排序机制对应起来了。

综上所述，Ordered、PriorityOrdered 接口指定的序号优先于@Order、@Priority 注解被获取，而注解之中，@Order 指定的序号又优先于@Priority 被获取。

那如果某些 BeanClass 完全没有以任何方式指定序号，它们在排序中是怎么处理的呢？这就要回到前面的 OrderComparator#getOrder 方法了(代码片段 2-64)。没有指定任何序号的元素，最终会落到此方法的最后一行(c 处)，转而进入 OrderComparator#getOrder 方法，如代码片段 2-68 所示(路径：org.springframework.core.OrderComparator#getOrder)。

代码片段 2-68：Spring 底层处理无序号时的逻辑

```
protected int getOrder(@Nullable Object obj) {
  if (obj != null) {
      Integer order = findOrder(obj);
      if (order != null) {
        return order;
      }
  }
  return Ordered.LOWEST_PRECEDENCE; //没有序号时以最低优先级作为序号
}
```

至此，一切真相大白!

最后我们得出如下结论：Spring 寻找序号的优先级依次为：PriorityOrdered 或 Ordered 接口 > @Order 注解 > @Priority 注解。如果一个 BeanClass 同时标注了@Order 和@Priority 两种注解，以前者为准；一个 BeanClass 同时实现了 PriorityOrdered 接口和 Ordered 接口，以前者为准（PriorityOrdered 接口永远优先处理）；一个 BeanClass 实现了 Ordered 接口又标注了@Order 注解，以前者为准……前面的源码分析已经说明了这些问题，读者可以自行编码验证。需要注意的是，在同一个 BeanClass 上使用多种排序机制纯属技术探讨，企业编码时不建议这样使用。

4. 关于 required 属性

研究完解析多 Bean 之后，我们回到 doResolveDependency 主方法（代码片段 2-59），现在来谈谈 c1、d2 两处的 isRequired 方法。相信读者一看到这个方法就能想起@Autowired 注解的 required 属性，没错，这里说的就是它。有读者可能会问，为什么只有@Autowired 注解能自由设置 required 值，@Resource 注解难道不行吗？这个还真不行，因为处理@Resource 注解的 CommonAnnotationBeanPostProcessor 是通过其嵌套类 LookupDependencyDescriptor 来控制 required 属性的，这个类的构造函数有两个，一个针对字段，一个针对方法，如代码片段 2-69 所示（路径：org.springframework.context.annotation.CommonAnnotationBeanPostProcessor.LookupDependencyDescriptor）。

代码片段 2-69：LookupDependencyDescriptor 构造函数

```
//针对字段
public LookupDependencyDescriptor(Field field, Class<?> lookupType) {
  super(field, true); //true 即为 required 值
  this.lookupType = lookupType;
}
//针对方法
public LookupDependencyDescriptor(Method method, Class<?> lookupType) {
  super(new MethodParameter(method, 0), true); //true 即为 required 值
  this.lookupType = lookupType;
}
```

注释已经说明了一切——required 被强制设置为 true。因此在谈论自由设置 required 属性时，我们通常只讨论@Autowired 注解。

5. 从多个候选 BeanName 中确定唯一的目标

doResolveDependency 主方法（代码片段 2-59）的 d1 处，当我们只需要注入一个 Bean 却找到了多个 Bean 时，由 determineAutowireCandidate 方法负责确定那个唯一被需要的 BeanName。此方法的主体逻辑非常清晰，如代码片段 2-70 所示（路径：org.springframework.beans.factory.support.DefaultListableBeanFactory#determineAutowireCandidate）。

代码片段 2-70：从多个候选 BeanName 中确定需要的唯一目标

```
protected String determineAutowireCandidate(Map<String, Object> candidates, DependencyDe-
scriptor descriptor) {
```

```
  Class<?> requiredType = descriptor.getDependencyType();
  //a.优先寻找带@Primary 注解的 BeanName
  String primaryCandidate = determinePrimaryCandidate(candidates, requiredType);
  if (primaryCandidate != null) {
      return primaryCandidate;
  }
    String    priorityCandidate    =    determineHighestPriorityCandidate    ( candidates,
requiredType); //b.次优先寻找带@Priority 注解且序号最小的 BeanName
  if (priorityCandidate != null) {
      return priorityCandidate;
  }
  // Fallback
  //c.没有找到@Primary 或@Priority,回退至查找特殊依赖缓存(下面的 resolvableDependencies
//字段),或者以字段名作为 BeanName 进行匹配(下面 matchesBeanName 方法)
  for (Map.Entry<String, Object> entry : candidates.entrySet()) {
      String candidateName = entry.getKey();
      Object beanInstance = entry.getValue();
       if ((beanInstance != null && this.resolvableDependencies.containsValue (beanIn-
stance)) ||matchesBeanName(candidateName, descriptor.getDependencyName())) {
        return candidateName;
    }
  }
  //d.什么都没有找到,返回 null
  return null;
}
```

又解决了关于@Primary 和@Priority 的疑惑！我们重点关注 a、b 两处，作者已给出了注释。a、b 两处方法的具体实现(determinePrimaryCandidate 和 determineHighestPriorityCandidate)，有兴趣的读者可自行查阅其源码。至于 c 处，则是确定系统组件(比如 BeanFactory)，或者按字段名注入的逻辑。本方法解释了我们在平时编码中多 Bean 选一时的常见情形。

至此，DI 的各处重要逻辑就介绍完了。

2.4.5 Bean 的初始化逻辑

DI 之后，我们往前翻一下，再次回到 AbstractAutowireCapableBeanFactory#doCreateBean 方法(代码片段 2-47)，进入最后一个关键步骤，也就是步骤 f——初始化 Bean。@PostConstruct 注解、InitializingBean 接口以及@Bean 注解 initMethod 属性指定的初始化方法，都将在这里呈现，部分源码如代码片段 2-71 所示(路径：org.springframework.beans.factory.support.AbstractAutowireCapableBeanFactory#initializeBean)。

代码片段 2-71：Bean 的初始化主逻辑

```
protected Object initializeBean(String beanName, Object bean, @Nullable RootBeanDefinition
mbd) {
```

```
  //a.调用一些 Aware 方法
  invokeAwareMethods(beanName, bean);
  Object wrappedBean = bean;
  if (mbd == null || ! mbd.isSynthetic()) {
    //b.调用后置处理器的 Before 方法
    wrappedBean = applyBeanPostProcessorsBeforeInitialization(wrappedBean, beanName);
  }
  try {
    //c.调用目标 Bean 的初始化方法
    invokeInitMethods(beanName, wrappedBean, mbd);
  }
  ...
  if (mbd == null || ! mbd.isSynthetic()) {
    //d.调用后置处理器的 After 方法
    wrappedBean = applyBeanPostProcessorsAfterInitialization(wrappedBean, beanName);
  }
  return wrappedBean;
}
```

initializeBean 方法的逻辑步骤非常“平易近人”，容易阅读，每一步做什么一目了然。在 a 处会运行一些 Aware 方法。对于 Aware 方法我们应该已经比较熟悉了，通常它们都是拿来获取（或者说感知）一些系统组件的。a 处的 invokeAwareMethods 方法如代码片段 2-72 所示（路径：org.springframework.beans.factory.support.AbstractAutowireCapableBeanFactory#invokeAwareMethods）。

代码片段 2-72：Bean 初始化时首先调用一些 Aware 方法

```
private void invokeAwareMethods(String beanName, Object bean) {
  if (bean instanceof Aware) {
    //a.感知 BeanName
    if (bean instanceof BeanNameAware beanNameAware) {
      beanNameAware.setBeanName(beanName);
    }
    if (bean instanceof BeanClassLoaderAware beanClassLoaderAware) {
      ClassLoader bcl = getBeanClassLoader();
      if (bcl != null) {
        //b.感知 BeanClassLoader
        beanClassLoaderAware.setBeanClassLoader(bcl);
      }
    }
    if (bean instanceof BeanFactoryAware beanFactoryAware) {
      //c.感知 BeanFactory
      beanFactoryAware.setBeanFactory(
        AbstractAutowireCapableBeanFactory.this);
    }
  }
}
```

上面一共运行了 3 个 Aware 接口方法，这其中可能 c 处的 BeanFactoryAware 相比之下最为常用。有读者可能会问，作为 BeanFactoryAware 的兄弟，ApplicationContextAware 不在这里运行吗?是的，它确实不在这里，它的运行时机更加靠后。在后面，EnvironmentAware、Application Context Aware 以及 ApplicationEventPublisherAware 等将会集中运行(下文马上会谈到)。

Aware 方法过后，initializeBean 方法(代码片段 2-71)将继续当前流程，来到 b 处调用各个后置处理器(BeanPostProcessor，BPP)的 Before 方法，即“postProcessorsBeforeInitialization”，它在目标 Bean 的初始化方法之前运行，所以是“BeforeInitialization”。所有系统中注册的 BPP 都会在此运行，包括我们自定义的。上面提到的 EnvironmentAware、ApplicationContextAware 等 Aware 接口也在此运行，它们由 ApplicationContextAwareProcessor 这个 BPP 负责处理(请参阅 org.springframework.context.support.ApplicationContextAwareProcessor#invokeAwareInterfaces)。b 处运行的都是 BPP 方法，有意思的是，BeanClass 中定义的@PostConstruct 初始化方法也在这些 BPP 中运行，原因是@PostConstruct 标记的初始化方法是由 InitDestroyAnnotationBeanPostProcessor 这个 BPP 负责处理的。至于处理@PostConstruct 方法的具体逻辑，和 AutowiredAnnotationBeanPostProcessor 处理@Autowired 方法调用倒有几分相似：查找方法，通过反射打开非 public 方法的访问权限，然后反射运行方法，同时忽略返回值(如果有的话)。相关调用链如下所示。

```
AbstractAutowireCapableBeanFactory#applyBeanPostProcessorsBeforeInitialization
→ InitDestroyAnnotationBeanPostProcessor#postProcessBeforeInitialization
→ InitDestroyAnnotationBeanPostProcessor.LifecycleMetadata#invokeInitMethods
→ InitDestroyAnnotationBeanPostProcessor.LifecycleElement#invoke
```

最后一步的 invoke 方法逻辑如代码片段 2-73 所示(路径：org.springframework.beans.factory.annotation.InitDestroyAnnotationBeanPostProcessor.LifecycleElement#invoke)。

代码片段 2-73：Spring 通过反射调用@PostConstruct 初始化方法

```
public void invoke(Object target) throws Throwable {
  //a.打开非 public 方法的访问权限
  ReflectionUtils.makeAccessible(this.method);
  //b.调用方法。必须无参数传入(null),并且忽略返回值
  this.method.invoke(target, (Object[]) null);
}
```

看到上面 b 处的代码，相信读者已然清楚了在 2.3.8 小节中提过的@PostConstruct 方法的特点——必须是无参方法，并且返回值会被忽略，原因就在此处。

之后再次回到 initializeBean 方法(代码片段 2-71)，在 c 处继续调用其他的 Bean 初始化方法——invokeInitMethods，其逻辑如代码片段 2-74 所示(路径：org.springframework.beans.factory.support.AbstractAutowireCapableBeanFactory#invokeInitMethods)。

代码片段 2-74：BeanFactory 调用 Bean 的初始化方法

```
protected void invokeInitMethods(String beanName, Object bean, @Nullable RootBeanDefini-
tion mbd) throws Throwable {
```

```
    boolean isInitializingBean = (bean instanceof InitializingBean);
    if (isInitializingBean && ...) {
        ...
        //a.若 Bean 实现了 InitializingBean 接口,调用其接口方法
        ((InitializingBean) bean).afterPropertiesSet();
    }
    if (mbd != null && bean.getClass() != NullBean.class) {
        String[] initMethodNames = mbd.getInitMethodNames();
        if (initMethodNames != null) {
          for (String initMethodName : initMethodNames) {
              if (...) {
                //b.调用自定义初始化方法,比如@Bean 注解中指定的
                invokeCustomInitMethod(beanName, bean, mbd, initMethodName);
              }
          }
        }
    }
}
```

此方法的 a、b 两处明确告诉了我们相关初始化方法的运行顺序：InitializingBean 接口方法在@Bean#initMethod 属性指定的自定义初始化方法之前。

综上所述，除了最迟运行的 SmartInitializingSingleton 接口之外(后文详述)，其他初始化机制的运行顺序为：@PostConstruct 方法 > InitializingBean 接口 > 自定义初始化方法，因此如果同一个 Bean 需要用到多种初始化机制(这里不讨论这样做的合理性)，需要注意这些初始化机制运行的先后顺序。

至此，目标 Bean 的初始化方法运行完毕，initializeBean 方法(代码片段 2-71)走到最后的 d 处，在此继续运行 BPP 的 After 方法——postProcessorsAfterInitialization。从运行时机来讲，BPP 的 Before 和 After 方法刚好将 InitializingBean 初始化接口和@Bean 自定义初始化方法包在其中。

走完上述流程后，一个可用的 Bean 差不多就创建好了，这时候回到前面 doCreateBean 方法(代码片段 2-47)，还有最后的步骤，那就是为 Bean 的销毁作准备(g 处)。既然一个 Bean 有初始化逻辑，那它也应该有销毁逻辑，限于篇幅这里就不详细展开了。g 处的逻辑也不复杂，就是将各种销毁逻辑全部使用统一的适配器——DisposableBeanAdapter 来承载，后续在 ApplicationContext 关闭时各个 Bean 将通过此适配器来兼容各种销毁机制的运行。适配器模式将互不兼容的接口或机制转换成兼容的接口统一处理，这种设计思想值得借鉴。

之后继续回退至 createBean 方法(代码片段 2-46)，流程走完，这时候要退栈至其前面的 getSingleton 方法(代码片段 2-45)的 d 处，在这里容器把单例 Bean 添加至缓存供全局使用，后续对当前目标 Bean 再次执行 getBean 时将直接在缓存中命中，前面已经详述。

再之后，退至 doGetBean 方法(代码片段 2-44)的 f 处，在这里处理 FactoryBean，相关处理逻辑较为简单，请读者自行参阅 f 处 getObjectForBeanInstance 方法源码。

自此，一个完整的单例 Bean 创建流程宣告结束。

2.4.6 SmartInitializingSingleton 的运行时机

我们在前面已经提过，SmartInitializingSingleton 的运行时机相比@PostConstruct 或 InitializingBean 接口要迟，它需要等所有单例 Bean 创建并缓存完成、Web 容器即将启动时才会运行，因此此接口的运行时机注定与 getBean 方法无缘(因为 getBean 方法就是用来创建并缓存 Bean 的)。如果将 getBean 方法比作饼干车间生产一块一块饼干的生产线的话，@PostConstruct 和 InitializingBean 就相当于在生产线末端为刚刚生产出来的原始饼干涂糖花、巧克力等装饰物，而 SmartInitializingSingleton 接口就相当于包装车间了。从宏观上来看，SmartInitializingSingleton 调用链如下所示。

```
SpringApplication#run(java.lang.String...)
→ SpringApplication#refreshContext
→ SpringApplication#refresh
→ ServletWebServerApplicationContext#refresh
→ AbstractApplicationContext#refresh
→ AbstractApplicationContext#finishBeanFactoryInitialization
→ DefaultListableBeanFactory#preInstantiateSingletons
```

SmartInitializingSingleton 的运行时机正是最后一步，如代码片段 2-75 所示(路径：org.springframework.beans.factory.support.DefaultListableBeanFactory#preInstantiateSingletons)。

代码片段 2-75：SmartInitializingSingleton 的运行时机

```
public void preInstantiateSingletons() throws BeansException {
  //a.通过 getBean 方法创建和初始化所有单例 Bean,@PostConstruct 和 InitializingBean 等调用自
//然也都在其中,前文已述
  for (String beanName : beanNames) {
      RootBeanDefinition bd = getMergedLocalBeanDefinition(beanName);
      if (!bd.isAbstract() && bd.isSingleton() && ! bd.isLazyInit()) {
        if (isFactoryBean(beanName)) {
            Object bean = getBean(FACTORY_BEAN_PREFIX + beanName);
            if (bean instanceof SmartFactoryBean<?> smartFactoryBean && smartFactoryBean.
isEagerInit()) {
                getBean(beanName);
            }
        }
        else {
            getBean(beanName);
        }
      }
  }

  //b.Bean 创建并缓存完毕后,调用 SmartInitializingSingleton 接口方法
  for (String beanName : beanNames) {
```

```
      Object singletonInstance = getSingleton(beanName);
      if (singletonInstance instanceof SmartInitializingSingleton smartSingleton) {
        ...
        //c.具体调用逻辑在此
        smartSingleton.afterSingletonsInstantiated();
        ...
      }
  }
}
```

上面的代码对于@PostConstruct、InitializingBean 和 SmartInitializingSingleton 的运行时机展示已经一目了然。需要再提一下的就是，preInstantiateSingletons 方法运行的时候，Web 容器(比如 Tomcat)尚未开始运行，因此这时候属于“内部初始化”，无法接受外界的 Web 访问。

2.5 Bean 相关的其他重要内容

我们已经介绍了一些 Bean 应用和对应的底层逻辑。除了这些“可感知”的部分外，还有一些在底层默默无闻承担着重要功能的组件(或流程)，我们在此要了解一下。

2.5.1 Spring Boot 的主启动流程

在遥远的非 Spring Boot 时代，Spring 的启动十分“神秘”，并不能从简单的 main 方法启动(但本质上仍然是这样，只不过这个 main 方法不在我们编写的代码中)，这里就不介绍了。时至今日，在 Spring Boot 时代，我们想必早已习惯了一个 main 方法加一行“SpringApplication.run(×××.class, args);”来启动系统。那么问题来了：这一行代码究竟有什么魔力，强大到足以启动整个系统呢?

要完全讲清楚 Spring Boot 的详细启动流程，或许可以单独写一本书了。限于篇幅，本节只关注重点，简单看一下 Spring Boot 的主启动流程即可。当我们运行主启动类的 main 方法中那一句“SpringApplication.run(×××.class,args);”时，最终将到达重载的 run 方法，如代码片段 2-76 所示(路径：org.springframework.boot.SpringApplication#run)。

代码片段 2-76：Spring Boot 的主启动流程

```
public ConfigurableApplicationContext run(String... args) {
  long startTime = System.nanoTime();
  DefaultBootstrapContext bootstrapContext = createBootstrapContext(); //a
  ...
  SpringApplicationRunListeners listeners = getRunListeners(args); //b
  ...
  try {
      ApplicationArguments applicationArguments = new DefaultApplicationArguments(args);
//c
```

```
        ConfigurableEnvironment environment = prepareEnvironment(listeners, bootstrapCon-
text, applicationArguments); //d
        Banner printedBanner = printBanner(environment); //e
        context = createApplicationContext(); //f
        context.setApplicationStartup(this.applicationStartup);
        prepareContext(bootstrapContext, context, environment, listeners, applicationArgu-
ments, printedBanner); //x.准备上下文,读入相关资源
        refreshContext(context); //g
        ...
        listeners.started(context, timeTakenToStartup);
        callRunners(context, applicationArguments); //h
    }
    ...
    try {
        if (context.isRunning()) {
          ...
          listeners.ready(context, timeTakenToReady); //i
        }
    }
    ...
    return context;
}
```

1）我们一般不会直接关心 a 处的 DefaultBootstrapContext，因此也不介绍了，看名字就知道它是一个默认的启动上下文。

2）b 处获取当前应用程序运行监听器（SpringApplicationRunListener）。SpringApplicationRunListener 接口有什么作用？其实看一下定义就明白了，在其中可以看到如下的一些方法定义：starting、environmentPrepared、contextPrepared、started 等典型的监听器接口。此接口最重要的实现当属 EventPublishingRunListener 了，它承担着在启动阶段的关键节点上发布全局事件的功能（限于篇幅本书不讨论事件机制）。有时候应用启动时需要监听这些事件以达成一些特殊的目的，比如，ApplicationContext 准备好时运行一些方法，Environment 准备好时又运行一些方法等等。

3）c 处包装原始的方法参数，使其具有“Application”的外观，相比之下更加立体（或者说“更加对象化”）。这个参数从哪里来？它是我们启动应用时指定的。比如“java -jar ×××.jar --server.port = 8888”这个启动命令告诉 Spring，以 8888 这个端口对外提供 Web 服务，这里这个“--server.port = 8888”即为 c 处的 args 参数，也就是我们耳熟能详的 main 方法的形参，即“String[ ] args”中的元素。args 在此处被包装为 ApplicationArguments，后续会被传入各个 Runner 中使用。

4）d 处迎来重量级事件——Environment 诞生，我们知道它和 ApplicationContext 还有 BeanFactory 可以称作 Spring 三大“创世神”。在此阶段，前面提到过的 EventPublishingRunListener 会发布 ApplicationEnvironmentPreparedEvent 事件，有时候我们需要监听并处理这个事件。

5）e 处是个很有意思的事情，那就是打印 Banner。我们平时启动 Spring Boot 时都会看到默认

的 Banner，就是在此处实现的。默认 Banner 如图 2-13 所示。

打开 SpringBootBanner 这个类，发现了什么？Banner 有很多种玩法，有兴趣的读者请自行查阅相关文章。

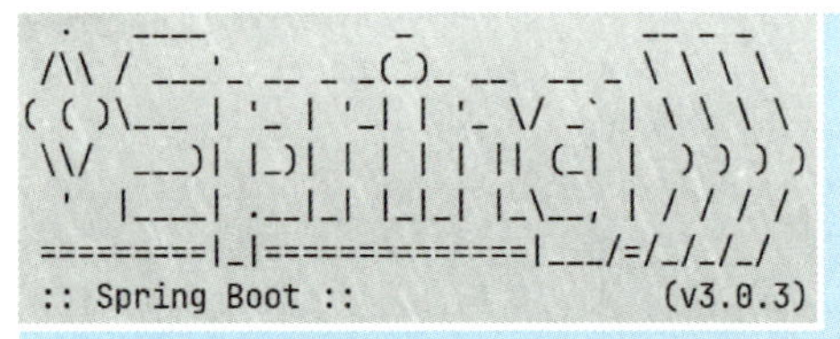

图 2-13　Spring Boot 启动时的默认 Banner

由上面的讨论可知，Environment 的初始化出现在 Banner 之前，因此如果我们监听并处理 ApplicationEnvironmentPreparedEvent，或者编写了后置处理 Environment 的 EnvironmentPostProcessor（EPP），当它们开始工作时，Banner 还没有出现。

6）f 处又是一个重量级事件——ApplicationContext 诞生！由此可知，Environment 出现的时机是早于 ApplicationContext 的（想想为什么？）。通过 Debug f 处的 createApplicationContext 方法，可以知道当前环境下 ApplicationContext 的实现类是 AnnotationConfigServletWebServerApplicationContext，它有着一群祖先，因此其构造函数运行的时候，整个构造函数的调用链如下所示（由上至下）。

```
DefaultResourceLoader
→ AbstractApplicationContext
→ GenericApplicationContext //x
→ GenericWebApplicationContext
→ ServletWebServerApplicationContext
→ AnnotationConfigServletWebServerApplicationContext
```

我们来关注 x 处的构造函数，如代码片段 2-77 所示（路径：org.springframework.context.support.GenericApplicationContext）。

代码片段 2-77：GenericApplicationContext 的无参构造函数

```
public GenericApplicationContext() {
    this.beanFactory = new DefaultListableBeanFactory();
}
```

BeanFactory 诞生！由此我们知道，在主启动流程（代码片段 2-76）的 f 处，不仅诞生了 ApplicationContext，同时还诞生了 BeanFactory。

7）继续主启动流程，现在到了 g 处，又是一个重量级事件——刷新上下文。之前我们讨论的很多核心机制会在这里出现：运行 getBean 方法创建 Bean（自然包括原始 Bean 的诞生、DI、初始化等）、运行 SmartInitializingSingleton 初始化方法、启动 SmartLifecycle 等。由于篇幅所限，本书我们不再介绍 SmartLifecycle，只需要明白一点：内嵌的 Web 容器，比如 Tomcat 等，就是通过 SmartLifecycle 机制启动的，换句话说，经过了 g 处之后，Web 容器就会启动。

8）h 处也是一个非常重要的调用，其方法名叫 “callRunners”，见名知意——我们编写的各个 Runner（包括 CommandLineRunner 和 ApplicationRunner 两大类），就是在这里被调用的。有兴趣的读者可以自行查阅 callRunners 方法源码，查看 Spring 的处理策略。

9) i 处算是“收尾工作”。系统已经顺利启动，这里会发布相关事件，如果程序员对此事件有兴趣，可以编写监听器进行监听和处理。

至此，一个 Spring Boot 应用程序的启动流程就结束了。可以说这个主启动流程(代码片段 2-76)步步都是核心和重点，在本书最后我们自编类 Spring 的大型框架时，会借鉴这里的一些处理方式和策略。

2.5.2 SPI 机制实现原理简介

Spring Boot 的重要特性是自动配置，而自动配置和 SPI 密切相关，想必有读者对 SPI 的加载机制有兴趣。前文我们已经介绍过 SPI 的用法了，现在来简单谈一下它的机制。

SPI 机制本身可以说是“非常不神秘”，仔细想想不就是对.properties 文件(比如 spring.factories)或纯类路径(比如新的自动配置文件 * AutoConfiguration.imports)的解析么？各个具体的自动配置类全限定名都写在这些文件中，前者直接使用 java.util.Properties(Map 形式)类来加载就可以了，后者更简单，直接按行读入字符串，每个字符串就是一个自动配置类的全限定名，然后通过 Class.forName 方法就可以加载这个配置类了。之后就可以通过前面介绍的相关操作解析此配置类，从而将其中配置的相关内容全部引入。SPI 厉害的地方不在于其底层实现逻辑，而在于其机制的巧妙。底层实现逻辑只是“术”级别的技巧，而此机制的设计思想，才是我们需要不懈追求的“道”。

1. 加载 spring.factories 文件

spring.factories 文件位于 resources 目录下 META-INF 中，其结构是 key = values 类型，其中 values 可以是多值(逗号分隔)，即一对多，因此简单的 Properties.load 方法还不能完全解决问题——Properties 是 Map 的实现类之一，内部只能维持一对一，所以 Spring 需要进一步加工，以逗号来分隔我们配置的 values，逐个进行 trim 操作之后就成了一个个自动配置类的全限定名。这听起来似乎很原始，但针对简单情况却非常高效，相关解析如代码片段 2-78 所示(路径：org.springframework.core.io.support.SpringFactoriesLoader#loadFactoriesResource)。

代码片段 2-78：Spring 底层简单解析 key=values 一对多形式的结构

```
protected static Map<String, List<String>>loadFactoriesResource(ClassLoader classLoader,
String resourceLocation) {
  Map<String, List<String>> result = new LinkedHashMap<>();
  try {
      //a.通过 ClassLoader 获取指定位置的 URLs,包括 jar 包中,这里常用的值就是 META-INF/
spring.factories
      Enumeration<URL> urls = classLoader.getResources(resourceLocation);
      while (urls.hasMoreElements()) {
        UrlResource resource = new UrlResource(urls.nextElement());
        //b.通过 Properties 进行 load,原始的 values 有可能还是逗号分隔的长字符串(比如配置多个实现
```

```
//类时),需要进一步解析
        Properties properties = PropertiesLoaderUtils.loadProperties(resource);
        properties.forEach((name, value) -> {
            List<String> implementations = result.computeIfAbsent(((String) name).trim(),
key -> new ArrayList<>());
            Arrays.stream(StringUtils
                //c.就是这里！通过半角逗号分解出各个实现类,trim 之后添加至结果
                .commaDelimitedListToStringArray((String) value))
                  .map(String::trim).forEach(implementations::add);
        });
      }
      result.replaceAll(
        SpringFactoriesLoader::toDistinctUnmodifiableList);
  }
  ...
  return Collections.unmodifiableMap(result);
}
```

在 Spring Boot 2 中，对应的方法是 SpringFactoriesLoader#loadSpringFactories，请读者自行对照。

通过 loadFactoriesResource 方法的解析，我们放在 spring.factories 文件中对应 key 下的所有实现类，都会在这里被解析成 Map<String, List<String>>的多值形式提供给调用方，用于后续的配置解析等行为。

我们自己也可以手动调用 SpringFactoriesLoader 相关方法获取 spring.factories 中配置的某些内容，这也是一种扩展方式(尤其是我们自己编写框架级代码的时候很好用)。我们知道 spring.factories 中并不是每一个 key 都会被 Spring 底层接受，这得看底层框架使用 key 的情况——比如自动配置类只能写到 org.springframework.boot.autoconfigure.EnableAutoConfiguration 这个 key 下，即@EnableAutoConfiguration 注解的全限定名，写到其他 key 下是无效的。我们可以手动借用 SPI 机制达成自己的目的，key 使用自定义的接口名称就好。比如我们自定义接口 MySpi，其全限定名为 “com.example.project.one.spi.springfactories.MySpi”，同样可以在 spring.factories 文件中配置，如代码片段 2-79 所示。

代码片段 2-79：自行定义 spring.factories 中的 key 并赋值

```
com.example.project.one.spi.springfactories.MySpi=com.example.project.one.spi.spring-
factories.SpiTest
```

然后就可以通过 SpringFactoriesLoader 在适当的地方获取配置的类对象，按需要使用即可，如代码片段 2-80 所示(路径：com.example.project.one.spi.springfactories.MySpiConfig)。

代码片段 2-80：手动调用 SPI 机制的一种业务场景

```
@Configuration
public class MySpiConfig {
```

```
    @Bean
    public MySpi mySpi() {
        //a.获取用户配置的全部 MySpi 实现类的对象
            List < MySpi > mySpis = SpringFactoriesLoader. loadFactories (MySpi. class,
MySpiConfig.class.getClassLoader());
        if (!mySpis.isEmpty()) {
            return mySpis.get(0); //b.根据业务逻辑,返回第一个注册为业务 Bean,其余忽略
        }
        throw new RuntimeException("必须在 spring.factories 中配置 MySpi 实现类");
    }
}
```

需要注意上面 a 处获取的全部对象并不严格是配置中的先后顺序(我们知道可以在代码片段 2-79 中通过逗号配置多个实现类)，而是排序后的顺序(@Order 注解、Ordered 接口等均有影响)，请自行查阅 a 处 loadFactories 方法源码。上面的代码可以实现灵活配置的功能，无论有多少 MySpi 接口的实现类，只要将其配置到 spring.factories 文件中，在创建 Bean 时就会拿到这些实现类的对象，这样在不修改代码只修改配置的情况下就能按需加载具体的 MySpi 实现类作为 Bean。

2. 加载 org.springframework.boot.autoconfigure.AutoConfiguration.imports 配置文件

我们知道 * AutoConfiguration.imports 配置文件是 Spring Boot 新一代的 SPI 配置，它位于 resources 目录下 META-INF 的 spring 子目录。相比于传统的 spring.factories 配置文件，* AutoConfiguration.imports 配置文件和 JDK 的 SPI 更像——文件名是@AutoConfiguration 注解的全限定名(不过加了个.imports 后缀)，文件中的内容则是一模一样的风格，就是各个自动配置类的全限定名，一个类占一行。因此这个配置的读入比 spring.factories 更简单：得到此资源的 InputStream 构建 InputStreamReader，包装成 BufferedReader 就行了，然后运行一次 readLine 方法就得到一个实现类——我们平时处理一般的文本文件时，按行处理就经常这么做。我们来看一下 Spring Boot 的处理，如代码片段 2-81 所示(路径：org.springframework.boot.context.annotation.ImportCandidates#readCandidateConfigurations)。

代码片段 2-81：Spring Boot 底层以行为单位读取 * AutoConfiguration.imports 配置文件

```
private static List<String>readCandidateConfigurations(URL url) {
  try (BufferedReader reader = new BufferedReader(
        new InputStreamReader(new UrlResource(url).getInputStream(), StandardCharsets.
UTF_8))) {
      List<String> candidates = new ArrayList<>();
      String line;
      while ((line = reader.readLine()) != null) { //x.循环按行读取
        line = stripComment(line); //a.处理注释
        line = line.trim();
        if (line.isEmpty()) {
            continue;
```

```
            }
            candidates.add(line);
        }
        return candidates;
    }
    ...
}
```

看吧，Spring“武功”再高，也得依赖 JDK 这把“刀”！循环 readLine，读一行处理一行，处理过程中在 a 处添加对注释的支持——以“#”为界，“#”之前的是正文，“#”本身加上之后的当作注释除去，trim 之后添加至候选列表，即为其中一个自动配置类的全限定名，够简单吧？

介绍完两种形式的 SPI 配置后，需要说明的是，Spring 通过 SPI 机制除了读入一般的自动配置以外，还可以读入其他的内容。要知道 SPI 机制和 ApplicationContext 或 BeanFactory 其实并没有关系，通过它来做自动配置只是其中一个应用。比如，创建 SpringApplication 时可以通过 SPI 读入一些监听早期事件的 EventListener(spring.factories 配置，使用“org.springframework.context.ApplicationListener”这个 key)，在创建 Environment 时也是通过 SPI 读入处理 Environment 的一些后置处理器(spring.factories 配置，使用“org.springframework.boot.env.EnvironmentPostProcessor”这个 key)，等等。

2.5.3 由 Source 载入 BeanDefinition 的过程

我们已经知道，系统刚刚启动的时候，首先要读入各个需要的 BeanClass(统称为 Source)然后解构为 BeanDefinition，为后面注册 Bean 创建条件(参见 2.3.3 小节)。而 Source 又是五花八门，有直接以单个类的形式提供的，有以包的形式提供的(比如提供一个 Package)，还有以文件的形式提供的(比如传统的通过.xml 文件注册 Bean 的情况)。很显然，不一样的 Source 需要不一样的处理方式，于是便诞生了针对以上几种情况的 Reader、Scanner，如表 2-1 所示。

表 2-1 针对不同类型资源的加载器

情　景	对应组件
主要解析单个类	AnnotatedBeanDefinitionReader
主要解析整个包	ClassPathBeanDefinitionScanner
解析.xml 文件	XmlBeanDefinitionReader

当 Spring Boot 启动时，在 ApplicationContext 和 BeanFactory 诞生之后、上下文刷新之前，会有一个 prepareContext(参见 2.5.1 小节中代码片段 2-76 的 x 处)。也正是在这个“准备上下文”的方法之中，会将相关的资源读入并注册为 BeanDefinition，相关的调用链大致如下所示。

```
SpringApplication#prepareContext,
    → SpringApplication#load,
```

```
→ BeanDefinitionLoader#load,
→ BeanDefinitionLoader#load(java.lang.Object)。
```

最后的 load(java.lang.Object)方法即为集中处理各种 Source 的逻辑，如代码片段 2-82 所示(路径：org.springframework.boot.BeanDefinitionLoader#load)。

代码片段 2-82：Spring Boot 启动时读入相关资源

```
private void load(Object source) {
  ...
  if (source instanceof Class<?> clazz) {
      load(clazz); //a.加载类
      return;
  }
  if (source instanceof Resource resource) {
      load(resource); //b.加载资源(.xml 配置文件)
      return;
  }
  if (source instanceof Package pack) {
      load(pack); //c.加载整个 Package
      return;
  }
  if (source instanceof CharSequence sequence) {
      load(sequence); //d.以字符串的形式表示的内容,不能直接确定其类型,需要综合判断后加载
      return;
  }
  ...
}
```

此方法简单易懂，a、b、c 三处本质上对应了三种加载形式——类、资源(即.xml 文件)和包。至于 d 处算是万能方式，因为类的全路径、资源的全路径和包的全路径等都可以用字符串(CharSequence 类型)表示，因此 d 处的处理方式可谓是“小心翼翼”：一个一个方式去试，哪一个方式匹配上了，就是哪一个方式，如代码片段 2-83 所示(路径：org.springframework.boot.BeanDefinitionLoader#load)。

代码片段 2-83：Spring Boot 启动时试图加载以字符串形式表示的内容

```
private void load(CharSequence source) {
  String resolvedSource = this.scanner.getEnvironment().resolvePlaceholders(source.toString());
  // Attempt as a Class
  try {
      //a1.假定 source 代表类路径,直接加载
      load(ClassUtils.forName(resolvedSource, null));
      return;
  }
```

```
    catch (IllegalArgumentException |ClassNotFoundException ex) {
        // swallow exception and continue
        //a2.若 source 不代表类路径,则 load 失败,这里直接吞掉异常继续往下尝试
    }
    // Attempt as Resources
    if (loadAsResources(resolvedSource)) {
        //b.若 source 代表资源路径,loadAsResources 方法返回 true,加载结束
        return;
    }
    // Attempt as package
    //c.若 source 既非类路径也非资源路径,按包路径处理,尝试加载包路径下全部内容
    Package packageResource = findPackage(resolvedSource);
    if (packageResource != null) {
        load(packageResource);
        return;
    }
    //d.代码运行到这里必为异常情况
    throw new IllegalArgumentException(...);
}
```

将 BeanClass 解析为 BeanDefinition 的详细过程，有兴趣的读者可以自行研究上面的各个 load 方法。这其中，说明一下 c 处载入包的逻辑，其可能的调用链大致如下。

```
BeanDefinitionLoader#load(java.lang.Package),
→ ClassPathBeanDefinitionScanner#scan,
→ ClassPathBeanDefinitionScanner#doScan,
→ ClassPathScanningCandidateComponentProvider#findCandidateComponents。
```

findCandidateComponents 方法相关逻辑，如代码片段 2-84 所示（路径：org.springframework.context.annotation.ClassPathScanningCandidateComponentProvider#findCandidateComponents）。

代码片段 2-84：Spring 以包为单位寻找候选 BeanClass

```
public Set<BeanDefinition> findCandidateComponents(String basePackage) {
  if (this.componentsIndex != null && indexSupportsIncludeFilters()) {
  //a.处理@ Indexed 注解
     return addCandidateComponentsFromIndex(this.componentsIndex, basePackage);
  }
  else { //b.处理普通情况
     return scanCandidateComponents(basePackage);
  }
}
```

此方法响应了与@Component 注解伴随的@Indexed 注解（请自行参阅@Component 源码），其中 componentsIndex 字段即为提前从 META-INF 的 spring.components 文件中解析出的@Indexed 组件，解析方法参见 CandidateComponentsIndexLoader#doLoadIndex。a 处的逻辑比 b 处快得多，当系统巨大、

BeanClass 众多时，a 处方法的优势明显。要使 Spring 扫描时使用 a 处方法而非 b 处方法，需要额外引入 spring-context-indexer 依赖，其版本与 Spring 版本一致即可。比如，针对我们当前使用的 Spring Boot 3.0.3，其对应的 Spring 版本为 6.0.5(可以直接在工程的 External Libraries 中看到)，因此要引入 spring-context-indexer 依赖，可以如代码片段 2-85 所示。

代码片段 2-85：引入对应的 spring-context-indexer 依赖

```
<dependency>
    <groupId>org.springframework</groupId>
    <artifactId>spring-context-indexer</artifactId>
    <version>6.0.5</version>
</dependency>
```

引入之后，编译时会在 target 目录的 classes/META-INF 子目录下生成 spring.components 文件(请读者自行查看里面的内容)，这样启动时 findCandidateComponents 方法(代码片段 2-84)就会运行 a 处扫描本应用的 BeanClass 了，相当于依照索引快速查询。

若没有引入 spring-context-indexer 依赖，则不会生成 spring.components 文件，这样扫描本应用的 BeanClass 时就会执行慢速的 b 处(相当于没有索引的情形)。b 处需要着重说明一点，那就是：加载 BeanDefinition 的顺序是不可控的！一定要清楚，@DependsOn 之类的注解只针对“加载 Bean 的顺序”，而不是“加载 BeanDefinition 的顺序”。究其原因，Bean 的加载依赖于 BeanDefinition，而 Bean 加载时其对应的 BeanDefinition 早已在堆内存中就绪，此时 BeanFactory 手握全部 BeanDefinition，可按需调整 Bean 之间的加载顺序。但相比之下 BeanDefinition 的加载就不一样了——它的源(Source)通常来自 JVM 外部。以磁盘为例，Spring 读入源的顺序并不能由自己决定，而是由文件系统(或者说操作系统)决定。示例工程 1(Spring Boot 3)中读入指定目录下的.class 文件最终调用了 java.nio.file.Files#walk 方法(位于 PathMatchingResourcePatternResolver#doFindPathMatchingFileResources 方法中)，而在示例工程 2(Spring Boot 2)中，则调用了更为简单的 java.io.File#listFiles 方法(位于 PathMatchingResourcePatternResolver#listDirectory 方法中)。walk 和 listFiles 皆是 JDK 自身的方法，它们在工作时需要借助文件系统完成功能，而文件系统读取指定目录中文件的顺序就比较复杂了。以 java.io.File#listFiles 方法为例，其文档中就有这样的说明：“There is no guarantee that the name strings in the resulting array will appear in any specific order; they are not, in particular, guaranteed to appear in alphabetical order.”也正是因为不能保证顺序，所以在 Spring Boot 2 中，PathMatchingResourcePatternResolver#listDirectory 方法对获取到的 files 数组立刻进行了按名称排序，但这个顺序是机械的，并不是像@DependsOn 或@Order 注解所提供的灵活顺序。

2.5.4 解析配置的过程

考虑一个问题：Spring Boot 启动过程中，是靠什么来组织各种 BeanDefinition 载入的？仔细观察研究这个过程，可以发现是配置(Configuration)——启动类首先作为 Source 载入 BeanDefinition，又因为它本身带有@SpringBootApplication 注解，其实也就是带有@ComponentScan、@Configuration 注解(参见 2.3.2 小节的，或者参阅@SpringBootApplication 源码)，也就是说启动类本身就是配置类且指定了扫描路径(@ComponentScan 默认扫描路径为配置类所在的包及其下全部子包)，它自身就可以承担配置类的功能，比如可以编写@Bean 方法注册 Bean，类声明上可以添加@Enable×××注解开启各种功能，也可以添加@Import 注解引入额外的配置类，等等。如果在它的扫描路径中找到了其他的配置类，那就继续解析，这类似于原子弹爆炸时的链式反应。至于 SPI 机制引入的自动配置，自然也是配置，引入自动配置之后的解析原理和当前工程中的配置解析是一模一样的。@Import 注解、@ImportResource 注解、ImportSelector 接口、ImportBeanDefinitionRegistrar 接口等，本质上都是 Import 操作，而 Import 操作导入的也都是配置——哪怕是普通的非配置类 BeanClass，依然可以当作配置处理，而且我们知道，普通的 BeanClass 也可以承担配置的作用，只不过使用 Lite 模式处理而已。

综上所述，系统启动时装载各种 BeanDefinition 的过程，其实也就是解析配置的过程。从最初的启动类开始，经过一层层的遍历、循环、递归，再加上其他 jar 包中的@Enable×××或 SPI 中的自动配置类，共同构建了庞大的 Spring 容器。

除了基于 Bean 的各个配置类，我们将配置值的各个.yml、.properties 文件也称作“配置”，这些基于值的配置除了可以让系统自动加载以外(“application-×××”命名的情况下)，也可以通过@PropertySource注解手动引入(仅限.properties 文件,.yml 文件不支持)，它们和基于 Bean 的配置一起，共同构成了 Spring Boot 这个配置体系。

小提示

有兴趣的读者可以参阅@Import 注解、@PropertySource 注解、ImportSelector 接口和 ImportBeanDefinitionRegistrar 接口源码中的文档，可以发现文档的说明全部和配置密切相关。

本节的内容多且复杂，弄清楚它们对理解 Spring 底层原理意义重大，并且后面开发自编类 Spring 的大型框架时也会借鉴本节谈到的很多内容。读者若觉得复杂，可以视需先行跳过。

1. 解析配置的核心组件和主逻辑

既然有如此多类型的配置，那一定有专门解析这些配置的组件，这就是大名鼎鼎的 ConfigurationClassPostProcessor(CCPP)。这个组件的作用巨大，其逻辑非常复杂，限于篇幅我们不会巨细无遗将之一一解析，我们只从大体上介绍其中解析各种配置的环节和逻辑，以期让读者将之和前面的各个编码实践联系在一起，做到“知其然，更知其所以然”。

CCPP 本质上属于后置处理器中的 BeanDefinitionRegistryPostProcessor(BDRPP)，它是 BeanFactoryPostProcessor(BFPP)的子接口，用于后置处理 BeanFactory。CCPP 在 Spring 上下文刷新阶段通过 BDRPP 的机制进入其接口方法 postProcessBeanDefinitionRegistry，然后调用自身的重要方法 processConfigBeanDefinitions(下文称“解析配置的主逻辑”)，在这个方法中借助 BeanDefinitionRegistry

(实现类是 DefaultListableBeanFactory)完成配置解析，并将解析所得的内容全部注册为 BeanDefinition，为后续创建 Bean 铺平道路，其核心源码如代码片段 2-86 所示(路径：org.springframework.context.annotation.ConfigurationClassPostProcessor#processConfigBeanDefinitions)。

代码片段 2-86：CCPP 解析配置的主逻辑

```
public void processConfigBeanDefinitions(BeanDefinitionRegistry registry) {
  List<BeanDefinitionHolder> configCandidates = new ArrayList<>();
  //a.获取 Spring 容器中所有的已注册的 BeanDefinition 名称
  String[] candidateNames = registry.getBeanDefinitionNames();
  for (String beanName : candidateNames) {
      BeanDefinition beanDef = registry.getBeanDefinition(beanName);
      if (beanDef.getAttribute(
        ConfigurationClassUtils.CONFIGURATION_CLASS_ATTRIBUTE) != null
) { //b1.如果此配置类已被处理过了,跳过
        ...
      }
      else if (ConfigurationClassUtils
        .checkConfigurationClassCandidate(beanDef, this.metadataReaderFactory)) {
        //b2.如果此配置类尚未处理过,添加到候选列表
        configCandidates.add(new BeanDefinitionHolder(beanDef, beanName));
      }
  }
  // Return immediately if no @Configuration classes were found
  if (configCandidates.isEmpty()) {
      return; //c.若一个候选都没有,方法即刻结束
  }
  // Sort by previously determined @Order value, if applicable
  configCandidates.sort((bd1, bd2) -> {
      int i1 = ConfigurationClassUtils
        .getOrder(bd1.getBeanDefinition());
      int i2 = ConfigurationClassUtils
        .getOrder(bd2.getBeanDefinition());
      return Integer.compare(i1, i2);
  }); //d.对候选 BeanDefinition 按@Order 注解排序
  ...
  // Parse each @Configuration class
  ConfigurationClassParser parser = new ConfigurationClassParser(
          this.metadataReaderFactory, this.problemReporter, this.environment, this.re-
sourceLoader, this.componentScanBeanNameGenerator, registry); //e.初始化 parser
  Set<BeanDefinitionHolder> candidates = new LinkedHashSet<>(configCandidates);
  ...
  do {
      ...
      parser.parse(candidates); //f.解析配置类,核心方法
```

```
    ...
    Set<ConfigurationClass> configClasses = new LinkedHashSet<>(parser.getConfigurationClasses()); //g.parse 的结果以 ConfigurationClass 集合的形式承载
    // Read the model and create bean definitions based on its content
    if (this.reader == null) {
      this.reader = new ConfigurationClassBeanDefinitionReader(
            registry, this.sourceExtractor, this.resourceLoader, this.environment, this.importBeanNameGenerator, parser.getImportRegistry()); //h.初始化 reader
    }
    //i.加载以 ConfigurationClass 集合形式承载的 BeanDefinition
    this.reader.loadBeanDefinitions(configClasses);
    ...
}
```

我们省略了大量的代码以关注重点逻辑，现在进行必要的介绍。

1)a 处，获取当前已经注册的 BeanDefinition，假定他们是潜在的“可处理的配置”，然后对它们进行校验：如果该 BeanDefinition 已经被处理过了(判断依据是它被打上了 CONFIGURATION_CLASS_ATTRIBUTE 标签)，输出日志直接略过(b1 处)；如果还没有处理过，则添加至候选列表(b2 处)。b1 处的 CONFIGURATION_CLASS_ATTRIBUTE 标签是什么？其实就是前面我们谈到过的 Full 模式和 Lite 模式(参见 2.3.2 小节)。一个配置，总是要以 Full 模式或 Lite 模式处理的，所以被处理过后就会有此标签。至于 b2 处的 ConfigurationClassUtils.checkConfigurationClassCandidate 方法，其中倒是有几处有意思的地方，如代码片段 2-87 所示(路径：org.springframework.context.annotation.ConfigurationClassUtils#checkConfigurationClassCandidate)。

代码片段 2-87：检查候选配置

```
static boolean checkConfigurationClassCandidate(
    BeanDefinition beanDef, MetadataReaderFactory metadataReaderFactory) {
    String className = beanDef.getBeanClassName();
    if (className == null || beanDef.getFactoryMethodName() != null) {
      return false; //a.不处理无类名的 BeanDefinition 和@Bean 方法
    }
    AnnotationMetadata metadata;
    ...
    else if (beanDef instanceof AbstractBeanDefinition && ((AbstractBeanDefinition) beanDef).hasBeanClass()) {
      Class<?> beanClass = ((AbstractBeanDefinition) beanDef).getBeanClass();
      if (BeanFactoryPostProcessor.class
          .isAssignableFrom(beanClass) ||
            BeanPostProcessor.class.isAssignableFrom(beanClass) ||
            AopInfrastructureBean.class.isAssignableFrom(beanClass) || EventListenerFactory.class.isAssignableFrom(beanClass)) {
        return false; //b.不处理 BFPP、BPP 等系统级组件
```

```
        }
        metadata = AnnotationMetadata.introspect(beanClass);
    }
    ...
    Map<String, Object> config = metadata.getAnnotationAttributes(Configuration.class.get-
Name());
    if (config != null && ! Boolean.FALSE.equals(config.get("proxyBeanMethods"))) {
        //c1.若配置类指定了 proxyBeanMethods 为 true,将其标记为 Full 模式
        beanDef.setAttribute(CONFIGURATION_CLASS_ATTRIBUTE, CONFIGURATION_CLASS_FULL);
    }
    else if (config != null || isConfigurationCandidate(metadata)) {
        //c2.非 Full 模式,标记为 Lite 模式
        beanDef.setAttribute(CONFIGURATION_CLASS_ATTRIBUTE, CONFIGURATION_CLASS_LITE);
    }
    else {
        return false;
    }
    // It's a full or lite configuration candidate... Let's determine the order value, if any.
    Integer order = getOrder(metadata);
    if (order != null) {
        //d.设置配置的解析顺序,这里仅支持@ Order 注解
        beanDef.setAttribute(ORDER_ATTRIBUTE, order);
    }
    return true;
}
```

相关注释已标记在源码中，相信这里又可以解开编码时的一些疑惑，比如关于 Full 模式和 Lite 模式的阐述。代码简单说明如下：a 处 FactoryMethod 就是@Bean 方法(参见 2.4.3 小节)，换言之，由@Bean 方法创建的配置类 Bean 是不起作用的(想想为什么要这样设计?)。除此之外，由@Bean 方法创建的配置类 Bean，其上使用@Import 或@Enable×××等注解会生效吗？这些请读者自行验证。

b 处比较简单，排除一些系统类组件，它们不承担配置的作用。到了 c 处，终于正式说配置的事了，这里就是为配置类标记 Full 或 Lite 模式的地方，其依据就是是否指定@Configuration#proxyBeanMethods 属性为 true。再之后的 d 处则设定此配置的后续处理顺序，只接受@Order 注解。

2)现在回到解析配置的主逻辑(代码片段 2-86)，c 处无需说明，d 处按刚刚通过@Order 注解标记的顺序进行排序，e 处无需说明，现在我们来研究最核心的部分，即 f 处 parse 方法的逻辑，其源码如代码片段 2-88 所示(路径：org.springframework.context.annotation.ConfigurationClassParser#parse)。

代码片段 2-88：CCPP 内部 parse 配置

```
public void parse(Set<BeanDefinitionHolder> configCandidates) {
    for (BeanDefinitionHolder holder : configCandidates) {
```

```
      BeanDefinition bd = holder.getBeanDefinition();
      try {
        if (bd instanceof AnnotatedBeanDefinition) {
            //a1
            parse(((AnnotatedBeanDefinition) bd).getMetadata(), holder.getBeanName());
        }
        else if (bd instanceof AbstractBeanDefinition && ((AbstractBeanDefinition) bd).has-
BeanClass()) {
            //a2
            parse(((AbstractBeanDefinition) bd).getBeanClass(), holder.getBeanName());
        }
        else {
            parse(bd.getBeanClassName(), holder.getBeanName()); //a3
        }
      }
      ...
  }
  this.deferredImportSelectorHandler.process(); //b.处理 DeferredImportSelector 接口
}
```

上面的代码有三处 parse 逻辑(a1、a2、a3)和 b 处处理 DeferredImportSelector 接口的 process 方法(DeferredImportSelector 相关内容见 2.3.4 小节)。光看这 process 方法的位置其实我们就能理解 DeferredImportSelector 中“Deferred”的意思了——明显的延迟特性，直到其他的解析全部结束时才开始处理，有时候很利于我们处理某些特别的逻辑，比如标注在自动配置类上的@ConditionalOnBean、@ConditionalOnMissingBean 等条件注解，它们只有在 DeferredImportSelector 接口中处理时，才能保证这些条件不至于“误判”——因为运行时机处于最后，而越靠后已知条件已达最大化也就越准确。

现在我们来关注 parse 方法。三处 parse 其实都调用了同一个方法——ConfigurationClassParser#processConfigurationClass，这才是处理配置的核心方法。这个方法的入参用到了一个新的类型——ConfigurationClass，它其实就是我们定义的各种配置类的一种抽象结构或者说表述。配置中的各种元素，比如@Bean 方法、标注在其上的@Import、@ImportResource 注解等，基本都会被解构以后存放于此类的内部对象中，为后续加载 BeanDefinition 作准备，相关源码如代码片段 2-89 所示(路径：org.springframework.context.annotation.ConfigurationClassParser#processConfigurationClass)。

代码片段 2-89：处理配置的核心方法

```
protected void processConfigurationClass (ConfigurationClass configClass, Predicate <
String> filter) throws IOException {
  if (this.conditionEvaluator
      .shouldSkip(configClass.getMetadata(), ConfigurationPhase.PARSE_CONFIGURATION)) {
      return; //a.@ConditionalOn×××等注解条件判断失败,此配置类不再解析
  }
```

```
    ConfigurationClass existingClass = this.configurationClasses.get(configClass);
    ...
    // Recursively process the configuration class and its superclass hierarchy.
    SourceClass sourceClass = asSourceClass(configClass, filter);
    do {
        //b.简单包装后递归处理配置
        sourceClass = doProcessConfigurationClass(configClass, sourceClass, filter);
    }
    while (sourceClass != null);
    this.configurationClasses.put(configClass, configClass);
}
```

上面的代码中最重要的就是 a、b 两处了。a 处处理的就是在很多自动配置类上常见的@ConditionalOn×××注解，当任何一个此种注解的条件判断失败时 shouldSkip 方法会返回 true，这就意味着整个配置将被跳过，后续也都不会被加载。之后来到最重要的逻辑（b 处），即 doProcessConfigurationClass 方法，如代码片段 2-90 所示（路径：org. springframework. context. annotation. ConfigurationClassParser#doProcessConfigurationClass）。

代码片段 2-90：执行处理配置类的逻辑

```
protected final SourceClass doProcessConfigurationClass(
        ConfigurationClass configClass, SourceClass sourceClass, Predicate<String> filter)
throws IOException {
    if (configClass.getMetadata()
        .isAnnotated(Component.class.getName())) {
        //a.处理 BeanClass 中内嵌的 BeanClass,层层递归
        processMemberClasses(configClass, sourceClass, filter);
    }

    //b.处理@ PropertySource、@ PropertySources 注解
    for (AnnotationAttributes propertySource : AnnotationConfigUtils.attributesForRepeatable(
          sourceClass.getMetadata(), PropertySources.class,
          PropertySource.class)) {
        if (this.environment instanceof ConfigurableEnvironment) {
          processPropertySource(propertySource);
        }
        ...
    }

    //c1.处理@ ComponentScan 注解
    Set<AnnotationAttributes> componentScans = AnnotationConfigUtils.attributesForRepeat-
able(
          sourceClass.getMetadata(), ComponentScans.class, ComponentScan.class);
    if (...) {
        for (AnnotationAttributes componentScan : componentScans) {
```

```
        Set<BeanDefinitionHolder> scannedBeanDefinitions =
                this.componentScanParser.parse(componentScan, sourceClass.getMetadata().
getClassName()); //c2.解析@ComponentScan 并将解析所得的 BeanClass 立即注册 BeanDefinition
        for (BeanDefinitionHolder holder : scannedBeanDefinitions) {
            ...
            if (ConfigurationClassUtils
              .checkConfigurationClassCandidate(bdCand, this.metadataReaderFactory)) {
              //c3.如果 c2 处解析出的 BeanDefinition 中有配置类,重新调用 parse 方法解析此配置(递归)
              parse(bdCand.getBeanClassName(), holder.getBeanName());
            }
        }
    }
  }

  //d.处理@Import 注解
  processImports(configClass, sourceClass, getImports(sourceClass), filter, true);

  //e1.处理@ImportResource 注解
  AnnotationAttributes importResource = ...
  if (importResource != null) {
      String[]resources = importResource.getStringArray("locations");
      Class<? extends BeanDefinitionReader> readerClass = importResource.getClass("reader");
      for (String resource : resources) {
          String  resolvedResource  =  this. environment. resolveRequiredPlaceholders
(resource); //e2.解析@ImportResource#locations 属性中使用的类似"${xx}"的占位符
        //e3. 将转化好的资源路径添加至 ConfigurationClass 的 importedResources 字段等待后续处理
        configClass. addImportedResource(resolvedResource, readerClass);
      }
  }

  //f1. 处理@Bean 方法
  //f2. 首先获取@Bean 方法
  Set<MethodMetadata> beanMethods = retrieveBeanMethodMetadata(sourceClass);
  for (MethodMetadata methodMetadata : beanMethods) {
      //f3. 添加至 ConfigurationClass 的 beanMethods 字段
      configClass. addBeanMethod(new BeanMethod(methodMetadata, configClass));
  }

  //g. 处理实现的接口中的 default 方法(也是@Bean 方法)
  processInterfaces(configClass, sourceClass);

  //h1. 处理父类中定义的相关配置(如果有)
  if (sourceClass. getMetadata(). hasSuperClass()) {
      String superclass = sourceClass. getMetadata(). getSuperClassName();
      if (superclass != null && ! superclass. startsWith("java") &&
```

```
            !this.knownSuperclasses.containsKey(superclass)) {
        this.knownSuperclasses.put(superclass, configClass);
        // h2.父类存在,返回其父类的注解元数据并进行递归处理
        return sourceClass.getSuperClass();
      }
    }

  //i.至此解析结束
  return null;
}
```

1)在 a 处，首先递归式处理各种内部类(嵌套类)，这意味着只要栈足够深，就可以无限嵌套，即配置类 A 中有个内部配置类 B，配置类 B 中又有个内部配置类 C，配置类 C 中还有一个内部配置类 D，如此递进……具体的逻辑是，如果在 doProcessConfigurationClass(代码片段 2-90)中调用 processMemberClasses 方法时找到当前配置类 A 的内部配置类 B，则重新调用 processConfigurationClass 方法(代码片段 2-89)处理类 B，而 processConfigurationClass 方法的关键步骤，又是调用 doProcessConfigurationClass 方法(代码片段 2-89，b 处)，而 doProcessConfigurationClass 方法又将再次调用 processMemberClasses 方法(代码片段 2-90，a 处)，检测 B 是否还有内部配置类，如果有则再次循环……正是因为 parse 的时候支持配置类的无限嵌套，因此很多 Spring 应用框架的自动配置类中又内嵌了配置类，比如 AopAutoConfiguration、DataSourceAutoConfiguration 等著名组件(请自行参阅源码)。processMemberClasses 方法中检查内部配置类的逻辑比较有特点，如代码片段 2-91 所示(路径：org.springframework.context.annotation.ConfigurationClassUtils#isConfigurationCandidate)。

代码片段 2-91：处理内部配置类

```
static boolean isConfigurationCandidate(AnnotationMetadata metadata) {
  if (metadata.isInterface()) {
      return false; //a.不支持接口或注解作为配置类(注解也是接口)
  }

  for (String indicator : candidateIndicators) {
      if (metadata.isAnnotated(indicator)) {
        //b.只要推断出@Component、@ComponentScan、@Import、@ImportResource 四者之一即认定为内
//部配置类
        return true;
      }
  }

  return hasBeanMethods(metadata); //c.没有有效注解时,检查@Bean 方法。有@Bean 方法姑且也视当前
//类是配置类
}
```

可以发现，检查内部配置类的要求较为宽泛，不严格要求@Configuration 注解(我们知道@Configuration 本质上也是@Component 注解），只要 b 处推断出 4 个注解中的任何一个即认定为内部配置类。更进一步地，如果从内部类没有推断出有效注解，那它只要拥有@Bean 方法，也认定为内部配置类。

2）回到 doProcessConfigurationClass 方法（代码片段 2-90），b 处为处理@PropertySource 注解（自然也包括它的@Repeatable 目标@PropertySources），这个注解用来手动引入.properties 文件（非“application-×××.properties”格式命名的配置文件需要手动引入）。需要说明的是，@PropertySource 引入的不是 Bean 配置而是值配置，因此解析此注解的结果不会附在 ConfigurationClass 上，而是交由 Environment 管理——我们知道 Environment 是专门负责处理 Profile 和 Properties 的组件。b 处的核心调用链如下所示。

```
org.springframework.context.annotation.PropertySourceRegistry#processPropertySource,
→ org.springframework.core.io.support.PropertySourceProcessor#processPropertySource,
→ org.springframework.core.io.support.PropertySourceProcessor#addPropertySource。
```

核心方法是最后的 addPropertySource。在此方法中目标.properties 文件资源被添加至 Environment 所持有的 PropertyResolver 中，然后就可以通过@Value 等机制使用这些配置值，有兴趣的读者请自行查阅源码。

3）doProcessConfigurationClass 方法的（代码片段 2-90）c1 处开始处理@ComponentScan 注解（也包括其@Repeatable 的目标@ComponentScan）。主要逻辑如 c2、c3 两处所示：c2 处执行具体的解析并直接注册 BeanDefinition，然后将这些 BeanDefinition 作为结果返回至 c3 处检查。如果被注册的 BeanDefinition 中存在配置类，则重新解析这些配置类（递归处理），将其中定义的各个元素全部注册为 BeanDefinition，然后再次递归检查，直到全部处理完毕。因此 c2 处是解析整个@ComponentScan 的核心逻辑，其核心调用链如下所示。

```
ComponentScanAnnotationParser#parse,
→ ClassPathBeanDefinitionScanner#doScan,
→ ClassPathScanningCandidateComponentProvider#findCandidateComponents。
```

这个调用链是不是和上一节中解析整个包的逻辑是同一个方法（代码片段 2-84）？很正常，因为@ComponentScan 注解中最重要的属性就是 basePackages。也正是因为和上一节中解析整个包为 BeanDefinition 的代码是同一个方法，所以我们也知道接下来的逻辑了。不过略有不同的是，因为这里是通过@ComponentScan 注解进入的，因此该注解的另外一些属性也会一并生效，其中比较常用的就是 excludeFilters 和 includeFilters 了。以前者为例，它指定了当前@ComponentScan 注解在被处理时对其中部分 BeanClass 的排除规则（即设置类型过滤器，被过滤器命中的 BeanClass 将不会被注册为 BeanDefinition）。排除 BeanClass 的相关逻辑调用链如下所示。

```
ClassPathScanningCandidateComponentProvider#scanCandidateComponents,
→ ClassPathScanningCandidateComponentProvider # isCandidateComponent (org. springframework.
core.type.classreading.MetadataReader)。
```

在 isCandidateComponent 方法中，excludeFilters 相关逻辑一旦命中立即返回 false，表明当前 BeanClass 不会被注册为 BeanDefinition。此外 isCandidateComponent 方法中还包括 includeFilters 的使用，感兴趣的读者可自行研究。

4）doProcessConfigurationClass 方法的（代码片段 2-90）d 处处理配置类上标注的@Import 注解。getImports 方法很简单，就是寻找带有@Import 的元素，然后在 processImports 方法中统一处理。我们知道@Import 可以引入的类型很多，因此不同情况需要不同的解析逻辑，处理方法如代码片段 2-92 所示（路径：org.springframework.context.annotation.ConfigurationClassParser#processImports）。

代码片段 2-92：处理 Imports

```
private void processImports(ConfigurationClass configClass, SourceClass currentSource-
Class,Collection<SourceClass> importCandidates, Predicate<String> exclusionFilter, bool-
ean checkForCircularImports) {
  ...
  else {
      //a.当前配置类入栈,用于递归解析
      this.importStack.push(configClass);
      try {
        for (SourceClass candidate : importCandidates) {
            //b1.处理 ImportSelector 类型
            if (candidate.isAssignable(ImportSelector.class)) {
              Class<?> candidateClass = candidate.loadClass();
              ImportSelector selector = ...
              ...
              if (selector instanceof DeferredImportSelector deferredImportSelector) {
                  this.deferredImportSelectorHandler
                      //b2.若具体类型是 DeferredImportSelector,进入 handle 方法
                      .handle(configClass, deferredImportSelector);
              }
              else {
                   String[] importClassNames = selector.selectImports(currentSourceClass.
getMetadata()); //b3.若是普通的 ImportSelector 接口,立即运行接口方法获取需要引入的 BeanName
//数组
                  Collection<SourceClass> importSourceClasses = asSourceClasses(importClass
Names, exclusionFilter);
                  processImports(configClass, currentSourceClass, importSourceClasses, ex-
clusionFilter, false); //b4.假定上面获取到的 BeanName 数组中包含配置类,重新递归进行配置类
//解析
              }
            }
            else if (candidate.isAssignable(
ImportBeanDefinitionRegistrar.class)) {
              //c.若类型是 ImportBeanDefinitionRegistrar
              //将其对象添加至 ConfigurationClass 的 importBeanDefinitionRegistrars 中后续运行
```

```
            ...
            ImportBeanDefinitionRegistrar registrar = ...
            configClass.addImportBeanDefinitionRegistrar(
registrar, currentSourceClass.getMetadata());
          }
          else {
            /** d.引入的不是以上两种接口类型,则以配置类对待(包括普通的@ Component 注解的 Bean-
Class)。将目标添加至待解析的配置栈中,然后重新递归调用解析配置类的逻辑 * /
            this.importStack.registerImport(currentSourceClass.getMetadata(),
                candidate.getMetadata().getClassName());
            processConfigurationClass(candidate.asConfigClass(configClass), exclusionFilter);
          }
        }
      }
      ...
      finally {
        this.importStack.pop(); /** e.当前配置类解析完毕时,从栈中移除。当栈完全空的时候便可以确
定本次配置整体解析结束 * /
      }
    }
}
```

由上面的解析代码我们可以看到，@Import 注解能引入的类型有三种：ImportSelector/DeferredImportSelector、ImportBeanDefinitionRegistrar 接口和普通配置类。此处解析配置的逻辑大体上是，当前需要解析的配置类先入栈，然后按如下流程循环处理其@Import 注解中引入的全部内容(以数组形式存在)。

如果类型是 DeferredImportSelector 接口(b2 处)，则调用 handle 方法，其实也就是暂存其接口对象，留到后面再运行。在前面已经明白此接口的运行时机和意义了，参见 ConfigurationClassParser#parse 方法(代码片段 2-88)的 b 处，其运行时调用的对象正是在这里准备的。而如果是非延迟的普通 ImportSelector 接口，则会立刻运行接口方法 selectImports 以获取待引入的 BeanName 数组(b3 处)，并且将这些 BeanName 全部当作新的 Import 对象，重新递归调用当前 processImports 方法(b4 处)，如此循环直到全部结束为止。

如果类型是 ImportBeanDefinitionRegistrar，则创建出对应的对象，将其放入当前 ConfigurationClass 的 importBeanDefinitionRegistrars 集合中等待后续加载 BeanDefinition 阶段运行。

如果不是上面两种类型，那只能是配置类了。无论是@Configuration 注解的“专业”配置类，还是@Component 注解的普通 BeanClass，都可以承担配置的功能，不同之处在于以 Full 模式还是 Lite 模式处理。既然配置类 A 中又引入了配置类 B，那肯定得优先处理 B，这就好像 Java 方法的调用——A 方法中调用了 B 方法，肯定要先将 B 方法调用完毕然后才会继续 A 方法的运行。因此在 a 处首先把配置类 A 记录进 importStack，然后在 d 处重新递归调用解析配置的逻辑。可以想象，当解析配置 B 再次进入 processImports 方法时(前提是 B 中也有@Import 注解)，B 也会被压入

importStack然后被处理，如果 B 中又引入配置类 C，则同样的逻辑继续递归执行……这样 importStack 的元素会越来越多，直到最内层配置 Z(假设最内层为 Z)被处理完毕，这时候在 e 处开始对处理完毕的配置 Z 进行出栈，接着处理其上一级配置，继续出栈……当 importStack 为空时，说明最初的配置类 A 全部解析完毕。

5) 回到主逻辑 doProcessConfigurationClass 方法(代码片段 2-90)的 e1 处，这里开始处理@ImportResource 注解(可回顾 2.3.5 小节)，即手动引入 .xml 文件的操作。相关逻辑并不复杂，作者已在代码的重要步骤处作了注释。这里主要以收集资源路径为主。

6) doProcessConfigurationClass 方法到了 f1 处，开始处理@Bean 方法。这里的逻辑仍然不复杂，以收集@Bean 方法为主。有一点需要说明一下：运行@Bean 方法注册 Bean 时，方法的运行顺序并不受其上标注的@Order 注解的影响，而是由 JVM 决定(f2 处 retrieveBeanMethodMetadata 方法)——作为对比，批量注入 Bean 至数组或 List 时@Order 注解等排序机制才会起作用，请读者感受此二者的不同。

7) g 处 doProcessConfigurationClass 方法的处理实现的接口中的 default 方法。如果当前配置类实现了某些接口，而这些接口中存在 default 修饰的@Bean 方法，则依然会算在当前配置类的范畴内，一并添加至 ConfigurationClass 对象的 beanMethods 字段。而且 processInterfaces 方法是递归的，也就是说不光会检查当前配置类直接实现的接口，还会检查这些接口的祖先接口，一直检查到最顶层为止。

8) doProcessConfigurationClass 方法在 g 处处理了所有接口中带 default 修饰的@Bean 方法，对父类的检查肯定也必不可少。因为父类是 class 类型而不是接口，它承载的内容比接口要多，多到可以和当前配置类本身相同，因此必须像对待当前配置类一样对待父类——如果当前配置类 A 存在父类 B，则直接返回父类 B 给上层调用方，即 processConfigurationClass 方法(代码片段 2-89)中的 b 处作循环处理，然后当处理父类 B 的逻辑再次到此处时，会继续将父类 B 的父类 C 返回至 processConfigurationClass 方法 b 处，如此循环直到配置类 A 所有合适的祖先类全部处理完毕，一个也不会漏。

终于，经过方法相互调用、反复递归等操作后，针对一个配置类的 parse 方法运行完毕。除了其上标注的和值有关的@PropertySource 交由 Environment 处理外，其他的内容全部成为 ConfigurationClass 对象的内部数据，等待着后续加载 BeanDefinition。特别要说明一下的就是，parse 方法虽然结束了，但 DeferredImportSelector 接口方法还没真正运行。回到 ConfigurationClassParser#parse 方法(代码片段 2-88)的 b 处，这里将正式调用 DeferredImportSelector 接口方法，大致的调用链如下所示。

```
ConfigurationClassParser.DeferredImportSelectorHandler#process,
→ ConfigurationClassParser.DeferredImportSelectorGroupingHandler#processGroupImports,
→ ConfigurationClassParser.DeferredImportSelectorGrouping#getImports,
→ AutoConfigurationImportSelector.AutoConfigurationGroup#process,//a
→ AutoConfigurationImportSelector#getAutoConfigurationEntry,
→ AutoConfigurationImportSelector#getCandidateConfigurations。//b
```

此调用链展现了我们前面介绍过的重要机制——SPI 的读取。该调用链 b 处所示的 getCandidateConfigurations 方法，如代码片段 2-93 所示(路径：org.springframework.boot.autoconfigure.AutoConfigurationImportSelector#getCandidateConfigurations)。

代码片段 2-93：DeferredImportSelector 接口中读取 SPI 自动配置

```
protected List<String> getCandidateConfigurations(AnnotationMetadata metadata, AnnotationAttributes attributes) {
  List<String> configurations =
    ImportCandidates.load(AutoConfiguration.class, getBeanClassLoader()).getCandidates(); //a.通过 SPI 机制读取*AutoConfiguration.imports 文件的自动配置全限定名
  ...
  return configurations;
}
```

上面代码演示的是 Spring Boot 3 下 SPI 配置文件的读取。作为对比，示例工程 2(Spring Boot 2.7+)中的 getCandidateConfigurations 方法则如代码片段 2-94 所示(路径：org.springframework.boot.autoconfigure.AutoConfigurationImportSelector#getCandidateConfigurations，Spring Boot 2.7+)。

代码片段 2-94：Spring Boot 2 下读取 SPI 自动配置

```
protected List<String> getCandidateConfigurations(AnnotationMetadata metadata, AnnotationAttributes attributes) {
  List<String> configurations = new ArrayList<>(
      SpringFactoriesLoader.loadFactoryNames(
getSpringFactoriesLoaderFactoryClass(), getBeanClassLoader())); /** a.通过 SPI 机制读取 spring.factories 中以@EnableAutoConfiguration 全限定名为 key 的自动配置类*/
  ImportCandidates.load(AutoConfiguration.class, getBeanClassLoader()).forEach(configurations::add); //b.通过 SPI 机制读取*AutoConfiguration.imports 中的自动配置类,并且与 a 中的内容合并
  ...
  return configurations;
}
```

通过比较可以发现，Spring Boot 2.7+版本的 getCandidateConfigurations 方法会读取 spring.factories 中的自动配置类，而 Spring Boot 3 中则不再读取，这也就是 Spring Boot 3 只支持*AutoConfiguration.imports 自动配置而 Spring Boot 2.7+两者都支持的原因。

回到 Spring Boot 3，现在 DeferredImportSelector 接口运行完毕，自动配置类也读取完毕，这些自动配置类将重新经历一遍导入配置类的流程，如代码片段 2-95 所示(路径：org.springframework.context.annotation.ConfigurationClassParser.DeferredImportSelectorGroupingHandler#processGroupImports)。

代码片段 2-95：加载自动配置类

```
public void processGroupImports() {
  for (DeferredImportSelectorGrouping grouping : this.groupings.values()) {
      ...
      grouping.getImports().forEach(entry -> { //a
        ConfigurationClass configurationClass = this.configurationClasses.get(entry.getMetadata());
        try {
            processImports(configurationClass,...); //b
```

```
            }
            ...
        });
    }
}
```

在 processGroupImports 方法中，a 处运行了 DeferredImportSelector 的接口方法获取了待注册的自动配置类，然后 b 处立刻解析其中相关的 Imports 内容。processImports 方法的相关解析前文已述。现在问题来了：DeferredImportSelector 接口专门放在如此靠后的地方运行并解析自动配置类，意义究竟在哪？这主要还是顺序问题。在这里解析的内容，都会进入 ConfigurationClassParser.ImportStack#imports 或 ConfigurationClass#importBeanDefinitionRegistrars 字段，前者是 LinkedMultiValueMap 类型，后者是 LinkedHashMap 类型，这两种类型都对插入顺序敏感，越晚插入的元素在遍历时就越晚被处理，也就是越晚被创建 BeanDefinition。某些 BeanClass（尤其是自动配置类）在创建 BeanDefinition 时依赖一些条件（比如@ConditionalOnBean 等注解），那这些 BeanClass 肯定是越晚被创建 BeanDefinition 越好。因为越晚创建，它依赖的条件才越完备，这样就能最大限度防止误判。

小提示

@ConditionalOnBean 等注解起作用的时候，真正的 Bean 根本没有被创建出来（这时候离批量运行 getBean 还有很长的流程），因此类似的注解不是靠 Bean 的存在与否判断的（虽然名字里包含“OnBean”），而是靠 BeanDefinition。现在假定自动配置类 A 上标注着“@ConditionalOnBean(B.class)”，那么 Spring 在加载 A 时就会去检查是否已经存在 B 对应的 BeanDefinition。若存在，加载 A，否则不加载。假定我们提前知道 B 会加载，但如果 A 加载的时机比 B 还早，那么“@ConditionalOnBean(B.class)”这个判断就会失败，从而导致 A 不能加载，出现异常情况。因此很显然，A 的加载时机必须在 B 之后这个判断才是准确的，这就要求 A 应该延迟加载，也就是“DeferredImport”。

通过以上全部的流程，一个或者说一轮配置解析宣告结束，接着将进入各个组件的 BeanDefinition 加载阶段，这比前面的 parse 阶段简单得多。

2. 加载 BeanDefinition 的过程

配置解析完毕，现在重新回到 processConfigBeanDefinitions 方法（代码片段 2-86）的 i 处，开始加载之前解析得到的配置信息，它们都作为 ConfigurationClass 对象存储在 ConfigurationClassParser#configurationClasses 字段中，该字段是 LinkedHashMap 类型，它的键是按插入顺序组织的，越早进入的元素越早被处理。加载 BeanDefinition 的核心逻辑如代码片段 2-96 所示（路径：org.springframework.context.annotation.ConfigurationClassBeanDefinitionReader#loadBeanDefinitionsForConfigurationClass）。

代码片段 2-96：加载 BeanDefinition 的核心逻辑

```
private void loadBeanDefinitionsForConfigurationClass(
        ConfigurationClass configClass, TrackedConditionEvaluator trackedConditionEvaluator) {
```

```
    ...
    //a.若当前配置类是由其他配置类引入的(比如通过@Import 注解等),注册之
    if (configClass.isImported()) {
        registerBeanDefinitionForImportedConfigurationClass(configClass);
    }
    //b.按顺序加载由@Bean 方法形成的 BeanDefinition
    for (BeanMethod beanMethod : configClass.getBeanMethods()) {
        loadBeanDefinitionsForBeanMethod(beanMethod);
    }
    //c.按顺序加载.xml 中定义的 BeanDefinition
    loadBeanDefinitionsFromImportedResources(configClass.getImportedResources());
        //d.按顺序运行 ImportBeanDefinitionRegistrar 的接口方法加载 BeanDefinition
    loadBeanDefinitionsFromRegistrars(configClass.getImportBeanDefinitionRegistrars());
}
```

相比于前面复杂的 parse 过程，load 显得轻松许多。parse 很像是春耕夏种，load 则像秋收。在处理当前 ConfigurationClass 的过程中，除了 a 处之外，其余几处均是以集合的形式呈现的，而且这几处全是注重插入顺序的 LinkedHashMap 或 LinkedHashSet。需要说明一点是，b、c 两处的 BeanDefinition 注册，是由相关 Reader 帮忙调用 BeanDefinitionRegistry 自动完成的，我们作为程序员并不关心这些 BeanDefinition 的诞生和注册过程，我们关注的是最后存储在 Spring 容器中创建好的 Bean。相比之下 d 处就不一样了，ImportBeanDefinitionRegistrar 要求我们自行调用其接口方法 registerBeanDefinitions 来手动创建和注册相关 BeanDefinition(参见 2.3.4 小节)，CCPP 并不会自动处理，这点类似于汽车的手动变速箱，一切需要自己操控，具体细节可以查阅 loadBeanDefinitionsFromRegistrars 方法源码。

至此解析配置并加载 BeanDefinition 的主体逻辑已结束，后续调用 getBean 创建 Bean 时，所依赖的正是这里注册的 BeanDefinition。对某个类型或 BeanName 而言首次调用 getBean 方法时没有提前注册 BeanDefinition，则会抛出 NoSuchBeanDefinitionException 异常，这个在本章前文也已提到过，感兴趣的读者可以自行验证。

2.6 本章小结

本章详细讲述了 Spring 的核心组成 Bean。可以说，只要在 Spring 生态下编码(不仅仅限于 Spring Boot 形式)，就绕不开本章谈到的话题。

本章从我们熟悉的@Component 和@Autowired 等注解入手，层层深入，全方位介绍了 Spring 的核心理念——控制反转(IoC)、依赖注入(DI)和依赖查找(DL)的思想、应用和底层实现原理，在此基础上全面叙述了 Bean 的创建、配置、SPI、初始化等机制的应用和底层原理，这些内容或许可以解开一些读者长久以来的疑惑和好奇。

本章是 Spring 编程的基础和核心，也是本书的基础和核心，后面大部分章节都会使用到本章的相关知识。

第3章 属 性 值

我们已经充分研究了 Bean 的注入、创建和初始化等应用及原理，与之配套的，接下来将研究应用程序除了逻辑以外另一个重要组成部分——属性值。

3.1 常用的值获取

既然逻辑可以封装成 Bean 并在 Spring 中很方便地注入或查找，那同样的，值也可以做类似的操作，而且也应该有类似的两种机制——DI 和 DL。不过考虑到 DI 和 DL 的概念主要针对“对象”，所以我们在接下来的值注入讨论中不会使用这两个术语，而用“值注入”（Value Injection）、“属性注入”（Property Injection）和“值查找”（Value Lookup）、“属性查找”（Property Lookup）之类的词语代替。

和 Bean 的注入一样，值也有多种获取方式，最常见的方式是通过构造函数加@Value 注解进行的前注入和单纯通过@Value 注解(包括 Setter)进行的后注入，它们的优缺点和 Bean 的注入很相似。@Value 注解和@Autowired 差不多，适用范围非常广，既可以直接标记在字段上，也可以标记在方法或方法形参上。需要注意的是，常规的值注入需要在 Bean 中进行，如果当前类的对象不被 Spring 管理(非 Bean)，那通常情况下@Value 注解同样不会生效，这一点和@Autowired 注解也是很相似的。

和 Bean 一样，查找是主动的，而注入则是被动的。Bean 的查找依赖 BeanFactory，值的查找依赖 Environment；Bean 的注入依赖@Autowired 等注解，值注入则依赖@Value 注解。我们通过例子来简单演示一下，如代码片段 3-1 所示(路径：com.example.project.one.runner.ValueTestRunner)。

代码片段 3-1：值注入和查找的一些例子

```
@Component
public class ValueTestRunner implements ApplicationRunner {
    //-----------下面演示值注入-----------
    //a.构造函数注入
```

```
private final String ta;
private final String tb;
public ValueTestRunner(@Value("${project.value.a}") String ta,
                       @Value("${project.value.b}") String tb) {
    this.ta = ta;
    this.tb = tb;
}
//b.Setter 注入
private String vb;
@Value("${project.value.b}")
public void setVb(String vb) {
    this.vb = vb;
}
//c.字段直接注入,带默认值
@Value("${project.value.a:defaultValue}")
private String projectValue;
//d.注入字面值(b 将被直接赋值为 true)
@Value("true")
private boolean b;
//e.注入系统属性
@Value("${os.name}")
private String osName;
//f.注入 myMap 这个 Map 类型的 Bean 中 key 对应的值(前提是 myMap 存在)
@Value("#{myMap['a']}")
private String a;
//g.注入 helloWorldRunner 这个 Bean 中的字段值
@Value("#{helloWorldRunner.projectValue}")
private String helloWorldRunnerProjectValue;
//h.注入方法运行的结果
@Value("#{T(System).currentTimeMillis()}")
private long currentTimestamp;
//i.将配置注入为资源
@Value("classpath:/application-me.yml")
private org.springframework.core.io.Resource myResource;
//j.将网络地址注入至 URL
@Value("http://www.abcd.com")
private URL myUrl;
//k.将配置注入至输入流
@Value("classpath:/application-me.yml")
private InputStream contentIs;
//l.将半角逗号分隔的字符串注入至集合
@Value("${students.names}")
private List<String> students;
//m.将斜线分隔的字符串注入至集合
@Value("${students.names2}")
```

```
    @Delimiter("/")
    private List<String> students2;
    //n.将特定结构的字符串注入至 Map
    @Value("#{${country.area}}")
    private Map<String, String>countryMap;
    //-----------下面演示值查找-----------
    @Autowired
    private Environment env;
    @Override
    public void run(ApplicationArguments args) throws Exception {
        //o.查找指定的 key,并且指明类型和默认值
        System.out.println(env.getProperty("my.value.int", int.class, 5));
        //p.查找系统属性,简单返回 String
        System.out.println(env.getProperty("java.version"));
    }
}
```

代码片段 3-1 演示了很多注入和查找的用法。值注入方面，对@Value 注解而言，若没有任何前缀，则直接注入字面值(d 处)；若使用“$”前缀，则按属性 key 注入对应的值(可以指定默认值)，这也是我们最常用的形式；若使用“#”前缀，本质上使用了 EL 表达式。在值查找方面，Environment 支持指定类型和默认值等操作，其功能上与@Value 注解相似，这是因为@Value 注解和 Environment 的底层支撑都是 PropertyResolver。

3.2 使用第三方工具注入值

这个话题又来了——之前在注入 Bean 时讨论过差不多的话题(参见 2.2.1 小节)，同样适用于值注入。代码简洁、静态变量、甚至 final 或 static final 变量的值注入，都可以进行一下尝试。

3.2.1 静态变量与实例变量的统一注入

我们已经知道，通过@Value 注解是无法直接注入静态变量的(暂不讨论这样注入的合理性)，若强行在静态变量上标注@Value 注解，只会在启动时换来一句警告。要想注入值至静态变量，要么通过 Setter 方法，要么通过构造函数，但不管是哪一种情况，需要的编码量都比使用注解直接注入字段要多一些。于是作者就想，有没有一种可能，我们在静态变量上标记注解，然后在启动时该变量依然被正确注入值？这样既能保持代码简洁，又具有 Setter 注入或构造函数注入的功能。没错，作者又要谈自己编写的 Pbwired 小工具了(前面我们用它统一注入过 Bean，请回顾 2.2.1 小节相关内容)。

对 Pbwired 而言，无论是否为静态变量，直接在变量上标记@Pbvalue 即可，如代码片段 3-2 所示(路径：com.example.project.one.runner.ValueTestRunner)。

代码片段 3-2：使用@Pbvalue 统一注入值

```
//a.通过@Pbvalue 直接注入静态变量,使用方式与@Value 注解一模一样
@Pbvalue("${students.names}")
private static List<String> staticStudentNamesPbwired;
//b.直接使用@Value 注解作对比
@Value("${students.names}")
private static List<String> staticStudentNamesValue;
```

启动系统，在 ValueTestRunner#run 方法中打印它们，或者直接 Debug 调试，可以看到 staticStudentNamesPbwired 被成功注入了值，但作为对比的 staticStudentNamesValue 则是 null，同时还会收到这样一句警告："Autowired annotation is not supported on static fields: private static java.util.List com.example.project.one.runner.ValueTestRunner.staticStudentNamesValue"。

@Pbvalue 的使用方式和@Value 是完全一样的，因此它同样支持默认值或 EL 表达式等，请读者自行验证。

前面我们在讲解 Bean 的 DI 时提到过@Pbwired 注解，它的本质是编译时修改抽象语法树(AST)从而使得最终生成的字节码和源码有所不同，@Pbvalue 注解采取了同样的实现方式。之所以它比@Value 注解具有更强的作用，是因为本身它就站在@Value 这个巨人的肩膀上。请读者使用 Maven 编译整个工程，然后打开 target 目录下 ValueTestRunner 的字节码，看看经过编译之后@Pbvalue对它标记的变量做了什么改变。

3.2.2 注入至 final 或 static final 变量

现在再考虑一个问题：如何注入 final 变量？使用@Value 注解的情况下，我们可以在构造函数中注入，如代码片段 3-3 所示(路径：com.example.project.one.runner.ValueTestRunner)。

代码片段 3-3：构造函数注入值至 final 字段

```
private final String valueA;
public ValueTestRunner(@Value("${project.value.a}") String value) {
    this.valueA = value;
}
```

我们现在考虑一下，针对 final 变量甚至是 static final 变量，有没有一个简单的机制，一个注解就能解决问题，就像@Value 注解直接标记在实例变量上一样。可以使用 Pbwired 组件注入，如代码片段 3-4 所示(路径：com.example.project.one.runner.ValueTestRunner)。

代码片段 3-4：通过 Pbwired 组件注入值至 final 和 static final 变量

```
//a.注入 final 变量
@FinalInject("${project.value.a}")
private final String finalValueA;
//b.注入 static final 变量
```

```
@FinalInject("${project.value.a}")
private static final String STATIC_VALUE_A;
```

代码中 a 处的 finalValueA 变量和 b 处的 STATIC_VALUE_A 变量都会被成功注入，尽管后者是 static final 变量。其本质是 Pbwired 在编译时修改了 AST，让生成的字节码符合 Java 语法。@FinalInject也是站在@Value 这个巨人的肩膀上，所以它的使用方式依然和@Value 一样，比如使用默认值或 EL 表达式等，读者可以自行尝试。

注意

上面的代码示例中因为 finalValueA 是 final 变量但是没有在声明时或构造函数中赋值，其会被红色的下波浪线标记错误；同样 STATIC_ VALUE_ A 变量是 static final 变量但是没有在声明时或类初始化块中赋值，其同样会被红色下波浪线标记错误，但这些错误是“假”的。编译完成后，因为修改了 AST，所以最终会生成符合 Java 语法的正确字节码，因此事实上并没有错误——IDEA 的报错仅仅针对源码本身，它无法预料生成的字节码的样子。正常启动工程，可以看到两个变量的值被成功注入。

虽然最终生成的字节码没有问题，但代码中一直存在红线提示错误也很令人感到困扰，这时候就需要编写 IDEA 插件来去红了，作者已经准备好插件并随 Pbwired 一并发布。访问 https://github.com/wbzdwjsm/pbwired/releases/download/1.2.0/pbwired-plugin.jar 下载去红插件，然后通过本地磁盘安装的方式安装后重启，即可发现当@FinalInject 标注 final 或 static final 变量时，已不再有红色的下波浪线提示错误。

有兴趣的读者可以在编译完成后打开 target 目录，然后打开 ValueTestRunner 类的字节码，看看 Pbwired 对@FinalInject 标记的字段做了什么改变。

有了@FinalInject 注解之后，我们就可以将某些常量值写到配置文件中，而不需要固定写在 Java 代码中——请注意，我们在这里仅研究技术问题，并不讨论这样做的合理性。

一般情况下，常量类中可能会这么定义天气枚举值，如代码片段 3-5 所示（路径：com.example.project.one.constant.SystemConstant）。

代码片段 3-5：常见的常量定义

```
public class SystemConstant {
    public static final List<String> WEATHER_TYPES = Arrays.asList("晴", "阴", "雨");
}
```

对于此种常量写法，我们早已习以为常。常量一般都硬编码到常量类中，需要时直接静态访问。现在重新考虑这个问题——虽然是常量，但万一哪天常量的内容需要修改怎么办？比如，在天气类型中添加一个类型“雾”，就需要修改源码，然后重新测试、编译、打包、发布。虽然我们一般都会这么干，但在这里可以尝试一些新方法。比如，不必硬编码天气类型，而采用@FinalInject 注解从配置文件注入常量值至相关字段。假定我们在配置文件中写下一些属性值，如代码片段 3-6 所示。

代码片段 3-6：application.yml 文件中的属性值

```
weather:
  type: 晴,阴,雨
```

然后就可以注入至常量字段了，如代码片段 3-7 所示(路径：com.example.project.one.constant.SystemConstant)。

代码片段 3-7：注入属性值至常量字段

```
@FinalInject("${weather.type}")
public static final List<String> WEATHER_TYPES;
```

当代码片段 3-6 中的属性值不以半角逗号分隔时(比如使用“/”)，代码片段 3-7 中的 static final 字段依然和@Value 注解一样，支持@Delimiter("/")标记，请读者自行测试。

通过注入配置的方式，让常量和普通变量的值注入变得统一起来，唯一的区别是@Value 注解换成了@FinalInject 注解。之后，可以在不同位置像使用普通变量那样随意使用常量，如代码片段 3-8 所示(路径：com.example.project.one.runner.ValueTestRunner#run)。

代码片段 3-8：注入的常量和硬编码的常量使用方式是一样的

```
@Override
public void run(ApplicationArguments args) throws Exception {
    System.out.println(SystemConstant.WEATHER_TYPES);
}
```

在未使用@Component 等模式注解标注的 SystemConstant 类(即“非 BeanClass”)中，依然可以使用@FinalInject 注解从配置文件注入值至 static final 变量。这涉及类加载的顺序，在此我们不作讨论，只需要注意一点：不要在启动类中使用@FinalInject(一般也不会这样做)。

通过@FinalInject 注解，我们成功让常量类充满了配置信息，但接下来就会面临一个新问题：相同前缀的字段太多。试想一下，若要在常量类中定义一系列相关的常量字段，难道要逐一添加@FinalInject？显然，这种做法并不可取。必须想一个相对友好的办法，通过少数的注解就要处理完全部的配置。

正如 Spring 中@ConfigurationProperties 相对于@Value 一样，在 Pbwired 小工具中也有针对@FinalInject的批量注解，它就是@ConstantClass 注解，这是作者编写用来专门注入大量常量至常量类的。@ConstantClass 注解的定义如代码片段 3-9 所示(路径：com.purpblue.pbwired.annotation.ConstantClass)。

代码片段 3-9：@ConstantClass 的定义

```
public @interface ConstantClass {
    //a.与 Spring 中@ConfigurationProperties 一样的 prefix
    String prefix() default "";
    //b.字段的修饰符,同时被此数组中所有修饰符修饰的字段才会被注入值
    String[] modifiersInclude() default {"static", "final"};
```

```
    //c.字段排除,此数组中的字段不会被注入值
    String[] fieldsExclude() default {};
}
```

现在我们在配置文件中新建属性，如代码片段 3-10 所示。

代码片段 3-10：在 application.yml 中新建用于批量注入的多个常量

```
Some-China-Info:
  WEATHER_TYPES: 晴,阴,雨,雾
  PROVINCE_SHORT_NAMES: '{"四川": "蜀", "浙江": "浙", "海南": "琼"}'
  CHANGJIANG_RIVER_LENGTH: 6400
  POPULATION: 1_400_000_000
```

然后，重新定义一个新的常量类，如代码片段 3-11 所示(路径：com. example. project. one. constant.SomeChinaInfo)。

代码片段 3-11：承载批量注入的常量类

```
@ConstantClass(prefix = "Some-China-Info")
public class SomeChinaInfo {
    public static final List<String> WEATHER_TYPES;
    public static final Map<String, String> PROVINCE_SHORT_NAMES;
    public static final int CHANGJIANG_RIVER_LENGTH;
    public static final long POPULATION;
    @DefaultValue("夏,商,周,秦,汉,唐,宋,元,明,清")
    public static final List<String> SOME_DYNASTIES;
}
```

在指定了 prefix 为“Some-China-Info”后，各个变量的名称即对应了其下的各个节点。因为在代码片段 3-10 中一共定义了 4 个节点，所以 SomeChinaInfo 类中前 4 个常量与之一一对应。至于第 5 个常量，因为“Some-China-Info.SOME_DYNASTIES”节点并不存在，所以如果不指定默认值的话将会报错，此处使用 Pbwired 工具中的@DefaultValue 注解指定默认值。

请读者在除启动类外的其他地方使用这些常量(比如 DIRunner#run)，同时亦可以打开 target 目录下 SomeChinaInfo 类的字节码文件查看。

3.3 @Value 注入的底层逻辑简析

关于值注入与值查找的讨论已告一段落，同样现在来简单研究一下它们的实现原理。相对于 Bean 的创建过程，@Value 注解的处理就显得简单多了，因此这里的分析会比 getBean 方法中的逻辑更小巧(同样以示例工程 1 为例)。

我们知道，在创建 Bean 时，如果此 Bean 依赖了其他的 Bean(Bean-X)，但 Bean-X 尚未初始化，则 BeanFactory 会转而优先创建 Bean-X，然后再通过 DI 的方式注入至目标 Bean。相比之下值

注入或值查找就没这么复杂，它们只是一些值，它们之间不存在如此重量级的联系，所以只需要在系统启动的时候一次性将配置全部读入并解析至内存中即可，后续便可以随时使用。

至于配置文件中的值是何时解析的呢？前面讲到过，配置由 Environment 负责，所以解析的时机，也正是在 Environment 初始化并运行其各个专用后置处理器——EnvironmentPostProcessor(EPP)的时候完成的。配置文件会被解析成多个 PropertySource 以供后续使用。因为 Environment 的初始化时机非常早，甚至早于 ApplicationContext 和 BeanFactory(请回顾 2.5.1 Springboot 的主启动流程小节)，所以配置中的值基本上是全局通用。限于篇幅，解析配置值的具体过程就不讨论了，有兴趣的读者可以关注 ConfigDataEnvironmentPostProcessor 相关逻辑，或者自行参阅相关文章或书籍。

配置值载入之后，就可以在各个 Bean 中注入了，或者在各处进行值查找。

3.3.1 值查找的底层逻辑

当不方便直接注入值时，我们可以直接通过 Environment#getProperty 方法查找需要的值(参见 3.1 小节的代码片段 3-1)。值查找的逻辑相对于值注入更简单，与 Bean 的情况类似。查找开始后，主要由 Environment 搜索其持有的各个 PropertySource(包括系统属性)，命中后按照需要的类型进行转换。

查找开始时，主要的逻辑如代码片段 3-12 所示(路径：org.springframework.core.env.PropertySourcesPropertyResolver#getProperty)。

代码片段 3-12：Environment 查找属性值的底层逻辑

```
protected <T> T getProperty(String key, Class<T> targetValueType, boolean resolveNested-
Placeholders) {
  if (this.propertySources != null) {
      //a.遍历所有 propertySource,按 key 寻找
      for (PropertySource<?> propertySource : this.propertySources) {
        ...
        Object value = propertySource.getProperty(key);
        if (value != null) {
            //b.查找到对应的值,进一步处理嵌套的 PlaceHolder
            if (resolveNestedPlaceholders && value instanceof String string) {
              value = resolveNestedPlaceholders(string);
            }
            logKeyFound(key, propertySource, value);
            //c.对找到的值进一步作类型转换
            return convertValueIfNecessary(value, targetValueType);
        }
      }
  }
  ...
  return null;
}
```

上面的源码中，a 处比较简单，无需过多解释，我们可以看到在 b 处有一个 resolveNestedPlaceholders 方法，看名字就知道它用于进一步处理嵌套其中的 PlaceHolder。这个方法使得我们可以在配置文件中这样编写属性："project.value.abcde=abcde ${server.port.new:${server.port}}"。由于我们没有配置"server.port.new"属性，因此将使用"server.port"对应的值(8080)作默认值。当我们在代码中查找"project.value.abcde"这个 key 对应的值时(即"env.getProperty("project.value.abcde")")，将得到正确的结果"abcde8080"。

通过像上面这样解析之后，所有 PlaceHolder 都被解析成具体的值了，这时候就会在 c 处进行必要的转换(比如将 String 转为 int、集合或数组等)。完成这些之后，值查找自然就结束了，是不是相对比较简单?

3.3.2 值注入的底层逻辑

值注入分为构造函数注入和后注入(@Value 直接注入字段和 Setter 注入等)，它们的时机不同，但取值逻辑差不多，和 Bean 注入的情况很类似。

1. 构造函数注入值

请回忆一下，在一个 Bean 的诞生过程中，它是在哪一步被首先创建出来的? 请查阅前面分析过的的 doCreateBean 方法(参见 2.4.3 小节代码片段 2-47)，就在其中的 a 处——createBeanInstance。在这里将运行@Bean 方法或 BeanClass 的构造函数，因此通过构造函数注入值的内容也将在这里准备完毕，这部分逻辑如代码片段 3-13 所示(路径：org.springframework.beans.factory.support.AbstractAutowireCapableBeanFactory#createBeanInstance)，没错，我们在说 Bean 的创建。

代码片段 3-13：Spring 运行 BeanClass 的构造函数

```
protected BeanWrapper createBeanInstance(String beanName, RootBeanDefinition mbd, @Nullable Object[] args) {
  ...
  Constructor<?>[] ctors = determineConstructorsFromBeanPostProcessors(beanClass, beanName);
  if (ctors != null ||mbd.getResolvedAutowireMode() == AUTOWIRE_CONSTRUCTOR ||mbd.hasConstructorArgumentValues() ||! ObjectUtils.isEmpty(args)) {
      //a.在这里运行构造函数,并注入构造函数的入参
      return autowireConstructor(beanName, mbd, ctors, args);
  }
  ...
}
```

a 处调用了 autowireConstructor 方法，我们在 2.4.3 小节一些调用链中已经看到过了，通过调用链展示我们也知道，此方法最终会调用到 DefaultListableBeanFactory#doResolveDependency 方法，在这里它将解析需要的内容，不管是注入 Bean 还是注入值，都有对应的处理。此方法解析 Bean 的逻辑在 2.4.4 小节中已充分介绍(代码片段 2-59)，现在我们聚焦它解析值的逻辑，如代码片段

3-14 所示(路径：org.springframework.beans.factory.support.DefaultListableBeanFactory#doResolveDependency)。

代码片段 3-14：doResolveDependency 方法中解析值的逻辑

```
public Object doResolveDependency(DependencyDescriptor descriptor, @Nullable String bean-
Name, @Nullable Set<String> autowiredBeanNames, @Nullable TypeConverter typeConverter)
throws BeansException {
  ...
  try {
      //a.下面处理值注入部分
      ...
      //b.解析 Placeholder,即"${xxx}"
      Object value = getAutowireCandidateResolver().getSuggestedValue(descriptor);
      if (value != null) {
        if (value instanceof String strValue) {
            //c.在这里解析出具体的值
            String resolvedValue = resolveEmbeddedValue(strValue);
            BeanDefinition bd = (beanName != null && containsBean(beanName) ? getMergedBean-
Definition(beanName) : null);
            //d.如果是 EL 表达式,在此处理
            value = evaluateBeanDefinitionString(resolvedValue, bd);
        }
        TypeConverter converter = (typeConverter != null ? typeConverter : getTypeConverter
()); //x.对应的类型转换器
        try {
            //e.转换成入参所需的类型并返回
            return converter.convertIfNecessary(value, type, descriptor.getTypeDescriptor());
        }
        ...
      }
  }
  //f.值处理结束。如果当前处理的不是值注入而是 Bean 注入,上一章已述
  ...
}
```

上面的代码已经将步骤标明了，我们再关注一下步骤 c，也就是解析值的步骤。我们仅需要关注方法调用链即可，如下所示。

```
AbstractBeanFactory#resolveEmbeddedValue,
→ StringValueResolver#resolveStringValue,
→ AbstractPropertyResolver#resolveRequiredPlaceholders,
→ ...
→ PropertySourcesPropertyResolver#getPropertyAsRawString,
→ PropertySourcesPropertyResolver#getProperty。
```

由于调用链实在太长，作者已将中间的部分省略。可以看到最终来到 PropertySourcesProperty-Resolver#getProperty 方法。没错，就是在上一小节讨论过的值查找的那个 getProperty 方法(代码片

段 3-12)! 这再次证明了所谓的注入或查找是针对程序员视角而言，其实 Spring 最终的操作是一样的。让 Spring 帮忙注入时，它会调用 getProperty 方法去查找；而我们主动查找时，还是会调用同样的方法!

2. 后注入值

前面我们说明过，@Value 注解对字段和 Setter 方法的处理是后置处理器完成的，这个后置处理器就是我们熟悉的 AutowiredAnnotationBeanPostProcessor。以@Value 注解将值注入字段为例，处理的过程与@Autowired 将 Bean 注入字段非常像，也是由 AutowiredAnnotationBeanPostProcessor.AutowiredFieldElement#inject 方法处理的(可参考 2.4.4 小节的代码片段 2-56)，其中寻找值的逻辑如代码片段 3-15 所示(路径：org.springframework.beans.factory.annotation.AutowiredAnnotationBeanPostProcessor.AutowiredFieldElement#inject)。

代码片段 3-15：Spring 底层解析待注入的值

```
//a.寻找需要注入的内容,可以是 Bean,也可以是值
value =resolveFieldValue(field, bean, beanName);
```

这一行代码既可以寻找需要注入的 Bean，也可以寻找需要注入的值。在这里我们只关注寻找值的逻辑，其调用链如下所示。

```
AutowiredAnnotationBeanPostProcessor.AutowiredFieldElement#resolveFieldValue,
→ DefaultListableBeanFactory#resolveDependency,
→ DefaultListableBeanFactory#doResolveDependency。
```

最终又是 doResolveDependency 方法!

在找到对应的值以后，代码片段 3-15 的 value 将作为 2.4.4 小节代码片段 2-56 中 b 处及以后的内容，被反射注入至目标字段。

3.4 本章小结

本章的内容是上一章的延伸——值注入(属性注入)和值查找(属性查找)。相比于 Bean 的注入和查找，值注入和值查找显得轻松了很多，不过它也有自己的特色，比如可以嵌套 key 的使用，可以注入系统属性、文件、资源、URL 等，还可以使用 EL 表达式完成极其复杂的注入，甚至还可以直接注入 Bean(虽然并不推荐)。当非正式编码时，也可以试试作者自编的工具 Pbwired。

本章除了演示值查找和注入的编码外，也简述了相关底层逻辑。无论是解析 Bean 还是解析值，我们都绕不开这个著名的方法——DefaultListableBeanFactory#doResolveDependency。搞清楚此方法的逻辑，对我们理解 Bean 和值的注入和查找都大有裨益。

动态代理

Spring 及基于 Spring 生态的框架中的很多特性，都是通过动态代理完成的，比如 AOP、事务控制、MyBatis 的@Mapper 接口、JPA 的@Repository 接口、Feign 的@FeignClient 接口等。要随心所欲编写框架级代码，动态代理是毫无疑问的必修课。

4.1 代理的相关介绍

什么是代理？这个和设计模式中的代理模式自然是相通的。某个对象要运行方法，它并不直接运行，而是委托给其他代理对象“帮忙”运行。这和现实中的律师代理模式相似——律师处理的虽然是委托人的事情(比如法庭辩护)，但律师更专业，能够帮助委托人将辩护做得更完善。委托人在法庭上只需要如实陈述(相当于运行原始方法)，剩下的交给律师处理(相当于代理者)即可。Spring 框架中也是如此，对于某些特别的需求(AOP、事务等)，运行原始方法之前需要做一些准备(前置拦截、开启事务等)，运行完原始方法还需要做一些后处理(后置拦截、事务提交或回滚等)。很明显，这里的“准备”“运行原始方法”和“后处理”等动作都是在代理的控制下完成的。

4.1.1 静态代理

下面演示一个非常简单的代理，如代码片段 4-1 所示(路径：com.example.project.one.test.proxy.StaticProxyTest)。

代码片段 4-1：简单的代理示例

```
public class StaticProxyTest {
    public static void main(String[] args) { //x1.main 方法
        BusinessInterface bi = new SomeClass(); //x2.创建原始对象
        BusinessInterface proxy = new Proxy(bi); //x3.创建代理对象,其中持有原始对象
        proxy.doSth(); //x4.通过代理对象来运行原始对象的方法,可以有更大的灵活性
```

```
    }
}
//--------以下是 x1 处 main 方法用到的各个组件定义--------
//a.业务接口
interface BusinessInterface {
    void doSth();
}
//b1.处理业务的类
class SomeClass implements BusinessInterface {
    @Override
    public void doSth() { //b2.真实的业务逻辑
        System.out.println("原始方法");
    }
}
//c1.代理类
class Proxy implements BusinessInterface {
    private final BusinessInterface s;

    public Proxy(BusinessInterface s) {
        this.s = s; //c2.内部持有原始的业务对象,将"帮忙"运行业务逻辑
    }

    @Override
    //c3.代理类的核心方法,它会"帮忙"运行原始对象的业务逻辑,因此在真实逻辑的运行前后可以做很多额外
//工作
    public void doSth() {
        System.out.println("业务逻辑即将开始,可以做一些其他的工作");
        s.doSth(); //c4.真实业务逻辑
        System.out.println("业务逻辑结束,可以做一些其他的工作");
    }
}
```

以上是一个简单的代理运行。因为所有的组件已提前静态确定，可称之为“静态代理”。可以看到在 main 方法中，运行业务方法的是 proxy 对象(x4 处)，但事实上它根本不生产业务逻辑，它只是业务逻辑的搬运工——它内部持有真实的业务对象 bi(x2 处，SomeClass 类型)，因此其 doSth 方法的核心逻辑完全来自 SomeClass#doSth 方法。如果将 proxy 内部持有的对象换成其他合适的类型，比如 SomeClassB、SomeClassC 之类，那么“proxy.doSth( )”这一句也将调用对应类型的方法。proxy 还是那个 proxy，但被代理的类型不一样时，它将对外呈现不一样的功能，堪称“千面娇娃”。这样做有重大意义，因为很多方法在运行前后确实需要一些“铺垫”才能正常运行，因此方法前后的代理逻辑有时候是很有必要的，比如本章开头提到的 AOP、事务控制等等。

明白了代理的意义后，我们的需求进一步提升。我们不仅想直接代理自己编写的类，还希望代理无数尚未编写出来的类(即动态编码)。因此，静态代理必须换成动态代理，后者相比于前者

要复杂得多。

4.1.2 使用动态代理

在前文中我们已然认识了静态代理。既然都称为“代理”，那相信动态代理的基础结构肯定也不会有太多区别。实际也确实如此，动态代理首先要有约定类型的代理类，然后通过反射或字节码操纵等方法，在运行时将目标类或接口融入进去，最后形成一个联合体。

动态代理通常分为两大类——必须实现接口的 JDK 动态代理和对接口无要求的 CGLIB 动态代理。在 Spring Boot 下这两种代理模式都有使用。一般情况下 Bean 会默认使用 CGLIB 方式代理(也就是说，Bean 不实现接口也没关系，比如 Controller)；而在 ORM 框架中，MyBatis 使用@Mapper 接口，JPA 使用@Repository 接口，因为存在接口，所以这里都使用了 JDK 动态代理；另外，微服务组件 Feign 也是只定义接口即可，同样使用了 JDK 动态代理。从使用角度来看，两种代理只是 API 不一样而已，本质上是相似的，因此我们重点以 JDK 动态代理为例进行介绍。从底层实现来看，JDK 动态代理和 CGLIB 动态代理截然不同，基于接口的代理和基于方法重写的代理在底层完全不一样，有兴趣的读者请自行参阅相关书籍或文章以获取它们更详细的实现逻辑。

在 JDK 中，实现动态代理的基本类是 java.lang.reflect.Prox，作为使用者，我们只需要关注几个方法即可，如表 4-1 所示。

表 4-1 Proxy 类的公共静态方法

方　法	入　参	返　回
newProxyInstance	ClassLoader——相关的类加载器 Class<?>[]——接口数组 InvocationHandler——分发方法的目标	Object——目标对象
isProxyClass	Class<?>——任意类型	boolean——判断是否为动态代理

isProxyClass 方法简单易懂，用于判断某个类型是不是 JDK 动态代理类型，所以我们的主要研究对象是 newProxyInstance 方法，正是通过它创建出了动态代理对象。

由表 4-1 可知 newProxyInstance 的第三个形参是 InvocationHandler 类型，它才是最终要执行代理逻辑的核心。通过第二个形参和第三个形参的结合，我们甚至可以将完全不相干的接口和实现类结合在一起形成动态代理，强行让实现类用接口的身份去完成逻辑。假定我们有两个业务接口，如代码片段 4-2 所示(路径：com.example.project.one.test.proxy.JDKDynamicProxyTest)。

代码片段 4-2：简单定义业务接口用于演示 JDK 动态代理

```
interface BusinessService0 {
    void p0();
    String q0();
}

interface BusinessService1 {
```

```
    void p1();
    Double q1(String str);
}
```

现在编写业务类来实现，如代码片段 4-3 所示(路径：com.example.project.one.test.proxy.JDKDynamicProxyTest)。

代码片段 4-3：编写业务接口的简单实现类用于演示 JDK 动态代理

```
class BusinessService implements BusinessService0 {
    public void p0() {
        System.out.println("运行 p0 方法");
    }

    @Override
    public String q0() {
        return "运行 q0 方法";
    }
}
```

上面的实现类只实现了 BusinessService0(BS0)接口，BS1 接口没有实现，接着我们编写 InvocationHandler 实现类，并在其中定义一些方法，如代码片段 4-4 所示(路径：com.example.project.one.test.proxy.JDKDynamicProxyTest)。

代码片段 4-4：用于创建 JDK 动态代理的 InvocationHandler 实现类

```
class Handler implements InvocationHandler {
    /** a.存储目标类全部已定义的方法(包括祖先类) */
    private final Set<String> allObjMethodNames;
    /** b.被代理的目标对象 */
    private final Object obj;

    //c.一个占位用的方法,用于处理未定义的方法调用
    private Object noSuchMethod() {
        System.out.println("具体业务类中没有这个方法,InvocationHandler 给出此胡乱实现");
        return null;
    }

    public Handler(Object obj) {
        this.obj = obj;
        allObjMethodNames = Arrays
            .stream(ReflectionUtils.getAllDeclaredMethods(obj.getClass()))
            .map(Method::getName)
            .collect(Collectors.toSet());
    }

    /**
```

```
    * d1.一切的核心。所有的接口方法调用都会进入这里
    * @param proxy 代理实例
    * @param method 方法
    * @param args 入参列表
    */
    @Override
    public Object invoke(Object proxy, Method method, Object[] args) throws Throwable {
        //d2.获取方法名
        String methodName = method.getName();
        //d3.确认此方法是否已在业务实现类中定义(包括其祖先类的方法)
        boolean hasDefined = allObjMethodNames.contains(methodName);
        //d4.方法执行的前置处理(类似于 AOP 的@Before)
        System.out.printf("前置逻辑开始:当前执行方法:%s,此方法在目标类中%s定义\n",
methodName, hasDefined ? "" : "未");
        Object result;
        //根据方法的情况决定具体的实现逻辑
        if (hasDefined) {
            //d5.若方法确实已定义,反射运行之
            result = method.invoke(obj, args);
        } else {
            //d6.若方法根本没定义,使用其他方法替代之(当然也可以抛异常等)
            result = noSuchMethod();
        }
        //d7.后置处理(类似于 AOP 的@After)
        System.out.println("方法执行完毕,执行后置逻辑");
        return result; //d8.返回方法调用的结果
    }
}
```

准备好之后，我们运行一下自定义的 JDK 动态代理，如代码片段 4-5 所示(路径：com.example.project.one.test.proxy.JDKDynamicProxyTest)。

代码片段 4-5：运行自定义的 JDK 动态代理

```
public class JDKDynamicProxyTest {
    public static void main(String[] args) {
        //a.创建业务对象
        BusinessService bs = new BusinessService();
        //b.使用业务对象创建代理对象,并声明类型为 BS0
        BusinessService0 proxy = (BusinessService0) Proxy.newProxyInstance(
            BusinessService.class.getClassLoader(),
            new Class<?>[]{BusinessService0.class, BusinessService1.class},
            new Handler(bs)
        );
        //c.调用 BS0 的接口方法
        proxy.p0();
```

```
        proxy.q0();
        //d.代理对象类型转换为 BS1
        BusinessService1 proxy1 = (BusinessService1) proxy;
        //e.调用 BS1 的接口方法
        proxy1.p1();
        proxy1.q1("abcd");
    }
}
```

请读者运行上面的代码，并自行观察输出，尤其是 e 处两个方法的输出——要知道 BusinessService 类(代码片段 4-3)根本没有实现 BS1 接口！

现在回到 InvocationHandler 实现类的定义(代码片段 4-4)，仔细观察其 invoke 方法，着实令人感到惊叹！不管具体运行了什么方法，结果都会进入这里，然后我们在此可以按需要处理，既可以如实地运行原方法，也可以完全忽略原方法的运行，转而加上自定义的逻辑，比如在 d6 处——当前调用的接口方法若没有实现，可以在这里找一个方法替代一下(例如 noSuchMethod 方法)，并不会报错。这给了我们强大的能力，只要进入这个 invoke 方法，原来的方法调用就完全失去了自主权，要不要运行，要如何运行，完全取决于我们在这里的考量和处理，这，就是代理的灵活之处。

好在如此强大的能力仅针对动态代理，若一个对象本身并没有被代理，那一切都还是原来的模样，该怎么运行就怎么运行，无法干预。

动态代理这种机制，使得我们可以在方法调用时修改、嫁接甚至中止它的运行，功能十分强大。请读者想一下，常用的 ORM 框架中，为什么使用 MyBatis 时只需要定义@Mapper 接口就可以了，并不需要编写实现类？为什么使用 JPA 时也只需要定义@Repository 接口就行了，也不需要实现类？Java 机制规定了实例方法的运行必须由对象来执行，因此可以推知，我们编写接口时其实 ORM 框架早已准备好了实现类，然后运行时就使用 JDK 动态代理来帮我们的接口装上这些实现类，这和我们刚刚进行的编码是一样的逻辑。

顺便提一下，在 MyBatis 中为@Mapper 接口准备的实现类是持有 SqlSession 等组件的 org.apache.ibatis.binding.MapperProxy，而 JPA 中为@Repository 接口准备的实现类则是持有 SimpleJpaRepository 对象的 org.springframework.aop.framework.JdkDynamicAopProxy。动态代理机制使得我们在 ORM 框架中定义的所有方法都由对应实现类的 invoke 方法接管，所以才无需自行去实现接口方法。或许还有读者好奇，为什么 JPA 中在@Repository 接口中编写一般的查询方法时，仅需要用"findByXXAndYY"这样的写法就能完成相关的数据表查询(XX 和 YY 对应 Entity 中的字段)，连 SQL 语句都可以省去？这里我们不去讨论其中 PartTree、RepositoryQuery 等相关逻辑(这不是本书的讨论重点)，现在不妨尝试模拟一下这种方法实现风格。由于将动态代理运用到实战中涉及 Spring、JDK 的方方面面，我们将其安排在"第 2 篇　综合实战"中，已经等不及的读者可以直接查看第 7 章。

4.1.3 动态代理实现原理简介

动态代理的存在，使得我们对目标方法的切入、执行、返回结果等拥有更强的控制权。或许有读者会想，动态代理这么强大，它是 JVM 的固有特性吗？其实并不是，在 JVM 看来，根本没有静态代理和动态代理之分，一切不过是普通的类加载而已。

动态代理之所以给人一种比直接编写代码神奇的感觉，主要原因在于它是无源码实现。我们只需要提供对应的 InvocationHandler 和业务接口，通过 Proxy 类就可以组装出动态代理对象并使用。因此，核心要素依然是由我们自己提供的，而 Proxy 类就像一个编织工。那么，它是如何编织的呢？

JVM 规范指出，被加载的类的信息不一定非要来自.class 文件(即由源代码编译而成的"最正宗"的字节码)，它可以来自网络加载、运行时临时生成等等，只要加载的类信息满足 JVM 规范相关规定，都会被一视同仁。聪明的读者或许已经想到了——没错，动态代理类就是无源码的，它来自运行时 Proxy 类的临时字节码生成。

以代码片段 4-5 为例，我们来想一下，如果抛开动态代理的理念，重新考虑静态代理，我们要组合 BusinessService 类和 Handler 类，同时又要兼顾 BusinessService0 (BS0)、BusinessService1 (BS1)两个接口，该编写一个什么样的类，让它们有机地结合在一起？这个类既要实现 BS0 和 BS1 接口，又要通过 BusinessService 类和 Handler 类的组合来实现 BS0、BS1 两个接口中对应方法的业务逻辑，或许我们可以这样来处理，如代码片段 4-6 所示(路径：com.example.project.one.test.proxy.JDKDynamicProxyTest。**注意这是伪代码**)。

代码片段 4-6：模拟动态代理的静态代理伪代码

```
class FakeProxy implements BusinessService0, BusinessService1 {
    //a.内部持有 Handler 对象(InvocationHandler 类型)以统一处理业务逻辑
    private final Handler handler;
    public FakeProxy(BusinessService businessService) {
        //b.Handler 对象内部持有 BusinessService 以具体处理业务
        this.handler = new Handler(businessService);
    }

    @Override
    public void p0() {
        //c1.实现 p0 方法,委托给 handler.invoke
        handler.invoke(...);
    }

    @Override
    public String q0() {
        //c2.实现 q0 方法,委托给 handler.invoke
        return handler.invoke(...);
```

```
    }

    @Override
    public void p1() {
        //c3.实现 p1 方法,委托给 handler.invoke
        handler.invoke(...);
    }

    @Override
    public Double q1(String str) {
        //c4.实现 q1 方法,委托给 handler.invoke
        return handler.invoke(...);
    }
}
```

看到最多的是什么？“实现 xx 方法，委托给 handler.invoke”。这其实就是动态代理的实现原理，通过运行时动态生成代理类并实现指定的接口，同时用户需要提供 InvocationHandler 对象，然后就可以帮接口装上实现类，在所有接口方法的实现中，全部交给 InvocationHandler#invoke 方法，这样就实现了“外部对所有接口方法的调用最终都会转入 invoke 方法”，从而创造了一个 invoke 方法适配全部接口的“奇迹”（c1～c4 处）。

上面虽然是静态代理的伪代码，但是与动态代理的原理相同。由上面的分析可以确认，动态代理真的不是什么新功能或特有功能，在 JVM 看来它就是一个普通类，它的真实实现其实就是在运行时生成的代理类——因为是运行时动态生成的，所以就称之为“动态代理”。

原理讲完了，我们来看看具体实现。同样以代码片段 4-5 为例，我们对 Proxy#newProxyInstance 静态方法(b 处)的实现简单研究一下，如代码片段 4-7 所示(路径：java.lang.reflect.Proxy#newProxyInstance)。

代码片段 4-7：创建 JDK 动态代理对象的方法

```
public static ObjectnewProxyInstance(ClassLoader loader,
                                     Class<?>[] interfaces,
                                     InvocationHandler h) {
    ...
    //a.生成动态代理类,并获取其构造函数
    Constructor<?> cons = getProxyConstructor(caller, loader, interfaces);
    return newProxyInstance(caller, cons, h); //b.创建代理对象
}
```

方法的主体逻辑非常清晰：创建动态代理类、加载、获取其构造函数(a 处)，然后创建对应的代理对象(b 处)。b 处只是通过反射调用构造函数，因此我们重点关注 a 处，其内部调用链如下所示。

```
java.lang.reflect.Proxy#getProxyConstructor,
→java.lang.reflect.Proxy.ProxyBuilder#build,
→java.lang.reflect.Proxy.ProxyBuilder#defineProxyClass。
```

到达 defineProxyClass 方法后，其逻辑如代码片段 4-8 所示（路径：java.lang.reflect.Proxy.ProxyBuilder#defineProxyClass）。

代码片段 4-8：运行时生成代理类并加载

```
private static Class<?>defineProxyClass(ProxyClassContext context, List<Class<?>> inter-
faces) {
    long num = nextUniqueNumber.getAndIncrement();
    //a.生成代理类的全限定名
    String proxyName = context.packageName().isEmpty()
                        ? proxyClassNamePrefix + num
                        : context.packageName() + "." + proxyClassNamePrefix + num;
    ClassLoader loader = getLoader(context.module());
    ...
    //b.核心方法,生成代理类的字节码
    byte[] proxyClassFile = ProxyGenerator.generateProxyClass(
loader,proxyName, interfaces, context.accessFlags() | Modifier.FINAL);
    try {
        //c.加载动态生成的代理类,并获取其 Class 对象
        Class<?> pc = JLA.defineClass(loader, proxyName, proxyClassFile, null, "__dynamic_
proxy__");
        ...
        //d.返回 Class 对象,供后续获取构造函数并生成代理对象
        return pc;
    }
    ...
}
```

代码执行到 d 处，我们都知道后续该怎么做了——使用此 Class 对象，获取其构造函数并生成代理对象。上述代码的核心是 b 处，正是在这里动态生成了代理类的字节码（有兴趣的读者还可以继续深挖此方法的内部实现，不过会比较枯燥，主要是字节码操纵和访问者模式）。因为是动态生成的类，所以自然不可能有.class 文件，但如果我们想查看这些字节码的内容，可以通过调试（Debug）或转储（Dump）的形式获取，或者直接在启动时在 VM 参数中添加“-Djdk.proxy.ProxyGenerator.saveGeneratedFiles = true”（JDK 9+版本）或“-Dsun.misc.ProxyGenerator.saveGeneratedFiles = true”（JDK 8 版本）配置信息。这两个 key 的名称来源于 java.lang.reflect.ProxyGenerator#saveGeneratedFiles 字段。代码片段 4-5 中 b 处生成的代理类，其字节码经 IDEA 反编译之后如代码片段 4-9 所示（代码略长，但为了说明问题，仅作少量省略。此字节码文件位于随附源码示例工程 1，路径：resources/dynamic-class/$Proxy0.class）。

代码片段 4-9：某个 JDK 动态代理类的反编译结果

```
final class $Proxy0 extends Proxy implements BusinessService0, BusinessService1 {
    //a.全局方法对象缓存
    private static final Method m0;
```

```
    private static final Method m1;
    private static final Method m2;
    private static final Method m3;
    private static final Method m4;
    private static final Method m5;
    private static final Method m6;
    /**b.构造函数接收用户提供的 InvocationHandler 对象,对应于代码片段 4-7 的 b 处,直接进入此处的
newProxyInstance 方法即可看到对本构造函数的调用*/
    public $Proxy0(InvocationHandler var1) {
        super(var1);
    }
    //c1.祖传方法之 hashCode,通过用户提供的 InvocationHandler#invoke 实现
    public final int hashCode() {
        try {
            return (Integer)super.h.invoke(this, m0, (Object[])null);
        } catch (RuntimeException | Error var2) {
            throw var2;
        } catch (Throwable var3) {
            throw new UndeclaredThrowableException(var3);
        }
    }
    //c2.祖传方法之 equals,通过用户提供的 InvocationHandler#invoke 实现
    public final boolean equals(Object var1) {
        try {
            return (Boolean)super.h.invoke(this, m1, new Object[]{var1});
        } catch (RuntimeException | Error var2) {
            throw var2;
        } catch (Throwable var3) {
            throw new UndeclaredThrowableException(var3);
        }
    }
    //c3.祖传方法之 toString,通过用户提供的 InvocationHandler#invoke 实现
    public final String toString() {
        try {
            return (String)super.h.invoke(this, m2, (Object[])null);
        } catch (RuntimeException | Error var2) {
            throw var2;
        } catch (Throwable var3) {
            throw new UndeclaredThrowableException(var3);
        }
    }
    //d1.业务方法 p0,通过用户提供的 InvocationHandler#invoke 实现
    public final void p0() {
        try {
            super.h.invoke(this, m3, (Object[])null);
```

```
    } catch (RuntimeException | Error var2) {
        throw var2;
    } catch (Throwable var3) {
        throw new UndeclaredThrowableException(var3);
    }
}
//d2.业务方法 q0,通过用户提供的 InvocationHandler#invoke 实现
public final String q0() {
    try {
        return (String)super.h.invoke(this, m4, (Object[])null);
    } catch (RuntimeException | Error var2) {
        throw var2;
    } catch (Throwable var3) {
        throw new UndeclaredThrowableException(var3);
    }
}
//d3.业务方法 p1,通过用户提供的 InvocationHandler#invoke 实现
public final void p1() {
    try {
        super.h.invoke(this, m5, (Object[])null);
    } catch (RuntimeException | Error var2) {
        throw var2;
    } catch (Throwable var3) {
        throw new UndeclaredThrowableException(var3);
    }
}
//d4.业务方法 q1,通过用户提供的 InvocationHandler#invoke 实现
public final Double q1(String var1) {
    try {
        return (Double)super.h.invoke(this, m6, new Object[]{var1});
    } catch (RuntimeException | Error var2) {
        throw var2;
    } catch (Throwable var3) {
        throw new UndeclaredThrowableException(var3);
    }
}
//e.各方法字段在类加载时初始化并缓存
static {
    ClassLoader var0 = $Proxy0.class.getClassLoader();
    try {
        m0 = Class.forName("java.lang.Object", false, var0).getMethod("hashCode");
         m1 = Class.forName("java.lang.Object", false, var0).getMethod("equals",
Class.forName("java.lang.Object", false, var0));
        m2 = Class.forName("java.lang.Object", false, var0).getMethod("toString");
```

```
            m3 = Class.forName("com.example.project.one.test.proxy.BusinessService0",
false, var0).getMethod("p0");
            m4 = Class.forName("com.example.project.one.test.proxy.BusinessService0",
false, var0).getMethod("q0");
            m5 = Class.forName("com.example.project.one.test.proxy.BusinessService1",
false, var0).getMethod("p1");
            m6 = Class.forName("com.example.project.one.test.proxy.BusinessService1",
false, var0).getMethod("q1", Class.forName("java.lang.String", false, var0));
        } catch (NoSuchMethodException var2) {
            throw new NoSuchMethodError(var2.getMessage());
        } catch (ClassNotFoundException var3) {
            throw new NoClassDefFoundError(var3.getMessage());
        }
    }
    ...
}
```

上面动态代理类的反编译结果是不是和我们在本节构建的静态代理伪代码(代码片段 4-6)非常像？这就是动态代理接口方法最终都会进入 invoke 方法的秘密。看了上面的动态代理实现，不知道有没有读者会感到一丝失望？看似高端的动态代理，竟然和静态代理如此相似。事实上，真正高端的并不是动态代理本身，而是 JVM 规范。正是因为 JVM 规范并不限制类信息必须从.class 文件加载，才使得动态代理成为可能。

既然说到运行时 JDK 动态代理的反编译了，那读者是否想见一见运行时因为 AOP 而生成的 CGLIB 动态代理的样子？以第 1 章最开始的 HelloWorldRunner 为例(代码片段 1-4)，当它的 run 方法被 AOP 时(如果有 AOP 的话)，将会在 Spring 中生成类似下面的动态代理类，同时此类的对象会被 Spring 容器注册为 Bean，如代码片段 4-10 所示(此字节码文件位于示例工程 1，路径：resources/dynamic-class/HelloWorldRunner $$SpringCGLIB $$0.class)。

代码片段 4-10：某次启动时由 HelloWorldRunner 创建的 CGLIB 动态代理

```
//a.CGLIB 动态代理类是目标类 HelloWorldRunner 的子类
public class HelloWorldRunner$$SpringCGLIB$$0 extends HelloWorldRunner implements Spring-
Proxy, Advised, Factory {
    //b.一大堆字段,调试时常见
    private boolean CGLIB$BOUND;
    public static Object CGLIB$FACTORY_DATA;
    private static final ThreadLocal CGLIB$THREAD_CALLBACKS;
    private static final Callback[] CGLIB$STATIC_CALLBACKS;
    private MethodInterceptor CGLIB$CALLBACK_0;
    private MethodInterceptor CGLIB$CALLBACK_1;
    ...
    //c1.一大堆方法
    static void CGLIB$STATICHOOK51() {
```

```
        CGLIB$THREAD_CALLBACKS = new ThreadLocal();
        CGLIB$emptyArgs = new Object[0];
        //c2.这里涉及 HelloWorldRunner
        Class var0 = Class.forName("com.example.project.one.runner.HelloWorldRunner$$
SpringCGLIB$$0");
        Class var1;
        Method[] var10000 = ReflectUtils.findMethods(new String[]{"run", "([Ljava/lang/
String;)V", "addName", "(Ljava/lang/String;)Ljava/lang/String;"}, (var1 = Class.forName
("com.example.project.one.runner.HelloWorldRunner")).getDeclaredMethods());
        CGLIB$run$0$Method = var10000[0];
        CGLIB$run$0$Proxy = MethodProxy.create(var1, var0, "([Ljava/lang/String;)V", "run",
"CGLIB$run$0");
        ...
    }

    final void CGLIB$run$0(String[] var1) {
        super.run(var1);
    }
    //d1.核心关注点。HelloWorldRunner#run 方法被重写了
    public final void run(String... var1) {
        MethodInterceptor var10000 = this.CGLIB$CALLBACK_0;
        ...
        if (var10000 != null) {
            /** d2.如果有对应的拦截器存在(比如 AOP),则进入拦截器中。以 AOP 为例,我们编写的各个
Advice和 HelloWorldRunner#run 方法本体都会在这里面按相关逻辑运行。intercept 类似于 JDK 动态代理
的 invoke */
            var10000.intercept(this, CGLIB$run$0$Method, new Object[]{var1}, CGLIB$run$0$
Proxy);
        } else {
            //d3.如果此方法没有配置拦截器,直接执行
            super.run(var1);
        }
    }
    ...
    //e.省略继承自 Object 类的一些方法重写,内部逻辑和 run 方法差不多
    ...
    //f.省略来自 SpringProxy、Advised、Factory 接口的方法实现
    ...
    static {
        //g.当前代理类初始化的时候执行 c1 处的初始化方法,和 JDK 动态代理有些像
        CGLIB$STATICHOOK51();
    }
}
```

CGLIB 的理念和 JDK 动态代理相似，都是致力于在运行时生成动态代理类并完成加载，然后通过 Class 对象获取构造函数并创建对应的代理对象，典型的“无中生有”。但在具体实现方面，CGLIB 和 JDK 动态代理略有不同。前者使用继承(extends)目标类(a 处)并重写相关方法的机制(d1 处)，因此有没有接口都不重要，但缺点是如果目标类被 final 修饰(JDK 17+版本中目标类还有被 sealed 修饰的情况)，这里的继承就会失败，有兴趣的读者可以自行将我们测试用的 DIRunner 或其他 Runner 类型添加 final 修饰符看看效果(作者在工程中准备了针对 Runner#run 方法的增强逻辑 com.example...adapterpattern.RunnerAOP#postProcess，正常加载的 Runner 都会被 CGLIB 增强，即通过继承创建动态代理)。至于 JDK 动态代理，则必须提供接口才能实现，但因为内部并不重写目标类的方法，仅通过 InvocationHandler#invoke 方法接收所有调用，因此不需要考虑 final 修饰符等问题。

当一个 BeanClass 中有方法被拦截器或类似机制(比如 AOP、事务、ORM 框架的 DAO 接口等)命中时，在创建 Bean 之前就会先创建和此 BeanClass 有关的动态代理类，之后才会创建此动态代理类的对象，并将之注册为 Bean。以 HelloWorldRunner 为例，在有 AOP 机制切入 HelloWorldRunner 的方法之后，我们在其他 Bean 中注入的 HelloWorldRunner 类型的 Bean，已经不是原来那个 HelloWorldRunner类型了，而是类似代码片段 4-10 所示的 HelloWorldRunner $$SpringCGLIB $$0 类型。当然了，它继承自原始的 HelloWorldRunner 类型，自然也可以当作 HelloWorldRunner 使用。

小提示

JDK 动态代理中，因为 invoke 方法需要接收某个接口定义的全部方法调用，因此其内部一般说来都有不止一个执行分支。有兴趣的读者请自行查阅以下 invoke 方法源码：MyBatis 中执行@Mapper 接口方法的 org.apache.ibatis.binding.MapperProxy#invoke 方法(需要引入 mybatis 依赖)，JPA 中执行@Repository 接口方法的 org.springframework.aop.framework.JdkDynamicAopProxy#invoke 方法(需要引入 spring-data-jpa 依赖)。CGLIB 动态代理则是由 intercept 方法接收所有调用，可以查看 org.springframework.aop.framework.CglibAopProxy.DynamicAdvisedInterceptor#intercept 方法。

4.2 注解的底层实现

作为使用 Spring Boot 的开发者，我们不可能不知道注解是什么。注解(Annotation)，从 Java 5 起开始引入，无论是在 Lombok(或 Pbwired)这类编译工具中，还是在 Spring Boot 这类大型框架中，无不彰显着它的强大作用。注解主要用于承载一些元数据(MetaData)，可以标记在类、变量、方法，甚至其他注解上面，类似于做记号。通过在编译时处理注解，或者在运行时通过反射获取注解，可以完成很多复杂的功能。

本节我们不讨论注解的使用，而是研究更深层次的内容：JDK 底层是如何实现注解功能的？

4.2.1 编译时处理 Retention

我们知道注解的 Retention（保持期）有三个级别，分别是 SOURCE、CLASS 和 RUNTIME，三种级别的说明如表 4-2 所示。

表 4-2 注解的 Retention 说明

级　别	说　明
SOURCE	被标记的目标一旦完成编译便会丢弃此注解，所以此注解的 Retention 仅仅维持到编译结束，比如 Lombok 中的注解或 Pbwired 中的部分注解。它们在编译时起作用
CLASS	被标记的目标完成编译后此注解也会被一并写入字节码，但是在运行时 JVM 不会加载它。也就是说，在运行时，CLASS 级别的 Retention 与 SOURCE 级别的 Retention 没有区别。这是默认的 Retention 级别，即当不指定@Retention 时，默认使用此级别
RUNTIME	具有最长的生命周期。被标记的目标完成编译后会将此注解一并写入字节码，并且在运行时 JVM 也会将之加载，我们可以以编码的形式获取。Spring 中绝大部分注解都是 RUNTIME 级别的，因为它们需要在运行时起作用

我们平时编写应用时都会灵活使用这三种级别定义相应的注解，而当我们的目标上升到编写框架时，就需要研究更深层次的东西了——处理注解 Retention 的底层逻辑在哪里？

这个问题的答案是在 Java 编译器（Java Compiler，Javac）中。Java 编译的相关知识不在本书的讨论范围，但我们可以在编译逻辑中找到对注解 Retention 的处理。对示例工程 1 而言（Java 17+），其源码已通过 JDK 提供了，一种可能的编译时处理注解 Retention 的逻辑如代码片段 4-11 所示（路径：com.sun.tools.javac.code.Types#getRetention）。

代码片段 4-11：Javac 底层获取注解 Retention

```
public RetentionPolicy getRetention(TypeSymbol sym) {
    RetentionPolicy vis = RetentionPolicy.CLASS; // a.the default
    Attribute.Compound c = sym.attribute(syms.retentionType.tsym);
    if (c != null) {
        Attribute value = c.member(names.value);
        if (value != null && value instanceof Attribute.Enum attributeEnum) {
            Name levelName = attributeEnum.value.name;
            if (levelName == names.SOURCE) vis = RetentionPolicy.SOURCE; //b
            else if (levelName == names.CLASS) vis = RetentionPolicy.CLASS; //c
            else if (levelName == names.RUNTIME) vis = RetentionPolicy.RUNTIME; //d
            else ;// /* fail soft */ throw new AssertionError(levelName);
        }
    }
    return vis;
}
```

在方法的第一行（a 处），首先就给出了需要返回的代表 Retention 的 vis 变量的默认值——

CLASS(其中“the default”是官方注释)，之后再去检查当前注解是否真的标注了@Retention 元注解：如果有，那么在 b、c、d 三处条件判断后，重新对 vis 变量赋值然后返回；如果没有，则直接返回预设值为 CLASS 的 vis 变量。看完此方法，应该很清楚默认 Retention 是 CLASS 级别的原因了。

Javac 写入字节码时通过上面的方法获取到注解的 Retention，最终决定将之写入字节码或丢弃(SOURCE 级别会丢弃)，我们可以简单看一下方法源码，如代码片段 4-12 所示(路径：com.sun.tools.javac.jvm.ClassWriter#writeJavaAnnotations)。

代码片段 4-12：Javac 写入注解至字节码

```
int writeJavaAnnotations(List<Attribute.Compound> attrs) {
    if (attrs.isEmpty()) return 0;
    ListBuffer<Attribute.Compound> visibles = new ListBuffer<>();
    ListBuffer<Attribute.Compound> invisibles = new ListBuffer<>();
    for (Attribute.Compound a : attrs) {
        switch (types.getRetention(a)) {
        case SOURCE: break; //a.SOURCE 级别,什么也不做,直接丢弃
        case CLASS: invisibles.append(a); break; //b.CLASS 级别,放入“不可见列表”
        case RUNTIME: visibles.append(a); break; //c.RUNTIME 级别,放入“可见列表”
        default:
        }
    }

    int attrCount = 0;
    if (visibles.length() != 0) { //d.将“可见列表”中的注解写入字节码
        int attrIndex = writeAttr(names.RuntimeVisibleAnnotations);
        ...
    }
    if (invisibles.length() != 0) {//e.将“不可见列表”中的注解写入字节码
        int attrIndex = writeAttr(names.RuntimeInvisibleAnnotations);
        databuf.appendChar(invisibles.length());
        ...
    }
    return attrCount;
}
```

上面的方法即为 Javac 写入注解至字节码(比如.class 文件)的逻辑。可以看到，SOURCE 级别的注解的生命至此结束，它不在任何一种列表中，自然也不会被写入(a 处)，而 CLASS 级别的注解会被写入“不可见列表”(b 处)，RUNTIME 级别会被写入“可见列表”(c 处)。事实上，注解的可见与否，Javac 无法决定，它只是在这里分类写入而已。那谁说了算呢？自然是 JVM。代码运行起来的时候，JVM 会从这里写入的内容中读取注解并作相关处理，也就是我们耳熟能详的结论：RUNTIME 级别的注解才可以在运行时可见并获取；而 CLASS 级别的注解，它确实存在于字节码中，但 JVM 并不理会。

对于示例工程 2 而言（Java 8），Javac 的源码并没有随 JDK 一并提供，有兴趣的读者可以通过 https://hg.openjdk.org/jdk8/jdk8/langtools/archive/1ff9d5118aae.zip 下载后导入 IDEA 阅读。

4.2.2 注解的“真实身份”和属性的类型约束

注解看起来很神奇——通过@interface 关键字，就能将一个类级别的元素转变为携带信息的专用数据结构。下面我们来简单定义一个注解，如代码片段 4-13 所示（路径：com.example.project.one.annotation.TestAnnotation）。

代码片段 4-13：定义测试用的注解

```
@Retention(RetentionPolicy.RUNTIME)
@Target({ElementType.TYPE, ElementType.FIELD})
public @interface TestAnnotation {
    String value();
    int intValue() default 1;
    Class<?> classValue() default Object.class;
    double[] doubleArr() default {3.14, 2.72};
}
```

现在将它标注到 DIRunner 上，如代码片段 4-14 所示（路径：com.example.project.one.runner.DIRunner）。

代码片段 4-14：将自定义的注解标注到 DIRunner 上

```
@Component
@TestAnnotation(value = "ABCD", classValue = Integer.class)
public class DIRunner implements CommandLineRunner {
    ...
}
```

@TestAnnotation 这个注解没有什么实际意义，我们只关注它的属性即可。现在简单 Debug 一下，看看运行时注解究竟是什么样子，如图 4-1 所示。

```
Expression:
DIRunner.class.getAnnotation(TestAnnotation.class)
                                        Use Ctrl+Shift+Enter to ad
Result:
v result = {$Proxy2@984} "@com.example.project.one.annotation.TestAnnotation(intValue=1,
  v h = {AnnotationInvocationHandler@987}
    > type = {Class@905} "interface com.example.project.one.annotation.TestAnnotation"
    v memberValues = {LinkedHashMap@1008}  size = 4
      > "intValue" -> {Integer@1017} 1
      > "classValue" -> {Class@543} "class java.lang.Integer"
      > "doubleArr" -> {double[2]@1020} [3.14, 2.72]
      > "value" -> "ABCD"
    memberMethods = null
```

图 4-1 运行时的注解

由图可知类名是$Proxy2(每次运行时最后的数字可能不同)，这就是 JDK 动态代理！其具体功能组件是提前准备好的 sun.reflect.annotation.AnnotationInvocationHandler(即图 4-1 中的变量 h)，它的 memberValues 属性(一个 Map 类型)保存了当前注解的属性和对应的值(包括默认值)。也就是说，我们定义的“注解”，其实只是提供了一个接口(想想@interface 这个关键字)，在真正运行的时候，实际执行逻辑的是实现了 InvocationHandler 接口的 AnnotationInvocationHandler——这应该不难理解，我们在前面刚刚介绍完 JDK 动态代理。

所谓注解，其实是通过对@interface 关键字的特殊处理，最终生成了 java.lang.annotation.Annotation 接口的子接口，这个生成的过程由 JVM 完成，我们无法干预。

小提示

如何证明注解是接口？如下的代码将返回 true：TestAnnotation.class.isInterface()。如何证明注解是 java.lang.annotation.Annotation 接口的子接口？如下的代码将返回 true：Annotation.class.isAssignableFrom(TestAnnotation.class)。有兴趣的读者可以用其他注解做实验。

虽然任何注解最终都是 Annotation 接口的子接口，但我们不能在编码时自行定义一个显式继承 Annotation 接口的子接口，这样没有任何特殊作用，比如这样：public interface CommonInterface extends Annotation { }，这只是一个普通接口，和注解没有关系。Annotation 接口的文档上有明确说明：Note that an interface that manually extends this one does not define an annotation interface.

当标注注解到目标上时，系统会使用 AnnotationInvocationHandler 作为功能组件，将两者结合在一起形成 JDK 动态代理，相关逻辑如代码片段 4-15 所示(路径：sun.reflect.annotation.AnnotationParser#annotationForMap)。

代码片段 4-15：JDK 底层以注解为接口创建 JDK 动态代理

```
public static Annotation annotationForMap(final Class<? extends Annotation> type, final
Map<String, Object> memberValues) {
    return AccessController.doPrivileged(new PrivilegedAction<Annotation>() {
        public Annotation run() {
            return (Annotation) Proxy.newProxyInstance(
                type.getClassLoader(), new Class<?>[] {type},
                new AnnotationInvocationHandler(type, memberValues));
        }}); //创建 JDK 动态代理
}
```

此方法中所使用的参数 type 就是通过@interface 关键字定义的注解类型，而参数 memberValues 则是提前解析好的注解各属性。注解的属性类型是有严格约束的：只允许常数类型(基本类型和 String)、枚举、Class、注解和对应于它们的数组。下面我们列举一些不合法的属性类型，如代码片段 4-16 所示(路径：com.example.project.one.annotation.ErrorAnnotation，**演示完毕需要注释掉，不然编译报错**)。

代码片段 4-16：注解中不允许使用的属性类型举例

```
@interfaceErrorAnnotation {
    Integer intWrapper(); //不允许使用 Integer 类型
    Boolean bigBoolean() default false; //不允许使用 Boolean 类型
    List<String> stringList(); //不允许使用 List(或其他集合)类型
    Object anyObj(); //不允许使用 Object 类型
}
```

为什么使用这些类型会报错呢？这就要看解析属性值的逻辑了，如代码片段 4-17 所示(路径：sun.reflect.annotation.AnnotationParser#parseMemberValue)。

代码片段 4-17：解析注解的属性值

```
public static Object parseMemberValue(Class<?> memberType,
                                      ByteBuffer buf,
                                      ConstantPool constPool,
                                      Class<?> container) {
    Object result = null;
    int tag = buf.get();
    switch(tag) {
      case 'e': //a.枚举类型
          return parseEnumValue((Class<? extends Enum<?>>)memberType, buf, constPool, container);
      case 'c': //b.Class 类型
          result = parseClassValue(buf, constPool, container);
          break;
      case '@': //c.注解类型
          result = parseAnnotation(buf, constPool, container, true);
          break;
      case '[': //d.数组类型
          return parseArray(memberType, buf, constPool, container);
      default: //e.常数类型,即 8 大基本类型和 String
          result = parseConst(tag, buf, constPool);
    }
    ... //一堆处理异常的逻辑
    return result;
}
```

通过上面的展示，我们应该明白有些类型被允许使用、有些类型不允许使用的原因了。

注解中我们定义的“属性”，本质上都是接口方法，访问属性也就是调用接口方法，因为动态代理的原因，这些方法最终会转到 AnnotationInvocationHandler#invoke 来执行，如代码片段 4-18 所示(路径：sun.reflect.annotation.AnnotationInvocationHandler#invoke)。

代码片段 4-18：获取注解属性值的底层逻辑

```
public Object invoke(Object proxy, Method method, Object[] args) {
    String member = method.getName(); //a.获取属性名(接口方法名)
```

```
    int parameterCount = method.getParameterCount();
    // 处理来自 Object 类和 Annotation 接口的方法
    if (parameterCount == 1 && member == "equals" &&
            method.getParameterTypes()[0] == Object.class) {
        return equalsImpl(proxy, args[0]); //b.equals 方法
    }
    if (parameterCount != 0) {
        throw new AssertionError("Too many parameters for an annotation method"); //c.除
//equals 方法外,其他属性(方法)都不允许有形参
    }
    if (member == "toString") {
        return toStringImpl(); //d.toString 方法
    } else if (member == "hashCode") {
        return hashCodeImpl(); //e.hashCode 方法
    } else if (member == "annotationType") {
        return type; //f.Annotation 接口的 annotationType 方法
    }
    // 处理注解中定义的属性
    Object result = memberValues.get(member); //g.获取用户自定义属性
    ...//h.对 result 的一些处理
    return result; //i.返回用户设定的属性值
}
```

小提示

由于运行时字符串字面量存在于字符串常量池中，同样的字符串字面量将指向同一个内存地址，因此在本代码片段中(b、d、e、f 处)使用“==”对字符串进行判断是没有问题的(有问题的话官方早已对其修改)。作者推测，官方在这里使用“==”而非 equals 方法的原因是为了优化性能。“==”仅比较内存地址，非常快(只要 member 字符串不使用 new String()等方式新建对象就没有问题)，而 equals 方法则需要逐个字符比较。

就算用于动态代理，AnnotationInvocationHandler 毕竟也是 Object 的子类，因此来自万类之祖 Object 的祖传方法调用必须要兼容。可以看到，a ~ e 处都是优先匹配 Object 的方法，并且只有 equals 特殊——它必须有一个 Object 类型的形参。除了 equals 之外，其他的注解属性(方法)是不允许有形参的(否则 c 处报错)，这和我们平时对注解的认知一致。f 处调用的 annotationType 方法(获取注解类型)倒不是来自 Object，它来自 Annotation 接口。我们已经知道每一个注解最终都是 Annotation 的子接口，因此承载功能的 AnnotationInvocationHandler 肯定也要兼容。

g 处便是自定义的属性(这才是核心内容)，通过属性名从 memberValues 这个 Map 中取出来处理一下就可以返回了。处理的过程并不是我们关心的，大致就是非空、异常、数组处理之类。

4.3 本章小结

在本章，我们开始研究各种框架底层的一些秘密。动态代理具有强大的能力，掌握这种动态能力是十分必要的。拥有动态能力后，结合静态编码，我们可以编写出高质量的代码。

本章在介绍动态代理时，着重介绍了其底层的逻辑，相信这也是许多读者心中许久未解开的谜团。在见到那些动态代理的代码后，或许我们会更加理解规范的重要性。动态代理的字节码本身并没有太多亮点，但就是这些看似普通的字节码，可以在运行时完成神奇的功能，究其原因，是因为 JVM 规范规定了可以以任何方式加载安全且符合规范的字节码。

除了直接介绍动态代理，本章还专门剖析了注解的底层逻辑，它本质上就是接口，相关功能是借助 JDK 动态代理实现的。我们都会使用注解，但深入注解内部就是需要专门研究的话题了。相信这部分内容也会解开一些读者心中的谜团。

掌握了动态代理和它的相关应用，我们才能在编写框架的道路上走得更远，后续我们在大型实战中自然会用到这些知识。

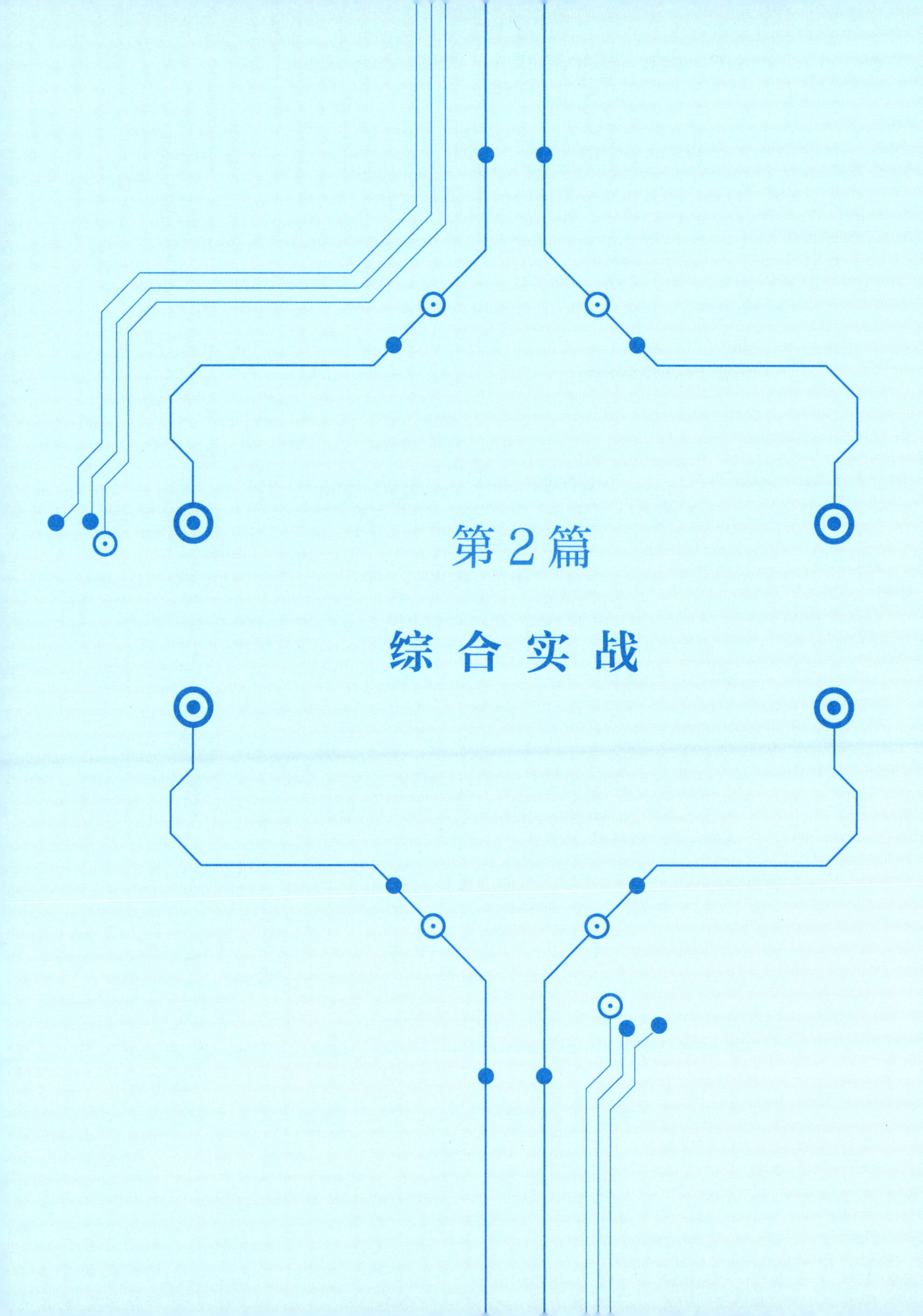

第2篇

综合实战

本篇是综合实战，也是各种编码技巧(包括但不限于第 1 篇所介绍的内容)的总结和灵活运用，难度相对大一些，建议读者反复揣摩。本篇每一个实战案例都会在独立的模块或工程中进行，并且添加测试模块。其中的核心内容，既可以在测试模块中使用，也可以在本书通用的两个示例工程中使用，还可以直接应用到读者自己的工程中(JDK 和 Spring Boot 版本需匹配)。

我们时常提起“全家桶”，这也说明依赖于 Spring 框架衍生了很多“周边框架”，比如 Spring Boot、Spring Cloud、Spring Data、Spring MVC 等，难以尽述，这些框架的特点就是基于 Spring 核心打造，因此同样地，我们在本篇也尝试为 Spring“添砖加瓦”。不仅如此，我们还可以有更大的野心，比如，我们完全抛开 Spring，自行编写一个全新的类 Spring 核心，并为它添加应用框架(比如类 Spring Boot、类 Spring MVC、类 AOP、类 MyBatis 等框架)，以此作为我们的知识总结。

需要注意的是，并不是每一个框架都一定是像 Spring 这样规模庞大，只要一个依赖或一系列类、接口、注解、配置等的集合可以满足某一个或一类要求，它就是一个合格的框架。比如，很多公司都有架构组或平台组，这些组里的同事，其任务一般不面向某个具体的业务应用，而是为这些应用作基础架构或功能支持，要么编写通用服务，要么编写公司级别的框架。本篇所谈到的内容完全适用于这些场景。退一步讲，就算读者不处于这些组里，而是具体的业务组，阅读完本篇的内容也可以提升编写业务代码的能力。“编写框架”是一个非常综合的能力训练，拥有了编写框架的能力，其实也就拥有了“任意编码”的能力。

由于本篇编写的核心内容已经脱离了“练习”或“简单实践”的范畴，因此在使用包路径或 groupId 等标签时，作者将使用自己的域名 purpblue.com 来命名(即 com.purpblue 开头进行命名)。

在阅读本篇内容时，读者一定要明白，光“读”是远远不够的，必须要亲自对照章节中的介绍自行编码实践，必要时参考随附源码。本篇的内容就像是高考数学题中的较难题，想看一眼就弄明白、看一眼就得出答案不太可能，必须多动手、多打草稿、反复推演才能得到最好的效果。

框架编写的一些原则

首先要弄清楚一个事情，那就是框架存在的目的是什么？我们不必拘泥于书本理论，就凭直觉来思考这个问题。

Spring Boot 很好用吧，为什么它比我们直接管理对象要方便？ORM 框架很好用吧，为什么它比我们直接进行原始 JDBC 操作要方便？微服务环境下 Feign 很好用吧，远程访问就像调用本地方法一样，我们使用它访问服务时不需要知道怎么发网络请求，甚至连对方的 IP 都不用知道……

没错，框架存在的重要意义之一，就是简化业务编码。如果框架的存在不是让最终的业务程序员用的更舒心，那它就没有存在的必要。

因此，作为框架的编写者，我们需要时时牢记这个法则，既要提供通用而抽象的逻辑，又要兼顾业务程序员的编码体验（这里也可以称为用户体验），作者在本章将试着分享一些个人认为重要的编码原则，同时也会简单介绍一些通用的原则。

5.1 面向技术的原则

当我们由编写业务代码转向编写框架代码时，有一些东西就会变得不一样，因为我们不是简单编写代码，而是在编写“代码的代码”。我们所考虑的内容将比单纯业务应用多得多，遇到的问题也同样多得多，因此我们需要约定一些面向技术的原则，不能再像以前编写业务代码那样随心所欲了。

5.1.1 编程对象的转换

当我们编写业务应用的时候，我们平时使用最多的对象有哪些？一般说来都是自定义的各个业务组件，比如 Controller、Service、DAO，还有各种充当数据载体的 Entity、DTO 等等，这些组件都是我们定义的，看得见摸得着，以静态的形式存在。使用的时候只需要静态编码就可以，比如把 Service 注入至 Controller 使用，又或者把 DAO 注入至 Service 使用等等。以最常见的 Spring MVC 为例，当需要完成业务的时候，用户的访问先经过各种各样的过滤器，然后由 Spring MVC 包装用户数据，之后我们在 Controller 层收到良好封装的用户数据(比如 DTO、Map 等)，再之后由 Serivce 层处理具体业务逻辑，在处理业务的时候可能还会调用 DAO 进行数据读写。因为 Spring MVC 框架的原因，一般情况下我们无需关心用户数据是如何到达 Controller 层的，也无需关心用户数据是如何被良好封装的(有兴趣的读者可以关注 HandlerMethodArgumentResolver)，我们只需关心“我的 Controller 接收到了什么数据”，一切都是看得见摸得着的，逻辑上也很好理解。

现在问题来了，那么 Spring MVC 又是如何帮我们把用户的访问封装成 Controller 中 Handler-Method 使用的参数呢？比如下面的代码片段 5-1。

代码片段 5-1：Controller 中简单的 HandlerMethod

```
@PostMapping("/insert")
public Object insert(@RequestBody Teacher teacher) {
    return teacherService.insert(teacher);
}
```

这是一个 insert 操作，前端在 Body 中提交的数据应该是 JSON 格式，为什么这里我们可以直接接收到 Teacher 这种易于操作的 Entity 类型？

当然是 Spring MVC 框架在起作用，为了我们的岁月静好，它一直在负重前行。虽然 Spring MVC 根本不知道我们的工程中存在 Teacher 这个 Entity，但不影响它帮我们把前端数据封装成 Teacher 类型。我们知道这其中肯定涉及 Class 操作和反射调用。当 Spring MVC 的开发者在编写此框架时，其面向的根本不是业务组件，而是框架组件，或者说，面向的是 JDK 的底层组件。正是因为面向的不是具体的业务组件，才使得 Spring MVC 拥有了处理一切业务组件的能力，这就是我们所说的抽象。

是时候转变编程理念了，要由具体的业务组件，转向“虚无的”框架组件，为了通用的能力。

在 Spring Boot 中，一般业务场景下我们通常是与自己定义的业务 Bean 打交道，但如果要编写框架，或许我们打交道更多的是各种底层接口和核心组件，比如 BeanFactory、ApplicationContext、Environment、BeanPostProcessor 等，因此详细了解它们是必要的。

5.1.2 JDK 的版本选择

JDK 规范规定了高版本的 JVM 可以运行低版本的字节码，但反之不行。也就是说，JDK 8 下编译出来的字节码可以在 JDK 17+的 JVM 中运行(前提是编码中使用的各组件也兼容)，但 JDK 17+下编译出来的字节码是无法在 JDK 8 的 JVM 中运行的。兼容只能向后，无法向前。基于此，如果我们想编写同时兼容 Spring Boot 2 和 Spring Boot 3 的框架的话，应该尽量降低 JDK 版本至最低要求以保证最大兼容性，也就是使用 JDK 8，但由此需要承受的代价，就是无法使用新版本的语言特性。同样，如果我们只想兼容 Spring Boot 3，那就应该使用 JDK 17，使用 JDK 8 甚至 JDK 11 都是行不通的。因为 Spring Boot 3 的最低 JDK 要求是 17。有兴趣的读者朋友可以试着把本书示例工程

1 的 JDK 版本改成 11 甚至 8，看看能不能正常运行？由此在 Spring 体系下便出现了一个略显尴尬的 JDK 版本(指 LTS)，那就是 JDK 11。它拥有和 JDK 17+版本一样的模块化架构，和 JDK 17+是“真正的亲戚”，和 JDK 8 关系却非常疏远，但它却无法用于 Spring Boot 3，只能在 Spring Boot 2 中和 JDK 8 争夺一席之地。

有读者可能会问，既然应该尽量降低 JDK 版本编写框架，那 Spring Boot 3 又为什么要求最低支持 JDK 17 呢？这可能涉及 Spring 社区的新版 JDK 推广策略，不在我们的讨论范围。毕竟作为框架的开发者，使用什么版本的 JDK 完全是自己的自由，作为框架的使用者无法改变这些基础设定，只能遵循设定。如果我们自己编写类 Spring 框架，那同样，想用哪个版本的 JDK 也完全是我们的自由。在本篇最后一章我们将试着编写一个简易的类 Spring 框架并为它添加相关生态(即“全家桶”)，作者在此已经想好了，我们直接使用 JDK 21(LTS)，不向下兼容！

迄今为止我们一直在讨论 JDK 8+的事情，那 JDK 7 甚至 JDK 6 还有讨论的必要吗？这肯定是没有必要了，我们知道 Spring Boot 2 的最低版本要求就是 JDK 8，所以更旧的 JDK 版本可以彻底告别了。

5.1.3 第三方组件的取舍

我们编写框架可以使用哪些依赖？是不是像平时业务代码一样，想用哪个依赖就用哪个依赖，无外乎就是在 pom.xml 文件中添加一个<dependency>节点而已。例如在 JDK 8 下想用各种不可变集合，于是引入 Guava；若想使用工具简单地提取一个字段的信息或值，就引入 Apache 的 commons-lang3；若想处理 JSON 但不想使用 Jackson，就引入 Fastjson……从这里也可以看到 Java 生态的丰富性，Maven 中央仓库就像一个大超市，琳琅满目的“货物”简直让人目不暇接，想要什么，直接从货架上拿就是了，关键这些“货物”还是免费的。可是，当我们编写框架时，这些依赖还能随便引入吗？我们来逐一分析。

首先，因为是在 Spring 生态下编码，因此默认一定可以使用的依赖就是 JDK 和 Spring 核心依赖。注意只能是 Spring 核心依赖，主要包括 spring-core、spring-beans、spring-context 和 Spring Boot 部分及其衍生部分，而其他的 Spring 依赖则是可选的，具体由我们的框架所支持的功能而定。比如，如果框架支持 Spring MVC，那我们就可以使用 Spring MVC 相关依赖编码；如果框架支持 JPA，那我们的就可使用 JPA 相关依赖编码。但是需要注意的是，我们只是借用这些组件进行编码和编译而已，不应该主动帮用户引入这些依赖，稍后我们将介绍一下引入依赖的几种方式。

除了 Spring 系列，编码过程中使用到的其他依赖可以引入吗？比如前面提到过的 Guava、Apache 工具等，可以引入它们增加我们编码的便利性吗？

不能，原因如下。首先，这些是通用工具包，用户(即使用我们框架的应用开发者)既可能引入它们，也可能不引入，如果我们在编码中使用了，那就一定得引入(因为这些工具包将参与编码、编译和运行全流程)，并且这样的引入用户是无感知的。那么问题就来了，万一用户自己在工程中也引入了这些依赖，但版本和我们使用的不一样，依赖冲突就可能发生。依赖冲突是一个非常棘手的问题，解决依赖冲突原始而有效的办法之一就是不要在同一工程中引入不同版本的相同依赖。因此，我们尽可能假定用户已经在工程中引入了这些组件(尽管无法确定)，于是基于用户至上的观点，我们一般说来只能放弃引入和使用这些通用工具包。

真的就这样放弃了吗，那么多好用的工具难道我们都不能借用？也不尽然，这时候有两种处理方式：第一种，某些工具的作用十分巨大，使用它们的价值极高，不引入它们非常可惜，我们想自行编码实现相同的功能代价巨大(尽管它们并不属于 Spring 生态)，这时候就没什么好说的了，哪怕冒着和用户的依赖冲突的风险依然要坚定地引入。具体的例子，比如 Spring Boot 的基础依赖 spring-boot-starter-web 就直接帮我们引入了解析 JSON 的 Jackson 和解析.yml 文件的 SnakeYAML。为了专有的、重要的功能引入第三方依赖是值得的，而为了我们自己编码的便利去引入便利性工具包将有可能得不偿失。Guava 的 Multimap 好用对吧？Spring 也想用啊，但它不可能引入 Guava，而是自己编写了相似的 MultiValueMap 系列。Apache 工具包的各种工具，比如 StringUtils、CollectionUtils 很好用，同样，Spring 也舍弃了，而是自己编写了同名工具。或许在这之前有些读者在查阅 Spring 源码的时候就感到困惑，明明有现成的工具，为什么 Spring 非要再自己造一个，刻意炫技吗？相信读到这里读者已经明白，这真的是冤枉 Spring Team 了，这样做是为了减少依赖冲突的发生，并且，Spring Team 还需要专门炫技吗？

小提示

上面提到 Spring Boot 主动引入了解析 JSON 的 Jackson 和解析.yml 文件的 SnakeYAML，那么，解析.properties 文件的依赖为什么没有帮我们引入呢？作者其实在这里玩了一个脑筋急转弯，因为解析.properties 文件的工具本来就是 JDK 自己的 java.util.Properties 类。

通过上面的对比我们可以得出结论，只有“万不得已”的时候才需要去引入第三方依赖，其余的时候，我们必须自己克服编码中的不便，要么不用，要么自行编写相关功能，哪怕这些功能和已有的第三方依赖重复。另外，还有一个折中的方案，那就是将“确实非常不错的”第三方依赖中某些组件全部或部分源码直接复制到我们的框架中作为源码的一部分(但要作好来源说明，或者至少要保持原始包结构)。通过这样的方式相当于对已有的第三方组件进行了功能移植，同时又避免了依赖冲突。

注意

如何复制源码？这要看是全组件复制还是部分功能复制。比如，Guava 包中有 com.google.common.collect.Multimap 接口和相关实现类，如果确实想在自己的框架源码中使用这些内容，可以考虑将此接口和相关实现类的源码全量复制到我们自己的框架中，但因为我们的框架本身有自己的根包路径，比如 com.purpblue，那么在这里便可以将 Multimap 及其实现类整体放入 com.purpblue 中，使它们的全限定名变成类似 com.purpblue.com.google.common.collect.Multimap，这样便进行了全量功能移植。移植时尽量保留被复制组件的相关信息，比如组件来源、版权信息或作者署名等，如有必要，还可以在文档上标明复制源码至此的原因。以 JDK 8 为例，JDK

在运行时创建字节码的时候，就使用了位于 jdk.internal.org.objectweb.asm 下的组件，看名字就知道这是操纵字节码的 ASM 工具，并且这种包名意味着代码是从外部复制进来的。有兴趣的读者朋友可以比较 JDK 8 下 jdk.internal.org.objectweb.asm 包中的组件和原始的 org.ow2.asm：asm 依赖中的相关组件（后者由 spring-boot-starter-test 依赖自动引入，可以在 Spring Boot 工程的 External Libraries 中看到）。然后还有我们经常使用的 AOP 依赖包 aspectjweaver（@Aspect 注解便在其中），其中也存在 aj.org.objectweb.asm 包。现在看到这名字读者应该明白了吧？同样，有兴趣的读者可以点开包内的内容看看，是不是又是一个复制过来的 org.ow2.asm：asm 依赖？

除了全组件复制外，当然还有部分功能复制（比如某些价值巨大的方法），这时候至少应在复制过来的方法上以注释或文档的形式说明源码来源等信息。

接下来我们讨论一个非常特殊的依赖，那就是基于 APT 工作的 Lombok。Lombok 的显著特点是工作在编译时而非运行时。也就是说，一旦将源码编译完成，.class 文件已经生成，Lombok 的作用就结束了，至于后续启动程序执行逻辑和它完全无关。试想一下，我们编写框架，本来就是提供编译好的、打好包的.class 文件给用户使用，用户关心的是我们编译出来的.class 文件而非我们的.java 源文件，因此在编写源代码的时候，是否使用 Lombok 和用户是没有关系的，只需要保证我们自己的 Lombok 依赖不要自动传递到用户的工程中即可（下节详述）。虽然我们强调不要轻易使用第三方便利性依赖（Lombok 正是便利性依赖），但基于 APT 原理工作的依赖可以除外，也就是说对于 Lombok 我们可以使用也可以不使用，看个人取舍。使用 Lombok 的应用型框架，有一个典型例子，那就是 JPA 的组件之一 spring-data-commons，在较低版本的源码中就大量使用了 Lombok。

不过，作者个人仍然倾向于不使用 Lombok（方便用户 Debug 源码），但这不是强制规范。

5.1.4 pom 文件的依赖配置

依赖的取舍原则介绍完毕，现在来讨论依赖的引入方式。当我们在业务系统中使用依赖时，这几乎是一个不需要关心的事情。IDEA 非常聪明，当我们在源码中写下类路径中没有的组件时，它会提醒我们引入依赖，连 pom.xml 文件都不需要打开。当然了，我们也可以自行打开 pom.xml 文件添加依赖，这样可以进行更精确的控制，比如选择依赖的版本。总之一句话，在业务系统中引入依赖是几乎不需要思考的问题。

但是，现在是在框架工程中编码，很多事情就不一样了。假定我们的框架支持 Spring MVC，那像代码片段 5-2 这样引入依赖可以吗？

代码片段 5-2：编写框架时直接引入 Spring MVC

```
<dependency>
  <groupId>org.springframework</groupId>
  <artifactId>spring-webmvc</artifactId>
  <version>x.y.z</version>
</dependency>
```

结论是不能，因为我们的框架中一旦这样引入 Spring MVC 依赖，用户在导入我们的框架时也将自动引入此依赖(依赖传递)。如果这里 spring-webmvc 依赖的版本和用户 spring-webmvc 依赖的版本不一样，就存在冲突的可能。

同样，如果我们的框架支持 MyBatis，我们也不能像上面那样直接引入 MyBatis 依赖，因为用户一旦使用我们的框架，此 MyBatis 依赖将可能和用户的 MyBatis 依赖发生冲突。

既要使用相关功能编码，又不能主动帮用户引入此依赖，该怎么办？这就要用到依赖引入时的<scope>和<optional>标签。

重新回到支持 Spring MVC 相关功能的场景，我们将代码片段 5-2 中的引入添加一行约束即可，如代码片段 5-3 所示。

代码片段 5-3：为引入的依赖添加<scope>标签

```
<dependency>
  <groupId>org.springframework</groupId>
  <artifactId>spring-webmvc</artifactId>
  <scope>provided</scope>
  <version>x.y.z</version>
</dependency>
```

可以看到代码片段 5-3 中添加了“<scope>provided</scope>”这一行，它的意思是“此依赖由当前工程(框架)编码和编译使用，但打包时不包含，用户引入当前框架时必须自行提供此依赖”。这应该很好理解，“provided”就是“已提供”的意思。这个框架支持 Spring MVC 功能，但是不主动引入它，而是在运行时借用用户提供的 Spring MVC 依赖，这样既保证了用户优先，又尽可能地避免了依赖冲突。

除了上面的情形外，还有一种情形，就是“可选”，即将“<scope>provided</scope>”换成“<optional>true</optional>”，它和 provided 表现其实是一样的，既不会在打包时包含，也不会在运行时主动帮用户引入。标记了 optional 的依赖意味着“此依赖是可选的，用户既可以自行引入也可以不引入，当用户不引入时相关功能不能启动，但也不会报错”。假设在我们编写的框架中作一些依赖引入，如代码片段 5-4 所示。

代码片段 5-4：为引入的依赖添加<scope>和<optional>标签

```
<dependency>
    <groupId>org.springframework</groupId>
    <artifactId>spring-webmvc</artifactId>
    <version>x.y.z</version>
    <scope>provided</scope>
</dependency>
<dependency>
    <groupId>org.springframework.data</groupId>
    <artifactId>spring-data-jpa</artifactId>
    <version>a.b.c</version>
    <optional>true</optional>
</dependency>
```

上面的依赖配置表明，“本框架工作在 Spring MVC 下，需要使用其相关组件完成功能，但本框架不会帮用户引入这个依赖，用户**必须**自行提供它，否则将出错”；同时，“本框架拥有操作数据库的能力，但只有在用户主动引入 JPA 依赖时才能起作用，如果用户不引入，则此能力不具备，但也不报错”，请仔细体会这两种情形的不同。

综上所述，针对 optional 依赖，我们编写框架时或许得做两手准备：当用户引入此依赖时可以使用它，但用户不引入此依赖时又不能使用它，而且还不能报错；相比之下 provided 就简单多了，若用户没有主动引入此依赖，那么 JVM 会直接抛出 ClassNotFoundException 或 NoClassDefFoundError。

optional 只有 true 和 false 两种取值，简单易理解，并且不指定时默认值为 false，即“非可选”。那 scope 有多少种情形呢？详情可以参阅官网：https://maven.apache.org/guides/introduction/introduction-to-dependency-mechanism.html#dependency-scope。这里只列我们最关心的几种并简单加以说明，如表 5-1 所示。

表 5-1　Maven 依赖之 scope 说明

scope	说　明
compile	最强的依赖形式，并且是默认值（不指定 scope 时就是它）。此依赖参与编码、编译和运行全流程。若某个依赖 A 引入了依赖 X，则所有引入依赖 A 的工程都会自动引入依赖 X
provided	使用方必须提供此依赖。若某个依赖 A 引入了依赖 X，则所有引入 A 的工程必须自行引入依赖 X
runtime	编码、编译时不需要，但运行时需要，比如数据库驱动

5.1.5　框架中可以使用的工具类

虽然我们在前面说了很多“吓唬人”的话，但编写框架绝对不是一件“束手束脚”的事。除了万不得已的情况下直接引用第三方依赖外（Jackson、SnakeYAML 等），其实还有其他的方法使用各种工具类。

第一种方法最原始，但自由度也是最大的，那就是自己通过 JDK 创造工具，或者直接使用 JDK 中的一些工具类，比如 Arrays、Collections。

第二种方法也已经介绍过了，那就是源码复制，请回顾前文。

本节我们来关注第三种方法，那就是直接使用 Spring 生态中的各种工具。要知道这些工具就在 Spring 各个包中，在 Spring 生态下编写框架时永远可以直接使用它们。常见的一些工具如表 5-2 所示。

表 5-2　spring-core 模块自带的一些工具

工具名	说　明	常用方法
StringUtils	类似于 commons 包中的同名工具	capitalize（首字母大写） hasText（校验字符串是否包含可见文本，兼容 null） hasLength（校验字符串是否是空串，兼容 null）
CollectionUtils	类似于 commons 包中的同名工具	isEmpty（判断目标集合或 Map 是否为空，兼容 null）

（续）

工 具 名	说 明	常 用 方 法
Assert	断言工具，包含很多实用的参数检查方法，编写框架时非常有用	hasText（目标字符串必须含有可见文本，否则抛异常） notEmpty（目标集合或 Map 必须含有元素，否则抛异常） notNull（目标必须非 null，否则抛异常） isTrue（boolean 判断必须为 true，否则抛异常）
ClassUtils	类似于 commons 包中的同名工具	isPresent（检查指定的类是否存在于当前类路径中）
NumberUtils	包含 Number 类型的各种操作	parseNumber（将字符串按用户传入的类型转换出来）
DigestUtils	摘要工具，比如计算 MD5	md5DigestAsHex（计算字节数组或输入流的 MD5 并转换为 16 进制，字符串或文件等都可以使用）
MultiValueMap LinkedMultiValueMap	类似于 Guava 的 Multimap	get、put 等 Map 方法
OrderComparator	排序工具，按 PriorityOrdered、Ordered、@Order 这些机制排序	sort（对 List 中的元素排序）

上面所列各个工具，使用起来并没有太多的难度，作者就不给出示例了。Spring 核心依赖（spring-core、spring-context、spring-beans 等）中还有其他的一些工具，读者可以自行寻找并使用。

需要注意：由于上面的工具都是 Spring 提供的，因此我们的代码一旦离开 Spring 环境就不能正常工作，这一点务必要清楚。如果我们的代码需要同时适配 Spring 和非 Spring 环境，那就不能在编码时显式使用任何 Spring 组件。

5.2 面向用户的原则

面向技术的一些原则我们已经介绍完毕，考虑到框架最终是要给用户（应用编写者）使用的，不能只提供功能而不考虑用户感受。在以用户体验为主的时代，我们不得不同时兼顾“功能”和“体验”，以最大限度地留住用户。

5.2.1 提供给用户的扩展点

首先我们需要明确，什么是扩展点？可以这么理解，扩展点就像汽车的方向盘、制动和换档机构（变速杆、换档按键等）等人机交互组件，一边它连接着整个汽车的内部运行，它自身也是汽车一部分，但它又不同于汽车的固定组件，它可以和驾驶人交互，由驾驶人来定义它们的状态（行驶方向、速度、档位等），从而让汽车朝着驾驶人期望的状态运行。框架中扩展点与此类似，一方面它们是框架的一部分，用户通过它们可以调用框架的相关特性，同时它们又承担着由用户定义的功能，使得框架的行为符合用户的期望。

简单地说，扩展点非常像桥梁，连接着用户和框架。

Spring 中常用扩展点有哪些呢？其实抛开“扩展点”这个词不谈，我们或许已经早已烂熟于心，比如接口、注解、配置等。简单举两个例子：实现了 ApplicationListener 接口或标注了@EventListener 注解，我们的 Bean 或方法就可以监听感兴趣的事件；实现了 CommandLineRunner 接口，我们的方法就可以在系统启动完成后立刻开始运行。很显然，我们既没有亲自去实现监听系统事件的逻辑，也没有亲自去实现系统启动后主动调用 Runner 的逻辑，这些都是系统本身的功能。通过系统预留的扩展点，我们就能让自己的代码切入系统之中，从而使用这些系统功能。

5.2.2 提供默认实现

扩展点很好用，用户可以自由选择，而对于某一些非常关键的地方，我们作为框架编写方不能只依赖用户的实现，我们或许还需要提供自己的实现，即默认实现。

默认实现大体上有两种情形，一种是，无论用户是否提供了自己的实现，默认实现都会运行；另一种则是，只有用户没有提供自己的实现时，默认实现才会运行。第一种情形的例子，可以参考 EnvironmentPostProcessorApplicationListener 组件(EPPAL)，这是 Spring Boot 自带的事件监听器，用于监听和 Environment 或系统相关的重要事件(ApplicationEnvironmentPreparedEvent、ApplicationPreparedEvent 等)并作出处理。对这些事件的监听不是排他的，用户自己也可以编写 ApplicationListener 监听这些事件并执行自己的逻辑。所有的事件监听器都不会排他运行，因此无论用户是否自行监听了 ApplicationEnvironmentPreparedEvent 等事件，EPPAL 都会运行(即默认实现)。除了这个例子外其实还有很多，比如 AutowiredAnnotationBeanPostProcessor(AABPP)，这个 BPP 主要用于处理@Autowired 和@Value 注解。对于这两个注解，用户当然也可以定义自己的 BPP 来处理，但无论用户是否定义，都不影响 AABPP 对它们的处理(同样是默认实现)。

至于第二种情形那就更普遍了，大量的自动配置都是这么处理的(后面我们也这么用)。它们的内部，往往使用@Configuration 配合着各种@ConditionalOn×××或@ConditionalOnMissing×××实现自动配置。以后者为例，如果用户自定义了目标类型，那当前的条件判断就会失败，相关组件的初始化和 Bean 注册不会运行，于是用户定义的组件生效；但当用户没有自定义时，当前的条件判断就会成功，@Configuration 相关方法和组件开始运行，默认实现就会被注册为 Bean 从而提供对应的功能。下面将举个例子进行说明，如代码片段 5-5 所示(路径：org.springframework.boot.autoconfigure.jdbc.JdbcTemplateConfiguration)。

代码片段 5-5：Spring Boot 中 JdbcTemplate 的自动配置

```
@Configuration(proxyBeanMethods = false)
//a.若用户未自定义 JdbcOperations 类型的 Bean 则加载如下配置
@ConditionalOnMissingBean(JdbcOperations.class)
class JdbcTemplateConfiguration {
    @Bean //b.在 a 的前提下,将自带的 JdbcTemplate 注册为 Bean(默认实现)
    @Primary
    JdbcTemplate jdbcTemplate(...) {
      ...
    }
}
```

上面的代码便是著名的 JdbcTemplate 自动配置。JdbcTemplate 是 Spring 提供的数据库 DAO 实现，它是 JdbcOperations 接口的默认实现。结合上面 a、b 两处可以发现，若用户自定义了 JdbcOperations 实现，则 a 处的条件判断就会失败，于是 b 处方法不会运行，此时用户的实现将成为 JdbcOperations 类型的 Bean；但如果用户没有提供 JdbcOperations 实现(绝大部分情形如此)，a 处的条件判断就会成功，b 处方法将会运行，于是 Spring 自己的默认实现 JdbcTemplate 将成为系统中 JdbcOperations 类型的 Bean。

正是因为有了 JdbcTemplate 作为默认的兜底方案，才使得哪怕系统中没有集成任何一个 ORM 框架，用户也没有自定义任何 DAO，Spring 依然拥有便捷访问数据库的能力。

5.2.3 降级方案

用户的喜好千奇百怪，有时候甚至还有点“过分”，这时候我们也需要尽量考虑满足。继续拿 JdbcTemplate 作例子，这里就满足了一部分苛刻的用户需求：我什么也不想做，什么也不想定义，什么 ORM 框架也不想引入，但我就想 Spring 启动后直接就拥有便捷操作数据库的能力，可以吗？确实，JdbcTemplate 通过自动配置做到了。同样，我们编写框架时，有时候可能也会在这方面作一些探索。比如，用户只定义了修改单个数据的方法，但没有定义批量修改数据的方法，这时候，我们或许不应该粗暴地宣布“本应用无法批量修改数据”，而应该提供一种降级处理，那就是“以循环的方式逐一修改单个数据，最终达成批量修改数据的需求”。或许以循环的方式逐一修改单个数据在性能上不如用户自行定义的批量修改，但作为一种降级策略，至少保证了功能的完整性，很多用户这时候其实是满意的——性能或许不是最优，但毕竟满足了用户的需求。若用户对性能有要求，自然会亲自定义此功能，如果偶尔使用此功能，并且对性能没有要求，那用户什么都不用做，就应该自动拥有此功能，就是用户的要求。

除了性能降级之外，自然还有服务降级(比如 Spring Cloud 的 Hystrix)，这是另一个话题了，本书不做讨论。

5.2.4 扩展点的取舍

前面已经提到过，扩展点至少有接口、注解、配置三种常见的形式。对于配置，又可以具体化为当前工程直接配置、配置中心、在数据库中(或 Redis)配置等多种形式。接口或注解和配置相比，配置不够直观，Debug 相对麻烦(因为不在代码中)，并且存在人工出错的可能——因为它不是代码，在配置文件中是否写错某个值，在编译时看不出来，因此一般只推荐用于处理需要灵活更新的数据(比如数据库相关配置、运行环境相关配置)。配置自然也可以用于指定用户自定义的某些组件，但不推荐这么做，原因如前所述。在 Spring Boot 诞生之前，Spring MVC 工程就是通过一个个.xml 文件配置各个 Bean 的，作者当年就曾经经历过很多痛苦的场景。总之，配置尽量只用于设定“值”，尽量不用于设定“组件”——但 SPI 除外，因为它机制特殊，并且内部结构简单。

说完了配置，剩下的便是接口和注解两强争锋了。从框架的编码难度上讲，让用户实现接口

是最方便的，而注解的话处理相对麻烦。比如，对于 Spring 的事件监听器而言，如果用户实现了 ApplicationListener 系列接口，那么监听事件时 Spring 要取出这些实现的相关对象(Bean)是非常容易的，无外乎类似的一句“beanFactory.getBean(listenerBeanName, ApplicationListener.class);”便可实现，但如果要处理通过@EventListener 注解注册的事件监听器，就不得不再编写一个专用的类来处理——EventListenerMethodProcessor(限于篇幅本书不介绍事件监听机制)。

从上面的说明可以看出，作为框架的编写者，让用户添加注解从而实现某些功能时，框架底层的处理是很麻烦的，至少比接口要麻烦——用户只是添加了一个注解而已，被注解目标是什么样的类，有什么样的父类，实现了什么样的接口，类定义中存在什么样的泛型参数等完全随意。如果注解标注在方法上，那么方法名多半也是随意，甚至有可能方法形参也随意，方法返回值也随意……凡此种种，框架底层处理起来能不麻烦么？相比之下让用户实现接口则简单得多——它把什么都定义好了，直接调用就行。这种感觉，简直像编写普通业务代码一样轻松！

那为什么还要提供注解实现呢？答案很简单，因为用户喜欢，它有时候比接口更轻量、更轻松。请有兴趣的读者再次比较监听事件的两种方式：实现 ApplicationListener 系列接口和添加@EventListener 注解，哪一个更轻量？很明显是后者。它给了用户很大的自由度和很小的编码量，可显著提升用户体验感。在 ApplicationListener 系列接口之外又专门提供了@EventListener 注解，相信 Spring 也是经过了充分的考虑。

如果我们编写框架，其中的扩展点一定要同时提供接口和注解(甚至配置)等多种实现吗？这个倒是不一定，还是要看具体情形，为了注解而注解将得不偿失。什么时候使用注解比较合适？除了轻量的考量外，需要携带大量预置数据时注解的优势很大；而只有方法需要实现时，接口倒是一个不错的选择(尤其是只有一个方法的函数式接口)。我们以@Resource 注解为例来比较(请忽略注解中各个值的合理性)，如代码片段 5-6 所示。

代码片段 5-6：@Resource 注解携带大量预置数据

```
@Resource(name = "abc", lookup = "def", type = List.class,
    authenticationType = APPLICATION, shareable = false,
    mappedName = "www", description = "ooo")
public void doSth() {
    ...
}
```

可以看到，当框架提供的扩展点以注解形式提供给用户使用时，用户可以非常方便地在其中携带数据。虽然我们的框架底层处理这个 doSth 方法可能略显麻烦，但用户的体验感极佳。上面的扩展点如果以接口形式来提供的话，恐怕用户的编码就得如代码片段 5-7 所示。

代码片段 5-7：使用接口形式携带大量预置数据

```
class ResourceImpl implements Resource {
    @Override
    public String name() {
        return "abc";
```

```
    }
    @Override
    public String lookup() {
        return "def";
    }
    @Override
    public Class<?> type() {
        return List.class;
    }
    @Override
    public AuthenticationType authenticationType() {
        return APPLICATION;
    }
    @Override
    public boolean shareable() {
        return false;
    }
    @Override
    public String mappedName() {
        return "www";
    }
    @Override
    public String description() {
        return "ooo";
    }
    @Override
    public Class<? extends Annotation> annotationType() {
        return null;
    }
}
```

绝对糟糕的用户体验！两相对比作者作为用户肯定不会选用接口实现，请务必使用注解实现！

如果某个扩展点完全不需要用户携带数据，那么接口，尤其是函数式接口的优势就体现出来了，相信用户也会很喜欢，我们随意给个例子，如代码片段 5-8 所示。

代码片段 5-8：使用函数式接口轻松自定义组件

```
private BeanFactoryPostProcessor bfpp = beanFactory -> {/* doSth */};
```

一句话就定义了 BeanFactoryPostProcessor(BFPP)这么重量级的组件，这个体验不错吧？哪怕此时 Spring 再提供同样功能的注解(比如叫@BFPP，事实上并不存在此注解)，恐怕都不如上面的代码来得舒适。若使用注解，首先显式编写一个类，然后把@BFPP 标注在上面，接着在此类中编写接口方法，如代码片段 5-9 所示。

代码片段 5-9：模拟接口功能的注解

```
@BFPP //此注解表明当前类是 BFPP,相当于实现了 BFPP 接口
class MyBeanFactoryPostProcessor {
    public void postProcessBeanFactory(BeanFactory beanFactory) {
```

```
        //doSth
    }
}
```

两相对比，是不是接口(代码片段 5-8)更胜一筹？因此 Spring 并没有提供所谓的“@BFPP”注解，无此必要。

综上所述，我们在为用户提供扩展点时，需要提前考量实现形式，接口、注解、配置还是组合？因具体情形而异，没有统一答案。相比之下，另一个问题就简单多了——如何让用户喜欢用我们编写的框架？答案就六个字：用户体验至上。

5.3 软件设计之 SOLID 原则

聊完了作者自认为的一些原则之后，我们来接着聊一些公认的原则，它们是抽象编程的理论支撑。

我们都知道，面向对象的编程要求高内聚、低耦合，为此我们也都养成了一些良好的习惯。比如字段通常都是 private，然后通过特定的方法才能修改它；比如不需要对外公开的、仅内部使用的方法是 private，外界无须知晓，而提供给外界使用的方法则是 public；比如必须要继承某个类才能获得它的能力就是 protected……这些做法都很好，但是还不够。我们接下来将介绍软件设计的 SOLID 原则，并尽量在编码中遵守它们(注意是“尽量”而不是“必须”，因为有时候可能真的无法全部兼顾)。

SOLID 并不是单词“Solid”（固态的），这里它是五个单词的首字母，也就是它代表了五个原则，我们接下来一一介绍。

5.3.1 单一职责原则（Single Responsibility Principle）

每个类只负责一个职责(或者说只做一件事情)，不要去创建什么功能都有的“高大全”类型。至于这个“职责”怎么划分，就要看业务界定了，也不能为了设计上的单一职责而强行单一职责。

举个简单易懂的例子：假定一个学校管理系统中，有关学生方面，可以分为出勤、奖惩、成绩、选课等方面，那就应该在一个 student 包下分别创建管理这些内容的类，而不是一个 StudentService 全包全揽，把所有与学生相关的内容全部放在里面。也就是说，应该拆分出类似 AttendanceService、AwardAndPunishmentService、SchoolRecordService、CourseService 之类的细分职责；再者，哪怕是单纯负责某个职责的类，比如 AttendanceService，也应该在其中只负责学生出勤部分的业务逻辑，不应该负责学生出勤数据的持久化，而应该在相应的 DAO 包下创建 AttendanceDAO(或者 AttendanceMapper、AttendanceRepository 之类)，然后将其引用至 AttendanceService 中执行学生出勤数据的持久化功能。

通过以上的拆分，所有的职责都被精细化了，这对于后期迭代、运维和 Bug 修复等都是非常友好的。想迭代选课逻辑，修改 CourseService 就行了，其他的学生服务类不需要改动；学生奖惩情况的处理逻辑有问题，直接就可以定位至 AwardAndPunishmentService 类中，和 CourseService 等服务没有关系；学生的成绩入库时异常，那一定是 SchoolRecordDAO 中出现了什么问题……

确保职责单一，编写小而精的服务类，而不是什么功能都有的复杂类。

5.3.2 开闭原则（Open Closed Principle）

逻辑"对扩展开放，对修改关闭"。当一个拥有成熟功能的类 A 没有任何问题的时候，不应该随意去修改它的逻辑。如果要增加与之相关的新功能，应该尽量考虑"不要修改它"这个原则。

继续以学校相关事宜为例。假定教职员工的绩效考核制度方面，已经有考核类 AppraiseService，并且它工作得很好，但缺点是当时编写的时候只有任课教师的考核逻辑。比如，AppraiseService 可能如代码片段 5-10 所示(路径：com.example.project.one.designpattern.ocp.AppraiseService)。

代码片段 5-10：考核教职员工的 Service

```
public classAppraiseService {
    public void appraise() {
        System.out.println("进行任课教师考核");
    }
}
```

某天，发现需要给学校行政领导也要加上考核逻辑，如代码片段 5-11 所示(路径：com.example.project.one.designpattern.ocp.AppraiseService#appraise)。

代码片段 5-11：在旧服务类中添加新的考核逻辑

```
public void appraise(String type) {
    if ("Teacher".equals(type)) {
        System.out.println("进行任课教师考核");
    } else if ("Leader".equals(type)) {
        System.out.println("进行行政领导考核");
    }
}
```

没问题，需求满足了，然后某一天需求又来了：添加非教学的普通员工的考核(比如财务、理化生实验室工作人员)，那是不是又要继续在上面添加 if？当然了，我们可以使用 switch 实现，如代码片段 5-12 所示(路径：AppraiseService#appraise)。

代码片段 5-12：继续在旧服务类中添加新的考核逻辑

```
public void appraise(String type) {
    switch (type) {
        case "Teacher":
            System.out.println("进行任课教师考核");
            break;
        case "Leader":
            System.out.println("进行行政领导考核");
            break;
```

```
        case "Financial":
            System.out.println("进行财务员工考核");
            break;
        case "Lab":
            System.out.println("进行实验室员工考核");
            break;
        default:
    }
}
```

真不错，又解决了问题！假如有一个极端情况，还有 100 个细分类型的员工要考核，是不是还要增加 100 个 case？

条件分支越来越多不说，每添加一个新功能都是在旧代码中增加新逻辑，这本来就是一个高危动作。有没有可能一不小心影响了旧的功能，有没有可能要查找某项业务代码时在 case 海洋里找半天，有没有可能上面的代码是一种非常糟糕的设计？

没错，上面的代码严重违反了开闭原则。

既然对任课教师的考核逻辑没有问题，就不要去修改此方法，既然对行政领导的考核逻辑没有问题，就不要去修改此方法，既然对×××的考核逻辑没有问题，就不要去修改此方法。可是上面的代码却是一次又一次地在修改那一个方法，若某一次修改之后旧的逻辑出现问题了，那么排查难度将直线上升。

我们尝试进行逻辑抽象，创建一个 Appraise 接口，如代码片段 5-13 所示(路径：com.example.project.one.designpattern.ocp.Appraise)。

代码片段 5-13：抽象出考核接口

```
public interface Appraise {
    void appraise(String type);
}
```

仅需一个接口方法即可，它是一个函数式接口。

有了接口之后，模仿最初针对任课教师的考核，对各种考核逻辑进行分拆，如下面的代码片段 5-14 所示(路径：com.example.project.one.designpattern.ocp.TeacherAppraise/LeaderAppraise/LabStaffAppraise)。

代码片段 5-14：分拆旧有逻辑

```
class TeacherAppraise implements Appraise {
    @Override
    public void appraise() {
        System.out.println("这里是对任课教师的考核逻辑");
    }
}
```

```
class LeaderAppraise implements Appraise {
    @Override
    public void appraise() {
        System.out.println("这里是对行政领导的考核逻辑");
    }
}

class LabStaffAppraise implements Appraise {
    @Override
    public void appraise() {
        System.out.println("这里是对实验室员工的考核逻辑");
    }
}
```

一目了然！各个类对应各个类型员工的考核逻辑。行政领导的考核请不要去修改任课教师的逻辑，实验室员工的考核也请不要去修改行政领导的逻辑，各管各的逻辑。当需要运行考核逻辑时，考核哪个类型就创建哪个类型对应的对象，并行不悖。后续如果还要继续扩展员工类型，这个机制是开放的、可扩展的，只要实现 Appraise 接口创建新类就行了，完全不需要去修改已有的考核逻辑。通过开闭原则，将混在一起的业务分拆开了。

5.3.3 里氏替换原则（Liskov Substitution Principle）

里氏，指 Barbara Liskov，是一位传奇的女性计算机科学家。这个原则大致可表述为：在执行逻辑时，将父类替换为它的子类也不会有问题。这个原则看似很好理解，因为子类继承自父类，它必然拥有父类的能力，需要父类逻辑的地方，子类肯定也能胜任。比如下面的代码片段 5-15，它看起来是天然正确的（路径：com.example.project.one.designpattern.lsp.LSPTest）。

代码片段 5-15：演示里氏替换原则

```
public class LSPTest {
    public static void main(String[] args) {
        Vector<Object> v1 = new Vector<>();
        doSth(v1); //a.使用 Vector 对象作为入参调用方法

        Vector<Object> v2 = new Stack<>();
        doSth(v2); //b.使用 Stack 对象作为入参调用方法
    }
    //c.方法接受一个 Vector<Object>入参,逻辑是往其中添加一个元素 "abcd"
    private static void doSth ( Vector<Object> coll ) {
        coll. add ( "abcd" ) ;
    }
}
```

很明显，运行上面的代码，a 处和 b 处不会有任何逻辑上的区别——因为 java.util.Stack 是

java.util.Vector 的子类，因此接受 Vector 作为入参的 doSth 方法，天然可以接受 Stack 类型，并且都可以运行它们的 add 方法往其中添加元素。上面的 main 方法运行完毕时，我们知道 v1 和 v2 两个对象内部都持有“abcd”这个元素。它们的 add 行为没有任何区别，这也证明了它们的设计是符合里氏替换原则的。

看了上面的例子，相信读者都觉得很简单且易理解，那么，如果 add 行为有区别的话会怎么样？

现在我们来自定义 Vector 的子类（即 Stack 的兄弟类），如代码片段 5-16 所示（路径：com.example.project.one.designpattern.lsp.MyVector）。

代码片段 5-16：自定义 Vector 子类

```
class MyVector<E> extends Vector<E> {
    @Override
    public boolean add(E e) {
        super.add(e);
        super.add(e);
        return true;
    }
}
```

我们重写了 add 方法，其余的保持和 Vector 一致，然后对此类的对象调用前面代码片段 5-15 的 doSth 方法会发生什么？不用试都能知道，它的行为和 Vector、Stack 都不一致。Vector、Stack 的 add 方法，都是添加一个元素（即“abcd”），但 MyVector（代码片段 5-16）却是添加了两个，或者说两次！这样就会产生一个问题：明明 MyVector 是 Vector 的子类，doSth 方法接收它们的对象时却产生了不同的结果，这在很多时候都是潜在的 Bug。究其原因，是因为 MyVector 的 add 方法定义违反了里氏替换原则，即将父类替换为子类时，方法产生了不一样的行为。

因此，我们在实现抽象类或者接口所定义的抽象方法时，必须严格按照目标方法的文档要求进行编写。具体编码不是重点，重点是必须满足方法的各种要求：它达到什么目的、返回什么内容、抛出什么异常等等，这些必须严格按照抽象类或接口中的说明进行实现，以确保遵守里氏替换原则。

继续以 Vector#add 方法为例，此方法重写了 java.util.List#add 方法，看看此接口方法的文档大致规定了什么，内容如下。

```
Appends the specified element to the end of this list (optional operation).
Lists that support this operation may place limitations on what elements may be added to this
list. In particular, some lists will refuse to add null elements, and others will impose re-
strictions on the type of elements that may be added. List classes should clearly specify in
their documentation any restrictions on what elements may be added.
```

这便是铁律，这便是准则！要自行实现此方法，不仅在语法上要符合它的规定，在编写逻辑时也必须按它的要求来，否则将导致异常的结果（也就是违反里氏替换原则）。文档中说这是一个“可选的实现”，也就是说 List 类型可以不实现此方法（比如不可变 List 就不支持此方法实现，它们直接在此方法中抛异常，这是接口允许的）。“添加指定的元素至列表尾”，字面意思是添加一次而不是多次，因此可以发现我们自定义的 MyVector 已经违反了此文档的规定。“支持此操作的列表可以自定元素限制，比如拒绝添加 null”，有了这个准则我们可以知道，某个 List 不允许添加 null 是合规的，不会出问题。此外，“列表应该明确在文档中指出对要添加的元素的限制”——又是文档！文档非常重要，它不仅指出了方法的语法结构，还指出了方法的实现和使用原则，因此我们初次使用某个 API 时，一定要先阅读文档，弄清楚作者的意图和定下的准则，否则没准在哪里就违反了里氏替换原则。

回到 MyVector 中来，针对其 add 方法，要遵守文档的话必然就自动遵守了里氏替换原则：无论我们将 add 方法的具体逻辑做得多复杂(比如内部实现了类型校验、运行耗时统计等)，只能添加元素到列表末尾一次。

如果非要实现添加同一个元素两次的逻辑怎么办呢？这也不是什么难题，可以在其中编写一个方法 addTwice(E)，不去修改父类的 add 方法，如代码片段 5-17 所示(路径：com.example.project.one.designpattern.lsp.MyVector#addTwice)。

代码片段 5-17：额外扩展子类的能力

```
public boolean addTwice(E e) {
    super.add(e);
    super.add(e);
    return true;
}
```

子类继承自父类，除了拥有父类的能力以外，自己还可以定义额外的能力(比如上面代码所示的子类自有方法 addTwice)，这再平常不过了。第 1 篇中我们专门分析过的著名的 DefaultListableBeanFactory#doResolveDependency 方法，就是 DefaultListableBeanFactory 特有的能力，此方法不是靠重写父类方法得来，也不是靠实现接口得来的(参见 2.4.4 小节代码片段 2-59，或者 3.3.2 小节代码片段 3-14)。

除了 List，我们有必要再拿一个重要类型作说明，那就是阻塞队列 BlockingQueue，我们知道线程池中缓存任务要用到它，它的相关亲缘关系如图 5-1 所示。

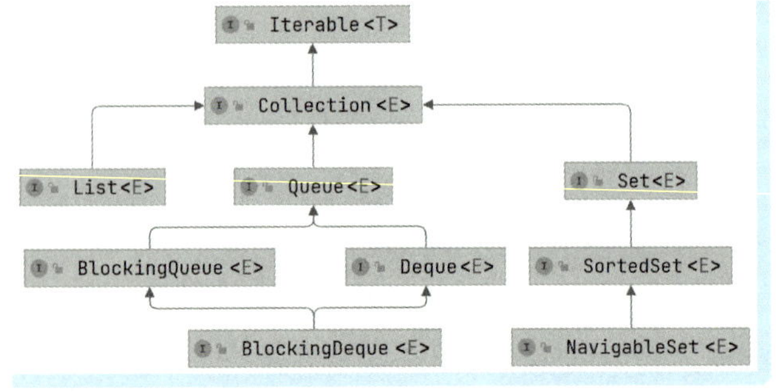

● 图 5-1　集合框架中 Collection 各子接口的关系

可以看到 BlockingQueue 是 Queue 的子接口，而 Queue 又是 Collection 的子接口，因此可知 BlockingQueue 和 List、Set 等集合其实是亲戚。又因为 BlockingQueue 自身的特性(会“Block”)，它一般用于并发环境，队列满时生产线程阻塞，队列空时消费线程阻塞，那么问题来了：

对于 BlockingQueue 的实现类，当它们重写来自 Collection 或 Queue 接口的方法时，会在其中执行线程主动阻塞的操作吗？

答案是绝对不会！一个 BlockingQueue 实现类，当调用来自 Collection 或 Queue 接口的方法时，与实现 List、Set 这些集合类型并不会有太大区别，因为它需要遵守里氏替换原则。Collection 或 Queue 接口的规范不允许主动阻塞线程，所有实现类都要遵守（不然就可能会在框架中时不时出现莫名其妙的 Bug），所以 BlockingQueue 的实现类想要真正实现 “Block” 功能，就必须在 BlockingQueue 接口定义的相关规范中实现（而不是在 Collection 或 Queue 的规范中实现）。以著名的实现类 LinkedBlockingQueue 为例，它的一些接口方法如表 5-3 所示。

表 5-3　LinkedBlockingQueue 的一些接口方法

方　　法	相 关 接 口	说　　明	是否可能主动阻塞线程
add(E)	Collection	添加元素至队尾	否
remove(Object)	Collection	移除指定的元素	否
offer(E)	Queue	插入元素至队尾	否
poll()	Queue	获取并移除队列头上的元素	否
offer(E, long, TimeUnit)	BlockingQueue	插入元素至队尾。若队列空间不可用，线程至多等待给定的时间	是
poll(long, TimeUnit)	BlockingQueue	获取并移除队列头上的元素。若元素不可用，线程至多等待给定的时间	是

可以看出，当调用 add 或 remove 方法时，就是简单的即时操作，和 List#add 或 List#remove 也不会有太大区别（因为都来自 Collection 接口），相比之下 offer 和 poll 两个方法就比较有意思了：不带时间限制的是即时操作，因为来自通用的 Queue 接口；带时间限制的就可能主动阻塞线程了，因为来自拥有 “Block” 能力的 BlockingQueue 接口。BlockingQueue 有很多实现类，但所有良好封装的实现类必然都是如上的表现，这就是里氏替换原则的威力。

5.3.4　接口隔离原则（Interface Segregation Principle）

这个原则非常好理解，它和单一职责原则有些像：不要定义一个高大全的接口，这将使实现它的用户非常难受。

我们在前面定义过考核接口 Appraise，它的作用就是考核特定的学校员工（通过 appraise 方法实现），职责非常单一。若要在其中定义一些和考核关系不大的内容，比如 “salary” “staffInfo” 等方法，那实现此接口的用户就不太满意了——我只是想编写一个考核的逻辑而已，为什么一定要强迫我同时实现考核对象的薪水和信息逻辑？这很像现实中的捆绑销售，没有人会喜欢。

要解决此问题，无非就是接口拆分：将 salary 放到 SalaryService 接口中，将 staffInfo 放到 StaffInfoService 中，万事大吉！这样就给了用户充分的选择权。编写考核逻辑就实现 Appraise 接口，编写薪水逻辑就实现 SalaryService 接口……如果有一个类因为业务设计的原因，既拥有考核的能力，又拥有处理薪水的能力(比如考核不达标需要扣薪水)，那它同时实现 Appraise 和 SalaryService 接口就行了。一个类实现多个接口，并不会带来太大的复杂性。比如，ArrayList 直接实现的接口就有 List、RandomAccess、Cloneable 和 java.io.Serializable。而在 Spring Boot 体系下 AnnotationConfigServletWebServerApplicationContext 实现的接口有 AnnotationConfigRegistry、WebServerApplicationContext、ConfigurableApplicationContext、ApplicationContext、BeanFactory……实在是有点多，作者就不完全列举了。所有这些接口在设计时都进行了隔离，使得实现类有非常充分的自主选择权，避免出现“强迫用户实现不需要的功能”的情况。

小提示

创建 JDK 动态代理时，底层源码中有校验：接口数量不能多于 65535 个。作者一度被这个限定惊到。感觉这有点像公司规定普通员工的月薪不得高于 100 亿一样。

5.3.5 依赖倒置原则（Dependence Inversion Principle）

这个原则是作者最想提醒、最想阐述的，但它的思想我们又早已接触过了：应该依赖抽象编程(比如接口)，而不应该依赖具体的实现类编程，即依赖倒置。在实际开发中这样的例子非常多，到处都是。这是一个非常有意思的现象——完成具体逻辑的是实现类，但我们的代码又不能直接依赖它们，而应该依赖它们所实现的接口。

为什么要这样呢？我们可以从公司管理的角度出发。一个公司的发展壮大，从长远来讲不能只依赖某一个或几个具体的员工，而应该依赖公司的整体战略、规章制度、优质待遇等等，这就是所谓“铁打的公司，流水的员工”。同样，在编程中如果只依赖具体的实现类，将导致我们的代码失去广泛的兼容能力和扩展能力。随便写个简单的例子，如代码片段 5-18 所示(路径：com.example.project.one.designpattern.dip.DIPTest)。

代码片段 5-18：依赖抽象和依赖具体的对比

```
private static void processElements(Collection<?> coll) {
    //方法形参依赖 Collection 接口,不依赖任何具体的集合类型,所以可以兼容很多类型,只要实现了
//Collection 接口的对象都可以传入,如 List、Set、Queue 等等
    coll.forEach(e -> {
        //...doSth
    });
}

private static Object processBeanFactory(BeanFactory beanFactory, String beanName) {
    //方法形参依赖 BeanFactory 接口,不依赖任何具体的类型,所以可以兼容一切 BeanFactory 实现类,甚至
//兼容 ApplicationContext(它也是 BeanFactory 的子接口)
    //...doSth
}
```

```
private static void processElementsBad(ArrayList<?> list) {
    //不要这样定义方法！此方法依赖 ArrayList 这个具体类型,但它的逻辑又是通用的 forEach。明明其他
//集合(比如 LinkedList、HashSet 等大量集合类型)也可以这么处理,却被拒之门外,方法兼容性出现严重问题
    list.forEach(e -> {
        //...doSth
    });
}
```

上面的代码一目了然，它们就是面向接口编程的普通例子。在 Spring Boot 环境中，我们平时使用的系统组件基本都是以接口的形式提供的：BeanFactory、ApplicationContext、Environment 等。这些名字想必我们早已耳熟能详，并且在编码中经常使用它们，那作者现在提一个有趣的问题：你能说出这些接口对应 Spring Boot 下的具体实现类吗？估计很多人说不出来，或者说不全，但这一点也不重要，因为我们并不针对特定的实现类编程（少数特殊情况除外），知道接口的作用和使用就已经足够了，这样哪怕是因为框架升级等原因，导致具体的实现类被更换了也没有关系，它仍然可以正常工作。相比之下，如果依赖具体的实现类，在这种情况下就不得不修改代码并进行各种测试，而且后续还可能重复这些动作。

面向接口或者说面向抽象编程，使我们的代码具有充分的兼容性、可扩展性和可维护性，是十分重要的编程思想。

小提示

除了 SOLID 原则外，当然也还存在其他的一些重要原则，比如迪米特法则、合成复用原则等，限于篇幅我们难以尽述，有兴趣的读者请自行参阅相关书籍或文章。

5.4 本章小结

本章的内容是框架级编码的规范和基础。作者谈了一些个人理解的框架编写规范。我们在编写抽象代码给别人使用时，一般情况下不应该“帮忙”引入依赖，同时还要照顾到用户的编码体验，为用户提供尽可能便利的扩展点，使用户既能轻松编码，又容易维护和后期扩展。

本章还介绍了著名的 SOLID 原则，这是前辈和大师们多年实践总结出来的宝贵经验，遵守这些原则将使得框架级编码更不容易出错，更容易扩展和维护。

接下来的内容我们编写的都是框架，我们会尽可能遵循本章提到的各种原则。

统一的Controller——UniController

如果读者是近几年才入行的“年轻 Spring 程序员”，或许对 Servlet 就比较陌生了。Servlet 是 JavaEE(现称为 JakartaEE)的核心组件之一，承担着 Web 相关的重要功能。在“遥远”的过去，程序员需要亲自编写 Servlet，它们直接和用户(指 Web 用户或者说终端用户，即浏览器使用者)打交道，一般情况下被配置在 web.xml 文件中，指定名称、实现类、处理路径等属性。当时的开发方式并不“智能”，一切靠手动，一切靠配置文件。

随着 Spring MVC 流行起来(暂时还说不到 Spring Boot)，它“几乎”替代了 Servlet。之所以用加引号的“几乎”，那是因为其实 Spring MVC 也是基于 Servlet 打造的，而并非真的要替代它——Spring 无论怎么说毕竟是“第三方框架”，而 Servlet 才是 Java 实打实的“亲儿子”，它代表了一整套规范，哪怕是 Spring 也必须遵守。

“青，取之于蓝，而青于蓝；冰，水为之，而寒于水”。在 Spring MVC 中，DispatcherServlet 作为核心 Servlet，以单例模式免去了我们一个个编写和配置 Servlet 的烦恼，转而将业务逻辑下沉至 Controller 级别(Controller 属于 Spring 而非 Servlet)，于是便有了自动组装参数、自动配置拦截器乃至自动异常处理这些智能化功能，同时还可以享受 Spring 的各种特性(AOP、事务控制等)。限于篇幅我们不介绍 DispatcherServlet 的相关内容，有兴趣的读者可以自行参考其他书籍或文章。

有了 Spring MVC，一切看似都很好，但渐渐又有了新问题。随着我们的业务逻辑越来越多，有时候又不方便拆分业务，于是 Controller 也越来越多，并且这些 Controller 中有很多方法体现出高度的相似性。以学校管理系统为例，教职员工有一张表，需要对它进行 CRUD，学生有一张表，需要进行 CRUD，学校班级有一张表，也要进行 CRUD……还有更多的表，都需要进行 CRUD。这些 CRUD 中，除了专门的业务外，很大一部分都是类似 findById、findAllByCondition、deleteById、updateById、insert 之类的格式化操作。这些操作的实现一般是在 Controller 里面添加各个相似度极高的方法，不同的只是处理的表不一样，涉及的 Entity 不一样。比照前面提到的 DispatcherServlet，我们可以有一个大胆的想法：既然 DispatcherServlet 替代了几乎全部的业务 Servlet，那我们何不试试通过一个统一的 Controller 来达成那些针对各个表的、高度相似的格式化操作？

为此本章编写一个名为“UniController”的框架，即“Unified Controller”。

本章的内容参见随附源码的 uni-controller 工程。这是多模块工程，其中 spring-boot-uni-controller 是框架的核心模块，其余属于测试模块。当需要将 UniController 框架引入至其他应用项目时，依赖如代码片段 6-1 所示。

代码片段 6-1：引入 uni-controller 核心模块至其他工程

```
<dependency>
    <groupId>com.purpblue</groupId>
    <artifactId>spring-boot-uni-controller</artifactId>
    <version>{version}</version>
</dependency>
```

其中的{version}值，Spring Boot 2 使用“boot2-1.0.0”，Spring Boot 3 使用“boot3-1.0.0”。之所以是两个版本，主要是其中 JPA 部分的命名冲突，即著名的 javax. * 改换命名空间，变成了 jakarta. * 。命名空间的冲突导致 spring-data-jpa 依赖的 persistence-api 包，其版本有所区分，第 2 版(适配 Spring Boot 2，javax 命名空间)和第 3 版(适配 Spring Boot 3，jakarta 命名空间)不兼容，因此 UniController 被处理成两个版本。事实上作者确实努力试过使用各种常规手段统一它们(反射、动态代理等)，但最后发现，除非运用非常规手段或许可行(比如像 Lombok、Pbwired 那样编译时修改 AST，又比如像 LTW 那样在运行时织入)，否则确实不能实现。联想到我们在本章的主要目标，非常规手段暂时不会使用(编译时修改 AST 这种事，我们在最后一章会进行尝试)，于是 UniController 最终出现两个版本按需选择。

6.1 问题起源

假设学校管理系统中有三类数据，分别是教职员工、学生和班级。对这三类数据进行管理时，免不了对它们进行一些 CRUD 操作，一般情况下我们需要创建 3 个 Controller 以处理各个数据表。以教职员工为例，如代码片段 6-2 所示(**注意这是伪代码**，假定数据库主键为长整型)。

代码片段 6-2：常规处理教职员工表的 Controller

```
@RestController
@RequestMapping("/teacher")
public class TeacherController {
    //注入 Service
    private final TeacherService  teacherService;
    public TeacherController(TeacherService teacherService) {
        this.teacherService = teacherService;
    }

    /**
    * 根据 id 查询教师信息(R)
```

```
     * @param id 主键
     */
    @GetMapping("/{id}")
    public Teacher findById(@PathVariable Long id) {
        //查询出结果然后返回
        return teacherService.findById(id);
    }

    /**
     * 根据用户提交的内容创建新教师(C)
     * @param teacher 用户提交的教师信息
     */
    @PostMapping("/insert") //"/insert"字符串根据实际情况也可以不要
    public Object insert(@RequestBody Teacher teacher) {
        return teacherService.insert(teacher);
    }

    /**
     * 根据用户提交的内容更新教师信息(U)
     * @param teacher 用户提交的教师信息
     */
    @PutMapping("/update") //"/update"字符串视需也可以不要
    public Object update(@RequestBody Teacher teacher) {
        return teacherService.update(teacher);
    }

    /**
     * 根据 id 删除教师信息(D)
     * @param id 主键
     */
    @DeleteMapping("/{id}")
    public Object deleteById(@PathVariable Long id) {
        return teacherService.deleteById(id);
    }
}
```

怎么样，上面的代码很熟悉吧？很简单，完全无须解释。它们工作起来自然没什么问题，但现在的问题是，学生的 CRUD 操作怎么处理，班级的 CRUD 操作又怎么处理，实验室的 CRUD 又怎么处理？一般情况下处理方式就是，根据上面的 TeacherController 建立相似的 StudentController、ClassController、LabController 之类，再把 TeacherController 中的几个 CRUD 方法也原样复制过去，将里面的 TeacherService 类型改成 StudentService、ClassService、LabService，并且在对应的 Service 里面，调用相关 DAO 提取数据的方法也是可以复制的，因为它们也高度相似。

现在问题进一步扩大，学校管理系统涉及需要管理的类型远不止上面三类，那么对各个类型的一般 CRUD，就需要很多重复的方法、重复的代码……这确实是个问题。

因此，我们可以考虑像 DispatcherServlet 那样，用一个统一的 Controller 来处理这些高度相似的逻辑，即 UniController。认真说来，应该叫 UniCrudController 更合适，不过这名字不够好看，所以就放弃了。

需要注意的是，UniController 不太可能真的完全替代所有的 Controller，毕竟真实的业务需求千千万，URL 的样式也千千万，传入数据的形式也是千千万，因此我们在初期，至少致力于统一各种格式化查询，除了前面 TeacherController 所列的简单 CRUD 之外，还可以有 findAllByCondition、deleteAll、updateByCondition 等。光是做到这些，便可以节省大量的重复代码。想一下，只要引入 UniController 模块，从此再不用编写各个数据表的一般性单表 CRUD 功能，感觉还是很不错的。

注意

针对上述需求，Spring 其实也给出了它的解决方案，那就是 Spring Data REST，或许有读者使用过该框架。不过此框架只支持 Spring Data 系列，比如我们经常提到的 JPA（指的就是 Spring Data JPA）。

所以，如果项目只针对 JPA 的话，采用 Spring Data REST 就够了，无须再编写额外的框架，但我们的目标不止于此，我们还有进一步的“野心”——我们试图兼容更多的 ORM 框架（比如 MyBatis），同时还要给出扩展点以适配任何未知的框架，这样就体现出了与 Spring Data REST 的差异，展现出一定的创新性，同时又达到了实战编写框架的目的。

接下来的讨论，我们将暂不考虑 Spring Data REST，完全基于自己的设计思路进行。

6.2 解析问题并选定方案

再次观察上一节的 TeacherController，我们如果想要以这样类似的形式兼容一切 Entity 的话，至少有如下两种实现方式。

第一种是多 Service 形式。UniController 持有用户定义的处理各个 Entity 的 Service 对象（Bean）：系统启动时缓存各个 Service 至 UniController，后者提供统一的访问接口，用户单击前端页面上的相关按钮访问此接口，之后 UniController 找到对应的 Service，调用其相关方法（比如 findById）提取对应的数据，如代码片段 6-3 所示（**注意这是伪代码**）。

代码片段 6-3：单 Controller 配多 Service 的伪代码实现

```
@RestController
public class MultiServiceFakeUniController {
    //持有各个 Service 的缓存集合
    private Set<Object> services;
```

```
    //统一的各个 CRUD 方法,以 Long 型单主键为例,后面真实编码时会兼容复合主键
    //R 方法,Read
    @GetMapping("/{type}/{id}")
    public Object findById(@PathVariable("type") String type, @PathVariable("id") Long id) {
        Object service = findService(type); //a1.根据 type 寻找对应的 Service
        return service.findById(id); //a2.调用正确的 Service 提取数据
    }
    //下面省略 CUD 方法
}
```

系统启动、创建 MultiServiceFakeUniController 类型的 Bean 时，通过一些机制(比如初始化接口，在代码片段 6-3 中并未体现)提取容器中相关的 Service 对象(Bean)并缓存至 services 集合就可以了。这样当访问到达时，通过 type 可以在 a1 处提取正确的 Service，a2 处运行 Service 的 findById 方法即可完成查询。

看似解决了问题，并且使用此方案做成框架也确实可以减少工作量，不过作者认为这样的简化还不够彻底——Controller 倒是统一了，但 Service 还有很多，还是高度类似的老样子。如代码片段 6-4 所示(**注意这是伪代码**)。

代码片段 6-4：仍然有很多 Service

```
@Service
class TeacherService {
    @Autowired
    private TeacherDAO teacherDAO;
    //a
    public Teacher findById(Long id) {
        return teacherDAO.findById(id);
    }
    //下面省略其他方法
}

@Service
class StudentService {
    @Autowired
    private StudentDAO studentDAO;
    //b
    public Student findById(Long id) {
        return studentDAO.findById(id);
    }
    //下面省略其他方法
}

@Service
class ClassService {
```

```
    @Autowired
    private ClassDAO classDAO;
    //c
    public Class findById(Long id) {
        return classDAO.findById(id);
    }
    //下面省略其他方法
}
```

可以看到a、b、c三处的方法高度相似，它们的存在毫无美感可言，完全可以通过框架级的自动适配完成。于是我们考虑再进行抽象，把a、b、c三处相似的方法抽象至一个统一的抽象类或接口，比如AbstractService（抽象类）或BizService（接口），然后各个业务Service再来继承AbstractService抽象类或实现BizService接口，这样各个Service也无需再编写各个findById方法了。

对于一张表的普通CRUD，这种具备抽象父类或接口的多Service模式可以大规模减少格式代码的编写，其难度在于抽象父类AbstractService中构建统一的CRUD方法，或接口BizService中构建default修饰的统一CRUD方法。弊端就是，哪怕一张表只有普通CRUD实现，完全不需要其他逻辑，也必须创建属于此表的空Service（它继承AbstractService抽象类或实现BizService接口），在编码上有点浪费。

多Service的情况说完了，接下来我们说说单Service的情形。

单Service，自然是和多Service相对的。由于只有一个框架级Service（称为UniService），因此它只负责这些通用CRUD的处理（针对单表），和用户在工程中自行定义的、处理专用业务的Service并行不悖。因为UniService的存在，用户无须在自己的Service中再定义一般的CRUD方法，也不需要再去继承前面谈到的AbstractService或实现BizService接口，一定程度上实现了解耦，有利于后期维护。UniService之所以可以通过单实例实现全部表的一般CRUD，是因为它的对象持有访问各个表（Entity）的DAO。流行的ORM框架中，我们以MyBatis和JPA作为支持的类型（JPA指Spring Data JPA）。此二者的DAO都是interface形式，无须提供实现类（可以回顾4.1.3小节），前者使用@Mapper注解标记，后者则使用@Repository注解标记并继承JpaRepository和JpaSpecificationExecutor两个接口（通常如此）。我们设定UniService在被Spring创建Bean时，会在初始化的相关机制中拉取用户编写好的各个DAO对应的Bean并缓存起来，系统启动完成之后的访问逻辑如下所示。

```
用户访问后端业务接口,带有type(用于指明Entity或者表类型)和其他必要信息
→ UniController接受用户访问,进入相关业务方法
→ UniController调起UniService
→ UniService搜寻自己的DAO缓存,根据type找到对应的DAO
→ UniService调用DAO完成相关数据表(或Entity)的操作,返回结果
```

通过这样单Service的简化，用户只需要提供DAO接口即可，使用JPA时甚至基本不需要额外处理@Repository接口即可自动拥有UniController的各项能力，使用MyBatis则需要自己编写通用SQL并在@Mapper接口中声明相关方法，略微多一些工作量。至于其他的ORM框架，我们会开放

扩展点给用户自行适配，或者后续版本迭代的时候增加相关适配逻辑。匹配 ORM 框架不是我们编写 UniController 的核心问题，因此选择 MyBatis 和 JPA 两个代表即可。

综合上面的讨论，可以发现无论是多 Service 还是单 Service，只要配合 UniController 其实都可以大大减少单表普通 CRUD 的编码。多 Service 的难点在于 AbstractService 抽象类或 BizService 接口中的统一通用 CRUD 方法的编写；单 Service 情况下(即 UniService)难点在于 UniService 中通用 CRUD 方法的编写，整体难度差不多。考虑到单 Service 更有“性价比”（用户不用为每一张表编写一个 Service)，最终我们选择单 Service 方案，即 UniController 加 UniService 的组合(DAO 无法做到单一，除非放弃 ORM 框架)。我们会为 UniController 框架提供足够的扩展点，用户甚至可以自行将其扩展为多 Service 的结构。

6.3 框架设计

方案已经定了下来，开始设计吧！到了具体设计技术实现的时候了，下面我们分别研究实现的细节。

6.3.1 UniController 支持的功能和方法形参设计

前面已经看到，至少以下几个功能是必须满足的：findById(id)、insert(Entity)、update(Entity)和 deleteById(id)。这四个方法有一个共同的特点，就是针对单行数据。接下来我们考虑再扩大需求，比如，允许指定条件的批量查询、批量更新和批量删除，允许复合主键(尤其是针对 JPA)，查询时允许分页和排序。考虑到真实业务中批量删除往往只需要指定 id 即可，比如用户在页面上批量勾选之后单击“删除”按钮。因此对于批量删除，我们可以给出两个版本——根据 id 列表的批量删除和根据复杂条件的批量删除。而对于查询和更新(尤其是前者)，则直接考虑匹配复杂的条件。上面的讨论如表 6-1 所示。

表 6-1 UniController 支持的用户操作

需　求	UniService 方法名	形　参
根据 id 查询单行数据	findById	id(兼容单主键和复合主键)
根据 id 删除单行数据	deleteById	id(兼容单主键和复合主键)
添加单行数据	insert	Map 类型
更新单行数据	update	Map 类型
批量删除多行数据	deleteAllByIds	id 集合
按条件查询多行数据	findAll	条件 DTO
按条件更新多行数据	updateAll	条件 DTO
按条件删除多行数据	deleteAllByCondition	条件 DTO

相信实现了表 6-1 的 8 个需求，大量的数据操作都可以承接下来了，业务系统中需要自定义的 Controller 和 Service 将会减少很多。并且表 6-1 中前四者针对单行数据的操作其实是后四者的特殊情况，换言之，其实我们只需要实现后四者就可以了。不过根据前面提到的原则，尽量兼顾业务程序员的用户体验，考虑到页面操作中确实有很多针对单行数据的操作，因此将前四者单列出来，因为前端程序员调用它们比后四者容易——它们的访问组装相对简单。

对于上表中 UniController 需要用到的各个参数，简单说明如下。

1) 需要一个 type 字段，表明当前前端需要操作哪张表。type 不应该直接使用数据表名，这既不方便前端编码，也不利于数据库安全，它只是一个标记而已。假定我们按 id 查询的方法是“GET /uni/{type}/{id}”（以单主键为例），当前端指定 type 为 teacher，id 为 1 时，真实路径为“/uni/teacher/1”；而指定 type 为 class，id 为 1001 之后，路径则变成“/uni/class/1001”，这与前端平时编写的访问路径是一致的。

2) 关于 id，常用的单主键就两种类型：整数和字符串，复合主键则另当别论。由于主键有这样两种大类，我们可以考虑 UniController 中使用不同的方法处理。

3) 表中提到的 Map 类型，将用于在 UniService 中转换成“真实的、可插入数据表的 Entity”。那为什么不在 UniController 里直接使用真实的 Entity 类型(就像平时一般业务编码一样)，非要用 Map 承接，然后在后面转换呢？因为我们编写的是兼容任何数据表的 UniController，这里 Map 类型是通用处理方式，可以在不同的 type 下承接不同的表数据。

假定 TeacherEntity 代表 teacher 表，在每张表一个 Controller 的情况下，我们可以在 TeacherController 中定义这样一个 insert 方法：“public Object insert(TeacherEntity entity)”，但作为通用的 UniController，其 insert 方法要兼容各个表，或许只能这么定义：“public Object insert(String type, Map <String, Object> entity)”。获取 entity 数据之后(Map 类型)，进入 UniService 再根据 type 把它转换成相应的“真正的 Entity”（使用 JSON 工具)然后再执行 save 之类的逻辑即可。总之，在公共逻辑中，要抽象，不要具体，要通用，不要特殊。

4) 条件 DTO，即承载查询条件的 DTO，我们自己创建一个就可以，并且将之命名为“UniCondition”。考虑到常用的查询条件有 eq(相等)、like(模糊，限字符串)、gt(大于，限整数)、ge(大于或等于，限整数)、lt(小于，限整数)、le(小于或等于，限整数)、in(多值)这几种，因此需要在其中专门用字段表示这些查询。此外查询条件可以有多个，因此需要有一个集合来承载这些条件。一般说来条件的内容就是“哪个字段”“哪个值”“如何比较”，比如“age”“25”“gt”，结合 type 即可表示为“查询 type 所描述的那张表中，age 值大于 25 的全部数据”。鉴于大部分通用查询时各个条件都是“AND”关系，因此我们暂时就只支持多条件“AND”，不支持多条件“OR”或其他关系，尽量从简。条件组装不是我们在本章关注的重点，因此处理最常用的情形即可。我们的目标是先编写出一套可用的 UniController，或许后续可以通过发布新版的方式来补上这些复杂多变的条件组装。

如果前端在一些特殊查询时确实需要多个条件之间进行“OR”或更复杂的组合该怎么办？

UniController 完全不用管，让用户自行定义 Controller 专门处理就行了。不要试图做一个高大全的组件帮用户完成一切，因为百分百完美的软件根本不存在。

5）此外还需要有表示分页的字段。本来 JPA 环境下有 Page 系列的组件（org.springframework.data.domain.*，比如 Pageable 或 PageRequest 等）可供直接使用，但考虑到要兼容 MyBatis，因此我们只有在逻辑进入 JPA 相关查询时才能触发 Page 系列的类加载和组件使用，在通用的 UniController 中不能引入任何 JPA 组件，当然也不能引入任何 MyBatis 组件。在 MyBatis 环境下，可以通过在 SQL 中直接进行分页操作达到目的。除了分页，排序也是必须的，它往往和分页一起讨论，因此同样需要有表示排序的字段。

6）如果是按条件更新数据，除了必需的 type 和条件集合外，还需要待更新的数据，因此 UniCondition 中也需要有字段存放这些用户提交的数据。

综上，我们定义 UniCondition，如代码片段 6-5 所示（路径：spring-boot-uni-controller 模块，com.purpblue.unicontroller.util.UniCondition）。

代码片段 6-5：UniController 组件之 UniCondition

```
public class UniCondition {
    /** UPDATE 时使用,存放前端提交的数据,一般来说它是 Map 类型,不过这里使用 Object 也关系不大。不进行更新操作时,忽略之 */
    private Object entity;
    /** 分页时使用,页大小 */
    private Integer size;
    /** 分页时使用,页码从 0 开始以兼容 JPA */
    private Integer page;
    /** 条件集合 */
    private Set<Query> conditions;
    /** 排序字段的集合,包括 field 和 direction */
    private Set<Order> orders = Collections.emptySet();
    /** 嵌套类,表示查询条件 */
    public static class Query {
        /** 需要比较的字段名 */
        private String field;
        /** 需要比较的值 */
        private Object value;
        /** 比较类型,in、eq、ge、gt、le、lt、like */
        private String cmp;
        //省略 Query 中各字段 Getter、Setter
    }
    public static class Order {
        private String field;
        /** ASC、DESC */
        private String direction;
        //省略 Order 中各字段 Getter、Setter
```

```
    }
    //省略 UniCondition 中各字段的 Getter、Setter
}
```

可以看到 UniCondition 的定义中不包括 type 字段，因为 type 字段可以是完全独立的(当然其实也可以集成到 UniCondition 中)。除 type 之外，关于其他需要定义的字段，我们已经在前面进行了充分说明。对于分页的字段 page 和 size，这里使用了 Integer 而非 int 类型，当前端不需要分页时不必理会这两个字段，这样后端收到的就是 null，可以立刻知道前端不需要分页。另外对于 Getter、Setter 也没有使用 Lombok 而是真的将它们全部生成出来，喜欢使用 Lombok 的读者可以自行使用之。我们在前面讲过，Lombok 是可以使用在框架编码中的(虽然并不推荐)。

6.3.2 DAO 接口的标记

不应该在用户不知情的情况下将 DAO 接口纳入 UniService 缓存，应该让用户主动声明“可以将之纳入 UniService 缓存，并且我已在其中声明好了需要的 DB 方法，UniService 直接调用就好”。这就好像需要被 DispatcherServlet 缓存为 HandlerMethod 的方法，其宿主类要带有@Controller 或@RestController注解才可以。鉴于此，我们定义一个注解@HandlerDao，被此注解标记的 DAO 接口，其对应的 Bean 将被 UniService 纳入缓存。从理论上讲，也可以将注解换成接口，比如 HandlerDao 接口。只要用户的 DAO 接口继承了此接口，其 Bean 都会被 UniService 缓存，效果与注解一样。由于需要用户的 DAO 接口提供额外的数据才能完成功能，基于第 5 章的论述，我们放弃接口实现，只使用注解实现。

最终，我们确定使用注解作为“可被 UniService 纳入缓存并使用”的 DAO 的标记。注解的名字为@HandlerDao，它标注于 DAO 接口上，定义如代码片段 6-6 所示(路径：spring-boot-uni-controller 模块，com.purpblue.unicontroller.annotation.HandlerDao)。

代码片段 6-6：UniController 组件之@HandlerDao 注解

```
@Retention(RetentionPolicy.RUNTIME)
@Target(ElementType.TYPE)
public @interface HandlerDao {
    /**
     * 前端访问时指定的 Entity 类型,前后端一致即可,UniController 和 UniService 都会使用此字段
     */
    String typeName();

    /**
     *此 DAO 处理的数据表名,MyBatis 环境下如果使用框架提供的注入检查器,则需要配置此字段。如果自定义
注入检查器或使用 JPA 框架,则不需要配置
     */
    String tableName() default "";
```

```
    /**
     * 当前 DAO 接口所操作的 Entity 类型,对于 JPA 可以自动推出 Entity 类型,Mybatis 此字段必填
     */
    Class<?> entityClass() default Object.class;

    //以下是 DAO 接口可选声明的方法。注意:若方法名被设置为空字符串(""),意味着当前被标记的 DAO 接口
不提供此方法对应的功能(因为并不是每一个 DAO 都需要全部的 CRUD 功能)
    /**
     * query 方法(R 方法)。默认值为 JPA 的方法名
     */
    String queryMethod() default "findById";
    /**
     * insert 方法(C 方法)。默认值为 JPA 的方法名
     */
    String insertMethod() default "save";
    /**
     * delete 方法(D 方法)。默认值为 JPA 的方法名
     */
    String deleteMethod() default "deleteById";
    /**
     * update 方法(U 方法)。默认值为 JPA 的方法名
     */
    String updateMethod() default "save";
    /**
     * 按条件批量 update 方法(U_ALL_CONDITION 方法)。JPA 不需要此方法,其功能可以在 UniService 中
通过逻辑完成,Mybatis 需要自行指定
     */
    String updateByConditionMethod() default "";
    /**
     * 按条件批量查询(R_ALL_CONDITION 方法)。默认值为 JPA 的方法名
     */
    String queryAllMethod() default "findAll";
    /**
     * 按主键批量删除(D_ALL_BY_IDS 方法)。默认值为 JPA 的方法名。当 JPA 版本低于 2.5 时默认不存在此
方法,需要用户在 DAO 接口自行定义“deleteByIdIn”
     */
    String deleteAllMethod ( ) default "deleteAllById";
    /**
     * 按条件批量删除方法(D_ ALL_ CONDITION 方法)。默认值为 JPA 的方法名
     */
    String deleteByConditionMethod ( ) default "delete";
}
```

此定义非常重要，下面简单说明一下各属性的意义。

1) typeName 指出当前需要操作 Entity 的类型(映射到表名)，由前后端协商一致确定，用于

UniController 中的{type}值(参见 6.3.1 小节)和后续 UniService 中选择相关缓存时的 key。

2)tableName 仅用于 MyBatis 环境下，指明当前 DAO 所操作的表的真实名称，此名称仅用于后端内部使用，前端不需要知道，JPA 环境下也不需要设置。MyBatis 环境下由于框架使用一套条件适配所有的 * Mapper.xml 文件，其中涉及列名的部分通常使用“${×××}”而不是“#{×××}”写法，存在 SQL 注入风险，所以在基于列名的条件查询和排序中需要通过 InjectionInspector 组件(注入检查器)进行注入检查。在框架中提供的默认 InjectionInspector(即 ColumnNameBasedInjectionInspector)使用基于列名的检查，因此需要知道 tableName，用它提取当前表的全部合法列名，这一点和 JPA 中的 Specification 相似(有兴趣的读者可以参阅 org.hibernate.metamodel.model.domain.AbstractManagedType# findDeclaredAttribute 方法，这就是 JPA 中通过“root.get(×××)”构建 Specification 时查找字段的最终逻辑)。JPA 之所以不需要用户提供 tableName 也可以完成数据表的列名校验，因为它可以直接从 Entity 获取(由@Entity 注解标记)，而 MyBatis 没有类似机制，因此必须由用户指明 tableName。如果用户不使用我们提供的 ColumnNameBasedInjectionInspector，而自行实现注入检查，则 tableName 也不需要设定。

3)entityClass 指出当前标记的 DAO 具体处理哪一个 Entity。在 JPA 环境下，通过分析 DAO 接口中的泛型设置可以直接获取 Entity 类型，因此用户可以不填写该字段——还记得前面提到的框架编写准则吗？尽量让用户少配置、少感知、少实现、少继承，尽可能多地自动帮用户实现。考虑到 JPA 环境下可以通过解析用户 DAO 获取 Entity 类型，于是我们就帮用户完成这件事；而 MyBatis 环境下则必须指定 entityClass，否则无法确定需要操作哪个 Entity(即“哪张表”)。

4)后面便是各种 CRUD 方法的名称设定。由于 JPA 环境下很多方法名是固定的(比如 save、findById、findAll 等，由 JpaRepository 或 JpaSpecificationExecutor 等接口方法确定)，因此我们将这里 CRUD 方法的默认名称都设定为 JPA 环境下的值，这样使用 JPA 的用户就可以不再指定它们。MyBatis 就灵活多了，没有固定的数据操作方法名，因此既可以沿用这些默认名称，也可以自行指定。如果某个方法名被设定为空字符串的话(即"")，表明这个表不需要该操作。比如，将 insert 方法名设定为空字符串，意味着当前 DAO 不存在新增数据的逻辑，这样做事实上在践行接口隔离原则，即不强制用户一定要实现这里规定的全部数据方法，让用户按需选择实现(请回顾 5.3 节)。

把@HandlerDao 注解标记于 DAO 数据接口之上，UniService 便会在系统启动时缓存其 Bean，然后就可以将其用于 UniController 的功能。这里举两个例子，如代码片段 6-7 所示(路径：test-app-jpa 模块，com.purpblue.example.jpa.repo.TestRepository 等)。

代码片段 6-7：使用@HandlerDao 注解的示例 DAO

```
//JPA 环境,此 DAO 提供@HandlerDao 中设定的全部方法
@Repository
@HandlerDao(typeName = "test")
public interface TestRepository extends JpaRepository<TestEntity, String>, JpaSpecifica-
tionExecutor<TestEntity> {
```

```
}

//MyBatis 环境,此 DAO 不提供 insert 和 update 系列功能
@Mapper
@HandlerDao(typeName = "test", entityClass = TestEntity.class,
    insertMethod = "", //不提供
    updateMethod = "", //不提供
    updateByConditionMethod = "", //不提供
    deleteByConditionMethod = "deleteByCondition" //提供并且指定方法名
)
public interface TestMapper {
    TestEntity findById(Integer id);

    void deleteById(Integer id);

    void deleteAllById(Collection<Integer> ids);

    List<TestEntity> findAll(UniCondition condition);

    long count(UniCondition condition);

    void deleteByCondition(UniCondition condition);
}
```

6.4 具体编码实现

至此所有的设计都完成了，现在进入最耗时、最复杂的一步——具体编码。我们知道核心是 UniController 和 UniService。UniController 相对简单，规定好访问路径，即标记上各个@×××Mapping 并简单提供前端访问的“门面方法”就可以了，真正的复杂逻辑都在 UniService 中。除此之外，还需要考虑配置中引入 UniController 的方式，是全自动还是让用户手动开启。

6.4.1 工程结构

我们一共有四个模块：核心的 spring-boot-uni-controller（即框架本身）、测试用的模块——test-app-jpa、test-app-mybatis，以及随意编写测试代码的 common-test，如代码片段 6-8 所示（路径：根 pom.xml）。

代码片段 6-8：定义各个功能模块

```
<modules>
    <module>spring-boot-uni-controller</module>
    <module>test-app-jpa</module>
```

```
    <module>test-app-mybatis</module>
    <module>common-test</module>
</modules>
```

所有的框架功能都在 spring-boot-uni-controller 模块中编写，它可以独立导出和发布，而两个 test-app-×××模块则用于不同 ORM 框架下的即时测试。

6.4.2 JDK 约定和依赖选择

我们在第 5 章已经提到过，要作为框架提供，那么 JDK 版本应该在合理的范围内尽可能地低(参见 5.1.1 小节)。Spring Boot 2 需要的最低版本为 8，Spring Boot 3 需要的最低版本为 17。另外 Spring Boot 2 搭配的 spring-data-jpa 依赖中使用的是 javax.persistence 包路径，而 Spring Boot 3 的 spring-data-jpa 依赖中使用的则是 jakarta.persistence 包路径，因此我们也只好对应做两个版本，它们的所有逻辑都一样，最主要的区别是 JDK 和 Spring Boot 版本。面向 Spring Boot 2 的版本(命名为 boot2-1.0.0)，使用 JDK 8，spring-data-jpa 依赖使用 2.x；面向 Spring Boot 3 的版本(命名 boot3-1.0.0)，使用 JDK 17，spring-data-jpa 依赖使用 3.x。需要注意：并不是任何基于 Spring 的框架都需要分别提供 Spring Boot 2 和 Spring Boot 3 两个版本的，之所以当前的 UniController 框架需要提供两个版本，最核心的原因还是 JPA 中相关依赖的包路径变更问题。如果 javax 命名空间没有更名为 jakarta，那直接使用 JDK 8 和 spring-data-jpa-2.x 就可以同时兼容 Spring Boot 2 和 Spring Boot 3。

由于需要兼容 JPA 和 MyBatis，因此肯定需要在 UniController 框架中引入此两者的相关依赖。不过这两个依赖我们只用来编写代码，而不能主动帮用户引入至工程中，因此需要配合<scope>或<optional>标签。设想一下，用户 A 使用了 MyBatis 作为 ORM 框架，他的工程中根本不需要 JPA 依赖；而用户 B 刚好相反，他用 JPA 作为 ORM，他的工程中也完全不需要 MyBatis。我们的框架兼容两种 ORM，但是又不能强迫用户一定要将两种 ORM 的依赖都引入至自己的工程中，此种情形我们在第 5 章已经讨论过了——应当确保用户的工程中只引入自己需要的依赖。

以 boot3-1.0.0 版本为例，spring-boot-uni-controller 核心模块的 pom.xml 文件中，依赖引入如代码片段 6-9 所示。

代码片段 6-9：Spring Boot 3 版本下 spring-boot-uni-controller 核心模块的 pom.xml 配置

```
<dependencies>
    <dependency>
        <groupId>org.springframework.boot</groupId>
        <artifactId>spring-boot-autoconfigure</artifactId>
        <version>3.0.3</version>
        <scope>provided</scope> <! --a1-->
    </dependency>
    <dependency>
        <groupId>org.springframework</groupId>
```

```
        <artifactId>spring-web</artifactId>
        <version>6.0.5</version>
        <scope>provided</scope> <! --a2-->
    </dependency>
    <dependency>
        <groupId>org.springframework</groupId>
        <artifactId>spring-context</artifactId>
        <version>6.0.5</version>
        <scope>provided</scope> <! --a3-->
    </dependency>
    <dependency>
        <groupId>org.springframework.data</groupId>
        <artifactId>spring-data-jpa</artifactId>
        <version>3.0.3</version>
        <optional>true</optional> <! --b1-->
    </dependency>
    <dependency>
        <groupId>com.fasterxml.jackson.core</groupId>
        <artifactId>jackson-databind</artifactId>
        <version>2.14.2</version>
        <scope>provided</scope> <! --a4-->
        </dependency>
   <dependency>
        <groupId>jakarta.persistence</groupId>
        <artifactId>jakarta.persistence-api</artifactId>
        <version>3.1.0</version>
        <optional>true</optional> <! --b2-->
    </dependency>
</dependencies>
```

上面的依赖分成了两类，即 a 类和 b 类。无论哪一类，都和我们平时写业务代码时直接引入依赖不一样。我们平时在业务工程引入依赖时，大部分情况都是直接引入，既不需要专门声明 scope，也不需要声明 optional。仔细看看作者把哪些依赖标记成了 optional？没错，都是 JPA 相关依赖。试想，如果用户使用 MyBatis，那和 JPA 有什么关系？此外，可能有读者会问，怎么完全没有引入 MyBatis 的依赖呢，连个带 optional 标签的都没有？这很简单，因为我们的框架编码虽然兼容 MyBatis，但不需要显式用到和它相关的任何依赖——这是最美好的场景。

boot2-1.0.0 的依赖与之十分类似，此处不再给出解释，请读者自行参阅随附源码。

后面的编码中如无特殊说明，我们都默认编写 boot3-1.0.0 版本，只有在必要的地方会专门与 boot2-1.0.0 版本进行对比。再次强调，两个版本功能完全一样，只是适用于不同版本的 Spring Boot，因为 JPA 依赖的命名空间有变。

读至此处，读者有没有考虑过绕开各种 ORM 框架，转而直接使用 Spring 的 JdbcTemplate 统一处理？这个问题作者也想过，但没有具体实施过。没有这样做的原因，主要有以下考量：

首先，JdbcTemplate 其实就是对 JDBC 的简单封装(即 JDBC 模板)，借助它支撑框架底层的复杂查询可能比较费力。JdbcTemplate 是 JdbcOperations 接口的实现，官方文档是这样描述 JdbcOperations 的："Interface specifying a basic set of JDBC operations.Implemented by JdbcTemplate. Not often used directly, but a useful option to enhance testability..."

第二，在用户引入 JPA 框架的情况下，UniController 也可以借助它实现免 SQL 查询，这样在编写 JPA 框架下的核心逻辑时就不必考虑 SQL 的问题，这一点 JdbcTemplate 就做不到了，因为它需要显式传入 SQL。那问题来了，如果框架底层使用 JdbcTemplate 支撑查询，针对 JPA 用户，相关 SQL 由谁提供？由 UniController 框架拼装 SQL 还是用户手写 SQL？若是用户手写，肯定不行，因为用户使用 JPA 就是为了免写 SQL，让用户使用 UniController 时再自己编写 SQL，他们一定直接放弃，因此显式 SQL 就只能由 UniController 框架拼装，但是这样的话，因为不同的数据库方言不同，这相当于重新实现 JPA 底层拼装 SQL 的逻辑。感觉陷入了困境之中……

第三，如果用户使用 MyBatis，它同样比 JdbcTemplate 更强大。虽然二者都是基于显式 SQL，但功能强度完全不一样。MyBatis 具有强大的标签功能，更不用说底层的各种适配和优化了。两相比较，就算需要显式编写 SQL，从框架的角度讲，也应该选用更强大的 MyBatis。

有一点要说明，JdbcTemplate 并非真的"不能使用"，简单查询时它同样很好用。

从练习的角度讲，如果非要使用 JdbcTemplate 进行封装统一处理 DB 问题也不是不行，有兴趣的读者在读罢本章后，可以自己动手试验一下。基于 JdbcTemplate 定义的 UniService 可以通过框架提供的扩展点接入，后文我们会详述扩展点的具体设置。

6.4.3 UniController 的编码实现

我们编写的是框架，因此它的核心功能就不应该依赖具体的实现类，也就是只能依赖于抽象。基于这个理念，我们不应该在框架中提供一个无接口的独立的 UniController，并以它为核心展开功能。我们应该首先提供接口，这样的好处就是方便后续版本迭代，也方便用户自行更换 UniController 组件(Spring 生态中有很多这种实现方法)，从一定程度上来说增强了用户的体验和编码自由度。以 Spring Boot 中的 BeanFactory 为例，通常情况下明明只有一个核心实现类 DefaultListableBeanFactory，但它却实现了一系列接口，比如 ConfigurableListableBeanFactory、BeanDefinitionRegistry 等。如果不提供接口而只提供 DefaultListableBeanFactory，那么它就是绝对主角，但这是一种糟糕的设计。相反，提供各个 BeanFactory 接口承载功能，再让 DefaultListableBeanFactory 去实现这些接口，业务的核心就转到了接口上，抽象性得以体现，后续维护、版本迭代，甚至换掉 DefaultListableBeanFactory 这个实现类也无伤大雅，用户根本不受影响。基于此，我们首先创建一个 UniController 接口，如代码片段 6-10 所示(路径：spring-boot-uni-controller 模块，com.purpblue.unicontroller.core.UniController)。

代码片段 6-10：定义 UniController 接口

```
public interface UniController { }
```

由上面的代码可知，这个接口什么方法也没有定义，就是一个空接口！这种设计在 JDK 中屡见不鲜，比如著名的 java.io.Serializable 接口。除此之外，JDK 集合框架中有 java.util.RandomAccess 空接口(ArrayList 等可以快速查询的集合都实现了该接口)，JPA 中有 org.springframework.data.repository.Repository 空接口(它是 JpaRepository 的祖先接口)。为什么会存在空接口呢？因为可以拿它来标记类的身份，这在很多时候是非常便利的。我们在此定义了 UniController 接口，但不规定任何方法，方便用户自行实现此接口，提升用户创建自己的 UserUniController 时的自由度。关于此空接口的作用，后续我们还会进一步用到。

接口准备完毕，现在来给出默认的实现类，如代码片段 6-11 所示(路径：spring-boot-uni-controller 模块，com.purpblue.unicontroller.core.DefaultUniController)。

代码片段 6-11：提供 UniController 接口的默认实现类

```
@RestController
@RequestMapping("/uni") //a.指定主路径为"uni"
public class DefaultUniController implements UniController {
    private final UniService uniService;
    public DefaultUniController(UniService uniService) {
        this.uniService = uniService;
    }

    @GetMapping("/{type}/{id}") //a1
    public HandleResult<?> query(@PathVariable("type") String type, @PathVariable("id") Object id) throws Exception {
        return HandleResult.success(uniService.findById(type, id));
    }

    @GetMapping("/{type}") //a2
    public HandleResult<?> queryByMultiKeys(@PathVariable("type") String type, @RequestParam Map<String, Object> param) throws Exception {
        return HandleResult.success(uniService.findById(type, param));
    }
    ...
    @PostMapping("/{type}/delete-all-by-ids") //b
    public HandleResult<?> deleteAllByIds(@PathVariable("type") String type, @RequestBody Collection<Object> ids) throws Exception {
        uniService.deleteAllByIds(type, ids);
        return new HandleResult<>("删除成功");
    }
```

```
    ...
    @PostMapping("/{type}/find-all") //c
    public HandleResult<?> queryAll(@PathVariable("type") String type, @RequestBody Uni-
Condition condition) throws Exception {
        return (HandleResult<T>) HandleResult.success(uniService.findAll(type, condi-
tion));
    }
    ...
}
```

这个默认的 Controller 定义了 10 个方法(完整定义请读者自行参阅随附源码)，它们与前面在@HandlerDao 注解中定义的内容没有直接关系，它们是处理前端访问的 HandlerMethod。方法的定义使用了{type}构建访问路径，同时又额外接收其他数据以匹配不同的 DAO 方法。

为什么每个方法都直接往外抛出异常，不主动捕获处理呢？一般说来用户的业务系统都有统一的 ControllerAdvice 承接 Controller 异常，因此框架只需抛出异常就行。

上面的 10 个方法定义中，结合 6.3.1 小节，type 形参我们已经清楚，它代表了前端需要访问的具体数据表(或者说 Entity，但只是一个映射名而非真正的表名)；id 形参的类型是 Object，它兼容各种主键类型(包括复合主键)；entity 形参的类型是 Map，这个我们也已讨论清楚，原因是无法提前预知真实的 Entity 类型；而 UniCondition 形参更不必说了，我们早在“6.3.1 UniController 支持的功能和方法形参设计”一节中就已定义完毕(代码片段 6-5)。至于 HandleResult 是什么？这实在不值一提，无非就是标准化返回值而已，一个简单的 DTO，此处不再给出源码，请自行参阅随附源码 com.purpblue.unicontroller.util.HandleResult。

可以看到，对于 a 处的 HandlerMethod 而言，只要前端指定了 type 和 id，就可以拼接出“GET /uni/type/id”这种常用的查询路径，对于 insert、update、delete 等操作情况一样，因此不再说明。需要特别说明的是 b、c 两处，请仔细看，这里都使用了@PostMapping。b 处是删除操作，不应该使用@DeleteMapping 吗？c 处是查询操作，不应该使用@GetMapping 吗？这个主要是因为条件的原因。我们既然决定了兼容多条件匹配，那怎么传递条件就成了问题。如果通过 URL 直接传递条件(即类似“/uni/type/find-all? k1=v1&k2=v2&k3=v3...”)，一是传递多条件集合比较麻烦(请对比 UniCondition 定义)，二是万一条件太多导致 URL 过长，可能会引发不必要的问题，于是多条件情况下干脆通过请求体传递(即 Body)。根据 HTTP 标准，只有 POST 和 PUT 才可以携带 Body，其余的请求方法是没有 Body 的(强行携带也可以，但不符合标准，不保证全浏览器兼容)，因此我们应尽量遵守标准，以保证在所有操作系统和浏览器中都兼容，于是在需要由 Body 传递数据的情况下，这里选择使用 POST 方式。

a1 和 a2 处的区别通过方法名就清楚了，那就是查询单主键数据和复合主键数据。前者使用 a1 方法(这也是我们平时用得最多的按 id 查询的方法)，后者使用 a2 方法。同样的情况还有按 id 删除数据，也区分了单主键和复合主键，请读者自行参阅完整的源码。

以 c 处 queryAll 这个 HandlerMethod 为例，假如前端以 POST 形式在 Body 中传递查询数据，并且目标是“/uni/student/find-all”，如代码片段 6-12 所示。

代码片段 6-12：传递复杂的批量查询数据

```
{
    "page":1,
    "size": 10,
    "conditions": [
        {
            "field": "name",
            "value": "张",
            "cmp": "like"
        },
        {
            "field": "age",
            "value": 16,
            "cmp": "gt"
        }
    ],
    "orders":[
        {
            "field": "age",
            "direction": "desc"
        }
    ]
}
```

上面的 JSON 结合访问路径表明了用户的意图：查询学生表，分页，每页显示 10 名学生的信息，并且提取第 2 页(对，是第 2 页，因为页码从 0 开始计数，6. 3. 1 小节已述)，查询的条件是名字里带有“张”字且年龄大于 16 岁的学生，查询结果按年龄降序排列。

除了批量查询以外，对于批量删除、批量更新，同样传入相似的 Body 即可，只是批量更新仍然使用@PutMapping 而不使用@PostMapping，因为 PUT 方法标准也支持 Body。

6. 4. 4 UniService 的技术设计

终于，来到了最核心的 UniService。该组件的主要作用是调起用户标记了@HandlerDao 的 DAO 完成相关 CRUD 功能，因此在提供服务之前，就需要有“缓存用户指定的 DAO”的功能，这里将涉及很多细节，我们择要介绍。

1. 先定义接口，再提供默认实现

首先应该定义一个通用的接口 UniService，在里面声明好需要实现的方法，然后框架再提供此接口的默认实现，绝大部分情况下使用这些默认实现即可完成各种功能，但如果有些用户想自己编写 UniService 来替代默认实现(比如兼容 MyBatis 和 JPA 之外的其他 ORM 框架)，那也应该支持

这种扩展。UniService 接口定义，这里就不再给出源码说明了，请读者自行参阅随附源码中的 com.purpblue.unicontroller.core.UniService定义。

有了接口之后，我们根据不同的 ORM 框架给出不同的默认实现。由于我们默认支持 MyBatis 和 JPA，因此我们给出两种默认实现，即 MybatisUniService 和 JpaUniService。在系统启动的时候，自动配置会根据当前用户的类路径中具体的 ORM 依赖决定启用前者还是后者。

2. JPA 还是 MyBatis 依赖?

前面已经说明，UniService 的默认实现要兼容 JPA 和 MyBatis，并且要遵循接口隔离原则，即不能将两种 ORM 框架的依赖直接引入，这样除了增加依赖冲突的风险之外，还会导致用户在使用时产生疑惑：我的工程中明明只有 MyBatis，为什么一旦使用这个 UniController 就必须还要引入 JPA 依赖? 算了，还是不用了吧。因此，我们的框架虽然同时支持两种 ORM，却不能强迫用户必须将两个 ORM 的依赖都引入至工程中，必须保证不去触发用户没有引入的组件。举个例子，用户使用了 MyBatis 依赖，就绝对不能在运行过程中触发 JpaUniService，否则用户将会莫名其妙接收到 ClassNotFoundException——因为 JpaUniService 中会使用 JPA 的组件。

3. 缓存用户 DAO 的策略选择

缓存用户的 DAO 的机制有很多，这里简单列举一下。

(1) 通过 BeanPostProcessor(BPP)

我们知道，在每一个 Bean 创建完成、进入初始化逻辑之后，都会进入 BPP 的 postProcessAfterInitialization 方法(即 After 方法。可以参考 2.4.5 小节)。于是我们可以创建这样一个 BPP，它通过 After 方法处理每一个刚刚初始化完的 Bean，检查它们实现的接口是否被@HandlerDao 标注，如果是就解析相关内容放入缓存，否则直接跳过该 Bean。这确实是一种可行的处理方式，不过显得略“重”，有滥用之嫌——毕竟 BPP 的工作是“对 Bean 进行后置处理”，而不是“对 Bean 进行后置缓存”，不过不管怎么说，这确实是一种可行的手段。

(2) 通过 DI 引入

如果组件都是基于某个接口而工作的，我们完全可以考虑在 UniService 中简单地引入。请回顾 2.2.1 小节，看看我们是如何把全部的 InjectInterface 注入至集合的。

按接口类型注入，编码相对简单，但遗憾的是前面已经说明了，UniController 中让用户的 DAO 接口继承自定义的接口并不是理想的解决方案(可能携带较多数据)，因此放弃了此种实现方式，转而使用注解实现(即@HandlerDao 注解)，想通过接口类型简单批量注入是不可行的。

(3) 通过初始化接口实现

这里的初始化接口，是指 MybatisUniService 和 JpaUniService 的初始化接口，而不是用户 DAO 的初始化接口。这两个组件在系统启动时被创建 Bean，之后进入初始化逻辑，就可以缓存用户的 @HandlerDao 组件了。

初始化接口(或初始化注解)，在第 2 章已进行详细介绍。其中，@PostConstruct 注解和 InitializingBean 接口功能差不多，都是“当前 Bean 初始创建后立即进行初始化”，而 SmartInitializingSingleton 接口的初始化时机就延迟得多了，它的运行时机在整个上下文刷新的最后阶段(参考 2.4.6 小节)。由于要处理用户提供的所有@HandlerDao 组件，因此这个时机是更为合适的选择。值得再提一下的是，Spring Boot 的事件机制中，框架缓存用户的@EventListener 方法也是使用 SmartInitializingSingleton 接口进行的(请参阅 org.springframework.context.event.EventListenerMethodProcessor)。珠玉在前，我们借鉴这一设计，于是在此决定，使用 SmartInitializingSingleton 接口作为缓存用户@HandlerDao接口的机制。

6.4.5 UniService 的技术细节

已经把“骨架”制作完了，现在开始“画线条”吧！本节将展示编码中的细节和意图(包括编码意图和扩展意图)，并给出必要的说明，这些思想正是编写一个框架的“模板”。

1. MybatisUniService 和 JpaUniService 启动时对 DAO 的缓存

UniService 是整个框架的核心组件。这里会根据需要选择 MybatisUniService 或 JpaUniService 为例进行介绍。当我们选择前者介绍时，请读者在源码中找到后者对比阅读，反之亦然。

因为使用了 SmartInitializingSingleton 接口，因此此方法运行时所有被标注了@HandlerDao 注解的 DAO 都已就位，我们只需要通过 BeanFactory 将这些 Bean 筛选出来解析即可——由此可知在 UniService 中还需要注入 BeanFactory 组件，这个可以通过 BeanFactoryAware 接口实现，这种方式非常简单。

然后，逻辑会来到 UniService#afterSingletonsInstantiated 初始化方法。我们一直在说缓存，那究竟要缓存些什么呢？仔细想一下，是不是有多个 CRUD 方法需要实现？于是我们需要缓存每一个被@HandlerDao 注解的组件中这些方法的 Method 对象，然后在真正需要的时候通过反射调用它们。

理清了思路之后，剩下的就是执行“提取目标 DAO，解析、包装并缓存它们”这一步骤。这里以 JpaUniService 为例，如代码片段 6-13 所示(路径：spring-boot-uni-controller 模块，com.purpblue.uni-controller.core.jpa.JpaUniService#afterSingletonsInstantiated)。

代码片段 6-13：JpaUniService 初始化阶段缓存 DAO 方法

```
public void afterSingletonsInstantiated() {
    //a.通过 BeanFactory 获取所有带有@HandlerDAO 注解的组件
     Map < String, Object > userDaoMap = beanFactory.getBeansWithAnnotation (HandlerDao.
class);
    //b1.创建承载 DAO 缓存的 Map,缓存以 Bean->方法 Map 的形式存在
    Map<String, BeanAndMethodMapWrapper> repoMethodMap = new HashMap<>();
    //b2.创建承载主键的的 Map
    Map<String, PKInfo> pkMap = new HashMap<>();
  //遍历所有的@HandlerDAO 组件
    for (Map.Entry<String, Object> entry : userDaoMap.entrySet()) {
```

```
//c1.获取 BeanName 和 Bean
String beanName = entry.getKey();
Object bean = entry.getValue();
//c2.获取此 Bean 的某个接口上面标记的@HandlerDAO 注解,里面有用户设定的各个 CRUD 信息
HandlerDao handlerDao = beanFactory.findAnnotationOnBean(beanName, HandlerDao.class);
//d.缓存主键,由得到的@HandlerDAO 注解先处理主键
processPK(handlerDao, pkMap);
//e.通过@HandlerDAO 获取到此 Bean 中对应的 8 个 CRUD 方法名称
String[] methodNames = HandlerDaoUtils.getCrudMethods(handlerDao);
...
//f.创建方法包装器缓存
Map<String, BeanAndMethodMapWrapper.CrudMethodWrapper> opMethodMap = new HashMap<
>(methodNames.length);
//g.按操作名依次处理方法
for (int i = 0; i < Constants.OPERATIONS.length; i++) {
    //h1.操作名
    String op = Constants.OPERATIONS[i];
    //h2.@HandlerDao 中设定的各 DAO 方法名
    String operationMethodName = methodNames[i];
    //i.跳过用户未指定的方法,这说明针对此 DAO,用户不需要当前方法
    if ("".equals(operationMethodName)) {
        continue;
    }
    //j.处理方法重载和参数匹配
    Method opMethod = null;
    Map<String, Method> opMethods = null;
    if (op.equals(Constants.OP_R_ALL_BY_CONDITION) && "findAll".equals(operation-
MethodName)) {
        //j1.findAll 方法有很多重载版本,因此需要指定形参精确匹配
        Method pageableMethod = ClassUtils.getMethod(
            bean.getClass(), operationMethodName,
            Specification.class,
            Pageable.class);
        Method sortMethod = ClassUtils.getMethod(
            bean.getClass(), operationMethodName,
            Specification.class,
            Sort.class);
        //j2.找到的方法按 key 包装成 Map
        opMethods = Map.of(
            JpaHelper.PAGEABLE, pageableMethod,
            JpaHelper.ONLY_SORT, sortMethod
        );
    } else if (op.equals(Constants.OP_D_ALL_BY_CONDITION) && "delete".equals(opera-
tionMethodName)) {
        //j3.JPA 下 delete 方法有重载版本,因此需要指定形参精确匹配
```

```
                opMethod = ClassUtils.getMethod(bean.getClass(), operationMethodName,
Specification.class);
                //j4.同样包装成方法 Map。由于只有一个方法,所以 key 是"default"
                opMethods = Collections.singletonMap(Constants.DEFAULT, opMethod);
            }
            if (opMethods == null) {
                //j5.其他情况通常不会有同名方法,直接按名称寻找更方便
                opMethod = ClassUtils.getMethod(bean.getClass(), operationMethodName,
null);
                //j6.虽然只有一个方法,但为了结构统一,依然包装成 Map,并且指定 key 为"default"
                opMethods = Collections.singletonMap(Constants.DEFAULT, opMethod);
            }
            //k.开始包装方法 Map
            //k1.D_ALL_BY_IDS、R 和 D 方法因为涉及主键类型,我们在真正执行时会从主键缓存 PKInfo 中
//找类型
            BeanAndMethodMapWrapper.CrudMethodWrapper crudMethodWrapper;
            if (Constants.OP_D_ALL_BY_IDS.equals(op) || Constants.OP_R.equals(op) || Con-
stants.OP_D.equals(op)) {
                crudMethodWrapper = new BeanAndMethodMapWrapper.CrudMethodWrapper(opMethods,
null);
            } else {
                //k2.其他方法
                crudMethodWrapper = new BeanAndMethodMapWrapper.CrudMethodWrapper(opMeth-
ods, opMethod == null ? null : opMethod.getParameterTypes()[0]);
            }
          //l.当前方法的包装器按操作名存入包装器缓存
            opMethodMap.put(Constants.OPERATIONS[i], crudMethodWrapper);
        }
        // m1.方法包装完毕,添加更外层的全局大包装器,包含类型(type)、各方法、Bean、JPA 标记等
        BeanAndMethodMapWrapper wrapper = new BeanAndMethodMapWrapper(bean,JpaHelper.fin-
dEntityClass(handlerDao, bean, beanName), opMethodMap);
        //m2.按 type 缓存上面的方法解析结果
        repoMethodMap.put(handlerDao.typeName(), wrapper);
    }
    //n.repoMethodMap 已经可用了,为了保证安全,将其包装成不可变 Map
    daoMap = Collections.unmodifiableMap(repoMethodMap);
    //o.复合主键的全局缓存 Map
    this.pkMap = Collections.unmodifiableMap(pkMap);
}
```

通过上面的注释，读者或许看到最多的就是“Map”“包装”“缓存”等术语，这都是基本操作了。为了将 BeanClass 解构，各种 BeanDefinition 还少吗？我们这里做的解构，不过是简化版的 BeanDefinition 罢了。

总的说来，该方法完成了两件事：解析 Entity 的主键和解析@HandlerDao 注解中设定的各个

DAO 方法，并将解析的结果全部缓存以备运行时使用。

1)解析并缓存 Entity 主键的原因，是因为有 findById、deleteById、update 这样的操作，它们都依赖于主键去识别唯一的一行数据。JPA 环境下 Entity 有严格的主键定义，可能是单主键或复合主键。复合主键的话是哪一种形式的复合主键？这起码也有@IdClass 和@EmbeddedId 两种表示方式，因此我们都需要解析对应 Entity 的具体定义。相比之下 MyBatis 环境就不存在解析并缓存主键的问题——因为就算是复合主键，最终的操作也是依赖 * Mapper.xml 文件中具体的 SQL 语句完成的。

注意

复合主键是数据库的概念，不是 JPA 的概念，因此它和具体的 ORM 框架无关，只是在 JPA 框架下必须通过注解严格标明。

这里无论是单主键还是复合主键，我们都能通过 Entity 中的相关的注解和字段进行解析(d 处)，并将结果包装之后缓存在全局只读 Map 中(o 处)。包装器 PKInfo 有两个字段，一个是主键字段本身(Field 类型)，另一个是主键的类型(Class 类型)。对于单主键这非常简单，比如某个 Entity 的主键名为“id”，类型为 Long，PKInfo 就可以将之记录下来；或者某个 Entity 具有@EmbeddedId 或@IdClass 类型的复合主键，同样可以记录。请读者自行参阅 com.purpblue.unicontroller.core.jpa.JpaUniService#processPK 方法。至于包装之后 PKInfo 中 Field 和 Class 的作用，一是通过 Field 直接获取某些 Entity 的主键值(即使用 Field#get 方法直接反射获取对象中字段的值)，二是将用户传入的某些 JSON 数据格式化成 Entity，能够找到主键字段并组装数据。

在 processPK 方法中可以看到，我们获取 Entity 的主键 Field 后立刻就会调用 setAccessible (true)，以便后续使用它直接获取对应 Entity 的主键值。

processPK 方法中除了对主键的处理外，还有通过 DAO(Bean)直接找到其对应的 Entity 的逻辑，此逻辑实际上位于 com.purpblue.unicontroller.core.jpa.JpaHelper#findEntityClass 方法(请自行查阅源码，其中有详细注释)。通过 findEntityClass 方法，避免了 JPA 环境在@HandlerDao 中手动配置 entityClass 的步骤。

2)接下来讨论更核心的内容，即各个数据库操作方法的缓存和解析。因为涉及的类型众多，方法也众多，因此缓存机制不止一层。首先，相同的操作有可能用到不同的方法，因此我们在最里层使用 Map 来缓存同一个类型的方法，不同的方法具有不同的 key，最典型的就是 j1、j2 处的 findAll 方法(即 R_ALL_BY_CONDITION 方法)。同样是 findAll 方法，若分页(无论是否排序)，使用的方法是 findAll(Specification, Pageable)，但一旦只排序不分页，则只能使用 findAll(Specification, Sort)方法。这两个方法不是同一个方法，但作用一样，只能缓存在同一个 Map 里，最终以 key 来区分。相对而言，大部分类型的 DAO 方法只有一个，但为了保持结构一致，也只好和 findAll 一样放到 Map 中。

最底层的方法缓存解决了，接下来将包含方法的 Map 缓存至 CrudMethodWrapper 中，这一步的主要目的是将方法的形参一并缓存，因为反射调用时需要用到这些信息。除了findAll外，所有其他类型的DAO方法都有且只有一个形参，因此k2处直接使用“getParameterTypes()[0]”取唯一形参类型。至于findAll，由于不涉及opMethod变量(j1、j2处)，即使它有两个形参，但完全不需要缓存(k2处opMethod为null的情形)，因为后续调用不需要这些信息，后续会说明。

方法Map包装至CrudMethodWrapper了，那当前操作类型又用什么表示呢？当前究竟是R方法(查询)，还是D方法(删除)，还是U方法(更新)，总要有一个字段记录吧？于是在l处再次创建Map，此Map归某一个特定类型所有，不同的key对应不同的DB操作类型，也就是根据不同的key会取出不同的CrudMethodWrapper。

一个类型(type)的方法已全部缓存完毕，但光有方法还不够，还要有执行这个方法的Bean，于是在l处的opMethodMap上还需要缓存，这就是m1处的BeanAndMethodMapWrapper，它除了持有opMethodMap之外，还记录了能够执行这些方法的DAO(Bean)——我们知道调用接口方法时必须有对应的对象，哪怕是反射调用也如此。缓存了Bean，就相当于找到了能够执行当前type下各个DAO方法的对象。

至此，我们已经完成了**一个type**的全部方法解析和缓存，但对于JpaUniService来讲这还不够，因为它需要持有**全部type**的方法缓存！因此在m2处最终的缓存Map，以type为单位将各个BeanAndMethodMapWrapper放入，在具体使用时就可以通过type获取到能够操作此类型的全部DB方法，当然还包括对应的、可以运行这些方法的Bean。

之后n、o两处就简单了，无非就是转为不可变Map以增强安全性。

需要注意，在UniController-boot2版本中，批量按id删除的CrudRepository#deleteAllById方法从JPA 2.5版本才开始提供，当JPA低于此版本的时候自身是不带的，此时用户可以自行定义类似方法(最常见的就是在对应的DAO或者说Repository中定义“deleteAllByIdIn(Collection)”)，或者干脆不定义。若自行定义了方法，需要将方法名配置到此DAO上的@HandlerDao#deleteAllMethod属性中。若没有自定义的话，将该属性值置为空字符串即可(即"")，它依然能自动适配JpaUniService#deleteAllByIds方法，依然拥有批量删除功能。没有定义，不代表一定没有此功能，此时JpaUniService将会循环调用删除单条数据的deleteById来完成功能——这就是上一章讨论过的“降级”。请参阅随附源码中JpaUniService#deleteAllByIds，e处(Boot 2版本)。

至于JPA中批量按条件删除的delete(Specification)方法，出现的版本更晚，整个spring-boot-starter-data-jpa-2.x下都没有(这也意味着整个UniController-boot2版本都无法调用这个方法)，因此我们为了兼容，重写了Boot 2版本下的JpaUniService#deleteAllByCondition方法，由Boot 3版本的“直接调用delete(Specification)方法”变成“通过条件批量查询待删除的全部Entity，然后再通过它们的id批量删除”。这也是一种降级处理(JpaUniService#deleteAllByCondition，Boot 2版本，请仔细与Boot 3版本的相同方法对比)。

作为对比，请读者自行阅读MybatisUniService的对应方法，可以看到处理方式大同小异(依然存在降级处理现象，比如MybatisUniService#deleteAllByIds，c处，两个版本均如是)，并且更为简单，因为没有这么多细节。比如，不需要专门考虑复合主键，也不需要去纠结该调用哪个 findAll(因为只有一个 findAll)，不过 MyBatis 也有其特殊情况，那就是分页查询时需要提前进行 count 操作以方便前端展示(假定不开启 allowMultiQueries)，这时候 count 方法将随 findAll 方法缓存至同一个 CrudMethodWrapper 中，请读者自行推导逻辑。count 方法不需要在@HandlerDao 中指定，它应该在@Mapper 接口中随 findAll(UniCondition)方法一起提供，它的标准定义是：count(UniCondition)，不允许更改(后面测试时会演示)。

2. 实现 UniService 接口方法

最激动人心的部分到来了，现在来正式编写功能实现。实现功能的倚仗，自然是我们已经缓存完成的各方法。现在举几个例子，说明一下方法实现的思路。

(1) findById

根据传统编程习惯，总是应该从 findById 开始讲起，这里以 MyBatis 环境为例，其源码如代码片段 6-14 所示(路径：spring-boot-uni-controller 模块，com.purpblue.unicontroller.core.mybatis.MybatisUniService#findById)。

代码片段 6-14：MybatisUniService#findById 方法的具体实现

```
public <T, R> R findById(String type, Object id) throws Exception {
    //a.根据 type 获取缓存 Wrapper
    BeanAndMethodMapWrapper wrapper = Objects.requireNonNull(daoMap.get(type), ...);
    //b.当前需要使用的方法是 R 方法缓存
    BeanAndMethodMapWrapper.CrudMethodWrapper crudWrapper = wrapper.getMethodMap().get
(Constants.OP_R);
    Object queried;
    /** c.获取缓存方法的 Map,再由 Map 通过 key 获取具体的方法。由于此 Map 只缓存了一个方法,因此其
key 是"default",我们在初始化方法中已经详述 */
    Method opMethod = crudWrapper.getMethodMap().get(Constants.DEFAULT);
    if (id instanceof Map<?, ?>) {
        //d1.复合主键,直接以 Map 传入,Map 承载全部 id 字段和对应的值
        queried = opMethod.invoke(wrapper.getBean(), id);
        //d2.将查询出的 Entity 转换成合适的样式发往前端
        return processResult(queried);
    }
    //e1.单主键,最常见的情形,直接转换 id 成正确的类型然后调用 R 方法即可
    queried = opMethod.invoke(wrapper.getBean(), convert(id, pkInfo.getPkClass()));
    //e2.将查询出的 Entity 转换成合适的样式发往前端
    return processResult(queried);
}
```

假定前端访问了 "GET /uni/teacher/1234"，结合前面编写的 DefaultUniController，可以知道实际访问了 "@GetMapping("/{type}/{id}")" 这个 HandlerMethod(参考 6.4.3 一节，代码片段 6-11)，这里的 type 值是 "teacher"，id 值为 1234(单主键)。对应于 MybatisUniService#findById 方法，最终

这个查询将运行至 e1 处，在 e1 处完成真实的数据查询(此处反射调用了前面缓存的、@HandlerDao 注解中指定的“queryMethod”方法——即 R 方法，读方法)。查询的结果既可能是真实的 StudentEntity，也可能是 Optional<StudentEntity>，这取决于用户编写的返回类型。如果是前者，那么它就是一条真实数据或者 null，如果是后者，则需要将其中的数据进行解析，Optional 在这里作用是避免返回 null。无论哪一种返回，最终的目的都是为了获取 StudentEntity，但有时候我们或许想将这里获得的 Entity 转换一下再发回前端，因此在 e2 处的 processResult 方法里进行转换。转换 Entity 时用到了 EntityConverter 接口，稍后将简单介绍。

注意

> 说起类型转换，Spring 已提供 TypeConverter、ConversionService 甚至与我们的定义同名的 org.springframework.data.convert.EntityConverter 接口，为什么作者还要去重新定义一个 EntityConverter 呢？原因其实很简单，这些接口，要么方法太多了(前两个)，要么组件复杂(第三个)，作者都觉得麻烦，于是自行定义仅有一个方法的 EntityConverter(函数式接口)，后续我们将简单演示它的使用。

如果某数据表使用了复合主键，那就不能简单使用前面“GET /uni/{type}/{id}”的访问模式，因为主键不止一列，这样写不全。此时需要略微改一下，换成类似“GET /uni/student?gradeLevel=2&classNo=1&no=13”这样的形式，即查询 2 年级 1 班 13 号学生(假定此时学生表的主键是“年级、班级、学号”三列联合)，这样将访问到 DefaultUniController 的“@GetMapping("/{type}")”方法(参见 6.4.3 小节，代码片段 6-11，a2 处)，复合主键的数据将通过 Map 形式传入，然后同样会进入 MybatisUniService#findById 方法(代码片段 6-14)，然后进入至 d1 处查询数据，查询之后的逻辑和之前单主键是完全一样的。可以看到只有 id 为 Map 类型的时候才可能进入 d1 处，这也就对应了 DefaultUniController 中的复合主键入参。

如果不是 MybatisUniService 而是 JpaUniService 的话，d1 处的处理还要复杂一点点(请自行查阅源码)。两相对比，MyBatis 环境下对于复合主键并不需要特别的处理，正常查询就可以了，因此 Map 入参可以直接传入至 DAO 层使用；但 JPA 因为 Entity 的限制，复合主键既可能通过@IdClass 注解指定，也可能通过@EmbeddedId 注解指定，因此前端传入的 Map 还需要在这里将之还原成对应的主键实体，才能传入其 DAO 方法使用，具体请对比参阅 JpaUniService#findById 方法，可以看到我们提前缓存的主键信息(PKInfo)发挥了作用。

初试牛刀，大功告成！

另外几个单行数据处理的方法(insert、update、deleteById)整体逻辑差不多，请读者自行参阅。需要说明的是，在 insert 和 update 方法中，需要先把用户数据由 Map 转换成目标 Entity 类型(JPA 要求必须这样做，MyBatis 不强制，但是我们仍然选择这样处理)。另外在 update 方法中，对于 JPA 而言需要先将旧的 Entity 查出来，然后使用用户数据更新此 Entity，然后再保存回去。这里更新旧数据时，本来使用 Spring 自带的 BeanUtils#copyProperties 方法就可以，但此方法自动处理

null 值略显烦琐——前端不总是希望更新全部字段。某些不需要更新的字段，前端是不传的，后端接收到的值就是 null(均不包括基本类型)，我们不应该将此 null 作为新值去更新数据，同时作者也不想每次都去设定 BeanUtils#copyProperties 方法的 ignoreProperties 入参，因此编写一个工具方法 modifyEntity 来克服这些麻烦。

前面一直在说 JPA 的特殊处理，难道 MyBatis 就没有什么需要注意的吗？对，没有什么需要注意的，因为 MyBatis 需要用户自己编写 * Mapper.xml 文件，用户在其中可以结合各个标签自由地处理(后续我们会给出完整示例)，不像 JPA 这样“束手束脚”，但相对的代价就是，自动化程度相对偏低，“体力活”更多且存在因为粗心而出错的风险，需要仔细核对和测试。

由上面的讨论可知，我们使用 UniService 中的 findById 方法匹配了 DefaultUniController 的两个 HandlerMethod：@GetMapping("/{type}/{id}")和@GetMapping("/{type}")，所以 UniService 和 UniController 的方法并不总是一一对应的。同样，针对单行数据的删除，单主键使用“@DeleteMapping("/{type}/{id}")”方法，复合主键则使用“@DeleteMapping("/{type}")”方法。

(2) deleteAllByIds 方法

这个方法需要专门说一下，原因是它的形参类型和其他方法都不同。其他的方法，有些是 id (包含单主键和复合主键)，有些是用户提交的 Entity(Map)，有些是条件(UniCondition)，只有此方法是 Collection 类型，承载着 id 集合。以 JPA 环境为例，相关逻辑如代码片段 6-15 所示(路径：spring-boot-uni-controller 模块，com.purpblue.unicontroller.core.jpa.JpaUniService#deleteAllByIds)。

代码片段 6-15：JPA 下的 deleteAllByIds 方法实现

```
public void deleteAllByIds(String type, Collection<Object> ids) throws Exception {
    //a.获取当前 type 的 BeanAndMethodMapWrapper
    BeanAndMethodMapWrapper wrapper = Objects.requireNonNull(daoMap.get(type), ...);
    //b.获取对应的的 CrudMethodWrapper
    BeanAndMethodMapWrapper.CrudMethodWrapper crudWrapper = wrapper.getMethodMap().get
(Constants.OP_D_ALL_BY_IDS);
    //c.D_ALL_BY_IDS 方法 Map 中只有一个方法,因此其 key 是“default”
    Method opMethod = crudWrapper.getMethodMap().get(Constants.DEFAULT);
    //d.单主键,直接按主键缓存的类型格式化数据,然后批量删除
    PKInfo pkInfo = pkMap.get(type);
    if (PKInfo.IdType.SINGLE.equals(pkInfo.getIdType())) {
        opMethod.invoke(wrapper.getBean(), convertBatch(ids, pkInfo.getPkClass()));
        return;
    }
    //e.复合主键,需要通过 JSON 转换下集合中的类型,再批量删除
    Collection<?> realIds = ids.stream()
        .map(id -> objectMapper.convertValue(id, pkInfo.getPkClass()))
        .toList();
    opMethod.invoke(wrapper.getBean(), realIds);
}
```

可以看到在提前缓存主键(PKInfo 形式)之后单主键和复合主键的处理变得很简单了，无非就是检查 pkInfo.getIdType()，之后各自批量转换就能完成逻辑，甚至都不需要再去具体关心当前 type 对应的 Entity 的复合主键是@EmbeddedId 类型还是@IdClass 类型。

如果是 MybatisUniService#deleteAllByIds 方法，实现就更简单了，因为主键的相关处理都在 * Mapper.xml 文件中，代码部分甚至全部通用，都不用区分单主键还是复合主键。不过基于前面的框架编写原则，我们还是“贴心地”为用户准备了降级逻辑。若用户没有定义批量删除的 D_ALL_BY_IDS 方法时，我们仍然可以帮助其完成该功能——循环调用删除单行数据的 deleteById。

由于我们通过 Body 提交待删除的主键集合，基于标准的原因，我们在这里不使用@DeleteMapping (它不支持 Body)，改为使用@PostMapping。批量按主键删除的 HandlerMethod 是 DefaultUniController 中的“@PostMapping("/{type}/delete-all-by-ids")”。

具体的使用例子，后面会在专门的“6.5 测试”一节介绍。

(3) findAll 方法

现在来讨论批量处理。由于各种批量处理都依赖于条件(UniCondition)，因此我们使用 findAll 方法作代表。对于 MyBatis，其实没有什么需要特别处理的逻辑，因为各个逻辑都在 * Mapper.xml 文件的 SQL 中，findAll 方法如代码片段 6-16 所示(路径：spring-boot-uni-controller 模块，com.purpblue.unicontroller.core.mybatis.MybatisUniService#findAll)。

代码片段 6-16：MyBatis 下的 findAll 实现

```
public <T, R>UniPage<R> findAll(String type, UniCondition condition) throws Exception {
    //a.根据 type 进行注入检查
    injectionInspector.inspect(type, condition);
    //b.根据 type 获取 Wrapper
    BeanAndMethodMapWrapper wrapper = Objects.requireNonNull(daoMap.get(type), ...);
    //c.获取 R_ALL_BY_CONDITION 方法缓存
    BeanAndMethodMapWrapper.CrudMethodWrapper crudWrapper = wrapper.getMethodMap().get
(Constants.OP_R_ALL_BY_CONDITION);
    //d1.从方法缓存的 otherMethod 中找到 count 方法并运行
    long total = (long) crudWrapper.getOtherMethod().get(COUNT_METHOD_NAME).invoke(wrap-
per.getBean(), condition);
    /** d2.若没有符合条件的数据,直接返回空列表,否则从方法缓存中找到 findAll 方法(即 R_ALL_BY_CON-
DITION 方法)并查询 */
    List<T> entities = total == 0 ? Collections.emptyList() : (List<T>) crudWrapper.get-
MethodMap().get(Constants.DEFAULT).invoke(wrapper.getBean(), condition);
    /** e.因为涉及分页,所以需要将一些必要的分页数据一并发回,同时依然会对每一个 Entity 进行转换(与
findById 方法一样) */
    return (UniPage<R>) new UniPage<>(
        total, //总数据量
        condition.getPage(), //当前页码
        condition.getSize(), //页大小
        entities.stream()
```

```
            .map(entityConverter::convert)
            .collect(Collectors.toList())); //转换 Entity 并合并为 List
}
```

通过这样的处理，前端将收到已分页的、已排好序的、已组织好结构的全部数据。

对比之下，JpaUniService 中同名方法的逻辑就完全不一样了，因为 JPA 的条件不通过用户自行编写的 SQL 实现，而是通过 DAO 继承自 JpaSpecificationExecutor 接口的标准方法实现。JpaUniService #findAll 方法的实现核心是 JpaHelper#findAll，如代码片段 6-17 所示（路径：spring-boot-uni-controller 模块，com.purpblue.unicontroller.core.jpa.JpaHelper#findAll）。

代码片段 6-17：JPA 下 findAll 的辅助方法

```
static <T> Page<T>findAll(BeanAndMethodMapWrapper.CrudMethodWrapper crudWrapper, Object
bean, UniCondition condition) throws InvocationTargetException, IllegalAccessException {
    //a.根据前端提交的条件构建 Specification
    Specification<T> spe = makeSpe(condition);
    //b.获取前端提交的分页信息
    Integer page = condition.getPage();
    Integer size = condition.getSize();
    //处理分页或排序
    PageRequest pageable = null;
    Sort sort = null;
    List<UniCondition.Order> orders = condition.getOrders();
    Page<T> queried;
    //c.若分页信息有效,构建 Pageable
    if (page != null && size != null) {
        ...
        pageable = PageRequest.of(page, size);
    }
    //d.若排序信息有效,构建 Sort
    if (!CollectionUtils.isEmpty(orders)) {
        sort = makeSort(condition);
    }
    if (pageable != null) {
        if (sort != null) {
            /** e1.分页且排序,Sort 可以粘在 Pageable 上,实际调用 JpaSpecificationExecutor.fin-
dAll(Specification, Pageable) */
            queried = (Page<T>) crudWrapper.getMethodMap().get(PAGEABLE).invoke(bean,
spe, pageable.withSort(sort));
        } else {
            /** e2.分页不排序,实际调用 JpaSpecificationExecutor.findAll(Specification,
Pageable) */
            queried = (Page<T>) crudWrapper.getMethodMap().get(PAGEABLE).invoke(bean,
spe, pageable);
        }
```

```
    } else {
        if (sort != null) {
            /** f1.无分页只排序,实际调用 JpaSpecificationExecutor.findAll(Specification, Sort) */
            List<T> found = (List<T>) crudWrapper.getMethodMap().get(ONLY_SORT).invoke
(bean, spe, sort);
            queried = new PageImpl<>(found);
        } else {
            /** f2.无分页无排序,单纯 listAll,实际调用 JpaSpecificationExecutor.findAll(Speci-
fication, Pageable) */
            queried = (Page<T>) crudWrapper.getMethodMap().get(PAGEABLE).invoke(bean,
spe, Pageable.unpaged());
        }
    }
    return queried;
}
```

可以看到 JPA 环境和 MyBatis 环境下的 findAll 实现完全不一样，原因就在于 JPA 的条件一般通过构建 Specification 配合 Pageable、Sort 等来表示，而 MyBatis 的条件就需要以标签的形式直接写在 * Mapper.xml 文件里。

(4)其他带条件的 CRUD 方法和条件的统一处理

根据条件的处理，除了 findAll 方法之外，由前面的讨论可以知道，updateByCondition 和 deleteAllByCondition 也都一样的，这些方法请读者自行查阅源码并比照 findAll 方法进行理解。

由于条件的处理都是同一套逻辑，因此我们有必要将之抽象出来。对于 JPA 而言，处理条件的逻辑位于 JpaHelper#makeSpe 方法，和我们平时编写条件的逻辑是一样的，简单易懂；对于 MyBatis 而言，则位于框架模块 spring-boot-uni-controller 中 resources 目录下的 mybatis-mappers/CommonMapper.xml 文件，其中的命名空间是“common”，处理条件的标签是“uniWhere”，处理排序的标签则是“uniOrder”，用户使用时只需要在自己工程的配置文件中添加对此 Mapper 文件的引用即可使用，具体用法我们会在测试时给出。

对于 Boot 2 版本而言，前文已述，因为对应的 JPA 框架没有提供基于复杂条件的 delete(Specification)方法，因此按条件批量删除的逻辑不得不完全重写，不过也很简单——先通过 findAll(Specification)查询出全部的 Entity，再将它们的 id 做成集合，再调用类似 D_ALL_BY_IDS 方法统一删除就行了，请读者自行对照参阅 Boot 3 和 Boot 2 版本的 JpaUniService#deleteAllByCondition 方法，看看它们在具体实现上的区别。

3. MybatisUniService 和 JpaUniService 的组件说明

MybatisUniService 和 JpaUniService 虽然承担着整个框架的核心逻辑，但它们也需要其他组件的帮忙来完成复杂的逻辑(前面已经展示过 JpaUniService 的一个助手 JpaHelper)。在前面的讨论中我们已经知道 UniService 中有两个非常重要的组件，一个是注入检查器 InjectionInspector，还有一个是 Entity 转换器 EntityConverter。在 MyBatis 环境下 InjectionInspector 是必不可少的，因为需要检查前端直接传入的数据表列名和排序方向(如 UniCondition 中的 Query#field 字段、Order#field 字段及 Order#direction 字段)，依赖条件工作的三个方法(findAll、deleteAllByCondition、updateByCondition)在运行时需要进行列名和排序值的注入检查以避免 SQL 注入攻击。EntityConverter 是一个功能性接口(Entity 转换器)，用户可以按需实现，针对的是 UniService 中 findById 和 findAll 这样的查询方法。这两个接口都只有一个方法需要实现，因此它们都是函数式接口。MyBatis 环境下由于必须启用注入检查，因此我们的框架提供了基于列名检查的 ColumnNameBasedInjectionInspector，它的检查原理和 JPA 相似，当然用户也可以自行实现。相比之下 EntityConverter 就简单许多，框架只提供占位性质的 EntityConverter 实现(没有真实的转换功能)，把真实实现留给用户，而用户就算不实现此接口也不会影响任何功能，可将其视为一个便利性接口。

(1)注入检查机制 InjectionInspector

对于框架提供的 ColumnNameBasedInjectionInspector，其逻辑主要是：提取用户提供的@HandlerDao 组件；获取此组件对应数据表的全部列名并缓存；请求到达时根据缓存的列名校验前端提交数据的合法性。其中前两步在初始化接口中完成，第三步则在运行时进行，前两步涉及的核心逻辑如代码片段 6-18 所示(路径：spring-boot-uni-controller 模块，com.purpblue.unicontroller.core.ColumnNameBasedInjectionInspector#afterSingletonsInstantiated)。

代码片段 6-18：基于列名的 InjectionInspector 初始化逻辑

```
public void afterSingletonsInstantiated() {
    //a.获取用户提供的@HandlerDao 组件(DAO),这里用到了 BeanFactory
     Map<String, Object> userDaoMap = beanFactory.getBeansWithAnnotation(HandlerDao.class);
    if (userDaoMap.isEmpty()) {
        return;
    }
/**b.根据检测到的数据库类型获取预置的查询表字段的 SQL,或者由用户自行提供。自行提供的 SQL 由"uni-controller.mybatis.query-table-columns"这个 key 配置*/
    if (!StringUtils.hasText(sqlQueryColumns)) {
        this.sqlQueryColumns = findQuerySql(dataSourceProperties.getDriverClassName());
        if (sqlQueryColumns.isEmpty()) {
            LOGGER.warn("MyBatis 环境下没有设置获取数据表列名的 SQL,默认的注入检查机制将不会生效"); //b1
            return;
        }
    }
    Map<String, Set<String>> columnNameMap = new HashMap<>();
    for (Map.Entry<String, Object> entry : userDaoMap.entrySet()) {
        String beanName = entry.getKey();
        //c.获取 Bean 带有的@HandlerDao 注解
         HandlerDao handlerDao = beanFactory.findAnnotationOnBean(beanName, HandlerDao.class);
```

```
            //d.获取用户在此@HandlerDao 上设定的 tableName
            String tableName = handlerDao.tableName();
            if (!StringUtils.hasText(tableName)) {
            /** e.若用户没有在@HandlerDao 中指明 tableName,则针对此表的注入检查无法启动(因为拿不到列
名),输出警告 */
                LOGGER.warn("@HandlerDAO:[type=" + handlerDao.typeName() + "]没有指明
TableName,对此表的默认注入检查不会生效");
            } else {
                //f.通过 jdbcOperations 获取当前数据表的全部字段,List<Map>类型
                List<Map<String, Object>> columnList = jdbcOperations.queryForList(sqlQuery-
Columns, tableName.toUpperCase());
                //g.提取 columnList 中的全部列名并以 type 为 key 放入 Map 缓存
                columnNameMap.put(handlerDao.typeName(),
                    columnList.stream()
                        .map(m -> m.values().toArray(new String[0])[0].toUpperCase()) //第一个
//[0]是编码套路,可以换成具体数组长度,第 2 个[0]是因为查询结果仅有一列,因此只有 0 是合法下标
                        .collect(Collectors.toSet()));
            }
        }
        //h.将缓存有各表列名的 Map 包装成不可变 Map
        columnNamesCache = Collections.unmodifiableMap(columnNameMap);
}
```

逻辑都是串行的并不复杂，简单介绍如下：

1) 通过 BeanFactory 获取所有标注了@HandlerDao 注解的 Bean(a 处)。因为用到了 BeanFactory，所以 ColumnNameBasedInjectionInspector 也实现了 BeanFactoryAware 接口。

2) b 处的目标是获取查询数据表列名的 SQL，这个因数据库而异，不同类型的数据库有不同的写法。比如，H2 和 MySQL 的写法都是"SELECT COLUMN_NAME FROM INFORMATION_SCHEMA.COLUMNS WHERE TABLE_ NAME = ?"，但 Oracle 的写法却是"SELECT COLUMN_NAME FROM USER_TAB_COLUMNS WHERE TABLE_NAME = ?"。作者将这三种常用库查询表列名的 SQL 作为内置 SQL 提供(见 SQL_QUERY_COLUMN_NAMES 字段)，其他类型的数据库则需要用户自行提供类似的查询语句，在配置文件中通过"uni-controller.mybatis.query-table-columns"这个 key 提供。如果用户的数据库类型不是内置的这三种，并且用户也没有提供查询数据表列名的 SQL，那么基于列名的注入检查机制便无法启动(b1 处)，因为无法查询到各表的列名。

3) 在确认可以查询表的列名之后，便开始循环处理各个表。首先获取到各个 DAO 的@HandlerDao 注解(c 处)，然后通过此注解获取到用户设置的 tableName(d 处)。如果用户没有为此 DAO 上的@HandlerDao 注解设置表名，根据我们前面对@HandlerDao 注解的介绍可知(参见 6.3.2 DAO 接口的标记一节，代码片段 6-6)，这里无法获取到此表的列名便跳过，输出一句警告(e 处)。

4) 由于只执行一句简单的 SQL，因此我们使用了 JdbcTemplate，以 JdbcOperations 接口的样式提供(前面作者还简单介绍过没有全程使用 JdbcTemplate 的理由，见 6.4.2 小节)。查询的结果类

型是 List<Map<String, Object>>，List 中的每一个 Map 代表查到的一行数据，也就是一个字段名。每个 Map 都只持有 1 个 key-value 对，key 即为 SQL 中指定的“COLUMN_NAME”这个字符串，value 便是字段名本身(使用字符串表示)，因此我们只需要提取出各个 Map 中的 value 即可，然后将这些 value 聚合成新的 List，以@HandlerDao 中设定的 type 为 key 缓存至 columnNameMap(g 处)。注意，这里的 key 不是 tableName 的值，而是更通用的 type 值，因为我们在校验前端传入的数据时可以直观地拿到 type 值(前端会直接给出)。

5)最后，将 columnNameMap 包装成不可变 Map，作为全局变量备用。

通过以上逻辑，一个拥有“type -> type 所对应数据表的所有字段”结构的 Map 就准备好了，它将用于后续的注入检查，至于具体的检查逻辑也非常简单，如代码片段 6-19 所示(路径：spring-boot-uni-controller 模块，com.purpblue.unicontroller.core.ColumnNameBasedInjectionInspector#inspect)。

代码片段 6-19：ColumnNameBasedInjectionInspector 的校验逻辑

```
public void inspect(String type, UniCondition condition) {
    //a.检查排序方向,只接受“ASC”“DESC”两个值(不区分大小写)
    List<UniCondition.Order> orders = condition.getOrders();
    inspectSortDirection(orders);
    //b.若所有表的列名都无法在初始化时完成缓存,则这里无法检查字段,直接结束
    if (columnNameCache.isEmpty()) {
        return;
    }
    //c.获取到当前 type 对应数据表的全部列名,并开始检查
    Set<String> columnNames = columnNamesCache.get(type);
    if (!CollectionUtils.isEmpty(columnNames)) {
        //c1.检查前端传入的查询条件中所有字段名是否全部是正确的列名
        inspectQuery(condition.getConditions(), columnNames);
        //c2.检查前端传入的排序条件中所有字段名是否全部是正确的列名
        inspectSortField(orders, columnNames);
    }
}
```

1)无论是否缓存了表的列名，对于排序方向的检查总是可以进行的(a 处)。排序字段，即 UniCondition.Order#direction(请回顾6.3.1 小节的代码片段6-5)，它只能是“ASC”或“DESC”其中之一(不区分大小写)，它将在后面的条件查询中直接放入 MyBatis 的业务 SQL 查询，因此这里必须提前检查以避免 SQL 注入。检查的具体逻辑请参阅 inspectSortDirection 方法，当排序方向既不是“ASC”也不是“DESC”时，将直接抛出异常，结束本次查询。

2)从缓存中找到当前 type 对应的全部列名后，检查点有两个：查询条件中的字段名(UniCondition.Query#field)和排序条件中的字段名(UniCondition.Order#field)。检查的逻辑是，前端传入的字段名必须全部匹配当前 type 对应的列名，否则判定字段名非法，结束本次查询，请参阅 c1、c2 处对应的方法。

防止 SQL 注入是一个复杂的话题，有很多实现方式，这里我们采用了字段名比较。后续我们

在自动配置中会开放 InjectionInspector 接口给用户使用，用户可以编写自己的实现来替代给出的 ColumnNameBasedInjectionInspector。

UniController 框架下，在 MyBatis 环境中必须进行注入检查，特别是当涉及前端传入的字段名和排序方向，因为这些都是通过“${×××}”进入 SQL 的。对于前端传入的各个字段对应的值反而不需要注入检查，因为我们在 *Mapper.xml 文件中使用“#{×××}”预编译格式来注入值，它天然具有防注入的功能。

JPA 环境下就需要看具体情况了，毕竟它是“完整的”的 ORM 框架。我们如果不自行编写需要原始拼接的 SQL，那它自动具有防注入机制(如 findBy×××、deleteBy×××、countBy×××等)。不过我们还是在 JpaUniService 中提供了注入检查的入口，用户可以自行实现也可以不予理会。

(2)类型转换器 EntityConverter

有时候我们并不希望将查询出来的原始 Entity 当作数据发往前端，而是将其重新组装之后再发回，便于更方便地展示数据，EntityConverter 接口应运而生。它本质上就是一个 java.util.function.Function，但作者将之专门定义为拥有名字(即“EntityConverter”)的接口，方便理解和使用。由于此接口和具体业务关系较大，作为统一的框架我们无法预知用户的转换意图，因此只在自动配置中提供一个无任何转换作用的占位 Bean(参见 UniControllerConfiguration#entityConverter 方法)，用户可以自行覆盖，也可以不理会。当用户不覆盖此接口实现的时候，查询出来的 Entity 不会进行任何转换。后续在测试框架时我们可以模拟用户的具体转换需求简单编写此接口的实现，这里先行跳过。

4. 自动配置和扩展点

核心内容已完全准备完毕，我们离正式测试又进了一步！不过在这之前得确认一个事情：用户以什么样的形式使用 UniController 框架？是通过 SPI 自动引入呢，还是通过@Enable×××这样的形式让用户手动开启？考虑到我们的框架代码拥有独立的功能，因此选择使用 SPI，这样在用户引入依赖之后，只需要在目标 DAO 上标注@HandlerDao 指定相关属性就可以使用框架功能了。

注意

对于 boot3-1.0.0 版本而言，由于一定工作在 Spring Boot 3 场景下，因此只能使用 *.AutoConfiguration.imports 配置文件引入；而对于 Spring Boot 2 版本，则使用 spring.factories 配置文件引入以做到最大兼容。

既然是自动配置，我们就不能简单地编写一个配置类将 DefaultUniController、相应的 UniService 还有 InjectionInspector 等组件注册成 Bean 就结束，请牢记框架的原则：尽量给用户提供扩展点。因此我们先给出配置类，然后再作解释，如代码片段 6-20 所示：(路径：spring-boot-uni-controller 模块，com.purpblue.unicontroller.configuration.UniControllerAutoConfiguration)。

代码片段 6-20：UniController 的自动配置

```
@Configuration
public class UniControllerAutoConfiguration {
    ...
    @Bean //a
    @ConditionalOnMissingBean //a1
    @ConditionalOnProperty(name = "uni-controller.uni-service.enabled", havingValue =
"true", matchIfMissing = true) //a2
    public UniService uniService(EntityConverter entityConverter, InjectionInspector in-
jectionInspector) {
        if (ClassUtils.isPresent(MYBATIS_MAPPER_PROXY, null)) {
            ...
            return new MybatisUniService(entityConverter, injectionInspector); //a3
        }
        if (ClassUtils.isPresent(JPA_REPOSITORY, null)) {
            ...
            return new JpaUniService(entityConverter, injectionInspector); //a4
        }
        throw new IllegalStateException(...); //a5
    }

    @Bean //b
    @ConditionalOnMissingBean(UniController.class)
    public DefaultUniController uniController(UniService uniService) {
        return new DefaultUniController(uniService);
    }

    @Bean //c
    @ConditionalOnMissingBean
    public EntityConverter entityConverter() {
        return new EntityConverter() {
            @Override
            public <T, R> R convert(T entity) {
                return (R) entity; //c1
            }
        };
    }

    @Bean //d
    @ConditionalOnMissingBean //d1
    public InjectionInspector injectionInspector() {
        if (ClassUtils.isPresent(MYBATIS_MAPPER_PROXY, null)) {
            ...
            return new ColumnNameBasedInjectionInspector(); //d2
```

```
            }
            return (type, condition) -> {
                //空方法体,什么也不做
            }; //d3
        }
    }
```

本框架最重要的 4 个组件，均在这里进行配置。

1)a 处：根据用户的 ORM 类型注册默认 UniService 为 Bean，不过需要经过两个条件判定。①当前系统中尚不存在 UniService 类型的 Bean(a1 处)；②当前系统在配置文件中通过"uni-controller.default-uni-service.enabled=true"这个 key-value 对启用了框架提供的默认 UniService(或者当前系统没有配置这个 key-value 对，也视为已启用，a2 处)。第一个条件主要是给用户提供扩展，当有用户使用了其他 ORM 框架，既不是 JPA 也不是 MyBatis，这时候我们提供的两个 UniService 实现都无能为力，于是用户自行编写了新的 UniService 实现并注册为 Bean，这时候 UniController 就应该自动使用这个新的实现，a 处的@Bean 方法就不应该再运行。至于第二个条件就很好理解了，即通过配置直接控制默认 UniService 的加载。由于某些原因，用户不想使用 UniService——既不想自定义 UniService 实现，也不想使用我们提供的两个默认实现。通过配置"uni-controller.default-uni-service.enabled=false"便可以关掉 a 方法的运行(比如用户决定自行实现前面提到过的多 Service 模式)。但如果此配置值为 true，或者干脆就没有这个配置，a2 处的条件判定就会成立，a 处方法就可能运行起来，从而提供我们内置的默认 UniService。

当 a 处方法运行起来后，逻辑十分简单——检测当前工程是否存在 MyBatis 框架(以 MapperProxy 这个核心类的存在为准)，如果存在，启用 MybatisUniService，如果不存在，继续检查 JPA 依赖。如果这两个 ORM 框架都没有被检测到，这就有问题了(a5 处)——用户如果没有提供自定义的 UniService，那使用的必然是 MyBatis 或 JPA 框架，代码就应该运行至 a3 或 a4 处；用户如果提供了自定义的 UniService，那整个 a 处方法都不会运行，因此运行到 a5 处一定是一个异常情况，需要抛出异常中止启动流程。

此@Bean 方法的运行需要提前准备两个对象(Bean)——EntityConverter 和 InjectionInspector，此两者要么来自用户定义，要么来自当前配置类的默认@Bean 方法(c、d 两处)，并且以用户的定义优先。当用户没有自定义的时候，c、d 两处便会创建出默认的 EntityConverter 和 InjectionInspector 对象(Bean)。

本章前面提到过，或许我们可以尝试使用 JdbcTemplate 实现 UniService 的核心 DB 逻辑。如果读者朋友已自行实现了的话，此处扩展点就会自动起作用。

2)b 处：还记得前面我们说过 UniController 是一个空接口，只是用来识别身份的吗？正是在这里作为自动配置使用的。若用户自定义的 Controller 也实现了 UniController 空接口，说明用户很清楚他不想使用我们提供的 DefaultUniController(比如用户想实现前面提到过的"UniController 加多 Service"的模式，就必须换掉提供的 DefaultUniController，因为 DefaultUniController 是单 UniService

模式），这种情况下我们再加载 DefaultUniController 将毫无意义，于是在@Bean 方法上添加了条件约束：仅在系统中不存在 UniController 类型的 Bean 时，才加载我们自己的 DefaultUniController。也就是说，用户自定义的 UniController 享有优先加载权，这也是给用户留下的扩展点。

3）c 处：和 a、b 两处差不多的情况，这里加载的是 EntityConverter 组件。当用户自定义了此接口实现时，由于@ConditionalOnMissingBean 条件注解的原因，c 处方法不会运行，UniService 会使用用户提供的 EntityConverter 在查询时进行 Entity 转换。如果用户没有提供此组件，由于此组件的工作逻辑和具体业务有关，我们作为框架编写者不可能提前知晓，于是在 c1 处提供占位用的默认实现——这里所谓的默认实现，是真的“默认”，就是不作任何转换，原样返回待转换的 Entity。

4）d 处就是前面反复提到的注入检查器 InjectionInspector 了。它的加载与前面几个组件相似——若用户自行提供了 InjectionInspector 实现，d 处方法将不会运行，我们随框架提供的 InjectionInspector 便不会加载，UniService 将使用用户的组件进行注入检查；若用户没有提供 InjectionInspector 实现，则会根据环境决定具体的加载类型。若是 MyBatis 环境，加载 ColumnNameBasedInjectionInspector；若是非 MyBatis 环境（比如 JPA），由于 JPA 对 SQL 注入具有自动检查功能（非自行拼接 SQL 的前提下），因此一般不需要 ColumnNameBasedInjectionInspector 这么“豪华”的注入检查器，于是在 d3 处我们提供默认的 InjectionInspector，它非常“默认”——什么事情也不干，仅作占位使用，防止框架出错。

通过上面的配置，我们给了用户充分的扩展权和足够的扩展点，同时又提供了足够的默认组件，这就给了用户很大的编码自由——有想法的用户可自行实现相关组件，没有想法的用户直接使用默认的即可，这也是 Spring 生态上很多组件的配置方法。

再次强调，当我们提供框架给其他程序员用户使用时，一定要给足扩展点。回顾一下第 1 篇，可以发现 Spring Boot 给出的扩展点简直数不胜数（注册 Bean 有多少种方法？DI 有多少种方法？初始化有多少种方法？），这或许是它风靡全球的一个重要原因。

6.5 测试

编写完成，现在开始简单的功能测试。本着一切从简的原则，我们暂不进行单元测试（企业级编码时不能省），直接通过业务应用来手动进行吧，这样也更直观一些。后面的内容也将采用同样的测试方式。

既然同时兼容 JPA 和 MyBatis，那肯定两种 ORM 框架都得测试。前面已经提到过，我们在当前工程中新建了两个模块，一个名为 test-app-jpa，另一个名为 test-app-mybatis。这两个模块均是可运行的 Spring Boot 应用，用来模拟业务项目。在模块中引入必要的依赖，然后再引入我们编写完毕的 spring-boot-uni-controller-boot3-1.0.0 即可。

注意

我们主要以Spring Boot 3 + UniController-boot3来演示，特别的地方如果使用了Spring Boot 2 + UniController-boot2，会专门说明。

在JDK版本方面，Boot 3工程使用17版本，Boot 2工程则使用8版本。数据库方面，因为是测试，我们也不再专门搭建了，直接用H2数据库即可。

至于测试的顺序，我们先测试JPA，再测试MyBatis。这样做的好处是，我们不用手动去建表，因为一旦在JPA中定义好Entity并在配置中指明"spring.jpa.hibernate.ddl-auto=update"，系统启动时相关数据表将自动生成(包括复合主键)。JPA测试完后，这些表可以直接用于MyBatis的测试。

6.5.1 测试JPA

test-app-jpa的pom.xml文件中，依赖一共有如下几类：Spring Boot 3、JPA 3、H2数据库驱动、UniController-boot3和其他(Lombok等)。相关依赖设定请参阅随附源码中的"uni-controller-boot3"工程。

上面的依赖中包含了Lombok，不喜欢使用Lombok的读者可以将之删除并自行生成Getter、Setter等方法。

除Lombok可以指定optional或provided、H2指定runtime外，其他依赖都必须指定scope为compile或省略之(默认值就是compile)，因为它们将被真实引入至工程中且全程参与编码、编译和运行，因此就不存在我们编写框架时的那一堆optional和provided。H2依赖的scope是runtime，这意味着"编码时不需要，但运行时需要"——毕竟运行时我们需要H2数据库支持，没有这个依赖应用就无法正常运行。

1. Entity说明

假定我们要开发一个学校管理系统，那就需要定义一些数据表。我们选取其中的三个业务实体来进行测试，分别是教师、学生和实验室。它们的主键各有各的特点，教师实体为单主键(这也是最常用的情形)；学生实体为复合主键，并且主键以@EmbeddedId注解的形式提供；实验室实体为复合主键，并且主键以@IdClass注解的形式提供。请读者回顾JpaUniService中findById、delete、deleteAllByIds这些依赖主键的操作，看看其中处理这两种复合主键的逻辑。

TeacherEntity、StudentEntity、LabEntity的相关定义请参阅源码，我们的重点是对它们进行各种CRUD测试。

2. 配置

我们需要在配置文件中做好JPA和数据库配置，这些配置都属于常规操作，简单配置如代码片段6-21所示(路径：test-app-jpa模块，application.yml)。

代码片段6-21：test-app-jpa模块的全局配置

```
spring:
  h2:
```

```
    console:
      enabled: true //允许访问 H2 控制面板
  datasource:
    username: sa //H2 数据库用户名
    password: sa //H2 数据库密码
    driver-class-name: org.h2.Driver //H2 数据库驱动
    url: jdbc:h2:~/test //H2 数据库的连接串,这里使用了本地文件
  jpa:
    database: h2
    database-platform: org.hibernate.dialect.H2Dialect //DB 平台方言
    hibernate:
      ddl-auto: update //JPA 设定为 update 时会自动运行相关 DDL,比如建新表
```

3. DAO 编写

Entity 编写完成，配置也准备好了，启动时 H2 数据库将自动创建相关表结构。由于我们的测试应用并不需要常规的 Controller 和 Service，因此只需要准备各个 Entity 对应的 DAO 即可。由于 JPA 高度自动化，因此这些 DAO 也只需进行空实现——如果用户有其他的 DB 查询要求，当然可以在其中直接添加相关方法，和通常的编码没有区别。以 TeacherRepository 为例，其定义如代码片段 6-22 所示(路径：test-app-jpa 模块，com.purpblue.example.jpa.repo.TeacherRepository)。

代码片段 6-22：定义 TeacherRepository

```
@Repository
@HandlerDao(typeName = "teacher")
public interface TeacherRepository extends JpaRepository<TeacherEntity, Integer>, JpaSpeci-
ficationExecutor<TeacherEntity> { }
```

只需要这样定义，UniController 框架就可以使用它了——其实也就多了@HandlerDao 注解。这个被@HandlerDao 标注的 DAO，既可以提供给 UniController 使用，也可以被用户自己编写的业务代码常规使用，并且当用户自己使用的时候，@HandlerDao 注解不会对业务代码产生任何影响。这里面 typeName 值是“teacher”，也就是前端每次调用 UniController 时需要传入的那个 type，它对应的 Entity 就是当前 TeacherRepository 所操作的 TeacherEntity。@HandlerDao#entityClass 属性用于指定当前 DAO 操作的 Entity 类型，我们在前面讨论中已经知道在 JPA 环境下无须设定，UniController 框架会自动推导出来。当然了，非要手动设定也是能生效的，只是无此必要。

至于@HandlerDao 还有一个属性 tableName，这是留给 MyBatis 使用的(获取数据表的列名用于注入检查)，JPA 不需要关心。

上面的 TeacherRepository 在@HandlerDao 注解中没有对各个属性作出重新定义，这意味着将使用 UniController 的全部功能(这也是最常见的情形)。如果不想使用某些功能，将其方法名置为空字符串(即"")即可。比如，如果我们不希望 TeacherRepository 被 UniController 用于 findById，那可以在@HandlerDao 中指定“queryMethod = ""”，这样对于“teacher”这个 type，将不能访问“GET

/uni/teacher/{id}”这个路径，强行访问会抛出空指针异常(NPE)，因为 UniService 无法缓存@HandlerDao#queryMethod属性所指定的方法(空字符串)。请回顾“6.4.5 UniService 的技术细节”小节的“1. MybatisUniService 和 JpaUniService 启动时对 DAO 的缓存”相关内容(代码片段 6-13，i 处)。需要注意的是，“queryMethod = ""”这个设定仅仅是让 UniController 不使用 findById 而已，用户自己在业务代码中当然可以正常使用。

如果测试的不是 Boot 3 而是 Boot 2 版本，并且测试工程的 JPA 依赖版本小于 2.5，那 DAO 就不会自带批量按 id 删除的 deleteAllById 方法(低版本 JPA 未提供)，这时候需要我们在 DAO 中自行定义并将名称配置到@HandlerDao 中，如代码片段 6-23 所示(路径：test-app-jpa 模块，com.purpblue.example.jpa.repo.TeacherRepository)。

代码片段 6-23：低版本 JPA 下的 TeacherRepository

```
@Repository
@HandlerDao(typeName = "teacher", deleteAllMethod = "deleteAllByIdIn") //a
public interface TeacherRepository extends JpaRepository < TeacherEntity, Integer >,
JpaSpecificationExecutor<TeacherEntity> {
    void deleteAllByIdIn(Collection<Integer> ids); //b
}
```

我们自行定义了 b 处的方法，并将之配置到 a 处，以此弥补低版本 JPA 中没有自带 deleteAllById 的缺陷。

如果不需要那么多 DB 方法，我们也可以定义一个“极简”DAO，它不继承 JpaRepository 和 JpaSpecificationExecutor 等接口，而是直接通过@RepositoryDefinition 指定(这个注解属于 Spring Data，而@Repository 属于 Spring 核心包——spring-context)，拒绝一切 JPA 接口自带的 CRUD 功能，如代码片段 6-24 所示(路径：test-app-jpa 模块，com.purpblue.example.jpa.repo.SimpleTeacherRepository)。

代码片段 6-24：标注@RepositoryDefinition 的“极简”DAO

```
@RepositoryDefinition(domainClass = TeacherEntity.class, idClass = Integer.class)
@HandlerDao(typeName = "simple-teacher",
    deleteAllMethod = "deleteAllByIdIn",
    queryMethod = "findById",
    deleteMethod = "deleteById",
    insertMethod = "",
    updateMethod = "",
    queryAllMethod = "",
    deleteByConditionMethod = "",
    updateByConditionMethod = "") //a
public interface SimpleTeacherRepository {
    Optional<TeacherEntity> findById(Integer id);
    void deleteAllByIdIn(Collection<Integer> ids);
    void deleteById(Integer id);
}
```

在此 DAO 中我们只定义了 3 个方法，也就是说对于@HandlerDao 而言，有 5 个方法是未定义的状态。虽然极简，但此 DAO 确实能正常工作，定义的 3 个方法也能被 UniController 正常使用。为了区分原始的“豪华”DAO——TeacherRepository，我们将此 SimpleTeacherRepository 的 type 命名为“simple-teacher”，前端访问时提供此 type 值即可。虽然和 TeacherRepository 操作的是同一个 Entity，但因为 SimpleTeacherRepository 指定了不同的 type，因此两个 DAO 将并行不悖，前端可以自由选用。我们在前面的技术细节中早已清楚，UniService 缓存 DAO 方法的维度，是 type，而非 Entity。

接下来我们继续创建 LabRepository 和 StudentRepository，不过不再提供由@RepositoryDefinition 标注的“Simple×××Repository”类型，有兴趣的读者可以根据 SimpleTeacherRepository 自行定义。

4. 业务测试

除了 id 类型不同外，其他的内容应该都一样，因此我们必须挑选和 id 相关的功能进行测试，同时再挑选其他一些功能进行集中测试。

示例工程 test-app-jpa 使用了默认端口 8080，并且没有设定 contextPath，因此访问路径的前缀都是“http://localhost:8080”，而 UniController 的统一访问前缀是“/uni”，以查询单主键数据的@GetMapping("/{type}/{id}")方法为例，其完整的访问路径是“http://localhost:8080/uni/{type}/{id}”，实际使用时替换成真实的 type 和 id 即可。再比如@PostMapping("/{type}/insert")，其完整的访问路径是“http://localhost:8080/uni/{type}/insert”实际使用时替换成真实的 type 就可以了。其他的访问路径也可依次类推。在表 6-2 中，“访问路径”一栏都是从“/uni”后面开始展示。

(1) 插入数据——@PostMapping("/{type}/insert")

按照常规的测试流程，应该从“@GetMapping("/{type}/{id}")”这种按 id 查询的方法开始，但考虑到系统刚刚启动时只有空表没有数据，于是只能先测试 insert 功能，往数据表中插入一些数据。

根据各 Entity 的定义，我们往三张表中都插入一些数据，如表 6-2 所示。

表 6-2　插入数据(POST 方式)

访问路径	数据提交示例	说　明
/teacher/insert	{"name":"张三"}	TeacherEntity 包含一个单主键(Integer 类型，自增)，一个 version 列和一个 name 字段，新建时仅需提供 name 字段的值

/student/insert	{
	"stuId":{
	"gradeLevel":2,
	"classNo":"1A",
	"no":10
	},
	"name":"李四",
	"age":18
	}
		StudentEntity 的复合主键为@EmbeddedId 指定的类型，字段名为“stuId”，因此创建时主键列的相关值要放在“stuId”节点下

（续）

访问路径	数据提交示例	说　明

/lab/insert	{
	"buildingNo": 1,
	"floorNo": 2,
	"no": "2C",
	"name": "有机化学实验室"
	}
		LabEntity 的复合主键由@IdClass 指定，在 Entity 的字段定义中由多个@Id 注解对应，因此创建时像普通字段一样全部提交就可以了

打开 Postman 或类似工具，表 6-2 中三个示例可以随意调试。对于 teacher 类型而言，因为新建时不需要提供主键值，因此总是可以创建成功（主键自动递增，永不冲突）；而后两者则不然，因为使用了复合主键且需要手动指定值，当新提交数据的复合主键与表中已有数据的复合主键完全一样时必然不会成功（主键冲突）。作者编写了一个 ControllerAdvice 来接收并处理 Controller 异常（位于 com.purpblue.example.jpa.controller.ControllerAdvice），想细分处理异常的读者可以细化此 ControllerAdvice，或者重新编写。

反复多次更换主键后再访问对应的 insert 路径（teacher 类型不需要考虑主键问题），我们就可以为各个表增加数据。需要注意的是，我们并没有在工程中手动编写任何 Controller 和 Service，这便是 UniController 的意义。以 curl 格式为例，表 6-2 中 teacher 类型的访问如代码片段 6-25 所示（读者可将之导入 Postman 之类的工具使用，或者在命令行中执行）。

代码片段 6-25：访问“/uni/teacher/insert”的 curl

```
curl --location --request POST 'http://localhost:8080/uni/teacher/insert' \
--header 'Content-Type: application/json' \
--data-raw '{"name": "张三"}'
```

student 类型的访问则如代码片段 6-26 所示。

代码片段 6-26：访问“/uni/student/insert”的 curl

```
curl --location --request POST 'http://localhost:8080/uni/student/insert' \
--header 'Content-Type: application/json' \
--data-raw '{"gradeLevel":2,"classNo":"1A","no":10,"name":"李四","age":18}'
```

数据插入后，接下来将测试查询功能。如果想先通过管理工具直接查询数据，可以打开 http://localhost:8080/h2-console，根据前面的配置（代码片段 6-21）可知，User Name 和 Password 都是“sa”，输入后即可在页面上进行 SQL 查询。比如，查询已插入的教师数据，直接运行“select * from t_teacher”即可。

（2）提取单行数据——@GetMapping("/{type}/{id}")和@GetMapping("/{type}")

已经插入了一些测试数据，现在可以进行按主键查询的测试了。@GetMapping("/{type}/{id}")和@GetMapping("/{type}")两个方法，前者针对单主键，后者针对复合主键，相关查询如表 6-3 所示。

表 6-3　按主键查询不同的 Entity(GET 方式)

访 问 路 径	主 键 类 型	UniController 方法	说　　明
/teacher/1	单主键	@GetMapping("/{type}/{id}")	查询教师表中主键为 1 的教师数据
/lab? buildingNo=2&floorNo=4&no=1A	复合主键	@GetMapping("/{type}")	查询实验室表中"2 栋 4 楼 1A 号"(主键)实验室信息
/student? gradeLevel=2&classNo=1C&no=12	复合主键	@GetMapping("/{type}")	查询学生表中"2 年级 1C 班 12 号"(主键)学生信息

上面的方法都是 GET 方式，我们不需要提交任何 Body，一个主键或一组主键参数已经足以表达全部的信息。

按 id 删除单行数据的@DeleteMapping("/{type}/{id}")和@DeleteMapping("/{type}")是完全类似的情形，请读者朋友自行测试。

(3)更新单行数据——@PutMapping("/{type}")

PUT 方式出现，那一定是到了更新环节了。我们只要在 Body 中将 Entity 的结构以 JSON 形式传入即可，这其中必然包含了主键。更新操作的相关访问信息如表 6-4 所示。

表 6-4　更新单行数据(PUT 方式)

访 问 路 径	Body	说　　明

/teacher	{
	"id": 257,
	"name": "张三 1"
	}
		更新教师数据表中主键为 257 的教师数据，更新字段为"name"，新值为"张三 1"

/lab	{
	"buildingNo": 2,
	"floorNo": 4,
	"no": "2A",
	"name": "普通物理实验室"
	}
		更新实验室数据表中"2 栋 4 楼 2A 号"(主键)实验室信息，更新字段为"name"，新值为"普通物理实验室"

/student	{
	"stuId": {
	"gradeLevel": 2,
	"classNo": "1A",
	"no": 10
	},
	"age": 17
	}
		更新学生表中"2 年级 1A 班 10 号"(主键)学生信息，更新字段为"age"，值为 17。注意：字段"name"没有出现，说明此次更新不涉及此学生的 name 修改

虽然是 PUT 方式，但此方法调用起来似乎很简单，剔除掉 version(这个归 JPA 管理)，指定好主键(单主键或复合主键)，然后将需要更新的字段和数据带上一并放入 Body 即可，不需要更新

的内容不进行提交——这就是前面我们自行编写 JpaUniService#modifyEntity 方法的意义（请回顾“6.4.5 UniService 的技术细节”小节的“2. 实现 UniService 接口方法”部分）。

（4）按 id 批量删除——@PostMapping("/{type}/delete-all-by-ids")

前文已述，HTTP 方法中由于 DELETE 标准是不支持 Body 的，如果我们在访问路径中直接传递待删除的 id 集合，可能会导致 URL 超长而引发其他问题，因此我们采用 POST 方式来进行批量删除操作，待删除的 id 集合通过 Body 提交，具体信息如表 6-5 所示。

表 6-5 按 id 批量删除数据（POST 方式）

访问路径	Body	说明
/teacher/delete-all-by-ids	[1, 2]	删除 id 为 1 和 2 的教师数据

/lab/delete-all-by-ids	[
	{
	"buildingNo": 1,
	"floorNo": 2,
	"no": "4C"
	},
	{
	"buildingNo": 1,
	"floorNo": 2,
	"no": "4D"
	}
	]
		按复合主键批量删除实验室数据

/student/delete-all-by-ids	[
	{
	"gradeLevel": 3,
	"classNo": "1A",
	"no": 1
	},
	{
	"gradeLevel": 3,
	"classNo": "2B",
	"no": 24
	}
	]
		按复合主键批量删除学生数据

可以看到单主键的 Body 是非常简洁的，复合主键略显麻烦，不过在调用方式上没有区别。

（5）带有条件、分页、排序的批量查询

终于，查询条件出场了，也就是 UniCondition。UniCondition 包含了全部的条件结构：where 部分、分页部分、排序部分。其中，where 部分使用的字段名在 JPA 环境下即为 Entity 中定义的字段名；支持的操作符请参见源码中 JpaHelper#makeSpe 方法；分页的内容最终会成为 Pageable 的入参；排序的内容则成为 Sort 的入参。以上综合起来可以完成复杂的查询。

由于查询条件的格式很复杂(也就是 UniCondition 内部结构复杂，毕竟要通用)，使用 GET 方式难以在访问路径中携带，我们被迫使用 POST 方式，将查询的条件带在 Body 中。

因为不涉及 id 问题，所以不同 Entity 的条件查询方式完全相同。比如，前端访问“POST /uni/student/find-all”（即@PostMapping("/{type}/find-all"))并提交查询条件，如代码片段 6-27 所示(其实这个条件在前面已经给过了，参见“6.4.3 UniController 的编码实现”一节)。

代码片段 6-27：构建复杂的查询条件

```
{
    "page":1,
    "size": 10,
    "conditions": [
        {
            "field": "name",
            "value": "张",
            "cmp": "like"
        },
        {
            "field": "age",
            "value": 16,
            "cmp": "gt"
        }
    ],
    "orders":[
        {
            "field": "age",
            "direction": "desc"
        }
    ]
}
```

上面的条件表明：查询学生表中名字里带有“张”字且年龄大于 16 岁的数据并按年龄降序排列，进行分页处理，每页 10 条数据，并返回第 2 页(页码从 0 开始计数)。条件查询和排序操作均支持多个字段。

如果不想分页，去掉 page 和 size 字段即可；如果不想指定字段限制，去掉 conditions 节点即可；如果不想排序，去掉 orders 节点即可。当我们什么也不想，只想查询全部数据时，提交空的 JSON 作为 Body 即可，即一对大括号：“{}”，其中什么内容也不用写。

带有条件的批量删除，即访问“POST/uni/{type}/delete-all”（@PostMapping("/{type}/delete-all"))，它的条件构建和@PostMapping("/{type}/find-all")方法是一样的，并且更简单，因为不需要分页，不需要排序，只提交 conditions 节点已经足够。

(6) 带有条件的批量更新——@PutMapping("/{type}/update-all")

带条件的批量更新和带条件的批量删除(@PostMapping("/{type}/delete-all"))很相似，都需要提交 conditions 节点。不过对于批量更新操作，还需要明确一个信息，那就是将这些条件命中的数据更新成什么样的新值。所以在条件中还需要额外指定新数据，即 entity 节点。假定新生入学时，相关老师在录入名字中带“张”字的同学的年龄时，误将“19”录入为“199”，现在需要批量更新为正确的值，可以提交条件，如代码片段 6-28 所示。

代码片段 6-28：构建批量更新的条件

```
{
    "entity":{
        "age": 19
    },
    "conditions": [
        {
            "field": "name",
            "value": "张",
            "cmp": "like"
        },
        {
            "field": "age",
            "value": 199,
            "cmp": "eq"
        }
    ]
}
```

上面的条件告诉 UniController：更新学生信息表，找到名字中带有“张”字且年龄为 199 的全部同学，将他们的年龄更新为 19。

(7) 自定义组件

基础功能测试结束，通过使用 UniController，不用执行一般性 CRUD 操作的 Controller 和 Service。当我们确实需要处理特定的业务逻辑时，当然也会再创建相应的 Controller 和 Service，不过只需要关注那些特定的业务就可以了，通用的 CRUD 都可以交给 UniController 处理。

除此之外，还有一点我们也需要测试一下，那就是使用为用户预留的扩展点(参见 6.4.5 小节)。

假定我们有这样一个业务需求：经查询返回给前端的实验室数据(即 LabEntity)中，对所有的数值型字段(这里指包装器类型，不考虑基本类型，并且这个 Entity 中也没有基本类型)都添加“N_”前缀，所有的字符串型字段都添加“S_”前缀，对于其他类型，则原样返回。我们来尝试自定义 EntityConverter 用于通用的 Entity 转换，如代码片段 6-29 所示(路径：test-app-jpa 模块，com.purpblue.example.jpa.component.CustomizedEntityConverter)。

代码片段 6-29：自定义 EntityConverter 示例

```
@Component
public class CustomizedEntityConverter implements EntityConverter {
    private final ObjectMapper om = new ObjectMapper();
    @Override
    public <T, R> R convert(T entity) {
        if (entity instanceof LabEntity) {
            Map<String, Object> stuData = om.convertValue(entity, Map.class);
            Map<String, Object> result = new HashMap<>();
            for (Map.Entry<String, Object> entry : stuData.entrySet()) {
                Object value = entry.getValue();
                String prefix;
                if (value instanceof Number) {
                    prefix = "N_";
                } else if (value instanceof String) {
                    prefix = "S_";
                } else {
                    prefix = "";
                }
                result.put(prefix + entry.getKey(), value);
            }
            return (R) result; //这里的返回结果是 Map,结构不变
        }
        return (R) entity;
    }
}
```

此自定义组件中我们使用了 Spring Boot 自带的组件——Jackson 中的 ObjectMapper 进行类型转换。由于当前运行环境已经不是 UniController 框架本身，而是业务系统，所以对依赖的使用没有任何限制，因此不喜欢或不习惯使用 Jackson 的读者完全可以引入其他的依赖作类型转换，比如 Fastjson。

准备好 CustomizedEntityConverter 之后再次启动系统，其相关对象(Bean)将自动替代掉系统默认的 EntityConverter 实现，即 6.4.5 一节中，UniControllerAutoConfiguration(代码片段 6-20)c 处方法将不会运行，并且 UniService 中引入的 EntityConverter 组件也都会自动变更为 CustomizedEntityConverter 类型。请读者将 type 设置为“lab”访问相关查询接口，查看返回数据中字段的变化，然后改变 type 为“teacher”或“student”再次查询，观察返回结果是否有变。

有读者可能会说，我如果想对不同的 Entity 进行不同的转换，难道要在 EntityConverter#convert 方法中编写一个又一个的 if 语句吗？这个就涉及第 5 章讲过的开闭原则了。当需要处理的 Entity 较多时，我们完全可以遵循开闭原则并结合设计模式中的策略模式，对不同的 Entity 提供不同的转换逻辑，有兴趣的读者请自行编码完成。设计模式是庞大的话题，不在本书的讨论范围，读者请自行参阅相关书籍或文章。

在 JPA 环境下，编码良好的@Repository 接口一般不需要进行注入检查，但如果有读者确实想自定义的话，也可以尝试自行编写 InjectionInspector 实现（别忘了添加@Component 注解），这样在启动之后其对应的对象（Bean）将替代系统提供的默认实现。

如果读者对 UniController 框架各组件充满好奇，可以自行编写 UniController 或 UniService 实现，这样系统启动时默认的 UniController 或 UniService 就不会再加载了。

作为框架的编写者，应始终保持用户的实现具有优先权，然后以我们提供的默认实现兜底，以最大限度提供扩展点——除非某个关键的逻辑或组件确实不能让用户自定义。

6.5.2 测试 MyBatis

测试完 JPA 之后，再测试 MyBatis 就会轻松不少（表都建好了，数据也有了）。与 JPA 环境的主要区别在于 DAO 接口的配置，其中自然也包括 * Mapper.xml 文件的处理。

同样以 Boot 3 版本为例，本节我们使用工程“test-app-mybatis”，JDK 配置为 17。

pom.xml 文件方面，将原来 test-app-jpa 应用中的 spring-boot-starter-data-jpa 依赖换成 MyBatis 的就行，其余的依赖可以不作改变。由于这是业务应用，有读者朋友想引入其他依赖使用也没有任何问题。MyBatis 的依赖如代码片段 6-30 所示（路径：test-app-mybatis 模块，pom.xml 文件）。

代码片段 6-30：引入 MyBatis 相关依赖

```
<dependency>
    <groupId>org.mybatis.spring.boot</groupId>
    <artifactId>mybatis-spring-boot-starter</artifactId>
    <version>3.0.3</version>
</dependency>
```

1. Entity 说明

MyBatis 中没有严格意义上的 Entity，我们根据数据库的字段按 DTO 方式编写即可，这里以 StudentEntity 为例，如代码片段 6-31 所示（路径：test-app-mybatis 模块，com.purpblue.example.mybatis.entity.StudentEntity）。

代码片段 6-31：定义 MyBatis 下的 StudentEntity

```
@Data
public class StudentEntity {
    private Integer gradeLevel;
    private String classNo;
    private Integer no;
    private String name;
    private Integer age;
}
```

对照 JPA 测试模块的 StudentEntity，可以知道这个 Entity 对应的表是“t_student”，此表使用了复合主键。对于 MyBatis 中的 Entity 而言，复合主键更多体现在 SQL 层面而不是代码层面，因此这里不需要对复合主键进行任何标记(也没有注解可用于标记)，这与 JPA 中严格的 Entity 定义有很大不同，原因是 JPA 中以 Entity 映射数据表，而 MyBatis 中则是使用 SQL 直接操作数据表，并将查询结果映射到不那么严格的 Entity，这明显是不同的。

同样，TeacherEntity 和 LabEntity 都可以像上面这样简单定义。

2. 配置

数据库配置部分与 JPA 相同，这与 ORM 框架无关，剩余的部分则是 MyBatis 特有的配置，整体配置如代码片段 6-32 所示(路径：test-app-mybatis 模块，application.yml)。

代码片段 6-32：test-app-mybatis 模块的全局配置

```
server:
  port: 8081 #a.使用 8081 端口

...#b.省略数据源配置,和 JPA 环境下完全一样

mybatis:
  configuration:
    #c.执行 SQL 时可以在控制台输出当前 SQL
    log-impl: org.apache.ibatis.logging.stdout.StdOutImpl
  #d.*Mapper.xml 文件配置
  mapper-locations: classpath*:mybatis-mappers/CommonMapper.xml, mappers/*Mapper.xml
```

上面的配置中，需要特别说明的是 d 处。这里包含“mybatis-mappers/CommonMapper.xml”，它不是我们在当前测试工程中编写的 Mapper 文件，而是在 UniController 框架中预置的(路径：spring-boot-uni-controller 模块，resources 目录下 mybatis-mappers/CommonMapper.xml。请回顾“6.4.5 UniService 的技术细节”小节的“2. 实现 UniService 接口方法”相关内容)。它把带条件的 where 部分、排序部分和分页部分给抽出来了，我们在业务应用中编写依赖条件的 SQL 时，直接引用相关标签即可，不必再去写这些条件语句——这就是框架的意义，尽量简化业务编码。举个例子，当我们需要“按条件查询学生表并排序，并且分页”的 SQL 时，如代码片段 6-33 所示(路径：test-app-mybatis 模块，resources 目录下 mappers/StudentMapper.xml)。

代码片段 6-33：MyBatis 下使用 UniController 框架提供的通用标签

```
<select id="findAll" parameterType="com.purpblue.unicontroller.util.UniCondition" re-
sultType="com.purpblue.example.mybatis.entity.StudentEntity">
    select t.grade_level gradeLevel, t.class_no classNo, t.no, t.name, t.age from t_student t
    <include refid="common.h2-uniWhere"/>
    <include refid="common.uniOrder"/>
    <include refid="common.h2-uniPagination"/>
</select>
```

上面 select 节点中，三个 include 标签引用了 UniController 框架提供的 CommonMapper.xml 中的

条件标签、排序标签和分页标签。但是，毕竟是原生 SQL，条件、排序、分页的语法可能因数据库类型的不同而不同，因此我们只好尝试为不同类型的数据库提供不同的语法标签，以尽量减少用户的编码量。假定现在将数据库由 H2 换成 Oracle，上面的 findAll 可能需要修改，如代码片段 6-34 所示(路径：test-app-mybatis 模块，resources 目录下 mappers/StudentMapper.xml)。

代码片段 6-34：Oracle 下的 findAll 与 H2 下不一样

```
<select id="findAll" parameterType="com.purpblue.unicontroller.util.UniCondition" re-
sultType="com.purpblue.example.mybatis.entity.StudentEntity">
    <include refid="common.oracle-findAll-begin"/>
    select s.class_no classNo, s.grade_level gradeLevel, s.no no, s.age age, s.name name
    <include refid="common.oracle-findAll-middle"/>
    from t_student s
    <include refid="common.oracle-findAll-end"/>
</select>
```

这个写法就比较特别。对比前面 H2 的 findAll 方法将条件、排序和分页标签都放在最后的写法，Oracle 的 findAll 被三部分给分开了，这也是作者的一种尝试。Oracle 的语法强大但复杂，为了兼容条件、排序和分页且保证此三者相互独立，上面的写法算是一种参考。这种写法主要是为了兼容查询时的排序和分页，所以对于 UniController 框架而言仅在 findAll 中使用，对于其他带复杂条件的标签(比如批量删除、批量更新)，则和 H2 语法一样(因为这时候并不需要排序和分页)，只需要简单地在原生 SQL 的末尾添加“<include refid="common.oracle-uniWhere"/>”标签即可(注意区分数据库。H2 下是 h2-uniWhere，Mysql 下是 mysql-uniWhere，Oracle 下是 oracle-uniWhere)。请读者参阅 StudentMapper.xml 中定义的 updateByCondition 和 deleteByCondition 方法。

作者提供了 H2、Mysql、Oracle 三种数据库的条件、排序和分页实现，在测试工程的相关 * Mapper.xml文件中有明确的注释，请读者自行测试，并尝试为其他的数据库编写条件、排序和分页实现。

3. @Mapper 接口

@Mapper 接口与 JPA 的@Repository 接口相对应，因此@HandlerDao 就标注在@Mapper 接口上面，并且必须设定 entityClass 以提供 UniService 的相关操作依据，同时一般也应该设定 tableName 以启用 UniController 框架提供的默认基于数据表字段的注入检查功能。和条件有关的方法，其入参必须是 UniCondition 类型。以单主键的 TeacherMapper 接口为例，其定义如代码片段 6-35 所示(路径：test-app-mybatis 模块，com.purpblue.example.mybatis.mapper.TeacherMapper)。

代码片段 6-35：处理单主键的 TeacherMapper 定义

```
@Mapper
@HandlerDao(typeName = "teacher", entityClass = TeacherEntity.class, tableName = "t_teacher",
    insertMethod = "insert",
    updateMethod = "update",
```

```
    updateByConditionMethod = "updateByCondition",
    deleteByConditionMethod = "deleteByCondition"
)
public interface TeacherMapper {
    Optional<TeacherEntity> findById(Integer id);

    void insert(TeacherEntity entity);

    void update(TeacherEntity entity);

    void deleteById(Integer id);

    void deleteAllById(Collection<Integer> ids);

    List<TeacherEntity> findAll(UniCondition condition); //a

    long count(UniCondition condition); //b

    void updateByCondition(UniCondition condition);

    void deleteByCondition(UniCondition condition);
}
```

代码中的方法定义一目了然，t_teacher 表的主键类型是 Integer 型。count(b 处)因为分页的原因和 a 处的 findAll 搭配使用，它们和批量更新、批量删除一样入参都是 UniCondition。

上面的@HandlerDao 注解只显式指定了 4 个方法，其余的方法名使用了默认值，因此不必再显式指定。

上面演示的 TeacherMapper 处理的是单主键，处理复合主键的 StudentMapper 请对比参考源码。

4. 业务测试

在 MyBatis 环境下，测试内容和 JPA 环境下基本相同，因此不再逐个说明(但需要注意访问端口由 8080 改成了 8081)。请读者自行测试 UniController 各方法(调用方式、入参等)，同时还可以测试自定义 InjectionInspector 和 EntityConverter。

MyBatis 环境下 UniController 各方法的调用是不是和 JPA 环境下的访问入参完全相同呢？可以确定的是，针对相同的数据表(Entity)，访问路径肯定是一模一样的(端口除外)，至于带 Body 的情形，则只能说绝大部分是一样的，不过 insert 方法可能会有区别，这取决于 Entity 定义。对于最常见的单主键情况，因为 JPA 和 MyBatis 下 Entity 的定义可以完全一样(忽略 version 字段)，因此 insert 方法的 Body 形式就完全相同，但如果存在复合主键的话就会不一样了，请读者参照源码自行对比 JPA 和 MyBatis 下 StudentEntity 的定义有何不同。也正是因为这个不同，当我们需要对学生表执行 insert 操作的时候，虽然访问路径都是“POST /uni/student/insert”，但因为复合主键的原因，在 JPA 下提交数据的格式如代码片段 6-36 所示。

代码片段 6-36：JPA 下提交数据（复合主键）

```
{
        "stuId": {
                "gradeLevel": 3,
                "classNo": "2A",
                "no": 30
        },
        "name": "王一",
        "age": 19
}
```

上面的“stuId”属于复合主键部分，由@EmbeddedId 定义，对应 com.purpblue.example.jpa.domain.StudentEntity。作为对比，在 MyBatis 下，提交 Entity 数据时只需要采用最简单的写法即可，如代码片段 6-37 所示。

代码片段 6-37：MyBatis 下提交数据（复合主键）

```
{
        "gradeLevel": 3,
        "classNo": "2A",
        "no": 30,
        "name": "王一",
        "age": 19
}
```

对于 MyBatis 而言没有严格意义上的 Entity 概念，一个简单的 DTO 就可以是 Entity（这里对应 com.purpblue.example.mybatis.entity.StudentEntity），因此无论是否为复合主键，都可以直接按数据表的字段名提交，因为最终的 insert 逻辑不在 Java 代码中，而是在 * Mapper.xml 文件对应的<insert>标签内，只要和标签内的字段名对应上即可。

除了带主键的 Body 可能和 JPA 环境下的方法不一样以外，其他的方法都差不多，作者不再一一演示，请读者对照源码自行测试。

UniController 框架是一个独立的依赖包，我们可以尝试将其引入至第 1 篇中使用的示例工程 1（以 Boot 3 版本为例），如代码片段 6-38 所示。

代码片段 6-38：将 UniController 框架引入其他工程

```
<dependency>
    <groupId>com.purpblue</groupId>
    <artifactId>spring-boot-uni-controller</artifactId>
    <version>boot3-1.0.0</version>
</dependency>
```

需要注意原来的两个示例工程是不带数据库配置的，如果将 UniController 引入，则必须同时添加数据库驱动和对应的配置，这些请参照 test-app-jpa 或 test-app-mybatis 测试应用的配置进行处理。

6.6 本章小结

本章我们正式开始了综合性的大型编码实战，这其中或许会用到之前介绍的全部知识。编写框架比编写普通应用更为困难，因为考虑的内容实在太多。我们作为开发者，需要处理好这其中涉及的方方面面。整体结构如何？定义哪些注解和接口？如何在底层适配它们？如何给用户预留扩展点？如何组织扩展点才能让用户觉得用起来很好用？自动配置如何编写？

是时候转变编程思维了，是时候从“编写具体的业务逻辑”转变为“编写适配通用场景的抽象框架”了。

本章我们在编写 UniController 时，思维不仅仅局限在“编写一个处理业务的 Controller”上，Controller 组件甚至不能称之为本章的核心。本章的目的是“消灭执行简单 CRUD 的 Controller 和 Service，通过 UniController 框架统一代替”，很明显我们有着比做一个业务应用更高远的雄心壮志。框架的意义，正是“自动”“便捷”和“省心”。为了适配不同的 ORM（以 JPA 和 Mybatis 为代表），我们进行了深入的分析和处理，综合运用了各种技术手段，在此过程中，我们的编码能力，特别是面向抽象的编码能力或许可以获得长足的进步。

框架，尤其是应用型框架，并不神秘。只要我们有通用的需求，我们就可以通过自编框架来适配这种需求，从而解决一类通用的问题，最终得以简化终端的业务编码。

第7章 仿JPA：通过接口方法名执行逻辑——Calculator

这是第4章介绍动态代理时留下的“坑”，现在我们来填上它。

我们已经习惯了只定义接口就能工作的框架，比如MyBatis、JPA、Feign等。这些框架具有相同的特点，即用户只需要编写接口(一般说来还要在接口上标记注解)，然后就可以以接口为单位引入至各个Bean中干活了，完全不需要知道它带着什么对象在工作。究其原因，其实我们在第4章中已经知道，看似不需要自定义实现类，其实框架早已准备好了实现类。更具体一点，是准备好了JDK动态代理所需要的InvocationHandler实现类——在JPA中是JdkDynamicAopProxy，MyBatis中是MapperProxy，而在Feign中则是FeignInvocationHandler。

这些只定义接口就能工作的框架从使用上看起来是似乎很神奇，但仔细分析后发现其实现都一样，只要满足一个大前提就可以采用这种方式，那就是具体逻辑的种类是有限且不多的：对于ORM框架而言，主要就是CRUD，对于Feign这样的框架而言，其逻辑就更简单了，那就是向远程发起HTTP调用。这些框架的作用很单一，因此可以固定实现类，由框架提前为用户准备好。试想一下，我们能为用户的普通业务接口提前准备实现类吗？这肯定是做不到的，因为用户需要处理的业务千差万别，我们无法确定准备的实现类可以满足用户的哪一个具体需求。

理解了上面的说明后，我们把目光转向上面提到的三个例子中最有意思的那个——JPA。之所以说它最有意思，因为它的执行可以按方法名称进行(findBy×××、deleteBy×××等)，它比另外两个还要“神奇”，因此本章我们也来模拟一个类似的场景，通过定义接口并且在接口中指定合适的方法名，就可以完成相关逻辑。

7.1 需求场景和准备

很明显，首先需要满足“业务种类有限且确定”，不然我们的实现类就不知道该干什么了。除去数据库操作、远程HTTP访问这些类型有限的情景外，作者想到了四则混合运算，它只有有限的计算方式——加、减、乘、除及括号，正适合用来当作模仿 JPA 的对标物，并且可以从方法名获取运算逻辑。

将简单的四则混合运算做成像 JPA 这样复杂的框架，看起来有些本末倒置，毕竟我们原本只需要简单进行计算就行了。3+4 我们都知道等于 7，“3+4” 这个字符串(中缀表达式)也可以通过算法将之解析成 3+4 这个数学计算从而仍然能得到 7，为什么我们还需要搞个框架来计算？关于此，只能说更多是出于练习的目的。通过为有限类型的逻辑提前编写实现类，然后和用户编写的接口通过动态代理对接，这不就是 JPA、MyBatis、Feign 的实现方式吗？我们在本章中将完成这一整套流程，让用户的接口在观感上直接作为 Bean 注入各个组件中工作，用户只需要定义接口即可完成相应逻辑，这一套流程适合任意类似的场景。读者在工作中有需要时，只需要修改 InvocationHandler 实现类中的业务逻辑和接口的命名规则(以及某些配套的工具)就可以用于自己的真实需求，基础架构基本不需要改变。

我们将此框架命名为 “Calculator”。出于兼容性的需要，选择 JDK 8 版本，这样在 Spring Boot 2 和 Spring Boot 3 下都能正常工作，它和上一章编写的 UniController 情况不一样，它所依赖的各个组件都是通用的，不需要专门区分 Spring Boot 版本。

在工程中，框架本身所在的模块名为 “spring-boot-calculator”。

7.1.1 方法名约定和自定义运算

我们知道，在 JPA 的 DAO 中，可以简单地使用 “findByName” 来按 name 列查询 Entity(前提是 Entity 中定义了 name 列)，而 “findByNameLikeIgnoreCase” 甚至可以按 name 列忽略大小写模糊查询，初次使用的时候或许我们会被震撼到。究其原因，是因为 JPA 使用 JDK 动态代理接收了这些方法并进行处理，将方法名按相关约定进行解构(有兴趣的读者可以查阅 PartTreeJpaQuery 的构造函数和 PartTree 的构造函数，尤其是后者)，最终在 DAO 方法运行时进入 org.springframework.aop.framework.JdkDynamicAopProxy#invoke 方法(即 InvocationHandler#invoke 方法)，执行相关逻辑。

同样，我们在 Calculator 框架中也需要约定方法的组成，以便在系统启动时解构方法名。当用户真的调用相关方法时，我们就可以在提前准备的动态代理 InvocationHandler#invoke 方法中按相关约定运行四则混合运算。

我们对标 JPA 的 DAO 接口，有两种方法命名模式：规则模式和自由模式。前一种类似于 JPA 的 “findBy×××”，我们约定一些语法，用户在接口中定义方法时只要遵守了这些语法就可以依靠方法名完成相应逻辑；而后一种则类似于 JPA 的@Query 注解，用户不受 “findBy×××” 规则约束，可以随意指定方法名，因为 SQL、HQL 语句全写在@Query 注解中了，JPA 不会再去按规则解析方法名。

1. 规则模式相关约定

确定了两种方法定义模式后，我们先来讨论规则模式。结合加、减、乘、除和小括号的英文名，我们选取这样的几个单词(或缩写)用到方法名中，如表 7-1 所示。

表 7-1　规则模式下运算方法名约定

关 键 字	意　　义	例　　子
plus	两数相加	plus(3，4)= 3+4=7
minus	两数相减	minus(7，4)= 7−4=3
mul(multiply)	两数相乘	mul(3，4)= 3×4=12
div(divide)	两数相除	div(6，2)= 6/2=3
op	开括号，即左括号“(”，open parenthesis	
cp	闭括号，即右括号“)”，close parenthesis	

有了上面的基本运算定义后，我们就可以组合出各种各样的四则运算方法名了。方法名有了之后，形参还必须与之匹配，不然在运行时会出错，这一点和 JPA 的 DAO 方法定义是一样的。对 Calculator 框架的方法名而言，出于习惯原因，我们将其首字母小写，这里有一些例子，如表 7-2 所示。

表 7-2　自由组合四则运算的方法举例

方法名及形参	说　　明
plusMul(int a，int b，int c)	a+b×c
divOpPlusCp(double a，double b，double c)	a/(b+c)
opMinusCpMul(int a，int b，int c)	(a−b)×c
opMinusOpPlusCpCpMul(double a，double b，double c，double d)	(a−(b+c))×d

需要说明的是，“a+b×c”和数学上的四则运算完全一样，即“先乘后加”。“plusMul(1,2,3)”意味着“1+2×3=7”。括号的意义自然也和数学上一样，且支持括号嵌套，请比照最后一个例子理解。

2. 自由模式的处理

自由模式就简单多了，JPA 中使用的是@Query 注解，然后把规则(即 SQL、HQL)放在注解之中，我们也借鉴这种成熟的方式。我们可以定义如下的一个注解@CalExpression，同样只需要将运算表达式放在其中即可，Calculator 框架底层碰到此注解标记的相关方法时，不再解析其方法名，而是直接解析注解里指定的规则。@CalExpression 的定义如代码片段 7-1 所示(路径：spring-boot-calculator 模块，com.purpblue.calculator.annotation.CalExpression)。

代码片段 7-1：定义@CalExpression 注解

```
@Target(ElementType.METHOD)
@Retention(RetentionPolicy.RUNTIME)
```

```
public @interface CalExpression {
    String value();
}
```

注解简单易懂，运算表达式只需放在 value 属性中即可。比如，“@CalExpression("a/(b+c)")”这样一个运算表达式即相当于上面规则模式中介绍的“divOpPlusCp(double a,double b,double c)”方法，不过在这里我们可以任意指定方法名，不再受方法命名规则的约束，如代码片段 7-2 所示。

代码片段 7-2：被@CalExpression 标记的方法可以使用任意名称

```
@CalExpression("a / (b + c)")
double calculateIt(double a, double b, double c); //随意定义方法名
```

除了普通方法外，Calculator 框架也会碰到 static 方法和 default 方法。前者最简单，直接通过接口名就能调用，与平时一样，它和动态代理没什么关系，也就是说，和 Calculator 框架没什么关系。因为这是用户在接口中自行定义的 static 方法，它属于接口本身，不属于对象，所以不在代理作用范围；后者则需要特别处理，不过也都有优秀的例子可供借鉴，后续我们会给出具体实现。

再次说明：乍一看，我们以这样复杂的方式来做四则混合运算，怎么都像是用大炮打蚊子。没错，我们在这里就是要“造大炮”，至于四则混合运算这个“蚊子”，不过是拿来练手的小目标而已。只要掌握了“造大炮”的技能，我们可以瞄准任何一个强大的目标。

7.1.2 定义身份注解和接口

前面我们已经定义了接口内部的相关方法，接下来需要定义接口的身份，即 Calculator 框架如何知道某个接口是用于四则混合运算的。在身份识别方面，我们知道 JPA 一般使用@Repository 注解(当然也可以使用少见的@RepositoryDefinition，第 6 章测试 JPA 时已演示过)，MyBatis 是@Mapper，而 Feign 是@FeignClient。由此可见，此类框架都是通过注解来标记接口身份的，于是我们也可以模仿，定义一个@Calculator。除了注解，我们当然也可以考虑使用父接口的形式。比如我们定义父接口 Calculator，用户自己的接口只要继承了 Calculator，就是需要处理的目标，效果和@Calculator 注解一样。前面提到的 JPA 等成熟框架都使用注解来标记，这种方式的用户体验也早已被全世界程序员所肯定。我们基于前面讨论的框架编写准则(不需要携带数据，或只需要携带少量数据时可以考虑接口实现)，尝试同时提供基于接口的身份标记以便向用户提供更多的选择，类似事件机制中的@EventListener 注解和 ApplicationListener 接口。

@Calculator 注解的定义如代码片段 7-3 所示(路径：spring-boot-calculator 模块，com.purpblue.calculator.annotation.Calculator)。

代码片段 7-3：定义身份注解@Calculator

```
@Retention(RetentionPolicy.RUNTIME)
@Target(ElementType.TYPE)
```

```
public @interface Calculator {
    /**
     * BeanName
     */
    String name() default "";
}
```

该注解与@Repository 类似，仅包含一个属性指明 BeanName，在这里无须多述。

同样，我们来定义标记身份用的空接口 Calculator，用户的接口若继承了此接口，同样会被纳入 Calculator 体系。它和@Calculator 注解的作用是一样的，如代码片段 7-4 所示(路径：spring-boot-calculator 模块，com.purpblue.calculator.core.Calculator)。

代码片段 7-4：定义身份接口 Calculator

```
public interface Calculator{ }
```

过于简陋了一点？没关系，它就是接口身份的象征。请读者翻阅一下 JPA 中所有 DAO 接口的祖先接口 org.springframework.data.repository.Repository，它们是类似的。

7.1.3 定义@Enable×××注解

这次与前面的 UniController 自动引入方式不同，这次我们采用像 JPA 或 Feign 那样使用@Enable×××手动开启的形式(前者是@EnableJpaRepositories，后者则是@EnableFeignClients)，也就是用户必须在配置类上添加@Enable×××注解才能启用 Calculator 框架功能，否则它不会生效。注解名为@EnableCalculator，注解定义如代码片段 7-5 所示(路径：spring-boot-calculator 模块，com.purpblue.calculator.annotation.EnableCalculator)。

代码片段 7-5：定义开启框架功能的@EnableCalculator 注解

```
@Target(ElementType.TYPE)
@Retention(RetentionPolicy.RUNTIME)
@Import({CalculatorProxyProcessor.class, //a
CalculatorScanner.class})
public @interface EnableCalculator {
    String[] basePackages() default "";
}
```

basePackages 属性与@EnableJpaRepositories、@EnableFeignClients 以及@ComponentScan 等注解的 basePackages 是一个意思，即指定需要扫描的包路径(包括子包)，在这些路径下带有@Calculator 注解或继承自 Calculator 接口的接口才会被纳入 Calculator 体系。basePackages 是 String[]类型，支持配置多个包路径，若没有指定包路径，则默认扫描标记此注解的配置类所在的包及其全部子包，这些约定属于通用规范。

此外，上面的注解定义中我们看到 a 处有一个@Import 注解，这是在引入配置类或 ImportSelector、ImportBeanDefinitionRegistrar 等组件。没错，这里引入的正是 ImportBeanDefinitionRegistrar 类型，稍后我们将逐一介绍它的内部逻辑，它也是扫描用户定义的 Calculator 相关接口的核心组件。

7.2 具体编写实现

设计结束，现在我们进入具体编码阶段。由于用户只需要编写相关接口，我们需要为这些接口提供对应的 InvocationHandler 实现类，这样组成 JDK 动态代理后，才能最终实现“珠联璧合”的效果。除了运行时发挥作用的动态代理外，当然也少不了系统启动时的相关解析和缓存，以及将解析后的相关方法名或计算表达式转换为真实运算符的 ExpressionHandler（这是 Calculator 框架定义的接口，后文详述）。

7.2.1 解析方法名和计算表达式

就像 JPA 需要 PartTree 解析 DAO 方法名一样，我们也需要一个组件来解析用户编写的相关方法名，我们的目标是将方法名解析为相应的计算表达式，比如“plusMinus”我们将之解析为“a+b-c”这个计算表达式。至于用户通过@CalExpression 自行提供的计算表达式，其与通过方法名解析出来的表达式是同一类型，因此并不需要特别的处理逻辑。

1. 解析方法名的接口

我们使用 ExpressionHandler 接口来表示处理方法名和计算表达式的组件，并根据前面提到过的框架编写准则提供默认实现。一般说来，用户没有必要替换此默认实现，虽然它可以替换。由于 ExpressionHandler 组件的工作时机非常早，因此用户使用@Component 来标记此组件是“来不及”的——当@Component 标记的 BeanClass 被创建 Bean 并开始工作时，框架的初始化阶段已经结束。因此我们必须让用户自定义的组件更快生效，于是我们选用 SPI 机制。SPI 机制的工作时机不受启动阶段限制，框架的编写者可以随时通过工具类调用用户的 SPI 配置。ExpressionHandler 接口的定义如代码片段 7-6 所示（路径：spring-boot-calculator 模块，com.purpblue.calculator.core.ExpressionHandler）。

代码片段 7-6：定义处理方法名和计算表达式的核心接口 ExpressionHandler

```
public interface ExpressionHandler {
    /** a.
     * 由方法名解析出计算表达式
     * @param methodName 方法名,比如“plusDiv”
     * @return 类似于“(:0)+(:1)/(:2)”这样的预处理计算表达式,可以类比 JDBC 的 PreparedStatement
     */
    String buildCalExpression(String methodName);

    /** b.
```

```
 * 执行具体的计算逻辑
 * @param expression 最终计算表达式,比如"(1)+(2)/(3)"
 */
BigDecimal calculate(String expression);

/** c.
 * 处理用户通过@CalExpression 注解自定义的计算表达式,比如"(i+j)/k"
 * @param value 用户自定义的计算表达式。来自@CalExpression 注解
 * @return 类似于"((:0)+(:1))/(:2)"这样的预处理计算表达式,和 a 处 buildCalExpression 方法获
得的结果是兼容的
 */
String processCalExpression(Method method, String value);

/** d1.
 * 将运行时的实参嵌入预处理的计算表达式中
 * @param expression 预处理的计算表达式。类似"(:0)+(:1)*(:2)"
 * @param args 实参数组,必须与 expression 对应
 * @return 类似"(1)+(2)*(3)"这样的真实计算表达式
 */
default String putArgsIntoMethod(String expression, Object[] args) {
    String result = expression;
    if (args != null && args.length > 0) {
        for (int i = 0; i < args.length; i++) {
              result = result.replace(":" + i, String.valueOf(args[i]).replace("-",
"n")); //d2.
        }
    }
    return result;
}

/** e.
 * 构建预处理计算表达式时检查用户的定义是否正确
 * @param method 方法本身
 * @param exp 已经预处理的计算表达式
 */
default void checkMethod(Method method, String exp) {
    int colonCount = (int) exp.chars().filter(c -> c == ':').count();
    int paramCount = method.getParameterCount();
    if (colonCount != paramCount) {
        throw new IllegalArgumentException(...);
    }
}
/**
 * 在运行时根据当前方法提取计算表达式缓存
 */
```

```
    default String getCachedMethodExpression(Method method) {
        return "";
    }

    /**
     * 接收外部传入的计算表达式缓存,和用户定义的方法一一对应
     */
    default void setMethodCache(Map<Method, String> methodCache) { }
}
```

以上便是我们的“计算表达式解析和执行引擎”。当系统启动、开始注册用户编写的 Calculator，以及真实运行到某个计算方法时，会调用这些方法进行处理。

1) a 处的 buildCalExpression 是整个 Calculator 框架最重要的方法之一，正是它将用户编写的方法按名称解析为相关的计算表达式。至于这个表达式如何“表达”，完全看实现类的意图。以作者提供的默认实现——DefaultExpressionHandler 为例，这里使用了类似 JDBC 中 PreparedStatement 的预处理机制(至少外观上类似)。比如用户编写的方法名为“plusMul”，即“a+b * c”，这里会将之解析为“(:0)+(:1) * (:2)”并缓存，运行时只需要将真实的入参置入替换掉占位符即可(置入真实入参的方法即为 putArgsIntoMethod，d 处)。具体的 buildCalExpression 实现逻辑比较枯燥，有兴趣的读者请自行查阅并调试框架源码中 com.purpblue.calculator.core.DefaultExpressionHandler#buildCalExpression 方法，或者干脆编写自己的 ExpressionHandler 实现(编写好之后别忘了配置到 SPI 中)。这其实就是一道标准的数据结构与算法题。

2) processCalExpression 方法(c 处)相比之下要简单得多，因为用户本质上已经提供了计算表达式，我们只需要将其中的字母替换为“:0”“:1”这样的值即可，这样就与 buildCalExpression 方法最终生成的计算表达式一致了，运行时就可以共享同一套计算逻辑。buildCalExpression 方法的难点在于把类似“opPlusCpMul”的方法名解析为“(a+b) * c”，之后再转为“((:0)+(:1)) * (:2)”，而 processCalExpression 方法直接就可以接收用户提供的“(a+b) * c”表达式，免去了解析过程，自然轻松了许多。

3) 计算表达式解析完毕并缓存之后，真实运行时便可以结合用户传入的实参进行计算，也就是 calculate 方法(b 处)。由于 double 等浮点数运行时并不精确，为了不给使用者造成困扰，我们在运算时一律使用 BigDecimal 进行计算，并且 BigDecimal 必须使用 String 类型的构造函数。不然的话，有可能会得出“plusPlus(0.1,0.1,0.1)= 0.30000000000000004”这种令人啼笑皆非的结果。一切运算都在 BigDecimal 下进行，最终的结果类型取决于用户在方法中定义的返回类型。比如，用户定义了 Integer、int 返回类型，那最终再调用一下 BigDecimal#intValue 就可以了，用户若定义 Double、double 返回类型做类似处理。由于这是四则运算，再定义诸如 Float、float、Boolean、boolean 等返回类型已无必要，我们不再支持。同理，形参类型除了 Double、double、Integer、int 四种之外也不支持其他类型。有的读者或许觉得补全其他的返回类型也挺不错，比如 Long、long、

Short、short 之类，这个就请自行手动增补了，详见 com.purpblue.calculator.core.CalculatorProxy#convertToType。

4) 核心接口说明完了，剩下的就是一些辅助接口。d1 处 putArgsIntoMethod 是一个值替换的过程，简单易理解。e 处 checkMethod 则是解析出计算表达式之后校验用户定义的形参个数是否和表达式匹配。比如用户定义了这样一个方法："plusDiv(double a,double b)"，这明显是不正确的。因为运算符有两个(+和/)，形参也是两个，无法匹配——形参应该有三个才对，这样才能组成"a+b/c"这样的运算表达式。checkMethod 可以在这里检测出这种定义错误，类似于 JPA 在系统启动时的 DAO 方法检验。如果不做解析时校验的话，就会把这样的错误延迟到运行时发现(运行时将会抛异常从而无法完成请求)，这并不是一个好的处理方式。checkMethod 使我们在启动阶段就能检测出这种错误并及时处理，以尽量消除运行时的隐患。

putArgsIntoMethod 方法的默认实现中出现了一个字符"n"（d2 处），这个是作者自行定义的，它在这里指负数(negative)。之所以不用减号(即"-")来表示负数，是因为减号已经表示了减法这个运算，在作者的解析逻辑中两者一旦混淆使用会出错，于是在解析计算表达式阶段把负号用 n 来表示，真实计算时再还原回去，请读者自行调试。自定义算法的底层只要能自洽，不影响上层的用户体验即可。读者也完全可以编写自己的解析逻辑来替换掉 DefaultExpressionHandler，反正我们早已预留了 ExpressionHandler 接口给大家自行实现。

5) 剩下的是更简单的 setMethodCache 和 getCachedMethodExpression。既然 ExpressionHandler 负责解析计算表达式，那它自然也可以缓存这些表达式，setMethodCache 方法即为缓存设置，而 getCachedMethodExpression 一看名字就知道是在运行时从缓存中提取计算表达式。只要缓存了计算表达式，就得提供提取它们的方法，因此这两个方法其实就是一对。

2. 默认实现类简单说明

我们已经说明 ExpressionHandler 的默认实现是 DefaultExpressionHandler，其中有一部分是数据结构与算法，略显枯燥，但作者认为依然有必要在此简单介绍解析方法名的思路，不过对于其中具体的方法逻辑就不详述了，有兴趣的读者自行调试即可理解。

在 DefaultExpressionHandler 中(请自行参阅源码)，作者解析表达式使用了两个步骤，运行时计算表达式也是两个步骤。解析表达式的过程虽然是从接口方法 buildCalExpression 切入，但此方法最初的步骤却是额外调用了私有方法 DefaultExpressionHandler#parseMethod，其目的是将类似"plusMul"的方法名解析为"+ *"这样的纯数学符号(包括括号也会解析)，这一步非常简单，只是字符替换而已。将所有的"plus"（或"Plus"）替换为"+"，所有的"Mul"替换为"*"，其他符号同理。经此替换，像"opMinusOpPlusCpCpMul"这种看起来较为复杂的方法名就会变成"(-(+))*"，之后才会作第二步处理。

所谓第二步处理，就是把"(-(+))*"这样的内容加以处理，在除去括号的运算符的左右贴上对应的数字占位符。"(-(+))*"经过处理后就是"((:0)-((:1)+(:2)))*(:3)"，同理

“+-”经过处理后就是“(:0)+(:1)-(:2)”。小括号有点多，因为占位符本身也被小括号包裹起来以避免一些问题，将包裹占位符的小括号去掉之后，表达式就一目了然了，和第一步中通过parseMethod方法处理过后的原始数学符号是完全对应的。需要注意在buildCalExpression方法中作者使用了“x”这个char，用于标记“当前运算符的左边是表达式起始”或“当前运算符的右边是表达式结束”。至于为什么要用“x”，纯粹就是个人喜好。

buildCalExpression方法涉及的算法部分，主要就是为运算符的两边添加数字占位符，同时又要兼顾各处嵌套的左右括号。其中的细节，有兴趣的读者可以自行调试。

解析完成之后，就是运行时的数字替换和真实计算了。第一步数字替换就是前面介绍ExpressionHandler接口时提到过的putArgsIntoMethod方法，这是非常简单的字符串替换，通过这个步骤将形参替换成了实参。第二步就是较为常见的数据结构与算法题目了，即“计算由字符串表示的四则混合运算”，详见calculate方法，这里完全是依赖栈结构的算法实现，此处不再赘述，请有兴趣的读者自行分步调试，或者干脆编写自己的实现。考虑到针对double计算的精度问题，这里所有的计算都使用了BigDecimal(doCalc方法)，前文已述。

通过ExpressionHandler，我们得以将用户在接口中编写的方法名转成数学公式，最终结合实际入参计算出数值。

7.2.2 编写动态代理之InvocationHandler实现类

解析和计算部分已经处理完毕，现在可以准备运行时使用的动态代理了。我们知道JDK动态代理除了用户编写的接口之外，还需要InvocationHandler实现类，这也就是我们需要在本节解决的问题。我们将此InvocationHandler实现类命名为CalculatorProxy。

我们来思考一下，CalculatorProxy需要处理用户在Calculator接口中编写的哪几类方法?

第一类是“祖传”方法，即继承自Object的方法，比如equals、hashCode、toString、getClass等，这类方法不需要特别处理。当这些方法进入CalculatorProxy#invoke方法时，我们只需要原始调用就行了。

第二类是最常见也是我们最需要处理的方法，就是普通的接口方法，即类似“plusDivMul(double a,double b,double c,double d)”这样符合规则定义的方法。我们也在前文中详细讨论了解析和运算此方法的逻辑。我们在CalculatorProxy#invoke方法中需要重点研究这类方法的前置拦截、执行、后置拦截、结果返回等。

第三类是接口中定义的静态方法，前文也已谈过，这一类方法完全不需要干预，因为都是通过接口名调用的，简单直接，与“动态代理”无关。

第四类要麻烦一些，那就是接口中定义的default方法，它确确实实是实例方法而非静态方法(但是是特殊的实例方法)。试图直接在CalculatorProxy#invoke中像第二类方法那样调用是不会成功的。事实上，调用default方法必须使用特别的办法，那就是使用方法句柄MethodHandle(java.lang.invoke.MethodHandle)，稍后我们会进行详细编码说明。

1. 处理用户在 Calculator 接口中编写的 default 方法

如何通过 MethodHandle 来调用接口中的 default 方法呢？这个问题其实所有“只要求用户编写接口”的框架都会碰到，因此它们也都必须处理这个问题。前面经常提到的三大框架中，JPA 使用 DefaultMethodInvokingMethodInterceptor 处理，MyBatis 则直接在核心组件 MapperProxy 中处理，Feign 则使用 DefaultMethodHandler 处理。三大框架调用接口中定义的 default 方法的底层逻辑本质上都差不多，因为无论怎么编写代码最终都会进入 JDK 的 java.lang.invoke.MethodHandles.Lookup 组件之中。我们作为“第四大调用 default 方法的框架”（开个玩笑），直接从这三位巨人之中选一个借鉴即可。鉴于 MyBatis 的处理最为简单，且代码看起来也非常轻量，因此我们选择借用它的逻辑，至于缺点的话，就是封装性相对弱了一些。相比之下，另外两大框架在专用的组件中处理，封装性和可维护性都更强。考虑到这不是核心功能，于是作者选择了模仿 MyBatis “一切从简”，有兴趣的读者也可以自行修改此部分实现，仿 JPA 或 Feign 的处理方式使用独立组件调用接口的 default 方法。CalculatorProxy 中处理 default 方法的相关逻辑如代码片段 7-7 所示(路径：spring-boot-calculator 模块，com.purpblue.calculator.core.CalculatorProxy)。

代码片段 7-7：在 InvocationHandler 组件中调用接口定义的 default 方法

```
public class CalculatorProxy implements InvocationHandler {
    ...
    /** a.用户接口中的 default 方法缓存 */
    private final Map<Method, MethodHandle> methodHandleCache = new ConcurrentHashMap<>
();
    //下面部分来自 MyBatis 的核心组件 MapperProxy,用于调用接口中定义的 default 方法,且兼容 JDK 8
//和 JDK 9+
    private static final Constructor<MethodHandles.Lookup> lookupConstructor; //b1
    private static final Method privateLookupInMethod; //b2
    private static final int ALLOWED_MODES = MethodHandles.Lookup.PRIVATE |MethodHandles.
Lookup.PROTECTED |MethodHandles.Lookup.PACKAGE |MethodHandles.Lookup.PUBLIC; //c

    static { //d
        //from org.apache.ibatis.binding.MapperProxy,用于处理动态代理的 default 接口方法
        Method privateLookupIn;
        try {
            privateLookupIn = MethodHandles.class.getMethod("privateLookupIn", Class.
class, MethodHandles.Lookup.class); //d1
        } catch (NoSuchMethodException e) {
            privateLookupIn = null;
        }
        privateLookupInMethod = privateLookupIn;

        Constructor<MethodHandles.Lookup> lookup = null;
        if (privateLookupInMethod == null) {
            //JDK 1.8
```

```
            try {
                lookup = MethodHandles.Lookup.class.getDeclaredConstructor(Class.class,
int.class); //d2
                lookup.setAccessible(true); //d3
            } catch (NoSuchMethodException e) {
                throw new IllegalStateException(..., e);
            } catch (Exception e) {
                lookup = null;
            }
        }
        lookupConstructor = lookup;
    }
    //from org.apache.ibatis.binding.MapperProxy,用于处理动态代理的 default 接口方法
    private MethodHandle getMethodHandleJava8(Method method) ... { //e
        final Class<?> declaringClass = method.getDeclaringClass();
          return lookupConstructor.newInstance(declaringClass, ALLOWED_MODES).unre-
flectSpecial(method, declaringClass);
    }

    //from org.apache.ibatis.binding.MapperProxy,用于处理动态代理的 default 接口方法
    private MethodHandle getMethodHandleJava9(Method method) ... { //f1
        final Class<?> declaringClass = method.getDeclaringClass();
        return ((MethodHandles.Lookup) privateLookupInMethod
            .invoke(null, declaringClass, MethodHandles.lookup()))
            .findSpecial(
                declaringClass, method.getName(),
                MethodType.methodType(method.getReturnType(), method.getParameterTypes()),
//f2
                declaringClass
            );
    }

    //将从 MyBatis 借鉴过来的方法聚合在一起,兼容 JDK 8 和 JDK 9+
    private MethodHandle getMethodHandle(Method method) ... { //g
        MethodHandle handle = methodHandleCache.get(method);
        if (handle == null) {
            if (privateLookupInMethod == null) {
                handle = getMethodHandleJava8(method);
            } else {
                handle = getMethodHandleJava9(method);
            }
            methodHandleCache.put(method, handle);
        }
        return handle;
    }
}
```

以上的内容就是对用户接口中 default 方法的处理，它的套路比较固定。除了最上面 a 处的 methodHandleCache 是方法缓存之外，其余部分可以不用深入理解(至少在本书中可以不用，有兴趣的读者可以深入研究)，我们作简单说明。

1) b1、b2 两处不可能同时存在，因为 b1 处针对 JDK 8，而 b2 处针对 JDK 9+。MyBatis 直接在简单的逻辑中兼容 JDK 8 和 JDK 9+，这个操作很值得我们借鉴。我们早已知道 JDK 8 和 JDK 9+有很大的不同，单是模块化和相关权限控制就足以将它们划分为“古代 JDK”和“现代 JDK”，它们的很多组件无法通用。对于 JDK 9+而言，b2 处的 privateLookupInMethod 指的是 MethodHandles 的公共静态方法 java.lang.invoke.MethodHandles#privateLookupIn，通过它可以获得有效的 Lookup 对象。而 JDK 8 是没有这个方法的，这时候得调用 Lookup 的构造函数直接创建 Lookup 对象，这个构造函数是 java.lang.invoke.MethodHandles.Lookup#Lookup(java.lang.Class<?>, int)，它是 private 的，因此在 CalculatorProxy 的类初始化块中通过 setAccessible(true)来打开其访问权限(d3 处)。

在 CalculatorProxy 的类初始化块中，可以看到一开始代码试图匹配 JDK 9+下的 Lookup(d1 处)，如果寻找方法失败(即 d1 处异常)，说明当前不是 JDK 9+环境，于是捕获当前异常，进入 d2 处匹配 JDK 8，找到对应的构造函数(private 级别)，然后如前所述，简单打开访问权限。如果此处仍然匹配失败，那 JDK 的版本实在太低，于是进入异常处理逻辑。

2) CalculatorProxy 的类初始化块运行结束后，对于 JDK 8 或 JDK 9+而言，构建 Lookup 的办法必然已经成功建立，我们将目光转向 e 和 f1 两处方法，它们分别对应在 JDK 8 和 JDK 9+下创建 MethodHandle 对象的流程。虽然两类 JDK 下生成 MethodHandle 对象的套路似乎完全不同(请仔细比对两个方法)，但我们在这里不必过度关注，因为都是固定实现方法，认识它们、知道它们是什么作用即可。对于 f1 处 JDK 9+下的方法，出现了一个新类型 MethodType，顾名思义，方法类型。通过 MethodType 的公共静态方法 methodType 可以创建任何一个方法的 MethodType 对象，只要提供目标方法的返回类型和形参数组即可(f2 处)，而相比之下 e 处 JDK 8 下创建 MethodHandle 的过程就简单多了。

3) g 处是作者添加的 e 和 f1 两处的聚合，且添加了缓存支持，通过 privateLookupInMethod 这个字段的情况就可以判断当前是 JDK 8 还是 JDK 9+环境，简单易懂。此方法虽然算作者“原创”，但依然可以认为借鉴自 MyBatis 的 MapperProxy 中的相关逻辑(参见 MapperProxy#cachedInvoker 方法)。

终于，经过上述一系列操作，我们最终可以拿到用户在 Calculator 接口编写的 default 方法了，那如何调用呢？关于调用，仍然是固定实现，一般说来，就是用 MethodHandle 对象先调用 bindTo 方法再调用 invoke 方法，如代码片段 7-8 所示(路径：spring-boot-calculator 模块，com.purpblue.calculator.core.CalculatorProxy#invoke)。

代码片段 7-8：CalculatorProxy#invoke 中调用 default 接口方法

```
if (method.isDefault()) {
    result = getMethodHandle(method) //a
```

```
        .bindTo(proxy) //b
        .invokeWithArguments(args); //c
}
```

a 处创建当前 default 方法的 MethodHandle 对象，b 处绑定至当前执行此方法的对象(Bean，即当前 JDK 动态代理)——再次强调 default 方法是实例方法，必须通过对象才能执行。绑定好执行对象后，带上当前方法入参 invoke 即可(c 处)。

2. 具体的 invoke 流程

default 方法的处理和调用讨论完毕后，我们调用用户编写的全部接口方法已经没有了阻碍，现在直接将 Calculator 调用的核心方法 invoke 给出进行逐一说明，具体逻辑如代码片段 7-9 所示(路径：spring-boot-calculator 模块，com.purpblue.calculator.core.CalculatorProxy#invoke)。

代码片段 7-9：CalculatorProxy#invoke 的具体逻辑

```
public Object invoke(Object proxy, Method method, Object[] args) throws Throwable {
    if (Object.class.equals(method.getDeclaringClass())) {
        //a.继承自 Object 类的祖传方法,直接调用,无须干预
        return method.invoke(this, args);
    }

    //开始调用接口方法
    Object result;
    //b.本框架定义的前置拦截器
    beforeCalculate(interceptors, proxy, method, args);
    if (method.isDefault()) { //c.default 方法
        result = getMethodHandle(method)
            .bindTo(proxy)
            .invokeWithArguments(args);
    } else {
        //d.普通方法,依赖于 ExpressionHandler 的处理
        //d1.通过 ExpressionHandler 从缓存中根据方法对象获取运算表达式
        String rawExpression = expHandler.getCachedMethodExpression(method);
        //d2.通过 ExpressionHandler 用实参替换占位符
        String realExpression = expHandler.putArgsIntoMethod(rawExpression, args);
        //d3.通过 ExpressionHandler 执行计算,返回结果是 BigDecimal 类型
        result = expHandler.calculate(realExpression);
    }
    //e.后置拦截器,可以在这里对计算结果进行后置处理
    result = afterCalculate(interceptors, proxy, method, args, result);
    //f.转换并返回最终结果
    return result instanceof BigDecimal ?
        convertToType((BigDecimal) result, method.getReturnType()) : result;
}
```

可以看到在运行用户编写的接口方法时分了两种执行方式：default 方法(c 处)和普通接口方法(d 处)。default 方法的执行方式是固定实现，而非 default 方法则完全依赖前面介绍过的 ExpressionHandler：首先根据方法对象获取缓存的计算表达式(d1 处)，然后替换占位符为真实入参(d2 处)，最后执行实际计算(d3 处)。在经过后置处理后(e 处)，因为此种形式计算的原始结果都是 BigDecimal 类型，因此还需要转换为用户在接口方法中指定的返回类型(比如 double、int 等)。

上面的执行逻辑中针对用户编写的接口方法(包括 default 方法，但不包括 static 方法，前文已述 static 方法不会进入这里执行)引入了前后拦截机制(b、e 两处)，这类似于 BeanPostProcessor 和 AOP 中的@Around 注解等机制，即方法执行前和执行后可以对方法、入参，甚至执行结果等进行一些处理。需要注意的是，default 方法虽然也适用于拦截器机制，但因为它的返回值、入参、方法名和内部逻辑等都可以由用户自行决定，因此后置拦截器接口在处理方法运行结果时只能以 Object 类型接收值(而不是 BigDecimal 类型)。相比之下，非 default 的接口方法就简单多了(这也是最常见的情形)，因为用户只能按我们给出的规范定义方法名，且最终返回类型早已约定为 Integer、int、Double、double 四者之一，计算过程由我们全程控制，这种情形下原始的计算结果一定返回 BigDecimal 类型(d3 处)。

上面便是运行的核心逻辑，无论执行的方法是否为 default，都可以兼容。

7.2.3 计算拦截器 CalculateInterceptor

上一节 CalculatorProxy#invoke 方法的 b、e 两处使用了前置和后置拦截，以便在方法执行前或执行结束后进行一些处理或结果修改。CalculateInterceptor 是提供给用户的扩展点，且不需要我们给出默认实现，因为它不是必需的。它和 BeanPostProcessor 很像，同时拥有前置拦截和后置拦截方法，因此不是函数式接口。

用户如何将自己编写的 CalculateInterceptor 实现类插入至四则运算中实现前后置拦截呢？这非常简单，只需添加@Component 注解即可。

由于用户编写的每一个 Calculator 接口都会接入一个 CalculatorProxy 对象(它们一起形成动态代理对象最终成为 Bean)，而 CalculateInterceptor 会拦截每一个 Calculator 类型 Bean 的每一次运算(不过从上面核心逻辑的 a 处我们知道继承自 Object 类的方法不会被拦截)，因此需要在 CalculatorProxy 中开放设置 CalculateInterceptor 的方法，这非常简单，具体实现如代码片段 7-10 所示(路径：spring-boot-calculator 模块，com.purpblue.calculator.core.CalculatorProxy#setInterceptors)。

代码片段 7-10：CalculatorProxy 中设置计算拦截器

```
public void setInterceptors(Collection<CalculateInterceptor> interceptors) {
    this.interceptors = interceptors;
}
```

通过公共的 set 方法开放组件的设置功能，这也是 Spring 各框架中的常用套路。

那么应该在什么时机、在哪里调用此 set 方法设置拦截器序列呢？这时候我们需要编写一个新的配置类，并且我们仍然选择 SmartInitializingSingleton 这个初始化机制，在上下文刷新快结束时进行，具体实现如代码片段 7-11 所示(路径：spring-boot-calculator 模块，com.purpblue.calculator.configuration.CalculatorProxyProcessor#afterSingletonsInstantiated)。

代码片段 7-11：系统启动时为各个 CalculatorProxy 设置 CalculateInterceptor

```
public void afterSingletonsInstantiated() {
    //a.获取用户编写的 CalculateInterceptor 类型的 Bean 集合
    Collection<CalculateInterceptor> interceptors = beanFactory.getBeansOfType(CalculateInterceptor.class).values();
    //b.将集合转成 List 并排序,此排序遵照 PriorityOrdered、Ordered、@Order 机制,用户通过这些机制
//可以控制拦截器的顺序
    List<CalculateInterceptor> interceptorList = new ArrayList<>(interceptors);
    OrderComparator.sort(interceptorList);
    //c.将排好序的拦截器序列转成不可变 List
    List<CalculateInterceptor> finalInterceptorList = Collections.unmodifiableList(interceptorList);
    //d1.寻找用户编写的标注了@Calculator 注解的 Bean
    Map<String, ?> calculators = beanFactory.getBeansWithAnnotation(Calculator.class);
    //d2.寻找 Bean 中捆绑的 CalculatorProxy 对象,并为其设置拦截器序列
    calculators.values()
          .forEach(c -> ((CalculatorProxy)Proxy.getInvocationHandler(c))
          .setInterceptors(finalInterceptorList));
    //e1.寻找用户编写的继承自 Calculator 接口的 Bean
    Map<String, ?> calculators2 = beanFactory.getBeansOfType(com.purpblue.calculator.core.Calculator.class);
    //e2.寻找 Bean 中捆绑的 CalculatorProxy 对象,并为其设置拦截器序列
    calculators2.values()
        .forEach(c -> ((CalculatorProxy)Proxy.getInvocationHandler(c))
        .setInterceptors(finalInterceptorList));
}
```

上面的代码逻辑并不困难，主要是寻找全部 CalculatorInterceptor 并排序，然后将其添加至全部 Calculator 类型的用户 Bean 中。其中 d2、e2 处均调用了 CalculatorProxy#setInterceptors 方法为各个目标 Bean 中的 CalculatorProxy 对象设置拦截器序列，并且支持用户使用排序机制指定拦截顺序。d1 处寻找的目标是带有@Calculator 注解的 Bean，而 e1 处寻找的目标则是继承了 Calculator 接口的 Bean，这正好对应了前面讨论的机制(参见 7.1.2 小节)。

7.2.4 启动时扫描用的 ImportBeanDefinitionRegistrar

所有的功能差不多都编写完毕了，现在却还缺少最重要的一环：系统启动时，我们需要扫描用户编写的标注了@Calculator 注解的接口或继承自 Calculator 接口的接口，接着组装动态代理，然后将其中的方法解析为计算表达式并缓存。这一步较为烦琐，JPA、MyBatis、Feign 等框架也都无法避免类似操作。这和前面编写的 UniController 框架有很大不同——UniController 框架中并不需要

手动进行包级别的组件扫描，因为它真正“干活”的组件都是具体的类而非接口（DefaultUniController、JpaUniService、MybatisUniService 等），Spring 可以自动完成类的扫描并注册 Bean，但对接口则不行——而本章编写的 Calculator 框架，用户恰好只需提供接口。

言归正传，我们该如何扫描并缓存用户编写的目标接口呢？这部分也属于标准的实现方式，我们需要准备一个 Scanner，它是 ImportBeanDefinitionRegistrar 类型，负责发现用户编写的相关接口，并将之注册为 FactoryBean 以便借助 BeanFactory 的相关功能最终完成动态代理（Bean）的组装和注册——注意这里同时出现了 FactoryBean 和 BeanFactory，希望读者没有被绕晕，可以适时回顾第 2 章相关内容。

至于编写好 Scanner 之后如何启用它呢？这个在前面设计阶段已经讨论过了（请回顾 7.1.3 小节），有了@EnableCalculator 注解，整个框架逻辑就闭环了。

1. 编写 FactoryBean

由于生成动态代理的过程并不是一句话就能完成的，因此我们通过 FactoryBean 来实现。在这个组件中聚合了用户编写的与 Calculator 相关的接口和我们准备的 CalculatorProxy，最终通过 FactoryBean#getObject方法完成动态代理的创建，具体实现如代码片段 7-12 所示（路径：spring-boot-calculator 模块，com.purpblue.calculator.core.CalculatorFactoryBean）。

代码片段 7-12：定义生成 JDK 动态代理的 FactoryBean

```
public class CalculatorFactoryBean<T> implements FactoryBean<T> {
    //a.用户接口类型
    private final Class<T> interfaceClass;
    //b.CalculatorProxy 对象
    private final CalculatorProxy calculatorProxy;
    //c.构造函数
    public CalculatorFactoryBean(String interfaceName, CalculatorProxy calculatorProxy)
throws ClassNotFoundException {
        interfaceClass = (Class<T>) Class.forName(interfaceName, false, CalculatorFacto-
ryBean.class.getClassLoader()); //c1
        this.calculatorProxy = calculatorProxy;
    }
    //d.核心方法
    @Override
    public T getObject() {
        return (T) Proxy.newProxyInstance(
            CalculatorFactoryBean.class.getClassLoader(),
            new Class<?>[]{interfaceClass}, calculatorProxy);
    }
    //e.产品类型
    @Override
    public Class<?> getObjectType() {
```

```
        return interfaceClass;
    }
}
```

此组件本身没有太多难以理解的地方，但构造函数(c 处)需要简单说明一下：对于 interfaceClass 这个字段的赋值，我们传入了类的全限定名而非 Class 对象本身，因此构造函数的第一句(c1 处)需要通过 Class#forName 方法先加载并拿到此类的 Class 对象。

当 CalculatorFactoryBean 的对象被注册为 Bean 时，它的 getObject 方法会被自动调用并且其中创造的动态代理对象也会被自动注册为 Bean(参见 2.3.7 和 2.4.3 等小节)，这就是我们需要的最终产品。

2. 编写 Scanner

FactoryBean 也已准备好，我们现在只剩下最后一步了：扫描目标组件并注册 FactoryBean 的 BeanDefinition。我们早已确定这个 Scanner 是 ImportBeanDefinitionRegistrar 类型，在第 2 章中我们也知道此接口就是用来注册相关 BeanDefinition 的。

我们将此 Scanner 命名为 CalculatorScanner，它的构造函数如代码片段 7-13 所示(路径：spring-boot-calculator 模块，com.purpblue.calculator.core.CalculatorScanner)。

代码片段 7-13：CalculatorScanner 的构造函数

```
private final ExpressionHandler expHandler; //a

public CalculatorScanner() {
    //b.读取用户 SPI 配置的 ExpressionHandler
    List<ExpressionHandler> handlers = SpringFactoriesLoader
        .loadFactories(
            ExpressionHandler.class,
            CalculatorScanner.class.getClassLoader());
    ...
    if (handlers.isEmpty()) {
        //c1.若用户没有配置,使用默认实现(绝大部分情形)
        expHandler = new DefaultExpressionHandler();
    } else {
        //c2.若用户配置了,使用用户的实现
        expHandler = handlers.get(0);
    }
}
```

此构造函数初始化了一个核心组件，即前文介绍过的 ExpressionHandler，它被用于解析用户的接口方法和运行时执行真实的计算。b 处读取用户 SPI 配置的 ExpressionHandler：若用户没有配置，则在 c1 处启用默认的 DefaultExpressionHandler(绝大部分情形)；若用户配置了(即用户自行实现了 ExpressionHandler)，则在 c2 处使用用户的实现(这里正是给用户预留的扩展点)。在 CalculatorScanner 中，此 ExpressionHandler 对象用于解析用户方法为计算表达式，同时它也会被传递至真实执行计算的动态代理(Bean)中的 CalculatorProxy 对象，用于计算时的相关处理(前文已述)。

准备好 Scanner 之后，现在来介绍它的核心方法，即接口方法 registerBeanDefinitions，如代码片段 7-14 所示(路径：spring-boot-calculator 模块，CalculatorScanner#registerBeanDefinitions)。

代码片段 7-14：CalculatorScanner 的核心逻辑

```
public void registerBeanDefinitions (AnnotationMetadata metadata, BeanDefinitionRegistry
registry) {
    //x.方法->计算表达式缓存 Map
    final Map<Method, String> calMethodCache = new HashMap<>(32);
    //a1.获取@EnableCalculator 注解的内容,目标是获取扫描路径
    Map<String, Object> attr = metadata.getAnnotationAttributes(
        EnableCalculator.class.getCanonicalName()
    );
    //a2.获取@EnableCalculator 注解的属性(这里只有 basePackages 一个)
    String[] basePackages = (String[]) attr.get("basePackages");
    if (basePackages.length == 1 && "".equals(basePackages[0])) {
        //a3.若用户没有指定 basePackages 属性,则以当前声明@EnableCalculator 注解的配置类所在
//的包为目标进行扫描
        basePackages = new String[]{
            ClassUtils.getPackageName(metadata.getClassName())
        };
    }
    //处理各个包及其子包下的内容
    //b.准备 Spring 提供的 ResourcePatternResolver 对象
    ResourcePatternResolver resolver = new PathMatchingResourcePatternResolver();
    for (String basePackage : basePackages) {
        ...
        try {
            //c.使用 ResourcePatternResolver 对象扫描出目标包及其子包下的全部.class 文件,以资
//源的形式返回。注意下面这种写法
            Resource[] resources = resolver.getResources("classpath*:" + basePackage.re-
place(".", "/") + "/**/*.class");
            //依次解析扫描出的资源
            for (Resource r : resources) {
                String className;
                try (InputStream is = r.getInputStream()) {
                    //d.使用 Spring 提供的 ClassReader 读入资源文件,并获取这些资源所代表的类的全
//限定名
                    className = new ClassReader(is).getClassName().replace("/", ".");
                }
                //e.加载这些类,但不必运行其类初始化块,因为这里的目标只是“获取类对象”
                Class<?> klazz = Class.forName(className, false, getClass().getClassLoader());
                //f.获取类上标记的@Calculator 注解(如果有的话)
```

```
        Calculator calculator = klazz.getAnnotation(Calculator.class);
        //g.若@Calculator 注解为空,再判断此类是否是 Calculator 接口的子接口。两者满足其
//一,即判定为 Calculator 接口,需要处理
        if (klazz.isInterface() && (calculator != null || com.purpblue.calculator.
core.Calculator.class.isAssignableFrom(klazz))) {
            //h.简单生成 BeanName
            String beanName;
            if (calculator != null && StringUtils.hasText(calculator.name())) {
                //h1.用户使用@Calculator 注解且自行指定了 BeanName
                beanName = calculator.name();
            } else {
                //h2.其他情况,包括"使用@Calculator 注解但未显式指定 BeanName"和"继承了
//Calculator 接口"两种情况,这里都帮忙生成 BeanName
                String shortClassName = ClassUtils.getShortName(className);
                beanName = Introspector.decapitalize(shortClassName);
          }
            //i.准备 BeanDefinitionBuilder,且指定 BeanClass
             BeanDefinitionBuilder bdd = BeanDefinitionBuilder.rootBeanDefinition
(CalculatorFactoryBean.class);
            //i1.为当前 FactoryBean 的构造函数准备第 1 入参的值
            bdd.addConstructorArgValue(className);
            //i2.准备第 2 入参的值
            bdd.addConstructorArgValue(new CalculatorProxy(expHandler));
            //j.创建最终 BeanDefinition
            BeanDefinition bd = bdd.getBeanDefinition();
            //k.执行本方法最核心的目的:注册 BeanDefinition
            registry.registerBeanDefinition(beanName, bd);
            //获取此接口的全部方法,包括来自父接口的方法
            Method[] allMethods = klazz.getMethods();
            for (Method m : allMethods) {
                //l.静态方法和 default 方法不需要预处理表达式
                if (!Modifier.isStatic(m.getModifiers()) && !m.isDefault()) {
                    String methodName = m.getName();
                    //检查方法是否有@CalExpression 注解
                    CalExpression calExpression = m.getDeclaredAnnotation(CalExpres-
sion.class);
                    String expression;
                    if (calExpression == null) {
                      //m1.若方法没有@CalExpression 注解,最常见的情况,解析方法名并最终
//生成计算表达式
                        expression = expHandler.buildCalExpression(methodName);
                    } else {
                      //m2.若方法有@CalExpression 注解,不需要解析方法名,直接处理此注解
//中带有的计算表达式
                         expression = expHandler.processCalExpression(m, calExpres-
sion.value());
```

```
                        }
                        //n.表达式成功生成,检查其与方法的兼容性(比如形参个数是否匹配)
                        expHandler.checkMethod(m, expression);
                      //o.以方法为 key 缓存之,用于后续在 InvocationHandler 中调用
                        calMethodCache.put(m, expression);
                    }
                }
            }
        }
    } ...
  }
  //p.全部解析完毕,将本方法中创建的缓存 Map 转换成全局的不可变 Map 备用
  expHandler.setMethodCache(
      Collections.unmodifiableMap(calMethodCache));
}
```

我们已经尽力在上面的代码中标记了明确的注释，不过有几点还是需要详细说明。

1）这个方法中涉及了几个 Spring 中的重要组件：AnnotationMetadata、ResourcePatternResolver、ClassReader、BeanDefinition 及其 Builder。这其中，AnnotationMetadata 和 BeanDefinition 都“见过面”，但 ResourcePatternResolver 和 ClassReader 可能就比较“陌生”。对此作者只能说，Spring 底层的组件非常多，像字典一样将之全部列出来既不现实也无必要，我们只能在 5.1.4 小节列出一些常用的、易用的内容（便于记忆和使用），而对于 ResourcePatternResolver 或 ClassReader 这些冷门的工具，只能说用到时再介绍了。Spring 底层还有很多特别的工具和组件，需要我们平时多阅读源码去认识和使用。

2）由于整个 CalculatorScanner 都是靠@EnableCalculator 注解引入的，因此运行至此方法的时候，可知用户必然使用了@EnableCalculator 注解。至于为什么在 a1 处还要读取一遍此注解，只是为了在 a2 处拿到用户指定的需要扫描的包路径而已。如果@EnableCalculator 注解只是一个标识符而没有任何属性，那么我们在本方法中完全不需要管它。

3）在 g 处 if 条件中可以看到，我们很容易地同时兼容了@Calculator 注解和 Calculator 父接口这两个扩展点。因为这里只涉及接口，不涉及实现类，所以处理起来非常简单，但给用户的选择却不止一种，有利于提升用户体验。

4）i、i1、i2 三处操作属于 BeanDefinition 的常规处理操作：创建与当前 Calculator 接口相应的 BeanDefinitionBuilder，指明要使用 CalculatorFactoryBean 来创建动态代理。又因为此 FactoryBean 的构造函数有两个入参，分别对应接口的全限定名和 CalculatorProxy 对象（参见代码片段 7-12，c 处），因此这里通过 addConstructorArgValue 的形式提前置入，BeanFactory 在运行 CalculatorFactoryBean 构造函数时会自动传入需要的参数。还要提一下的就是 i2 处，这里创建前面已详述过的 CalculatorProxy 对象，同时将 ExpressionHandler 对象传入其中，我们知道运行用户编写的接口方法进入 CalculatorProxy#invoke 方法时会用 ExpressionHandler 对象来获取计算表达式、置入实参和执行计算。

这里如果不用 FactoryBean 可以吗？可不可以“投机取巧”一下，在这里直接使用 Proxy 组件创建 JDK 动态代理对象（即 CalculatorFactoryBean#getObject 中的内容），然后强行将对象注册至 BeanFactory？作者的看法是可以，但可能不太“标准”，因为这样的处理结果是只有单例的 Bean（即 Scope 固定为 singleton）而无法支持全作用域适配的 BeanDefinition，不过，对于本框架来说这种做法是可行的。我们将上面代码中 i～k 处的代码注释掉，转而使用简化代码，如代码片段 7-15 所示。

代码片段 7-15：CalculatorScanner 核心方法中简化 JDK 动态代理（Bean）的创建和注册

```
SingletonBeanRegistry sbr = (SingletonBeanRegistry) registry; //a
sbr.registerSingleton(beanName, Proxy.newProxyInstance(getClass().getClassLoader(),
    new Class[]{klazz}, new CalculatorProxy(expHandler))); //b
```

CalculatorScanner#registerBeanDefinitions 接口方法的第 2 入参是 BeanDefinitionRegistry 类型，实际上，它就是全局的 DefaultListableBeanFactory 对象，因此自然也实现了可以直接注册单例 Bean 的 SingletonBeanRegistry 接口，所以 a 处的类型转换是可以成功的。而 b 处则是调用 SingletonBeanRegistry 的 registerSingleton 方法直接注册单例 Bean（没有 BeanDefinition，直接注册，参见 2.3.4 小节的相关内容）。

这样看起来是不是简单多了？如果一下子不理解原来基于 BeanDefinition 的“标准”做法，先使用这种简化方式也未尝不可。

7.3 测试 Calculator 框架

框架编写完毕，现在可以测试了！我们在当前工程中新建测试模块 calculator-test-app，且使用 JDK 8。测试完毕之后可以通过 Maven 将 spring-boot-calculator 模块安装至本地仓库，然后引入至 JDK 17+的示例工程 1 使用（也可以引入至 JDK 8 的示例工程 2 使用）。如果都没有问题，那差不多可以说明我们的 Calculator 框架确实能适配任意 JDK 8+。读者可以打开示例工程 1 的 pom.xml 文件，作者已经将之引入，并在 com.example.project.one.calculator 包下有具体的使用示例。

7.3.1 测试模块的 pom 文件

和前面测试 UniController 差不多，我们创建好测试应用 calculator-test-app，然后在其 pom.xml 文件中进行配置，如代码片段 7-16 所示（路径：calculator-test-app 模块，pom.xml）。

代码片段 7-16：在测试模块中引入 Calculator 框架

```
<dependencies>
    <dependency>
        <groupId>org.springframework.boot</groupId>
```

```
            <artifactId>spring-boot-starter-web</artifactId>
            <version>2.7.9</version>
        </dependency>
        <dependency>
            <groupId>com.purpblue</groupId>
            <artifactId>spring-boot-calculator</artifactId>
            <version>1.0.0-SNAPSHOT</version>
        </dependency>
    </dependencies>
```

就两个依赖，一个是 Spring Boot 2 常规依赖(当前是 JDK 8 环境，不能使用 Spring Boot 3)，另一个就是我们刚刚编写好的 Calculator 框架。而且不需要引入 Lombok 依赖，因为不涉及 Entity 或 DTO 之类的操作。

7.3.2 编写 Calculator 用户组件

由于 Calculator 提供的扩展点有两种：@Calculator 注解和 Calculator 接口，因此我们分别创建用户组件，且在两个用户组件中覆盖普通接口方法、default 接口方法、带@CalExpression 注解的接口方法和接口静态方法，然后逐一进行调用观察。

1. 带@Calculator 注解的组件

很简单就一个接口，我们只需要在其中定义方法就行，如代码片段 7-17 所示(路径：calculator-test-app 模块，com.purpblue.example.calculator.userinterface.TestCalculator)。

代码片段 7-17：编写使用@Calculator 注解的接口

```
@Calculator //这是注解
public interface TestCalculator {
    //a.普通方法,必须遵守命名规则
    double divOpMinusCp(double a, double b, double c);
    double opMinusOpPlusCpCpMul(double a, double b, double c, double d);

    //b.带@CalExpression 注解的方法,方法名随意,但需要自行提供计算表达式
    @CalExpression("(a-(b+c))*d")
    double aaa(double a, double b, double c, double d);

    //c.default 方法,方法名、形参、返回类型和实现均随意
    default double div() {
        return 0.001;
    }
}
```

2. 继承 Calculator 接口的组件

与使用注解方式不同，这里通过继承父接口的方式来定义接口，我们知道在 Scanner 中扫描用

户接口时同时兼容了两种定义方式，如代码片段 7-18 所示（路径：calculator-test-app 模块，com.purpblue.example.calculator.userinterface.TestCalculator2）。

代码片段 7-18：编写继承 Calculator 接口的接口

```
public interface TestCalculator2 extends Calculator { //继承了父接口
    //a.普通方法,必须遵守命名规则
    int plusMul(int a, int b, int c);

    //b.静态方法,方法名、形参、返回类型和实现均随意,只能通过接口名进行调用
    static int one() {
        return 1;
    }
}
```

7.3.3 编写拦截器 CalculateInterceptor

前面已介绍过 CalculateInterceptor，它拥有前置和后置拦截功能，后置拦截甚至能修改最终的返回结果，我们来定义一个试试（注意此组件不是必需的），如代码片段 7-19 所示（路径：calculator-test-app 模块，com.purpblue.example.calculator.interceptor.TestInterceptor）。

代码片段 7-19：自定义 CalculateInterceptor

```
@Component
public class TestInterceptor implements CalculateInterceptor {
    @Override
    public void preProcess(Object proxy, Method method, Object[] args) {
        System.out.println("即将执行计算,方法名为:" + method.getName());
    }

    @Override
    public Object postProcess(Object proxy, Method method, Object[] args, Object result) {
        System.out.println("计算结束,原始返回值为:" + result);
        if (result instanceof BigDecimal) {
            BigDecimal r = (BigDecimal) result;
            System.out.println("现在将值变为双倍返回,注意输出的最终值");
            return r.multiply(new BigDecimal("2.0"));
        }
        System.out.println("值不是 BigDecimal 类型,不作干预,原样返回");
        return result;
    }
}
```

可以说这是一个具有特殊处理逻辑的拦截器，后置拦截中将 BigDecimal 类型的原始返回值强行翻倍。我们在前面已然知道，基于方法名规则和基于@CalExpression 注解的两类最常见的计算方法，其原始计算结果都是以 BigDecimal 类型返回。作为对照，此拦截器对 default 方法不一定能执

行后置拦截。因为用户可以自行决定方法返回类型，若不是 BigDecimal 类型，就无法拦截了。至于来自 Object 类的方法(比如 hashCode、equals 等)和静态方法，则和拦截器没有关系。前者是我们通过编码让它们没关系(请回顾7.2.2 一节的代码片段 7-9)，后者则确确实实没有关系，因为它的执行与动态代理无关，它是通过接口名直接调用的。我们将马上测试这些内容。

7.3.4 编写测试代码

我们像示例工程 1 和示例工程 2 那样，在 Runner 中进行测试，如代码片段 7-20 所示(路径：calculator-test-app 模块，com.purpblue.example.calculator.runner.TestRunner)。

代码片段 7-20：编写用于测试的 CommandLineRunner

```
@Component
public class TestRunner implements CommandLineRunner {
    @Autowired
    private TestCalculator testCalculator;

    @Autowired
    private TestCalculator2 testCalculator2;

    @Override
    public void run(String... args) throws Exception {
        //a.测试从 Object 类继承来的方法
        System.out.println(testCalculator.hashCode());
        //b.测试 default 方法
        System.out.println(testCalculator.div());
        //c.测试@CalExpression 方法
        System.out.println(testCalculator.aaa(1.0, -2.0, 4.0, 4.0));
        //d.测试最常用的普通接口方法
        System.out.println(testCalculator.opMinusOpPlusCpCpMul(1.0, 2.0, -4.0, 4.0));
        System.out.println(testCalculator.divOpMinusCp(5.0, -2.5, 1.2));
        System.out.println(testCalculator2.plusMul(1, -2, 3));
        //e.测试静态方法
        System.out.println(TestCalculator2.one());
    }
}
```

上述代码的注释已经很清楚了，请读者启动此测试应用，结合拦截器观察控制台的输出。此外还可以自行在两个用户接口中增删方法并重新测试，或者自由修改 CalculateInterceptor。另外，前面提到多个 CalculateInterceptor 在执行拦截时会遵守 Order 机制，读者可以编写多个 CalculateInterceptor 实现类，然后人为控制它们的拦截顺序，比如实现 Ordered 接口、PriorityOrdered 接口、添加@Order 注解等。

至此测试结束，我们实现了类似 JPA 那样通过接口方法名完成业务逻辑的功能。读者也可以自建新的 Spring Boot 应用(版本不限)并引入 spring-boot-calculator 依赖，它应该可以正常工作，就像在上面的 TestRunner 中一样。

7.4 推广

我们以四则混合运算作为例子介绍了用户接口与动态代理相结合的一种框架形式。在这种框架中用户见到的只是自己编写的简单接口而已，依靠方法名就能识别并执行业务。我们在前面也指出过，能这样做是因为业务种类只有有限的几种。现在我们像数学中的“定理-推论”体系那样，将 Calculator 框架当作定理，试图将之推论到其他的业务场景。

假定在某大学各学院的“学生日常管理”这个微服务中，学生的每日活动只有有限的几种大类型(或更多种，只要类型有限即可)，比如上课、自习、出校、请假、休息、勤工俭学、奖惩等，且每一种类型会带上学工部老师对应的评分，那么，classAndStudyAndRest(String no,int i,int j,int k)即表明“学号为 no 的学生，某一天的活动是上课、自习和休息，并分别获得 i、j 和 k 分(可以是负数，表示扣分)”；而 outAndWork(String no,int i,int j)意味着此学生出校去勤工俭学了，想必 i 和 j 都应该是正分……借助我们已有的 Calculator 框架，相信读者能修改其中的某些部分从而实现这一套底层逻辑。

7.5 本章小结

本章的内容或许和我们之前编写过的代码有很大不同。我们知道抽象编程通常都是“无实物表演”，而本章表现得尤为突出——不仅没有针对具体的业务，甚至还不针对具体的类。我们花费大量精力处理和适配的，竟然是一个个用户编写的接口。在 Java 编程中，运行具体的业务逻辑必须依靠实现类，这是基本规律。然而在理解了动态代理的特点后，我们知道之所以用户无须提供实现类，是因为用户的这一类需求类型是固定的，我们完全可以自行编写实现类，然后组织动态代理，最终帮用户完成需求。

动态代理看起来很神奇，但我们早已知晓其实它并不“厉害”，真正“厉害”的是 JVM 规范。对于具体的业务编码而言，或许动态代理的出场率不高，但如果是编写提供给别人用的依赖，那么在适当的时候使用它将大大提升使用者的编码体验，堪称“秘密武器”。

第8章 自编类Spring框架及生态——Universe

终于，我们介绍了足够的必备知识，也做了足够深入且有难度的编码实践，现在进入每个Spring程序员都喜闻乐见的环节——自编一个类Spring核心框架，并基于此生态为它打造应用框架(比如Web框架、ORM框架、AOP框架等)。

我们在前面的介绍中早已知道Spring的核心理念是IoC，它底层的核心支撑是BeanFactory，一切Spring功能、各种“全家桶”成员以及广大的第三方Spring资源都是建立在BeanFactory之上。由此马上就可以明确我们编码的核心内容，那就是构建IoC容器。

除了IoC容器之外，当然还有一系列的配套组件和功能要处理，其中，Web部分被视为必需的——因为我们最喜闻乐见的验证方式还得是通过Web访问。除了类Spring MVC的Web框架外，也会参照Spring有选择性地构建一些其他应用框架以充实我们的生态。

本章编码中，我们将彻底转变编码时的心态——我们不是要编写一个“简单的”应用型框架，而是要从无到有编写一个庞大而基础的“框架型框架”。有了这个框架之后，可以以它为中心构建相关生态(即构建各个应用型框架)。

本章的内容可以说是全书最激动人心的部分，它是Java编程的大综合。尽管听起来似乎很难，但仅仅是编写一个练习级的IoC容器的话，其实也并没有想象的那么困难。后续我们在介绍的时候，读者可以发现很多思想或编码技巧早已在前面各个章节介绍过了，本章不过是把它们综合起来“搭积木”而已。相信读完本章并自行实践过后，读者一定会有一种酣畅淋漓的成就感。

8.1 框架命名

为框架命名可是个大事，一个好听好记又意义十足的名字最容易被大家接受和传播，试想“张三丰”若变成了“张三”还有那种霸气吗？以Spring为例，它把其中各个由容器管理的、承担功能的对象叫作“Bean”就是一个很有意思的命名。正是一个一个的“豆子”像积木一样，组成了各个庞大而复杂的系统，典型的聚沙成塔。而且Spring这个名字，无论是发音还是意义也都好听又好记。

然后轮到我们给自己的框架起名字了，最容易想到的或许就是 Summer？不过这样的话就有一种亦步亦趋跟在别人后面的感觉，并不是太舒服，所以再斟酌一下。至于与 Spring 中 Bean 相对应的名字，作者一开始想到的是 Sand——这样就是真正字面上的聚沙成塔了，不过与 Sand 相对应的话，框架名岂不是叫 Desert 才合理？这个象征意义似乎不是太好，所以还是再想想吧。

于是作者将思绪放到了广阔无垠的宇宙，突然发现这里的很多术语恰好与 IoC 容器有些对应关系（有的是作者牵强解释的对应关系）——Bean 对应 Star（恒星），无数的 Star 组成了可见的 Universe（宇宙）；Bean 内部持有（注入）的其他 Bean 则是 Planet（行星）；一个包可以看作一个 Galaxy（星系），因为里面有很多 Star。那么此刻我们霸气一点，即将编写的 IoC 框架就命名为“Universe”。

8.2 Universe 核心模块

先看看 Spring 的各个组件，然后我们来想一下，这其中最核心的、最重要的是哪些组件？相信读者首先会想到 BeanFactory、ApplicationContext、Environment 这几大关键组件，以及@Component、@Configuration、@Autowired、@Value 这类超重量级注解，然后或许还会想到 BeanPostProcessor、InitializingBean 等与 Bean 密切相关的核心接口，再进一步或许还会想到@Order、Ordered、PriorityOrdered 这类不可或缺的排序组件……那么，这些接口被 Spring 分散在了哪些模块中呢？如表 8-1 所示。

表 8-1 Spring 的核心组件所在的模块

模 块 名	组 件 名
spring-core	Environment
	@Order
	Ordered
	PriorityOrdered
spring-context	ApplicationContext
	@Component
	@Configuration
spring-beans	BeanFactory
	BeanPostProcessor
	InitializingBean
	@Autowired
	@Value

可以看到上面列举的各个核心组件，分别来自 spring-core、spring-context 和 spring-beans 模块。虽然只有 spring-core 在字面上是“核心”的意思，但事实上这三个模块所包含的内容，缺少任何

一个，Spring 都不能正常运行。造成组件分散的原因，不过是 Spring 管理得比较细罢了。因此从广义上，我们可以认为上述三个模块都属于核心级别。

参照上述各组件，我们就知道我们自己的 Universe 框架首先要构建什么了。不过，我们的模块不必做得这么细(毕竟只是个练习)，我们大可以把上面所列的各个模块相关功能全部合并到一个模块中，即 universe-core。只有这个核心模块构建好之后，后续其他的周边应用型框架(比如 Web 框架)才能在此基础上构建起来并对外提供服务。

功能方面，我们肯定不可能比照着 Spring 一步一步复刻它的全部功能和组件，这样做可能会很累，而且没有意义。我们进行这个练习，只是个人编码行为，无论从严谨性、技术储备还是精力各方面都不可能和整个 Spring 团队一较高下，但就算不是皓月，我们也不见得就是腐草，Spring 再厉害也是由人编写的代码，我们此刻也应豪情满满地运用自己的知识发出自己的光辉。

由于我们的框架也是 IoC 理论的实现，因此整体思想上无法做到完全无视 Spring 而自成一套，甚至有些地方还需要借鉴 Spring 的实现(因为它的设计和实现非常出色)，但毕竟这是真正的自编 IoC 框架，在一些具体的实现上，我们还是可以和 Spring 有较大不同的。

至于 JDK 的选择，反正都是练习性质的框架，那当然要用尽可能新的 LTS 版了，这样可以尽情享受 Java 的最前沿功能，于是我们决定使用当下最新的 JDK 21(LTS)，不兼容低版本。

8.2.1 核心注解

与 Universe 框架相配套，我们可以定义一些自己的注解。这些注解很多都可以在 Spring 中找到原型，但这不代表真的会“一模一样”。我们已经说明过，在一些实现上会和 Spring 不一样，一是出于简化目的，二是我们也要有一些独特的设计，不能一直局限在 Spring 的模式下编码。Universe相关注解如表 8-2 所示。

表 8-2　Universe 中的核心注解

Universe 注解	说　明	对应的 Spring 注解
@UniverseGo	标记 Universe 主启动类	@SpringBootApplication
@Star	标注在类定义上	@Component
	标注在目标构造函数上	@Autowired
	标注在普通配置类上	@Configuration
	标注在配置类的普通方法上	@Bean
@Planet	标注在字段上	@Autowired
	标注在形参上	@Qualifier
@StarData	标注在字段、构造函数或普通方法形参上	@Value
@Explode	引入自动配置类	@Import
@Main	标注在类定义或方法上	@Primary

上面的核心注解中，@Explode 意味着“爆发”，这可以产生更多的 Star，这刚好对应着“引入自动配置”这个功能——不过，请不要和严谨的恒星演化理论联系在一起，作者取这些名字更多是为了好玩，让编码显得轻松一些。

@UniverseGo 注解与 Spring Boot 的@SpringBootApplication 类似，不过我们在处理它时做得更严格一些——只要当前启动类没有标注这个注解，则立刻抛异常结束启动。相比之下，@SpringBootApplication 注解并不是这么处理的，即使主启动类不带有此注解，main 方法依然会启动，不过启动最终会成功吗？有兴趣的读者可以进行尝试。比如，将前面示例工程 1 或示例工程 2 主启动类上的@SpringBootApplication 注解去掉，然后运行或调试程序。

从表中可以看到我们简化或者说合并了一些注解，不像 Spring 那样划分细致。一个@Star 注解就承担了多个作用，@Planet 注解也是这样。相关注解定义请自行参阅随附源码，比照 Spring 中的内容，它们并不难理解。

核心注解不需要太多，能够支撑起 IoC 容器(即 Universe)即可，至于其他的非核心注解，用到的时候我们会再进行介绍。

上面表中@Star 注解有一个属性，即“name”，它对应于 Spring 中的 BeanName 这个概念，我们以后便称作“StarName”——宇宙中每一颗被发现的恒星都有着自己的名字。

1)在 Spring Boot 中，标注@SpringBootApplication 的主启动类，其本身也是一个@Configuration 类(请回顾 2.3.2 小节)，因此它的对象自然也会被注册为 Bean。不过，@SpringBootApplication 并没有提供 value 或 beanName 之类的属性让用户自定义其 BeanName，此 Bean 都是由 Spring 自动生成 BeanName。鉴于此“缺点”，我们在@UniverseGo 注解中提供了 name 属性，让用户可以自定义主启动类对应的 StarName，算是一个“微小创新”吧。

2)@Star 注解，其最基本的功能类似 Spring 的@Component，即声明“被我标注的类，其对象将被纳入 Universe 管理”，这很好理解。此外它也接管了 Spring 中@Configuration 的功能，即在 Universe 框架中，配置类依然使用@Star 标记(我们知道在 Spring 中也可以这样做，用@Component 代替@Configuration 充当配置类，只不过这样将工作在 Lite 模式下)。除此之外，@Star 还可以标注于配置类的方法上，相当于@Bean，其 name 属性即为对应的 StarName，这一点和 Spring 一样；如果没有指明 name，则默认当前@Star 方法名作为 StarName，这一点也和 Spring 一样。

我们知道在 Spring 中当 BeanClass 有且只有一个构造函数时(这也是最常见的情况)，不需要做任何特殊标记，BeanFactory 将自动采用它作为创建当前 Bean 的构造器，并自动注入形参对应的各个 Bean 或组件；而当一个 BeanClass 定义了不止一个构造函数时，最好将其中一个添加@Autowired 标记以便让 BeanFactory 准确识别(如果都不标记，会发生什么？如果都标记，又会发生什么？请有兴趣的读者自行实践，同时参阅@Autowired 注解的文档说明)。相比之下，我们对@Star 注解的处理则简单一点：若只有一个构造函数，默认使用该构造函数(最常见的情况)；若不止一个构造函数，必须将其中一个标记上@Star 注解，否则报错。对于 Spring 中不止一个构造函数的情形，我们给出一个例子，如代码片段 8-1 所示。

代码片段 8-1：Spring 中的 BeanClass 拥有不止一个构造函数的情形

```
@Component
public class TestService {
    @Autowired //有@Autowired 注解的构造函数
    public TestService(BeanFactory beanFactory, @Qualifier("servletComponentRegistering-
PostProcessor") BeanFactoryPostProcessor bfpp) {
        //a.BeanFactory 创建 Bean 时会调用此构造函数,并自动注入相关 Bean(组件)。如果同一类型有多
//个 Bean,则按@Qualifier 指定的名称注入
    }

    public TestService() {
        //b.BeanFactory 创建 Bean 不会调用此构造函数。此构造函数仅用于用户在需要的时候自行调用
    }
}
```

若切换至我们的 Universe 框架，此 BeanClass，准确来说应该称为 StarClass，同样可以作类似定义，如代码片段 8-2 所示。

代码片段 8-2：Universe 中的 StarClass 拥有不止一个构造函数的情形

```
@Star
public class TestStar {
    @Star //有@Star 注解的构造函数
    public TestStar(Universe universe, @Planet(name = "xxxx") SomeType type) {
        //a.Universe 创建 Star 时会调用此构造函数,并自动注入相关 Star(组件)。如果同一类型有多个
//Star,则按@Planet 指定的名称注入
    }

    public TestStar() {
        //b.Universe 创建 Star 不会调用此构造函数。此构造函数仅用于用户在需要的时候自行调用
    }
}
```

3) @Planet 注解的作用之一，代码片段 8-2 演示@Star 注解时已经展示，即针对形参时相当于 Spring 的@Qualifier。除此以外，它可以直接标记在字段上，相当于@Autowired，同时它也具有 required属性，作用与前者一样。

4) @StarData 这个名字是作者杜撰的，主要是觉得值注入的注解如果也和 Spring 中一样叫 “@Value” 的话不够创新，所以进行了修改。由于这是练习性质的框架，我们不像 Spring 的@Value那样做得过于复杂(比如，不支持 EL 表达式)，而是将@Value 的复杂写法抽象成三个属性，即 key、useDefaultValue 和 defaultValue，读者打开@StarData 的源码就可一目了然。至于注入的逻辑则是，若指定的 key 已找到，则按字段类型正常注入值，若找不到，则检查 useDefaultValue，若为 false，抛异常结束启动，若为 true，则将 defaultValue 中指定的值作为默认值注入至相关字段。

5) @Explode 虽然和 Spring 的@Import 很相似，但同样为了简化框架，我们在这里限制了它引

入的内容。我们在第 2 章中讲得很清楚，Spring 的@Import 可以引入任意内容。被引入的组件(哪怕是 JDK 中的组件)，其对象将被自动注册为 Bean；如果组件是配置类，其中的@Bean 方法同样会被注册；而如果引入的是 ImportSelector 或 ImportBeanDefinitionRegistrar 这些类型的话，它们对应的接口方法会被自动调用，最终也会导致注册大量的 Bean……这些内容实在太多了，对于练习性质的框架来说太复杂，所以我们精简了功能。我们规定只允许在@Explode 中引入自动配置类 UniverseAutoConfiguration(请参阅 universe-core 源码中此注解的定义)，主要就是用于不同依赖包的自动配置导入。对于业务代码中用户自编的普通配置，则规定以@Star 注解代替 Spring 的@Configuration。

6)至于@Main 注解，它就是 Spring 的@Primary，一模一样。

8.2.2 核心接口

核心注解介绍完了，接下来该说接口了。这些接口中有一些完全不需要用户实现，仅仅因为我们编写框架的需要而创建(类似 Spring 中的 BeanFactory、ApplicationContext)，因此不必为用户预留扩展点；而另一些接口，要么完全开放给用户使用(类似 Spring 中的 CommandLineRunner、ApplicationRunner)，要么属于框架和用户共用(类似 Spring 中的 BeanPostProcessor)，因此需要预留扩展点。相关的核心接口如表 8-3 所示。

表 8-3　Universe 的核心接口一览

Universe 接口	说　明	对应的 Spring 接口(注解)
Universe	IoC 容器核心接口	BeanFactory
StarDefinitionHolder	持有全部 Star 的定义	BeanDefinitionRegistry
SuperCluster	超星系团，允许用户自行扫描并注册自定义注解(一般用于框架编写)	@ComponentScan 结合 TypeFilter
ProtostellarDisk	原恒星盘。将类中的相关定义全部转换为 StarDefinition，从而最终诞生各个 Star	/
StarDataHolder	Star 属性数据持有者	Environment
StarRound	后置处理器(仅支持 After 方法)	BeanPostProcessor
AfterBorn	Star 诞生之后的初始化方法	InitializingBean
AfterUniverseBorn	整个 Universe 诞生后的初始化方法	SmartInitializingSingleton
DeferredAfterUniverseBorn	比 AfterUniverseBorn 更靠后的方法	/
UniverseOrder	排序用，值越小越靠前	Ordered

1)Universe 自然就是 IoC 容器，而 StarDefinitionHolder 也就是 BeanDefinitionRegistry。这些最基础的概念很难再作创新，我们只好在名字上创新，它们的功能和 Spring 中对应的接口是一样的，只不过可能存在个别接口上的实现不同而已。这两个接口最基础，从理论上也最好理解，但在具体实现上却是最难的。StarDefinitionHolder 用于持有全部的 StarDefinition(即相当于 BeanDefinition)，

而只有通过 StarDefinition 才能创建具体的 Star 并持有，这一过程由 Universe 接口掌管。

2）SuperCluster 即“超星系团”，从概念来看其里面有多个星系，包含巨量的恒星。在我们的框架中，这个接口允许用户将自己定义的各个 StarClass 加入我们的 Universe 中，其作用与 Spring 下的@ComponentScan 注解结合 TypeFilter 相似。用户，尤其是编写 Universe 周边框架的用户，他们可以定义自己框架的注解，然后我们的 Universe 框架可以将拥有这些注解的类一并识别为 StarClass 并自动为它们创建 Star 对象。

3）ProtostellarDisk 即“原恒星盘”，本意为恒星诞生的地方，在这里借用这个概念来指代“由.class 文件向 StarDefinition 的转变”，即将磁盘上或 jar 包中符合条件的.class 文件抽象为 StarDefinition，在 Spring 中可以对照 ClassPathBeanDefinitionScanner#doScan 方法。

4）接下来表中的其他几个接口，基本和 Spring 中对应的内容一样，大体上没有需要特别说明的，甚至 StarRound 相比于 BeanPostProcessor 还减去了 Before 方法，只保留了 After 方法（考虑到实用性做出的精简）。稍微值得一提的是 DeferredAfterUniverseBorn，它的运行时机甚至比 AfterUniverseBorn 还要靠后，用于一些需要最后启动的特殊组件的初始化，这个设计可以比照 Spring 中 DeferredImportSelector 和 ImportSelector 的关系进行理解（请回顾 2.5.4 小节相关内容）。

表中各个接口，请读者自行查阅源码中的定义，这些接口的核心目的就是为管理 Star 对象服务。

8.2.3 大纲及基础工具

虽然我们的 Universe 框架和前面的 UniController、Calculator 两个框架比起来难度更高，但有失必有得，因为和 Spring 相似，因此不必像 UniController、Calculator 那样花较多篇幅介绍用户故事、诞生背景、框架设计理念等前置内容，我们很快就可以开始实际编码。

前置内容虽然较少，不过编码难度就增加了。我们除了使用 JDK，基本上就很少依赖其他外部库（除非确有需要），至于原因早在第 5 章就详细说明了，请读者自行回顾。让我们充分利用 JDK，展现自己的最强实力！

所谓“工欲善其事，必先利其器”，在 Universe 框架的实现过程中，肯定要抽象出一些工具来使用，就像 Spring 那样。一切从简出发，我们只需要很少的工具即可，并且工具中的各种方法也都非常简单。以 Asserts 类为例，它就是 Spring 中 Assert 的简化版，这里作者故意在名称后面添加了一个“s”以示区别，具体定义如代码片段 8-3 所示（路径：universe-core 模块，com.purpblue.universe.core.util.Asserts）。

代码片段 8-3：定义简单的断言工具类

```
public class Asserts {
    private Asserts() { }
    //目标类型必须具有指定的注解,否则抛出异常
    public static void requiresAnnotation(Class<? > klazz, Class<? extends Annotation> an-
notationClass) {
```

```
        if (! klazz.isAnnotationPresent(annotationClass)) {
            throw new IllegalStateException("type[" + klazz + "] must have annotation[" + an-
notationClass + "] present");
        }
    }
    //目标对象必须非 null,否则抛异常,类似于 JDK 的 Objects#requireNonNull,但是这里不需要返回值
    public static void notNull(Object obj, String message) {
        if (obj == null) {
            throw new NullPointerException(message);
        }
    }
    //给定的条件必须为 true,否则抛异常
    public static void isTrue(boolean b, String message) {
        if (!b) {
            throw new IllegalArgumentException(message);
        }
    }
}
```

上述代码逻辑比较简单，主要就是简化代码中的某些判断。除此之外，还有少量的几个工具类，比如 ClassUtils、StringUtils 等。

是不是感觉这些工具类很简单？这当然了，这些只是简单工具而已，离真正的 Universe 框架编码还差得远。现在热身结束了，真正的挑战即将到来！

8.2.4 编码实现——基本说明和 StarDefinition

前面我们都在讨论思想、方法论，即接口、注解这些核心而抽象的东西，现在它们也该落地了。不管接口设计得再厉害，最终具体的功能还得由实现类来承担。我们知道 Spring 中最核心的实现类莫过于 DefaultListableBeanFactory，它除了承担 BeanFactory 的功能外，还实现了 BeanDefinitionRegistry 接口。也就是说，DefaultListableBeanFactory 一个角色承担了两类大功能——注册并管理 Bean，以及注册并管理 BeanDefinition。这样处理符合我们在第 5 章提到过的 SOLID 原则之接口隔离原则：接口需要按功能分离，但实现类可以按需同时实现多个接口。于是我们同样遵循此原则，让我们的核心实现类（命名为 UniverseImpl）同时实现以下接口：Universe（管理全部 Star）、StarDefinitionHolder（管理全部 StarDefinition）、StarDataHolder（管理全部配置数据）——对照 Spring，我们的 UniverseImpl 实现的接口更多，相当于在 DefaultListableBeanFactory 的基础上还额外实现了 Environment 接口，把 Bean 和配置部分全包揽了。这个应该算不上什么“问题”，只要接口分离了就可以，实现类倒是无所谓，并不影响使用，后续我们在编码中会感受到接口分离的作用。

接下来，我们按照各个接口的作用，分别在 UniverseImpl 中编码，同时也需要处理好和它配套的代码。

Star 总是要有个配套的定义，不然，不同 Star 之间的依赖、从属关系以及 Star 自身的一些属

性缓存等就较难处理了。我们应该很清楚 StarDefinition 这个思想其实就是比照着 Spring 中 BeanDefinition 来的，只不过按照我们的需求重新设计了内部各字段而已，如代码片段 8-4 所示(路径：universe-core 模块，com.purpblue.universe.core.star.StarDefinition，已省去全部的 Getter、Setter 方法)。

代码片段 8-4：定义 StarDefinition

```
public class StarDefinition {
    /** a.StarName */
    private String name;
    private Collection<? extends Annotation> annotations;
    private Boolean main;
    /** b.由@Planet 标注的字段,需要注入对应的 Star */
    private List<Field> planets;
    /** c.@StarData 字段,需要注入对应的值 */
    private List<Field> dataFields;
    /** d.类型 */
    private Class<?> starClass;
    /** e.符合条件的那个构造函数 */
    private Constructor<?> eligibleCtor;
    /** f.父类 */
    private Class<?> superStar;
    private Collection<Class<?>> interfaces;
    /** g.标记当前 Star 的“扫描类型”,即它是“@Star 类”中定义的(CLASS)还是“@Star 方法中定义
的”(METHOD) */
    private String type;
    /** h.标记当前 StarDefinition 属于哪个超星系团,即“我是被哪个 SuperCluster 对象引入的”,第三
方加载自定义注解时使用 */
    private SuperCluster superCluster;
    private StarMethodInfo starMethodInfo;

    /** i.若 type 为“METHOD”,即当前 StarDefinition 由@Star 方法引入,这里记录一些@Star 方法的属
性 */
    public static class StarMethodInfo {
        private Method method;
        private Class<?> declaringClass;
        private Collection<Parameter> parameters;
    }
}
```

稍微需要说明的字段已经作了注释，以下还有几点需要详细说明。

1) b、c 两处记录了当前 Star 需要被 DI 的字段，这些字段由@Planet 注解引入，类似于 Spring 的@Autowired。这里将别的 Star 注入当前 Star 后称为“Planet”是我们特定的设计约定，是从依赖关系的角度来命名的。e 处则是本章前文介绍过的，记录那个唯一符合要求的构造函数，创建 Star 时就用它来实例化对象。f 处 superStar 字段记录当前 StarClass 的父类，有时候进行某些类型判断

时可能用得到。

2) g 处的 type 不同于 d 处的 starClass，它是 String 类型，用于标记当前 Star 会被 Universe 以哪一种形式处理。内置的 type 值有“CLASS”（用于类定义上标记@Star）和“METHOD”（用于方法上标记@Star）两个值。如果有其他应用型框架接入，那它们可以自行定义相关 SuperCluster，然后规定其他的 type，Universe 将会预留处理这些 type 值的扩展点。

3) h 处用于记录“当前 StarDefinition 由哪一个 SuperCluster 引入”，算是一个标记字段。对于 Universe 自身扫描到的 StarDefinition，此字段没有作用，而对于其他 SuperCluster 扫描到的 StarDefinition，则可以选择用此字段做标记，后续 Universe 会将某些流程转交给这些 SuperCluster 对象作自定义处理。

4) i 处的 StarMethodInfo 只针对 METHOD 类型的 type，即@Star 方法，这是对方法的简单抽象。declaringClass 表明“当前@Star 方法在哪一个配置类中定义”，用于后续真实运行当前@Star 方法时找到正确的宿主对象。因为@Star 方法大部分都是实例方法，而实例方法不像静态方法，它必须有宿主对象才能运行，这是 Java 的基本原则，与是否通过反射调用无关。

此 StarDefinition 比起 Spring 的 BeanDefinition 只能说是个迷你版本，我们连接口定义都省了。要知道 Spring 中光 BeanDefinition 就是一个庞大的家族(参见 2. 3. 3 小节)。所有由 Universe 或自定义的 SuperCluster 扫描到的符合条件的类，都会首先抽象为 StarDefinition，然后才能在后续的流程中通过它们创建真正的 Star。

那是不是所有的 Star 一定会有对应的 StarDefinition 呢？这个不一定，这一点和 Spring 一样。Spring 中允许直接注册无 BeanDefinition 的 Bean，仅限单例(参见 2. 3. 4 小节的相关内容，我们在第 7 章编写 Calculator 框架时也使用过)，于是我们也仿照一下，允许用户直接调用 Universe 接口添加自定义的对象进 Star 缓存，无需 StarDefinition。

8. 2. 5 编码实现——StarDefinitionHolder 接口

准备好了配置性质的 StarDefinition 之后，现在开始真正构建并管理它，于是我们来编写 StarDefinitionHolder 接口的实现部分。前文已述，承担这些功能的实现类是 UniverseImpl。

1. 获取需要扫描的包

要扫描并形成 StarDefinition，总得要先清楚“扫描哪些包”这个问题。虽然只是刚刚开始编写框架的核心逻辑，但我们清楚用户启动都是从@UniverseGo 标注的主启动类开始，而这个@UniverseGo 注解可以指定 Universe 需要扫描的各个包路径。若用户没有指定，则以当前主启动类所在的包作为扫描的基础路径，因此无论如何我们都能拿到最基本的包路径，除非用户没有标注@UniverseGo 注解，不过这种情况在正常使用场景下一般不会出现。将各个包看作各个星系(Galaxy)，于是我们的编码如代码片段 8-5 所示(路径：universe-core 模块，com.purpblue.universe.core.ioc.UniverseImpl#getAllGalaxies)。

代码片段 8-5：获取所有需要扫描的包路径

```
public Set<String>getAllGalaxies(Class<?> cls) {
    //a.获取@UniverseGo 注解
    UniverseGo universeGo = cls.getAnnotation(UniverseGo.class);
    /**b1.获取用户以字符串形式指定的各个包,相当于 Spring Boot 的@SpringBootApplication#scan-
BasePackages */
    String[] basePackages = universeGo.basePackages();
    /**b2.获取用户以探针类(示例类)形式指定的各个包,相当于 Spring Boot 的@SpringBootApplication
#scanBasePackageClasses */
    Class<?>[] basePackageProbes = universeGo.basePackageProbes();
    //c1.b1 处 basePackages 数组中的非空路径加入扫描
    Set<String> packagesForScan = new HashSet<>(
        Arrays.stream(basePackages)
            .filter(p -> !"".equals(p)).toList());
    //c2.b2 处 basePackageProbes 数组中设定的类型加入扫描
    packagesForScan.addAll(
        Arrays.stream(basePackageProbes)
            .map(Class::getPackageName).toList());
    if (packagesForScan.isEmpty()) {
        //d.若 b1 和 b2 都没有定义相关路径,直接以当前类所在的包当作扫描路径(这也是最常见的情况)
        packagesForScan.add(cls.getPackageName());
    }
    return packagesForScan;
}
```

对于这段代码，难度应该不高。a 处获取到@UniverseGo 注解后开始处理其中设定的扫描路径。b1 处是用户以字符串形式设定的包路径，而 b2 处则是直接将目标包中的某一个类作为探针放在这里——很明显后者更加保险，避免了前者直接配置字符串时因手误写错包路径，Spring 中将此描述为“type-safe”。代码到达 d 处是兜底方案，若用户既不设定 basePackages 也不设定 basePackageProbes，那便直接拿当前类当作 Probe，获取它的包路径当作结果交差。

2. 按指定的注解扫描指定的包

接下来进行的是“按指定的注解扫描”，而非“按@Star 注解扫描”，因为前面我们说过允许用户自定义被扫描的注解（通过 SuperCluster 接口实现），不能将扫描目标“焊”在@Star 注解上。

前面已经找到需要扫描的包了，现在开始正式扫描。扫描包、类这些功能基本上都由 ClassLoader 进行（读者可以思考一下它为什么叫 Class“Loader”？），因此我们自然也绕不开它，具体实现如代码片段 8-6 所示（路径：universe-core 模块，com.purpblue.universe.core.ioc.UniverseImpl#scanStarDefinition）。

代码片段 8-6：扫描指定的路径并注册 StarDefinition

```
public void scanStarDefinition(Collection<String> packagesForScan, Class<? extends Anno-
tation> annotationClass) {
```

```
    for (String packageName : packagesForScan) {
        /** a.将类似“com. xxx. yyy”的包路径转换成类似“com/xxx/yyy”这样的目录路径，然后通过
ClassLoader 获取到其 URL */
        URL url = getClass ( ) . getClassLoader ( )
            . getResource ( packageName. replace ( ".", "/" ) ) ;
        File file;
        if  ( PROTOCOL_ FILE. equals ( url. getProtocol ( ) ) ) {
            /** b1. 目标目录是真正的“目录”，属于未打包的情形，我们在 IDEA 中直接启动应用时就是这
种情形，通过 File 来处理(因为各个. class 都是真实的文件) */
            file = new File ( url. getFile ( ) ) ;
            scanDir ( file, packageName, annotationClass ) ;
        } else if  ( PROTOCOL_ JAR. equals ( url. getProtocol ( ) ) ) {
            /** b2. 目标目录是 jar 包，打包单独部署的情形，这时候各个. class 并不是真实的文件，而
是藏在 jar 包(压缩包)之中，通过直接的 File 是拿不到的，需要通过 jar 包读取，详见随附源码 */
            ...
        }
        ...
    }
}
```

到了这里，整个逻辑依然不复杂，简单而清晰。由于 b2 处扫描 jar 包略显麻烦，我们可以借鉴 Spring 中的实现方式，将其核心逻辑移植过来。由于只使用了 JDK，没有其他连带依赖，很容易就能复制过来。复制过来后形成的核心方法是 UniverseImpl#doFindPathMatchingJarResources2，请读者自行从 b2 处 scanJar 方法开始查阅源码。本质上 b1 和 b2 的思想是一样的，这里我们重点说一下 b1 处不打包情况下的真实文件处理(在 IDEA 中直接运行就是这种情况)，如代码片段 8-7 所示(路径：universe-core 模块，com.purpblue.universe.core.ioc.UniverseImpl#scanDir)。

代码片段 8-7：扫描指定的目录

```
private void scanDir(File file, String packageName, Class<? extends Annotation> annotation-
Class) {
    //a.扫描目录下的全部子目录和文件
    File[] files = file.listFiles();
    ...
    for (File f : files) {
        if (f.isDirectory()) {
            //b.若是子目录,递归重新执行扫描
            scanDir(f, packageName + "." + f.getName(), annotationClass);
            continue;
        }
        //c.若是文件,分析其内容,将符合条件的类注册 StarDefinition
        analyzeStarFile(packageName, f.getName(), annotationClass, false);
    }
}
```

由于传入的 file 变量一定是目录类型，因此 a 处首先列举其下全部子目录和文件。对于子目录，继续在 b 处递归向下列举其子目录和文件，然后对于其中的子目录再如此循环。经此递归后，一定能将传入的 file 变量所代表的目录及其下各个子目录中的文件全部列举出来。那列举出文件后又干什么呢？自然是在 c 处进行文件的相关处理了——我们不是一直在关心.class 文件么？

递归说完了，真正的核心是 c 处的 analyzeStarFile 方法。这是一个通用方法，无论是遍历 File 类型的目录还是遍历 jar 包最终都可以用它处理，其内部的核心逻辑如代码片段 8-8 所示(路径：universe-core 模块，com.purpblue.universe.core.ioc.UniverseImpl#analyzeStarFile)。

代码片段 8-8：分析.class 文件

```
//a.加载类,但不执行类初始化
Class<?> cls = Class.forName(
    ClassUtils.findClassName((isFullyFileName ? "" : (packageName + ".")) + fileName),
    false,
    UniverseApplication.class.getClassLoader());
if (cls.isAnnotationPresent(annotationClass)) {
    //b.检查刚刚加载的是否具有目标注解,有就处理,否则直接略过
    analyzeStarAndRegister(cls, false);
}
```

a 处将传入的类路径变成了 JVM 中的 Class，这里调用了 Class#forName 的非初始化版本(即不会运行类定义中的 static 初始化块)。因为我们在这里只是为了获取类对象然后检查此类是否拥有指定的注解，并不是真要立刻让此类工作，因此并不需要它立刻开始初始化，它的初始化等到真正调用它的时候，这里提前初始化的话有点越俎代庖了。同样的“招式”我们在之前编写 Calculator 框架时其实就用过了，可以回顾 Calculator 框架的 com.purpblue.calculator.core.CalculatorScanner#registerBeanDefinitions 方法，我们在 registerBeanDefinitions 方法中也是以非初始化的方式调用了 Class#forName，目标是获取其上标记的@Calculator 注解。

言归正传，若上面 analyzeStarFile 方法中检查到了指定的注解 annotationClass(b 处)，那么就会进入真正注册 StarDefinition 的方法 analyzeStarAndRegister 中，具体逻辑如代码片段 8-9 所示(路径：universe-core 模块，com.purpblue.universe.core.ioc.UniverseImpl#analyzeStarAndRegister)。

代码片段 8-9：分析并注册 StarDefinition

```
public void analyzeStarAndRegister(Class<?> cls, boolean isExplode) {
    //a.将当前类抽象为 StarDefinition 并注册(添加)至 Universe
    addStarDefinition(makeSdForClass(cls, isExplode));
    //b.此 StarClass 内部若定义有@Star 方法,同样注册至 Universe
    List<Method> allMethods = ClassUtils.getAllMethodWithAnnotation(cls, Star.class);
    allMethods.forEach(this::makeSdForMethod);
    Explode explode = cls.getAnnotation(Explode.class);
    if (explode != null) {
        //c.此 StarClass 存在@Explode 注解引入自动配置,递归分析注解中指定的自动配置类
```

```
        Class<? extends UniverseAutoConfiguration>[] configs = explode.value();
        for (Class<? extends UniverseAutoConfiguration> c : configs) {
            analyzeStarAndRegister(c, true); //d
        }
    }
}
```

上面的方法一共有三个大块，其一，注册当前传入的类为 StarDefinition(a 处)。其二，若类中还定义了@Star 方法，同样注册为 StarDefinition(b 处)，相当于 Spring 的@Bean 方法。不过基于从简的原因，我们不区分 Full 或 Lite 模式，本质上全是以 Lite 模式处理(请回顾 2.3.2 小节相关内容)。其三，处理当前类上标注的@Explode 注解(c 处)，相当于 Spring 中处理@Import 注解，因为@Explode 注解引入的是新类，因此当前解析逻辑要从头再来，于是进行递归(d 处)——这一点和 Spring 解析配置是相似的，可以回顾 2.5.4 小节。

对于 a 处 makeSdForClass 和 b 处 makeSdForMethod 两个方法，它们就是本章前文已说明过的针对 CLASS 和 METHOD 两种 type 构建 StarDefinition 的逻辑。这里以前者为例，简单说明一下构建 StarDefinition 的逻辑，如代码片段 8-10 所示(路径：universe-core 模块，com.purpblue.universe.core.ioc.UniverseImpl#makeSdForClass)。

代码片段 8-10：为标注了@Star 注解的类创建 StarDefinition

```
private StarDefinition makeSdForClass(Class<?> cls, boolean isExplode) {
    StarDefinition sd = new StarDefinition();
    if (!cls.isInterface()) {
        //a.若 cls 是类类型,常见情况
        //a1.设置 StarClass
        sd.setStarClass(cls);
        //a2.记录此 StarClass 实现的接口
        sd.setInterfaces(Arrays.asList(cls.getInterfaces()));
        //a3.找到此 StarClass 定义的全部构造函数
        Constructor<?>[] allCtors = cls.getDeclaredConstructors();
        if (allCtors.length == 1) {
            //a4.若只有一个构造函数,Universe 肯定用它创建 Star,因此不需要@Star 注解(有也会忽略)
            Constructor<?> ctor = allCtors[0];
            ctor.setAccessible(true);
            sd.setEligibleCtor(ctor);
        } else {
            /** a5.若不止一个构造函数,必须把 Universe 自动调用的标注上@Star,否则会报错,而这里寻找
的正是拥有这个标注的 */
            List<Constructor<?>> eligibleCtors = Arrays.stream(allCtors)
            .filter(c -> c.isAnnotationPresent(Star.class)).toList();
            if (eligibleCtors.isEmpty()) {
                //a6.没有@Star 构造函数
                throw new IllegalStateException(...);
```

```
            }
            if (eligibleCtors.size() != 1) {
                //a7.标注@Star 的构造函数不止一个
                throw new IllegalStateException(...);
            }
            //a8.到此必定有且只有一个@Star 构造函数,打开它的访问权限并记录
            Constructor<?> ctor = eligibleCtors.get(0);
            ctor.setAccessible(true);
            sd.setEligibleCtor(ctor);
        }
    } else {
        /**b.若 StarClass 是接口,则归各个 SuperCluster 处理,一般是要后续创建动态代理等,这里仅作
最简单的赋值占位*/
        sd.setInterfaces(List.of(cls));
        sd.setStarClass(Object.class);
    }
    //c.设置父类
    sd.setSuperStar(cls.getSuperclass());
    //d.sdType
    sd.setType(StarDefinition.STAR_TYPE_CLASS);
    //e.StarName 确定
    String starName = getStarName(cls, isExplode);
    sd.setName(starName);
    //f.注解确定
    sd.setAnnotations(Arrays.asList(cls.getAnnotations()));
    //g.@Main 注解处理(如果有的话)
    Main main = cls.getAnnotation(Main.class);
    sd.setMain(main != null);
    //h.待注入的字段,@Planet 和@StarData 两者必居其一
    List<Field> allPlanets = new ArrayList<>();
    forScan.forEach(a -> allPlanets.addAll(ClassUtils.getAllFieldsWithAnnotation(cls, a)));
    allPlanets.forEach(f -> f.setAccessible(true));
    sd.setPlanets(allPlanets);
    //i.标注当前 StarDefinition 归哪个 SuperCluster 处理(如果有的话)
    SuperCluster currentSc = getCurrentSuperCluster();
    if (currentSc != null) {
        sd.setSuperCluster(currentSc);
    }
    return sd;
}
```

对于 makeSdForClass 方法而言，其中最需要注意的有如下内容。

1) eligibleCtor 的确定(a4、a5 处)，即“找到符合条件的那个构造函数”。

2) planets 的确定，即“当前 StarClass 中标记了@Planet 或@StarData 的字段”（h 处），相当于 Spring 中通过@Autowired 和@Value 注入的字段。

3)StarName 的确定(e 处)，即 getStarName 方法。在此方法中我们进行了和 Spring 不一样的处理：若用户没有显式指定 StarName，我们会直接使用当前 StarClass 的全限定名作 StarName(请读者想想 Spring 是什么处理情况?)。除了这几点外，@Main 注解也在这里被记录，我们在前面提到过它就是 Spring 的@Primary。

对 makeSdForMethod 方法，读者可以参照 makeSdForClass 方法理解，这里作者再多提一句：在 makeSdForMethod 方法中，可以看到规定了目标方法必须使用@Star 注解才能被接受，其原因是，我们允许用户注册自定义注解的类为 StarDefinition，但没说过允许注册自定义注解的方法为 StarDefinition。一般说来允许方法自定义注解意义不大，用户自定义注解的最大需求还是用于类或接口，Spring 生态也是这样处理的。MyBatis 中@Mapper 标注在接口上可以最终创建出 Bean，而@Mapper 标注在方法上，默认情况下其生成的对象是不能自动成为一个 Bean 的。

经过上面的介绍，我们在非 jar 包环境下扫描各个文件并将满足条件的部分抽象为 StarDefinition 然后注册至 Universe 的逻辑就算完成了，这就是 StarDefinitionHolder 接口最核心的方法实现——scanStarDefinition。读者可以比照 Spring 的 AnnotatedBeanDefinitionReader#register 和 BeanDefinition-Registry#registerBeanDefinition 两个方法来理解(也不完全等同，只能说差不多)。我们的 StarDefinitionHolder#scanStarDefinition 方法是全新编写的，未受 Spring 的影响，我们将“扫描”“抽象”和“注册”这些动作全部集成到此方法中了，而 Spring 相比之下分得更细，抽象程度更高。

至于扫描 jar 包中的内容最终也注册为 StarDefinition，思想是差不多的，只是实现上的差别，请读者从 scanStarDefinition 方法(代码片段 8-6)进入 PROTOCOL_JAR 分支，对照我们介绍的 PROTOCOL_FILE 分支自行理解。

缓存了 StarDefinition 后，在创建 Star 方面，我们已走出了坚实的一步。

8.2.6 编码实现——StarDataHolder 接口

上一节我们已经建立了 StarDefinition 缓存，至于创建 Star，不用操之过急，现在还要处理另一个前置内容，那就是值注入。

我们在前文已经说明值注入使用@StarData 标记，并且在上一节的 makeSdForClass 方法注释中也提到过记录此注解的字段(代码片段 8-10，h 处)。注解和字段有了，那真实注入的数据从哪里来呢？于是我们先把配置文件中的数据读进来并缓存，这样在后面创建 Star 时就可以直接取数据注进去了。读数据或取数据在 Spring 中由 Environment 接口负责，这个我们早已清楚，因此这里我们要实现的内容也是一样的，StarDataHolder 接口至少需要拥有最基本的读取配置数据的能力。

配置文件方面，我们知道至少有.yml 和.properties 两种格式。对于.yml 而言直接引入 SnakeYAML 依赖就可以解析——虽然我们强调编写框架时不要轻易引入第三方依赖以免造成用户的依赖冲突，但解析.yml 文件非常复杂，Spring Boot 也是引入 SnakeYAML 解决的，我们同样选择引入依赖。而且，解析.yml 文件根本就不在我们 Universe 框架的核心逻辑之中，我们不应该在这种事情上耗费太多心思，依照 Spring Boot 的做法来就可以。而对于.properties 文件来说，那就实在太简单了，与这种格式对应的工具就是 JDK 自带的 java.util.Properties，根本不需要第三方依赖。考虑到.yml 和.properties 两种文件格式是可以互相替代的，简单起见，我们干脆选择不支持.yml 格式，只支持.properties 格式的配置文件。

我们规定，全局配置文件就一个，名称为“universe.properties”，相当于 Spring Boot 中的“application.properties”，所有的配置都放在其中，不区分 Profiles，也就是暂时不支持类似“spring.profiles.active=dev”的配置。毕竟我们关注的点是“完整的核心流程”，而非“面面俱到的各个功能”。我们只是为了练习，首要任务是要编写一个简单的 IoC 框架以弄懂其中的各个组件和流程。在足够熟悉之后，如果读者有兴趣，可以将相关功能细化，甚至进行功能扩展。

有了上面的说明，现在缓存配置文件中的数据就简单多了，只需要考虑一个文件即可，读入数据的核心方法如代码片段 8-11 所示(路径：universe-core 模块，com.purpblue.universe.core.ioc.UniverseImpl#scanAllStarData)。

代码片段 8-11：读入全局配置文件

```
public void scanAllStarData() {
    //a.创建 Properties 对象(本质上是 Map<Object, Object>)
    Properties properties = new Properties();
    //b.通过 ClassLoader 获取到 InputStream
    try (InputStream is = getClass().getResourceAsStream("/" + MAIN_DATA)) {
        //c.Properties 对象载入流中的数据,之后流会自动关闭
        properties.load(is);
    } catch (IOException e) {
        throw new RuntimeException(e);
    }
    //d.将读取到数据的 Properties 转换 key 类型为 String 并添加至缓存
    properties.forEach((k, v) -> addProperties((String) k, v));
}
```

读入主配置的流程就这么简单，之后就是将它们取出来的逻辑。由于缓存本身就是一个 Map，将它们取出来也很容易。作者先给出两个简单的方法源码，如代码片段 8-12 所示(路径：universe-core 模块，com.purpblue.universe.core.ioc.UniverseImpl#getProperties 各个重载方法)。

代码片段 8-12：取出缓存的配置数据

```
@Override //最重要最基础的 getProperties 方法,其他重载方法均依赖此方法
public Object getProperties(String key) {
    //a.优先搜寻系统属性
    String value = System.getProperty(key);
    return value == null ? allStarData.get(key) : value;
}

@Override
public Object getProperties(String key, Object defaultValue) {
```

```
    //b.按 key 获取数据,若没有,返回默认值
    Object value = getProperties(key);
    return value == null ? defaultValue : value;
}
```

可以看到最基础的 getProperties 方法首先匹配系统属性，因此像“os.name”“os.version”“user.name”之类的系统属性是不需要自行配置的，直接就可以取出，和 Spring 情形相似。除了上面所列的两个 getProperties 方法之外，还有两个方法或许才是用得最多的，它们多了一道工序——类型转换，具体逻辑如代码片段 8-13 所示（路径：universe-core 模块，com. purpblue. universe. core. ioc. UniverseImpl#getProperties 重载方法）。

代码片段 8-13：常用的 getProperties 重载方法

```
@Override //a.按 key 寻找数据并转换类型
public <T> T getProperties(String key, Class<T> cls) {
    return dataTypeConverter.convert(getProperties(key), cls);
}

@Override //b.按 key 寻找数据并转换类型。如果找不到数据,使用默认值作转换
public <T> T getProperties(String key, Class<T> cls, String defaultValueStr) {
    T data = getProperties(key, cls);
    return data == null ? dataTypeConverter.convert(defaultValueStr, cls) : data;
}
```

由于我们读入配置数据至缓存时还没有运行到创建 Star 的步骤（Spring Boot 也是这样，先读数据再创建 Bean），这时候无法确定用户的注入类型，因此后续创建好 Star 并注入数据至@StarData 字段或形参时，类型转换是必须的。比如，用户在配置中写下“a=1”，我们刚刚载入配置数据时又如何知道当用户注入“a”这个 key 时，他是要注入 1 这个 int、Integer 类型，还是“1”这个字符串，还是‘1’这个 char？这只有等创建 Star 时才能从 StarDefinition 中获取到相关字段的类型，那时候才需要进行合适的类型转换，从而最终完成正确的值注入。对应于 Spring，类型转换使用了 org.springframework.beans.TypeConverter 接口（请回顾 3. 3. 2 小节的相关部分，重点关注著名的 doResolveDependency 方法）。因此，我们也需要一个类型转换接口，并且需要准备一些类型转换的实现（比如字符串转基本类型，字符串转数组、集合等）。我们将接口命名为 DataTypeConverter，并且为它准备 3 个基础实现类作为基础组件——PrimitiveAndWrapperConverter、StringConverter 和 ArrayConverter（光看名字就知道它们的作用了）。同时模仿 Spring MVC 的 HandlerMethodArgumentResolverComposite，再准备一个聚合实现类 CompositeDataTypeConverter，使用它将各个 DataTypeConverter 实现类聚合在一起（注意不仅仅聚合这里提到的 3 个实现类，也包括后续基于Universe 编写的应用型框架中的各个 DataTypeConverter 实现以及业务用户自行编写的 DataTypeConverter 实现）。真实进行类型转换的时候只需要调用 CompositeDataTypeConverter 这个组件即可，它会自动找到合适的转换器并为我们转换数据类型。

关于 DataTypeConverter 实现类，因为它不是我们要讨论的核心逻辑，因此不再贴出代码分析，请读者自行参阅源码，作者在其中作了一些必要的注释。

至此，StarDataHolder 就差不多介绍完了。

8.2.7 Universe 的配套接口

终于，万事俱备！包，扫描好了；StarDefinition，抽象出来了；配置数据，也缓存起来了。来吧，我们的 Universe，可以开始了！

首先我们来考虑一下，Universe 创建和管理 Star 时，还需要哪些辅助功能？

1. Star 的初始化接口

如果一个 Star 只能被 Universe 调用构造函数创建对象，而无法进行其他的初始化操作，那肯定是不够的。在 Spring 中，我们可以使用@PostConstruct 注解标记初始化方法，或者使用 InitializingBean 接口来实现初始化逻辑，两者功能差不多，它们的一个显著区别是：前者属于 Jakarta（@jakarta.annotation.PostConstruct），后者则属于 Spring（org.springframework.beans.factory.InitializingBean）。对于我们的 Universe 而言，完全不需要考虑兼容 Jakarta 的注解，因此我们也像 InitializingBean 一样定义一个自己的初始化接口即可，那就是 AfterBirth。至于接口如何定义，这里便不再给出源码，请读者自行查阅源码。

2. 排序接口

排序接口也是 Spring 的影子接口。我们知道在 Spring 中注入多个 Bean 至数组或 List 时有多种可用的排序机制：注解方面有@Order（Spring）和@Priority（Jakarta），接口方面则有 PriorityOrdered 和 Ordered（均属于 Spring），它们的具体用法和底层逻辑我们早在第 2 章就介绍过了（参见 2.2.1 小节相关内容）。考虑到 Spring 支持的排序机制很多，我们作为练习的目的只提供一个即可，那就是 UniverseOrder 接口，其规定与 Spring 一样——值越小排序靠前。事实上作者试过“标新立异”，即反其道而行之，值越大排序越靠前，但是很遗憾，真的不好用，Star 在各种排序和使用的时候感觉逻辑都是反的，非常奇怪，最终不得不“妥协”，保持和 Spring 同一风格。

3. 后置处理接口

继续增加 Spring 的影子接口，这次轮到对应 BeanPostProcess（BPP）了。前文其实也提到过，基于从简的理念出发，我们提供的对应于 BPP 的 StarRound 接口中，只支持 After 方法，而 Before 方法相比之下不如 After 常用，因此直接忽略——各种精简的目的都是为了编写 Universe 实现时少点支持性质的代码。我们点到即止，因为可以举一反三。这就像数学启蒙，老师教了 1+1=2，我们大可以自行推导 1+2=3，无须一成不变。

4. Universe 初始化结束后的初始化接口

看起来是不是有点绕？相信大家都知道，作者说的就是 Spring 的 SmartInitializingSingleton 接口。上下文刷新快结束时就需要使用 SmartInitializingSingleton 接口了，这时候所有 Bean 都是就绪状态，可以进行一些全局的初始化操作。与此对应，我们也给出 Universe 框架中相应的影子接口——AfterUniverseBorn。其功能和 SmartInitializingSingleton 一模一样，不过不像 SmartInitializingSingleton 的接口方法名为 afterSingletonsInstantiated，作者给 AfterUniverseBorn 的接口方法起了一个非常酷的名字：go!

除了 AfterUniverseBorn 之外，我们在它之后额外再定义一个接口——DeferredAfterUniverseBorn。看名字就知道这是一个“延迟的 AfterUniverseBorn 接口”，它的执行时机比 AfterUniverseBorn 还要迟，其目的是为了运行一些更加靠后的逻辑(比如启动 Web 容器)。当 DeferredAfterUniverseBorn 都开始运行时，基本表明我们的 Universe 已经正式运转起来了。

小提示

前文提到的 CompositeDataTypeConverter 这个聚合式类型转换组件，它对于用户而言是一个扩展点——用户可以定义自己的类型转换器，CompositeDataTypeConverter 会自动将其对象(Star)纳入管理，并在类型转换时使用这些自定义的转换器，其依赖的正是 AfterUniverseBorn 接口。

5. 交给应用型框架或用户自行控制的接口

让 Universe 以外的组件自行控制的接口，其实我们在前面也提到过，那就是 SuperCluster(超星系团)。可以把这个接口理解为一个“小 Universe”（小宇宙）。用户可以借助 SuperCluster 处理自己的注解、StarName 等，然后可以自行扫描带有相关注解的类，甚至自行创建 Star。比如，如果用户想实现类似 MyBatis、JPA、Feign 之类的纯接口 Star，就需要借助此接口自行创建动态代理。没错，我们不打算在 Universe 中添加类似 Spring 的 FactoryBean 接口，支持它太过麻烦，因此把这部分功能交给 SuperCluster。事实上 SuperCluster 可以让用户玩出各种花样，不仅仅是创建动态代理那么简单，这或许算是“小创新”了。此接口相关定义如代码片段 8-14 所示：(路径：universe-core 模块，com.purpblue.universe.core.ioc.SuperCluster)。

代码片段 8-14：定义重量级接口 SuperCluster

```
public interface SuperCluster {
    /**
     * a.支持目标注解集合
     * @return 需要扫描的目标注解
     */
    Set<Class<? extends Annotation>> annotations();

    /**
     * b.如果注解中含有 StarName 的定义(比如@Star#name 就代表了 StarName),在这里解析。如果没有,返
回空字符串即可
```

```
     * @param annotation 当前正处理的注解
     * @return 返回注解中设定的 StarName
     */
    String getStarName(Annotation annotation);

    /**
     * c.自定义 sdType,字符串形式
     * @param sdType 自定义的 sdType(Universe 自身有"CLASS"和"METHOD"两个值),这里可以自行定义,
后续用于自行处理时识别
     * @return 自定义的 sdType
     */
    default boolean supportSdType(String sdType) {
        return false;
    }

    /**
     * d.用支持的注解,扫描指定的包并注册 StarDefinition,这里提供默认实现
     * @param basePackages 指定的包
     * @param definitionHolder 全局 StarDefinitionHolder,用于注册 StarDefinition
     */
    default void scanStarDefinitionFor(Collection<String> basePackages, StarDefinition-
Holder definitionHolder) {
        annotations().forEach(a -> definitionHolder.scanStarDefinition(basePackages, a));
    }

    /**
     * e.自行创建 Star
     * @param sd 目标 StarDefinition
     * @return 创建好的 Star(但不需要初始化,Universe 会统一初始化)
     */
    default Object makeStar(StarDefinition sd) {
        return null;
    }
}
```

我们后续将紧跟着介绍 Universe 接口，而这里 SuperCluster 的表现和 Universe 甚至 StarDefinitionHolder 都有些相似，属实算"小宇宙"了。不过，SuperCluster 是不可能撑起整个 IoC 容器的，它只是 Universe 很小的一部分罢了。最终此接口创建的各个 Star 也都会加入至 Universe，并且被 Universe 正常调用 AfterBirth、StarRound 等接口，和其他 Star 的表现一样。SuperCluster 的接口方法，我们略微解释一下。

1)a 处应该不需要解释了，这里就是指出"本 SuperCluster 支持哪些注解"。而 b 处则用于确定当前 SuperCluster 正在创建的 Star 的 StarName。比如，我们处理一个带有"@Star(name = "abcd")"标记的类，那这里就可以拿到这个@Star 注解(annotation 形参就是它)，然后通过解析 annotation 就

可以获取到“abcd”这个值。

2) c 处为自定义 sdType(StarDefinition Type)，它就是 StarDefinition#type 字段(请回顾 8.2.4 小节代码片段 8-4)。Universe 自身只会处理“CLASS”“METHOD”两种类型，至于其他的类型，就需要各个 SuperCluster 自行定义并自行处理了。

3) d、e 两处才是最核心的部分，但并不难理解——前者负责用自定义的注解扫描并形成 StarDefinition，而后者依靠这些 StarDefinition 创建对应的 Star。没错，这部分自定义 sdType 的 StarDefinition，Universe 是不负责帮忙创建 Star 的。所以，当前 SuperCluster 应该全部自行负责创建——看，是不是小 Universe 的感觉?

以上解释主要是为接下来 Universe 的整体功能铺垫，后续我们会给出全部示例。

8.2.8 Universe 接口及其前置逻辑

配套“设施”介绍完毕了，我们的主角 Universe 闪亮登场，它才是真正的 IoC 容器。首先我们来看一下它的相关定义，如代码片段 8-15 所示(路径：universe-core 模块，com.purpblue.universe.core.ioc.Universe)。

代码片段 8-15：Universe 框架的核心接口——Universe

```
public interface Universe {
    //------a.以下是对 Star 的支持------
    Object getStar(String starName);

    <T> T getStar(Class<T> starType);

    <T> List<T> getStars(Class<T> starType);

    List<Object> getStarsWithAnnotation(Class<? extends Annotation> annotationClass);

    <T> Map<String, T> getStarsIntoMap(Class<T> starType);

    void addStar(String name, Object star);

    void createStars();

    void processAfterUniverseBorn();

    Set<String> getAllGalaxies(Class<?> cls);

    //------b.以下是对 SuperCluster 的支持------
    /**
     * 获取全部的 SuperCluster
     */
    List<SuperCluster> getSuperClusters();
```

```
    /**
     * 添加具体的 SuperCluster
     */
    void addSuperClusters(SuperCluster sc);

    /**
     * 获取当前正在创建 Star 或 StarDefinition 的 SuperCluster
     */
    SuperCluster getCurrentSuperCluster();

    /**
     * 设置当前工作的 SuperCluster
     */
    void setCurrentSuperCluster(SuperCluster sc);
}
```

上面代码中作者刻意将支持 Star 部分(a 部分)的方法说明全去掉了(请有兴趣的读者去源码查看)，读者对比一下 Spring 的 BeanFactory、ApplicationContext 系列接口，看看是不是绝大部分方法都对得上？对此作者也很无奈，再次感受到 Spring 的“余威”。不过下面支持 SuperCluster 部分(b 部分)似乎算是“小创新”，这里作者没有去掉方法说明，这些方法都是各个 SuperCluster 工作时可能用到的。

我们在本章前面已经说明，将会使用一个实现类(UniverseImpl)同时实现好几个接口，比如 Universe、StarDefinitionHolder、StarDataHolder 等。再次说明这并不是什么糟糕的处理方式，接口隔离我们已经做好了，实现类这样处理是没问题的。其实 Spring 也是以一个 DefaultListableBeanFactory 同时实现了 BeanFactory、BeanDefinitionRegistry 和 SingletonBeanRegistry 等接口，以一个 AnnotationConfigServletWebServerApplicationContext 同时实现了 ApplicationContext、AnnotationConfigRegistry、BeanDefinitionRegistry 和 ApplicationEventPublisher 等接口……接下来，我们先介绍 UniverseImpl 中最重要、最核心的方法——getStar(String)。它的地位，正如 Spring 中的 BeanFactory#getBean。在具体编写这个 getStar 方法时，我们先来想一下，这方法中将会处理哪些问题？

1. Star 注入问题

首先我们很清楚，Star 和 StarDefinition 情况相似，肯定得有一个全局 Star 缓存，需要的时候就通过 Universe 接口从这里面取(从缓存中取 Star 时，什么情况算是依赖注入 DI，什么情况算是依赖查找 DL？请忘记了的读者回顾第 2 章相关内容)。

那么，如果当前 Star 缓存中没有找到满足条件的 Star，我们该如何处理？这个依然和 Spring 思想一致，那就是现场创建。不过创建 Star 有一个非常重要的前提：这个即将创建的 Star，我们必须拥有与之对应的 StarDefinition，这应该很好理解。那 StarDefinition 从哪里来呢？自然通过 StarDefinitionHolder 接口获取，此接口会搜索 StarDefinition 全局缓存。那么，如果 StarDefinitionHolder

接口依然没有找到对应的 StarDefinition 呢？这没什么好奇怪的，这就相当于 Spring 中典型的 NoSuchBeanDefinitionException。究其原因，我们在前面扫描 StarDefinition 阶段没有发现与之对应的 StarClass，一般说来是用户自己的编码错误造成的。

因此，以@Planet 注解(对应于 Spring 的@Autowired)注入 Star 为例，大致是如下的的逻辑：首先，直接在 Star 缓存中查找对应 name 或 type 的 Star，若找到，返回；若找不到，查找对应的 StarDefinition，若找到，马上创建 Star，创建好后将之放入全局 Star 缓存并返回；若找不到，看 @Planet#required设定，若为 true，抛异常结束启动；若为 false，返回 null，继续后续流程，具体逻辑如图 8-1 所示。

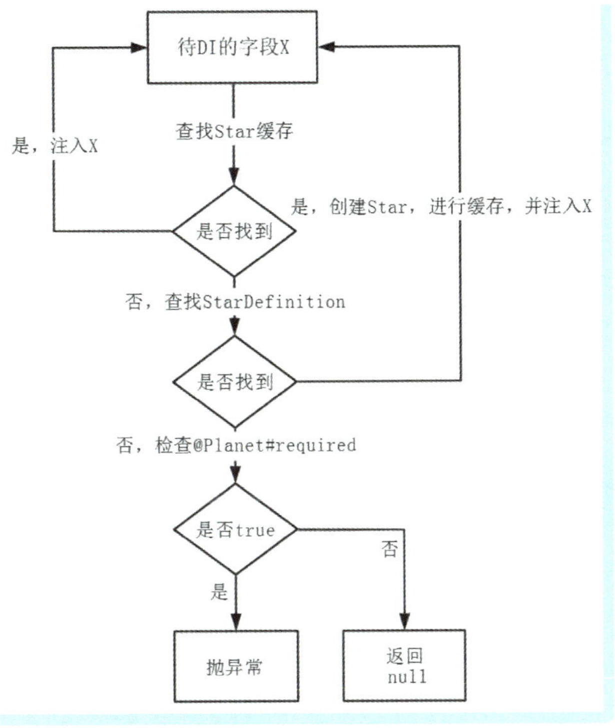

● 图 8-1　注入 Star 的过程

当 A-StarClass 中存在 B 类型的@Planet 字段需要注入，而 B-StarClass 中又有 C 类型的@Planet 字段需要注入时，就是一个和栈(Stack)相关的创建过程了(自然是 C 类型会优先创建 Star)，这一点依然和 Spring 的 getBean 逻辑类似。总之，当链式依赖存在时，就这样层层解析下去，终点的依赖会优先创建完毕，然后依次退栈，依次向前创建。上面的示例实现如代码片段 8-16 所示(路径：universe-test-app 模块，com.purpblue.test.universe.access.A)。

代码片段 8-16：代码演示链式依赖的 Star 创建顺序

```
@Star
public class A {
```

```
    //A 中依赖 B
    @Planet
    private B b;
}

@Star
class B {
    //B 中依赖 C
    @Planet
    private C c;
}

@Star
class C {
    }
```

至于经典的循环依赖问题，比如 A-StarClass 中有一个 B 类型的@Planet 字段，而 B-StarClass 中又有一个 A 类型的@Planet 字段，鉴于高版本的 Spring Boot 都默认禁止这样使用(参见 2.4.3 小节)，我们干脆不支持循环依赖注入，一了百了，安全无忧。

构造函数注入和@Star 方法注入情况与上面相似，都是先查找对应的 Star 接到形参上。如果目标 Star 尚未创建，则现场创建以后再接上去。以上讨论综合起来如代码片段 8-17 所示(路径：universe-test-app 模块，com.purpblue.test.universe.access.PlanetDemo)。

代码片段 8-17：演示 DI 时@Planet 注解的使用

```
@Star
public class PlanetDemo {
    //---------构造函数注入---------
    private final A a1;
    private final D d1;

    public PlanetDemo(A a, //未指定 required,强制依赖
                      @Planet(required = false) D d //非强制依赖
    ) {
        this.a1 = a;
        this.d1 = d;
    }
    //---------字段注入---------
    @Planet
    private A a2; //强制依赖

    @Planet(required = false)
    private D d2; //非强制依赖
}
```

2. 值注入问题

由于我们将值注入做得很简单(不支持 EL 表达式，不支持 key 嵌套等等)，只需要调用 StarDataHolder 相关方法取出再注入@StarData 字段即可，后续会给出各种示例。

3. 其他问题

我们知道有一类接口比较特殊，那就是 StarRound，相当于 Spring 的 BeanPostProcessor(BPP)。在 Spring 中，BPP 的初始化远早于普通 Bean 的初始化，因为前者本来就是用来处理后者的。同样，在我们的 Universe 中，StarRound 类型的 Star 也应该全部优先于普通 Star 先构建好，然后才能后置处理普通 Star，并且 StarRound 对象本身在被创建时，不接受其他 StarRound 的后置处理。

至于所有 Star 都可以使用的 AfterBirth 接口，则不受什么限制，只要是 Universe 通过 StarDefinition 创建的 Star 都可以正常运行。但要注意：如果直接调用 Universe#addStar 绕过 StarDefinition 手动添加 Star 的话，将无法触动 AfterBirth 初始化接口，因为这个 Star 不是由 Universe 通过 StarDefinition 自动创建，而是用户自行创建的，因此我们应该理解为“用户直接添加此 Star 时，它已经是一个初始化好了的对象”。如果我们愿意，当然也可以在用户手动 addStar 时再帮忙调用此 Star 的 AfterBirth 接口(如果它实现了此接口的话)，但基于设计理念，我们不去干预用户自行添加的 Star 初始化。

不过，虽然不帮忙调用用户自行注册的 Star 的 AfterBirth 接口，但 AfterUniverseBorn、DeferredAfterUniverseBorn 两个接口却不区分 Star 的来源，在全部 Star 创建完毕后将一视同仁自动调用。究其原因，AfterBirth 是 Star 自己的初始化接口，属于“个人属性”，而 AfterUniverseBorn、DeferredAfterUniverseBorn 本质上是 Universe 的初始化接口，属于“集体属性”，因此哪怕是用户自行注册的 Star，一旦其实现了 AfterUniverseBorn 系列接口，都会一并调用，并且调用的顺序受 UniverseOrder 接口的影响。

8.2.9 Universe 接口之 getStar

Universe 接口是 Universe 框架最核心的接口，它的相关方法实现相比于其他接口也是最难的，因此我们需要分节介绍。

Universe 创建 Star 的逻辑我们已经讨论完毕，现在来讲一下 getStar。首先，其源码如代码片段 8-18 所示(路径：universe-core 模块，com.purpblue.universe.core.ioc.UniverseImpl#getStar(String))。

代码片段 8-18：Universe 接口的 getStar(String)方法

```
public Object getStar(String starName) {
    Object star = allStars.get(starName); //a.直接在缓存中提取 Star
    if (star != null) {
        return star;
    }
    //b.若缓存中没有,立刻创建 Star 并返回
```

```
    return createStar(allDefinitions.get(starName));
}
```

此方法最核心的逻辑在最后一行：createStar(b 处)，这个才是中心思想。它就相当于 Spring 的 AbstractBeanFactory#doGetBean(请回顾 2.4.2 和 2.4.3 小节的相关内容)——对于 doGetBean 方法，说它是整个 Spring 最核心的方法也不为过，因此我们的 createStar 方法也是仿照着它来的。由于有些长，我们接下来分段说明。

1. 检查和准备

createStar 方法开始后，首先是一些检查和准备，如代码片段 8-19 所示(路径：universe-core 模块，com.purpblue.universe.core.ioc.UniverseImpl#createStar)。

代码片段 8-19：核心方法 createStar 片段 1

```
/** a.若没有对应的 StarDefinition(sd == null),直接报错。这里本来应该专门创建一个 NoSuchStarD-
efinitionException 的,但是作者偷懒了 */
if (sd == null) {
    throw new NoSuchElementException(...);
}
//b.冗余容错:若缓存中已有,直接返回
Object star = allStars.get(sd.getName());
if (star != null) {
    return star;
}
//c.若待创建的 Star 已经在创建中了,说明存在循环依赖,报错结束
if (starsBeingCreated.contains(sd.getName())) {
    throw new IllegalStateException("circuit ref is not allowed:" + sd.getName());
}
//d.将目前正在创建的 Star 依次压栈,最后被压栈的最先被创建
starsBeingCreated.push(sd.getName());
```

a 处类似于 Spring 的 NoSuchBeanDefinitionException，非常好理解。b 处是一个冗余情形，加一层缓存搜寻，算是多一重保险。c 处的 starsBeingCreated 记录了当前正在创建的 StarName，类似于 Spring 的 DefaultSingletonBeanRegistry#singletonsCurrentlyInCreation，不过我们的具体用法可能和 Spring 不完全一样。总之，这里面承载了当前正在创建但尚未创建完毕的 Star。然后继续说 c 处，若当前正准备创建的 Star 早就已经在创建中了，那肯定是哪里出了问题——比如循环依赖。试想一下，Star-A 中有一个字段需要被注入 Star-B(即依赖 Star-B)，因此创建 Star-A 到中途时肯定要先去创建 Star-B(这时候 starsBeingCreated 栈中同时存在 A、B 两个 StarName)。但是，Star-B 中竟然也有一个字段需要被注入 Star-A(循环依赖)，于是在 Star-B 创建的过程又中途转去创建 Star-A。因此在 c 处会发现，创建 Star-A 时，其实它之前就在创建中了。如果这里不作任何干预的话，就是一个 Star-A 和 Star-B 间的无限循环，最终的结果就是出现 StackOverflowError，因此必须干预。干预的策略自然有支持循环依赖和不支持两种，我们在这里选择后者，因为专门支持循环依赖还需要

额外耗费精力，无此必要。至于 Spring 的话，我们在第 2 章中已经详细介绍了，它处理循环依赖的逻辑在 doGetBean 中(高版本的 Spring Boot 已经默认禁止了循环依赖)，参见 2.4.3 小节和其他相关内容。

如果在 c 处没有检测到当前 Star 已处于创建中，则是正常状态，说明当前 Star 是初次触发创建，因此 d 处将其添加到 starsBeingCreated 集合，正式为此 Star 打上标记——它已处于创建中。

2. 创建基于构造函数的 Star

接下来介绍具体创建 Star 的流程，有基于类的创建(类似 Spring 的@Component)、基于方法的创建(类似 Spring 的@Bean)和 SuperCluster 自定义创建。这里我们先介绍基于类的创建(即“CLASS”类型)，如代码片段 8-20 所示(路径：universe-core 模块，com.purpblue.universe.core.ioc.UniverseImpl#createStar)。

代码片段 8-20：核心方法 createStar 片段 2

```
Object newStar;
/**e.StarDefinition 的 type。Universe 本身支持“CLASS”“METHOD”和其余自定义的值,后续由用户的
SuperCluster 处理*/
String sdType = sd.getType();
if (StarDefinition.STAR_TYPE_CLASS.equals(sdType)) {
    //处理 CLASS 类型,即直接在类上标注@Star 的情形,相当于 Spring 的@Component
    //f.构造函数注入,首先获取构造函数
    Constructor<?> ctor = sd.getEligibleCtor();
    //f1.获取构造函数对应的入参
    List<Object> args = fillArgs(ctor.getParameters());
    try {
        //f2.调用构造函数。原始的、尚未完成初始化的 Star 便诞生了。args 是需要注入的 Star(组件)或
//值列表
        newStar = sd.getEligibleCtor().newInstance(args.toArray());
    } catch (...) {
        ...
    }
    //g.处理@Planet 和@StarData 字段的注入
    sd.getPlanets().forEach(f -> {
        //g1.字段类型
        Class<?> fType = f.getType();
        Object thisPlanet = null;
        Planet planet = f.getAnnotation(Planet.class);
        if (planet != null) {
            //g2.若存在@Planet 注解,说明是 Star 注入
            if (!planet.name().isBlank()) {
                String name = planet.name();
                //g3.若用户指定了 StarName,直接按 StarName 在缓存中寻找已创建好的 Star
                thisPlanet = allStars.get(name);
                //g4.若尚未创建此需要的 Star,立刻递归创建
```

```
                if (thisPlanet == null) {
                    thisPlanet = createStar(allDefinitions.get(name));
                }
            } else {
                //g5.若用户没有指定@Planet#name 属性,则按照类型在缓存中寻找对应的 Star,这里同时
//支持注入数组或集合
                thisPlanet = getAppropriatePlanet(fType, f);
            }
            //g6.检查依赖的强制性
            checkPlanetIsRequired(thisPlanet, planet.required(), fType);
        } else {
            StarData starData = f.getAnnotation(StarData.class);
            if (starData != null) {
                //h1.无@Planet 而有@StarData,值注入,首先获取用户指定的 key
                String key = starData.key();
                //h2.获取用户的默认值设定和字段类型
                boolean useDefault = starData.useDefaultValue();
                Class<? > pType = f.getType();
                //h3.根据用户的默认值设定和字段类型调用对应的方法获取值
                thisPlanet = useDefault ? getProperties(key, pType, starData.defaultValue
()) : getProperties(key, pType);
                //h4.若没有找到值(用户没有指定默认值),抛异常
                if (thisPlanet == null) {
                    throw new NullPointerException(...);
                }
            }
        }
        try {
            //i.到这里一定有了正确的值,通过反射给当前字段接上值
            f.set(newStar, thisPlanet);
        } catch (IllegalAccessException e) {
            throw new RuntimeException(e);
        }
    });
}
```

e 处即是 sdType 的作用，这里我们给出的代码处理“CLASS”类型，即为标记了@Star 注解的类创建 Star，相当于处理 Spring 的@Component 注解。

1)f 处获取构造函数后(构造函数在这里称为“eligibleCtor”，即“符合条件的构造函数”，8.2.1 小节已详细解释过原因)，f1 处即根据当前构造函数获取形参和对应的注解，调用 Universe 或 StarDataHolder 接口的相关方法，从各自的缓存中取出对应的 Star 或数据做为实参传回。这其中当然少不了一些细节处理，比如没有对应的 Star 时怎么办、没有对应的数据时怎么办、Star 不止一个怎么办、形参是数组或集合类型又怎么办……f1 处的 fillArgs 方法很重要，我们把当前代码解

释完毕后会介绍此方法。

2)f1 处已经准备好当前构造函数的入参了，接下来可以创建原始的 Star 了！于是在 f2 处以刚刚拿到的入参调用构造函数，也就是以反射的方式对当前 StarClass 进行了 new 操作，原始的 Star 就这样在 Universe 中诞生了！这个 new 操作的完成，也意味着通过构造函数注入的 Star 和相关数据也已经完成初始化。不得不说，通过构造函数注入确实有较大优势，比如，注入时间早；能最大限度避免 NPE 之类的问题；被注入的字段可以被 final 修饰；一旦注入无法修改，拥有最大的安全性……

3)原始 Star 已经诞生，并且完成了构造函数注入，那接下来的也就顺理成章了——注入非构造函数的字段，比如@Planet 字段、@StarData 字段等，从 g 处开始就是这些逻辑。首先在 g1 处获取到待注入字段的类型，然后对该字段进行注解检查，若带有@Planet 注解，表明它需要注入对应的 Star，这时候需要检查用户是否指定了 StarName，即@Planet#name 属性是否有值。如果有值，直接按名称调用 Universe#getStar(String)方法就可以找到。若使用“getStar(String)”方法没找到，那就出现了我们之前讨论的“名场面”：暂停当前 Star 的创建流程，转而立刻去创建这个迫切需要注入的 Star(g4 处)，正是在这里存在循环依赖的可能性(请读者想想如何产生循环依赖?)，因此我们需要提前在 c 处(代码片段 8-19)进行循环依赖判断。

4)若是用户并没有指定@Planet#name 属性(g5 处)，则用户很清楚这种情况下需要按类型注入，并且这种类型的 Star 全局只能有一个(或者虽然有多个，但其中一个标记了@Main)，不然 Universe不知道要选择哪一个注入，这一点和 Spring 是一样的设定。按类型选取 Star，Universe 接口本身也有这个方法，同样在当前片段介绍完毕后我们会专门介绍其中的逻辑。

5)经过上面的步骤，@Planet 注解处理完毕，但是尽管这样，用户需要的 Star 依然有可能不存在(比如用户指定一个全局都没有的 StarName，或者需要注入的字段类型是 Universe 根本不持有的类型)，这时候用户需要做出取舍：是让 Universe 报错，还是忽略这个空 Star 的问题继续向下？g6 处正是检查用户的设定，checkPlanetIsRequired 方法的逻辑并不难懂，都是一些空判断，请读者自行参阅，此处不再过多介绍。有了 checkPlanetIsRequired 方法的检查，用户的意图得到体现：在没有对应 Star 的前提下，用户使用默认值或显式指定“@Planet(required=true)”，说明用户不能容忍空 Star，于是报错，结束启动流程——可以看到此方法中作者直接抛出了 NoSuchElementException，或许我们也应该学一下 Spring，专门创建一个 NoSuchStarException。而当用户显式指定“@Planet(required=false)”的话，说明可以容忍这里的空 Star，于是 checkPlanetIsRequired 方法不再向下检查，启动流程继续。

6)处理完@Planet 注解后，自然需要处理@StarData 的值注入，同样需要注意待注入字段的类型。h1 处获取用户设定的 key，h2 处获取用户是否指定了默认值，h3 处根据用户的默认值设定和字段类型调用对应的 StarDataHolder#getProperties 方法获取值。关于值注入的默认值，我们知道在 Spring 中配置起来比较简单，“@Value(${a.b:xyz})”即表示“注入‘a.b’这个 key 指向的属性数据，若找不到则使用‘xyz’这个默认值”，在我们的 Universe 中，则变成了“@StarData(key = "a.

b", useDefaultValue = true, defaultValue = "xyz")"，效果一样。采用这种相对复杂的方式，一方面是为了和 Spring 有所区别，另一方面，也是重要的一点，考虑到 Spring 中@Value 注解的写法解析起来较麻烦(从另一个角度说，“麻烦”带来的收益就是“强大”)，我们确实可以去解析，或者借用 Spring 的解析方式，不过鉴于值注入不是我们讨论的重点，所以有这个功能即可。@Value 注解十分强大，比如它还支持 EL 表达式、支持直接注入资源、文件、URL 等(请回顾 3.1 一节的代码片段 3-1)，我们在这里同样不支持，因为这不是重点，属于战术级别而非战略级别。如果有读者实在想深挖，可以自己去创建像@Value 那样的注入写法，然后自行解析，或者复制 Spring 的解析逻辑自行适配。

经过上面的处理，@StarData 也结束了，但是同样，到达 h4 处依然可能是 null(比如用户胡乱写了一个无对应值的 key，且不开启默认值)，这时候我们就不客气了：给了默认值的机会但是用户不使用，于是直接报错，启动终止。

7)经过上面的处理，不管是待注入的 Star 还是待注入的值一定都准备好了，接下来该赋值了！i 处是一个非常简单的字段反射赋值——需要注入的字段位于 newStar 这个对象中，需要注入的值是 thisPlanet，这和前面讨论 Spring 的注入是一样的，对应于 Spring 的 AutowiredAnnotationBeanPostProcessor.AutowiredFieldElement#inject 和 InjectionMetadata.InjectedElement#inject 等方法(请回顾 2.4.4 小节的相关内容)。Spring 因为需要兼顾处理多个注解，所以注入的逻辑不止一处，但归根结底，最终调用的，也都是“field.set(xxx, yyy)”这一句。只要理解了最终都是通过 JDK 反射的方式为字段赋值，那就掌握了这一类 DI 的核心机制。

至此在整体逻辑上，我们完成了字段级别的 DI，无论是对象(Star)注入还是值注入。

3. 创建 Star 过程中的重要辅助方法

在前面基于构造函数创建 Star 的过程中，我们用到了几个重要的辅助方法，它们的实现非常重要，承担着 DI 的核心逻辑，因此也需要一并介绍。

(1) fillArgs 方法

在前面介绍的逻辑中，代码片段 8-20 之 f1 处的 fillArgs 方法非常重要，其作用是按照给定的形参数组在 Universe 中寻找对应的 Star(组件)或值，后续用于构造函数或普通方法调用时的入参(比如 f2 处)。假定我们的测试应用中某个 StarClass 的构造函数如代码片段 8-21 所示(路径：universe-test-app 模块，com.purpblue.test.universe.access.SomeReceiver)。

代码片段 8-21：测试模块中某个 StarClass 的构造函数

```
public SomeReceiver(Universe universe, //a
            @Planet(required = false) MaybeStar maybeStar, //b
            SomeClass someClass, //c
            @Planet(name = "com.purpblue.universe.singularity.support.StringArrToArr
Converter") StringArrToTypeConverter typeConverter, //d
            List<StringArrToTypeConverter>  typeConverters,//e
```

```
            @StarData(key = "a") char ch, //f
            @StarData(key = "java.version", useDefaultValue = true, defaultValue =
"21") String javaVersion, //g
            Queue<StringArrToTypeConverter> queue, //h
            StringArrToTypeConverter[] arr, //i
            Map<String, StringArrToTypeConverter> map //j
) {
    //doSth
}
```

上面是某个 StarClass 的构造函数，有多个形参。Universe 在创建此类的对象(Star)时，需要提前准备好与这些形参对应的 Star 或值才能调用此构造函数创建当前 Star。

1)a 处注入 Universe 类型，相当于 Spring 在构造函数中注入 BeanFactory，因此 Universe 得把自己注进去。

2)b 处注入 MaybeStar 类型。由于用户不确定 Universe 中是否存在这个类型的 Star，因此在前面添加了“@Planet(required = false)”这个说明，即若 Universe 中存在 MaybeStar 类型的 Star，请注入；若确实不存在，则请忽略并用 null 代替，不要报错。

3)c 处注入 SomeClass 类型的 Star，且用户确认 Universe 中有且仅有一个(这也是最常见的情况)，或者虽然有多个，但其中一个标记了@Main。如果因为某些原因(比如编码失误)导致此类型的 Star 不存在，或者不止一个且都未标记@Main，则直接报错，结束启动流程，这种情况下不需要任何注解，Universe 会自动适配，和 Spring 的处理一样。

4)d 处注入 StringArrToTypeConverter 类型的 Star(StringArrToTypeConverter 是后续要编写的 Singularity 框架的组件之一)。考虑到 Universe 中此类型的 Star 有多个，因此通过“@Planet(name = "××××")”的形式明确指定 StarName，这样 Universe 就可以确定用户要注入哪一个 Star。在这时如果不指定 name 属性，则 Universe 会因为找到多个 StringArrToTypeConverter 类型的 Star(且都未标记@Main)而报错。当然了，如果用户指定了一个根本不存在的 StarName，Universe 同样会报错，这也和 Spring 一样。

5)e 处是批量注入多个同类型 Star 至 List，这个功能自然也是和 Spring 相对应的。需要注意的是，对 Universe 而言，形参在不添加“@Planet(required = false)”的情况下，如果当前 Universe 中没有任何一个此类型的 Star，这里会报错，而添加了“@Planet(required = false)”自然就不报错了，会注入空 List。相比之下 Spring 在这里的处理和我们有区别，Spring 的处理是，若没有任何一个此类型的 Bean，且用户指定“@Autowired(required = true)”或不作指定(即默认值)，它会注入空 List，而用户指定“@Autowired(required = false)”的话，它会注入 null——也就是说无论如何都不会报错。

6)至于 f 处就是值注入了。这里注入“a”这个 key 指定的属性值，且待注入的字段是基本类型 char 类型，相当于 Spring 中的“@Value(${"a"})”，没有默认值，这意味着配置文件中必须为

“a”这个 key 配置对应的值，否则这里将报错。至于字段类型我们不必担心，在代码片段 8-20 中，Universe 对 Star 进行值注入时我们就在 h3 处的 getProperties 方法中作了必要的类型转换。回到示例代码 8-21，g 处同样是值注入，不过添加了默认值，其他与 f 处一样，这里相当于“@Value("${java.version:21}")”。其中“java.version”是系统属性，不需要用户配置。

7) h、i、j 三处，演示了按 Queue 注入、按数组注入和按 Map 注入的情形。这些注入的原理，后续我们都会给出 Universe 底层逻辑分析。需要注意的是，h、j 两处使用的形参(Queue 类型的 queue 和 Map 类型的 map)均是接口类型，这里我们同样模仿 Spring，不支持具体的 Collection 或 Map 实现类注入，比如 ArrayList<StringArrToTypeConverter>、HashMap<String, StringArrToTypeConverter>等。后续我们在介绍相关注入逻辑时，读者可以在其中进行增补以适配这些具体的 Collection 或 Map 实现类注入。

说完了应用部分(或者叫“表象”)，现在我们来研究一下它的底层逻辑(即“真相”)。上面代码中，形参各个字段是如何被 Universe 注入值的？这就是我们现在讨论的辅助方法之 fillArgs，如代码片段 8-22 所示(路径：universe-core 模块，com.purpblue.universe.core.ioc.UniverseImpl#fillArgs)。

代码片段 8-22：Universe 填充形参的逻辑

```
public List<Object> fillArgs(Parameter[] ps) {
    //a.承载最终结果
    List<Object> result = new ArrayList<>();
    //循环处理各个形参
    for (Parameter p : ps) {
        Object thisPlanet;
        //b.形参类型
        Class<?> pType = p.getType();
        /** c.若形参类型和当前 Universe 实现类兼容,说明用户想注入 Universe、StarDefinitionHolder、
StarDataHolder 等系统组件,直接将自己(this)注进去 */
        if (pType.isAssignableFrom(UniverseImpl.class)) {
            thisPlanet = this;
            result.add(thisPlanet);
           continue;
        }
        //d.检查@Planet 注解处理 Star 注入
        Planet planet = p.getAnnotation(Planet.class);
        boolean requiredForCheck;
        if (planet != null) {
            if (!planet.name().isBlank()) {
                //d1.有@Planet 且指定了 name 属性
                String name = planet.name();
                //d2.按名称提取 Star
                thisPlanet = getStar(name);
            } else {
                //d3.有@Planet 且没有指定 name,按类型查找 Star
```

```
                thisPlanet = getAppropriatePlanet(pType, p);
            }
            //e.强制依赖还是可选依赖?
            requiredForCheck = planet.required();
        } else {
            StarData starData = p.getAnnotation(StarData.class);
            if (starData != null) {
                //f1.有@StarData,值注入,首先获取 key
                String key = starData.key();
                //f2.获取默认值设定
                boolean useDefault = starData.useDefaultValue();
                //f3.查找对应的值
                thisPlanet = useDefault ? getProperties(key, pType, starData.defaultValue
()) : getProperties(key, pType);
                //f4.若没有找到对应的值(用户没有指定默认值),抛异常
                if (thisPlanet == null) {
                    throw new NullPointerException(...);
                }
            } else {
                //g.既没有@Planet 也没有@StarData,按类型注入 Star
                thisPlanet = getAppropriatePlanet(pType, p);
            }
            /** h.当前 else 块中的逻辑,处理的内容都不涉及@Planet 注解,也就不涉及"required =
false"的情况,因此默认设定强制依赖 */
            requiredForCheck = true;
        }
        //i.综合检查依赖的强制性
        checkPlanetIsRequired(thisPlanet, requiredForCheck, pType);
        result.add(thisPlanet);
    }
    return result;
}
```

此方法是“基于构造函数注入”和“基于@Star方法注入”的核心支撑，正是它为构造函数及普通方法的形参接上了对应的Star(组件)或值。我们早在2.4.4小节中就介绍了为形参接上Bean的逻辑，在3.3.2小节中介绍了为形参接上对应值的逻辑，但不管怎么说，介绍Spring的逻辑属于“别人的逻辑”，而在此处，我们真正地将这些介绍过的思想转化成为我们“自己的逻辑”。

1)在b处获取到形参类型之后，我们在c处碰到了特殊的注入情况——比如用户在形参中直接注入Universe，就像刚刚讨论过的SomeReceiver(代码片段8-21，a处)。Universe作为创建和管理Star的核心组件，其自身并非Star类型，但用户有时候确实需要使用它。因此我们在这里执行特殊注入：将自己(this)当作Star直接注入给用户。读者有没有想起Spring中同样的处理方式，实际上我们这样处理就是受Spring的启发。请回顾2.2.2小节的相关说明。

这里我们使用了“isAssignableFrom”，即只要形参的类型是 UniverseImpl 类型，或是它的父类，或是它实现的任意接口（Universe、StarDefinitionHolder、StarDataHolder 等），那就认为该形参类型与 UniverseImpl 实例兼容，直接注入当前正在工作的 UniverseImpl 对象（即 this），这类似于在 Spring 中注入 DefaultListableBeanFactory 对象——当我们在构造函数或方法的形参中注入 BeanFactory、DefaultListableBeanFactory、ConfigurableListableBeanFactory、AutowireCapableBeanFactory 等类型，最终作为实现类的 DefaultListableBeanFactory 对象在处理它们时，都会把自己（this）注进去，有兴趣的读者可以自行实践观察，并且可以找一找 Spring 这类注入和我们这里注入的差异点。

2）处理完特殊组件注入后，接下来才是“真正的”注入逻辑，首先检查@Planet 注解。若用户指定了 StarName（d1 处），那对 Universe 而言是最理想的情况，直接按 StarName 查找对应的 Star（d2 处）。并且我们知道在 getStar 的过程中，如果需要的这个 Star 存在 StarDefinition 但尚未创建出来，将会立刻触发该 Star 的创建，创建好之后 getStar 才会将其返回给我们。当然如果此 StarName 根本不存在对应的 StarDefinition，那 getStar 方法就会报错，请回顾前面的 createStar 方法相关解析。从这里也可以侧面看出 StarDefinition 的作用，正是它的存在提前确定了哪些 Star 可以被 Universe 自动创建。比照 Spring，我们的 StarDefinition 所对应的，正是 Spring 庞大的 BeanDefinition 体系。

3）虽然用户指定 StarName 时 Universe 处理起来是最简单的，但很多情况下用户却会“偷懒”，只简单标注一个“@Planet”，这时候我们就无法获取 StarName 了，转而按类型匹配对应的、唯一的 Star（d3 处）。如果此时相应类型的 Star 不存在或不止一个（且都未标记@Main）那就得报错了，本章前文已述。这里 getAppropriatePlanet 方法也需要进行深入探讨，它隐藏着特殊的逻辑。想象一下，用户标记了@Planet 注解但没有指定 name 属性，真的只是要注入单个 Star 吗？关于这个问题的答案，接下来将会详细分解。

（2）getAppropriatePlanet 方法

getAppropriatePlanet 逻辑解析如代码片段 8-23 所示（路径：universe-core 模块，com.purpblue.universe.core.ioc.UniverseImpl#getAppropriatePlanet）。

代码片段 8-23：根据类型获取合适的待注入元素

```
private Object getAppropriatePlanet(Class<?> pType, AnnotatedElement ele) {
    //a.若是数组类型,提取全部此类型 Star 并创建数组
    if (pType.isArray()) {
        return createPlanetArray(pType);
    }
    //b.若是接口类型
    if (pType.isInterface()) {
        //b1.若是 Collection、List、Set、Queue 接口
        if (Collection.class.isAssignableFrom(pType)) {
            return createPlanetCollection(pType, ele);
        }
        //b2.若是 Map 接口,获取其 value 类型然后通过 Universe 直接查找
```

```
        if (Map.class == pType) {
            return getStarsIntoMap(mapValueType(ele));
        }
    }
    //c.非批量注入,按普通注入处理,类型匹配
    return getStar(pType);
}
```

方法逻辑整体上非常简单：如果待注入的是某类型的数组，那就 createPlanetArray(a 处)；如果待注入的是集合类型接口(Collection 及其子类，比如 List、Set、Queue 等)，那就 createPlanetCollection(b1 处)；如果待注入的是 Map 接口，那就 createPlanetMap(b2 处)。

注意

Collection 系列必须使用接口才能注入，不支持任何实现类比如 ArrayList、HashSet 等，这和 Spring 设定是一样的；Map 系列就更严格了，必须是 Map 接口本身(key 代表 StarName，value 是对应的 Star)，连它的子接口也不允许(比如 SortedMap)，这点和 Spring 同样是一致的(请回顾 2.4.4 小节相关论述以及resolveMultipleBeans 方法，代码片段 2-60)。

上面 a、b1 两处方法虽然属于细节，但仍然值得一说，我们接下来以 createPlanetArray 方法为例进行简介。至于 b2 处，在通过 mapValueType 工具方法分析出 Map<String，×××>的×××类型之后，直接调用了 Universe#getStarsIntoMap 方法获取 Map，因此不会再有“createPlanetMap”方法，读者只需要自行关注 mapValueType 方法即可，作者已进行了必要的注释。

(3) createPlanetArray 方法

getAppropriatePlanet(代码片段 8-23)中 a 处 createPlanetArray 方法如代码片段 8-24 所示(路径：universe-core 模块，com.purpblue.universe.core.ioc.UniverseImpl#createPlanetArray)。

代码片段 8-24：创建待注入的元素数组

```
private <T> T[] createPlanetArray(Class<?> pType) {
    //a.获取数组的元素类型
    Class<T> comType = (Class<T>) pType.getComponentType();
    //b.提取全部 Star
    List<T> stars = getStars(comType);
    //c.反射创建 T 数组,相当于“T[] ts = new T[0]”
    T[] ts = (T[]) Array.newInstance(comType, 0);
    //d.下面相当于“stars.toArray(new T[0])”
    return stars.toArray(ts);
}
```

1) a 处获取数组的元素类型，这是 Class 类的功能。

2) 在 b 处调用 Universe 基于类型查找的 getStars 方法获取到全部 Star 之后，我们就需要将它们转换成 T 类型以便调用方使用。b 处获得的是 List<T>类型，现在转换成 T[ ]类型，如何进行？直接调“toArray()”行吗？结论是不行，泛型不符合，读者可以自行尝试。那“toArray(new T[0])”如

何？自然也不行，编译器不允许“new T[size]”这样的泛型数组构建方式，因此我们使用反射。c 处就相当于“T[] ts = new T[0]”，这样我们就构建出了 T[]数组，然后在 d 处将其传到 toArray 方法中就完成了逻辑，见代码上的注释。泛型的使用有时候不同于具体类型，有一些限制。

关于 createPlanetCollection 方法，请读者自行查阅源码，作者已进行了必要的注释。

4. 创建基于@Star 方法的 Star

辅助方法介绍得差不多了，现在回过头去，继续介绍我们的核心方法 createStar。前面已经介绍至处理“CLASS”类型(代码片段 8-20)，现在讲解“METHOD 类型”的处理。在弄清楚很多辅助方法之后，现在来理解 METHOD 类型的处理将会简单得多，具体逻辑如代码片段 8-25 所示(路径：universe-core 模块，com.purpblue.universe.core.ioc.UniverseImpl#createStar)。

代码片段 8-25：核心方法 createStar 片段 3

```
//处理 METHOD 类型,即在方法上标注@Star 的情形,相当于 Spring 的@Bean
//j.找到目标方法
Method m = sd.getStarMethodInfo().getMethod();
//k.找到方法对应的入参
List<Object> args = fillArgs(m.getParameters());
try {
    if (Modifier.isStatic(m.getModifiers())) {
        //l1.若方法是静态方法,这里也支持,反射调用静态方法
        newStar = m.invoke(null, args);
    } else {
        //l2.若是实例方法,则反射调用时需要调用此方法的 Star。按方法宿主的类型通过 getStar 获取
        Object declaringObj = getStar(sd.getStarMethodInfo().getDeclaringClass());
        //l3.调用实例方法,这样方法的返回值就是原始 Star
        newStar = m.invoke(declaringObj, args.toArray());
    }
} ...
```

代码相比于 CLASS 类型少了很多，想想也是，一个@Star 方法相比于一个 StarClass，本来就属于轻量级。

j 处通过 StarDefinition 获取到@Star 方法后，k 处就立刻通过它的形参数据结合前面介绍过的 fillArgs 方法获取到了各个需要注入的 Star(组件)或值。入参已全部准备好了，下面就准备调用方法，其返回值就是我们需要的 Star。由于方法分为静态方法和实例方法，因此这里我们也分两种调用情形。l1 处调用静态方法，因此并不需要实例，直接以 null 调用即可，比如在配置类中通过静态@Star 方法注册 StarRound，相当于 Spring 中在@Configuration 类中使用静态@Bean 方法注册 BeanPostProcessor。而 l2 处则是调用实例方法创建普通 Star，因此需要调用此方法的实例(Star)。通过获取方法的宿主类(即“哪个类定义了此方法”)，结合 Universe#getStar(Class<T>)重载方法就可以获取到宿主 StarClass 对应的 Star，这时候用它去调用当前方法就可以了。

5. 创建自定义 Star

处理完“CLASS”和“METHOD”两种“官方情形”之后，我们还为用户提供了扩展机制，即引入了 SuperCluster 接口。而 createStar 方法接下来，正是要响应此接口，具体逻辑如代码片段 8-26 所示(路径：universe-core 模块，com.purpblue.universe.core.ioc.UniverseImpl#createStar)。

代码片段 8-26：核心方法 createStar 片段 4

```
//既非 CLASS 也非 METHOD 类型,归用户定义的 SuperCluster 管辖
Object scStar = null;
for (SuperCluster sc : superClusters) {
    if (sc.supportSdType(sdType)) {
        //m.找到支持当前 StarDefinition 的 SuperCluster,创建 Star
        scStar = sc.makeStar(sd);
        break;
    }
}
if (scStar != null) {
    newStar = scStar;
} else {
    //n.若没有成功创建 Star,很明显用户定义的 SuperCluster 有问题,抛出异常
    throw new IllegalStateException(...);
}
```

上面的代码中 superClusters 字段是 Universe 在启动时通过 SPI 机制获取到的用户配置，后续会详述该配置的设置和获取方式。在 m 处我们调用了 SuperCluster 接口的两个方法——supportSdType 和 makeStar，至于此接口另外的几个方法：annotations、getStarName 和 scanStarDefinitionFor，Universe 会在其他地方调用，后续同样会详述(SuperCluster 的定义请回顾 8.2.7 小节代码片段 8-14)。通过在 m 处调用 makeStar 方法，用户可以以任意方式为当前 StarDefinition 创建 Star，这个创建过程和@Star 注解可能完全无关，完全取决于用户的实现。比如，用户完全可以在 makeStar 方法中根据当前 StarDefinition 中记录的接口创建动态代理，相当于 Spring 中的 FactoryBean。

以上就是 Universe 对 SuperCluster 接口的核心支持。在后续我们为 Universe 编写周边应用型框架时，就可以通过 SuperCluster 接口实现。甚至我们可以考虑把 MyBatis、JPA 或 Feign 之类的逻辑搬过来(后续我们会实际尝试将 MyBatis 引入，请继续阅读后续内容)。

创建动态代理并被 Universe 自动注册为 Star，这只是 SuperCluster 接口的应用之一。其实不必拘泥于动态代理，因为 makeStar 方法完全由 SuperCluster 编写者控制。通过此接口，可以自由定义注解，灵活定义 Star 的生成方式，后续我们会给出一些示例说明它的应用。

6. Star 开始初始化

Star 已经被创建出来了，它们要么被直接调用构造函数创建，要么通过某些方法创建，要么通过动态代理生成，但不管哪一种情况，此刻的 Star 还不是完全体，因为它们中有一些还需要进

行初始化设置，因此 Universe#createStar 的流程还在继续，具体实现如代码片段 8-27 所示(路径：universe-core 模块，com.purpblue.universe.core.ioc.UniverseImpl#createStar)。

代码片段 8-27：核心方法 createStar 片段 5

```
//o.当前 Star 已诞生,放入 Star 缓存
addStar(sd.getName(), newStar, false);
if (newStar instanceof AfterBirth afterBirth) {
    //p.新诞生的 Star 在这里调用 AfterBirth 接口作自定义初始化(如果实现了此接口的话)
    afterBirth.init();
}
if (! (newStar instanceof StarRound)) {
    Object currentStar = newStar;
    //q.若是普通 Star(不是 StarRound),则需要被 StarRound 作后置处理
    for (StarRound sr : getStars(StarRound.class)) {
        currentStar = sr.after(sd.getName(), currentStar);
    }
    if (currentStar != newStar) {
        //q1. "狸猫换太子"? 比如换成 CGLIB 动态代理之类
        addStar ( sd. getName ( ) , currentStar, true ) ;
    }
}
//r. 当前 Star 创建完成，将其从"正在创建的 Star 栈"中弹出，继续创建下一个
starsBeingCreated. pop ( ) ;
return newStar;
```

我们在前面介绍过的各个配套接口，它们当中有一部分就在这里工作。o 处很简单，既然 Star 已经诞生，就算还没有初始化完成，那要通知"全宇宙"，毕竟可能存在其他 Star 正等着依赖它。p 处是 AfterBirth 接口的作用，通过它 Star 可以完成自身的初始化。之后在 q 处迎来了 StarRound 的后置处理，比如缓存、特殊初始化或者"增强"(比如 CGLIB 动态代理之类)。

用户 Star 只要实现 StarRound 接口就可以在 Universe 中植入自定义的逻辑，从而对所有普通 Star 进行后置处理，具体要做什么取决于用户的意图(创建动态代理、统计日志、监控 Star 的创建流程、植入某些特殊的数据等)，读者可以与 Spring 中的 BeanPostProcessor 作对照。

经过一系列后置处理之后，Star 基本上就创建好了(不过用于初始化 Universe 的 AfterUniverse-Born、DeferredAfterUniverseBorn 接口还没有运行)，此时在 r 处从栈中弹出当前 Star 的创建状态，向 Universe 表明"当前 Star 已进入 Star 缓存并初始化完毕"，最后将此 Star 返回给调用方。至此，庞大而复杂的 createStar 方法终于运行完毕!

为了解析清楚 Universe 中最强大的 createStar 方法，我们耗费了大量的篇幅。从规避循环依赖开始，到处理 StarClass、方法形参、字段注入、处理@Star 方法，再到接入用户自定义 Star，直至完成后置处理，我们一步一步梳理了一个 Star 的完整创建流程。其整体理念和 Spring 差不多，但实现细节却完全不一样。

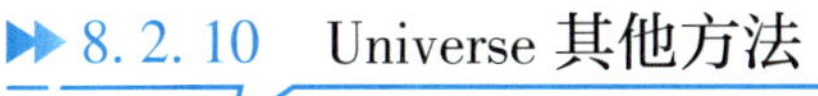

8.2.10 Universe 其他方法

虽然最核心的 createStar 方法已经介绍完毕，但其实还有很多方法我们仍然没有详述。相对于 createStar 而言，这里的“很多方法”大部分都比较简单易懂，我们找两个代表说明一下这些方法的逻辑和理念，有的方法还会处理我们在前面定义的一些注解或接口。

1. createStars

我们知道 BeanPostProcessor（BPP）在 Spring 中是一类特殊 Bean，它们必须尽早初始化以便处理后续生成的普通 Bean。在我们的 Universe 中与之对应的是 StarRound，并且出于从简和易用的原因我们只定义了 After 方法，该方法的调用也已在 createStar 的末尾呈现（代码片段 8-27，q 处）。那么问题来了，这些 StarRound 本身也是 Star，它们是在哪里被提前创建出来的呢？其就在比 createStar 更靠前运行的方法 createsStars 之中创建的，具体实现如代码片段 8-28 所示（路径：universe-core 模块，com.purpblue.universe.core.ioc.UniverseImpl#createStars）。注意：这个方法名和 createStar 很像，这里是复数且不带形参。

代码片段 8-28：创建所有 Star 的入口

```
public void createStars() {
    Collection<StarDefinition> allSds = allDefinitions.values();
    //a.先初始化 StarRound
    for (StarDefinition sd : allSds) {
        if (sd.getInterfaces() != null && sd.getInterfaces().stream()
            .anyMatch(StarRound.class::isAssignableFrom)) {
            addStar(sd.getName(), getStar(sd.getName()));
        }
    }
    //b.再初始化普通 Star
    for (StarDefinition sd : allSds) {
        if (sd.getInterfaces() == null || sd.getInterfaces().stream()
            .noneMatch(StarRound.class::isAssignableFrom)) {
            addStar(sd.getName(), getStar(sd.getName()));
        }
    }
}
```

这段代码是不是简洁明了？既然 StarRound 是特殊的 Star，它们需要去处理后续普通 Star 的生成，那先把它们创建出来即可。相比于作者分 a、b 两处各自初始化，我们当然也可以直接对 allSds 集合进行统一处理：先将其转化成 List，然后排序，让 StarRound 类型的 StarDefinition 排在前面，普通 StarDefinition 排在后面，接着依次调用 getStar，同样可以达成目的，有兴趣的读者可以尝试一下。

另外从代码中可以看出来，正是在此方法中触发了 Universe 调用 getStar 方法，从而最终触动核心的 createStar 方法完成全体 Star 的创建。至于这个 createStar 方法又是何时被调用的，我们后续会在 Universe 的启动流程中进行说明。

2. getStar(Class)

又碰到了一个 getStar 方法！不过仔细观察可以发现，其形参是 Class 类型，与前面我们重点研究的 getStar(String)是重载方法关系。这个方法非常重要，它的作用是“按类型获取唯一满足条件的 Star”。当我们通过@Planet 注解往字段中注入 Star 时，或当我们通过构造函数、@Star 方法的形参注入 Star 时，此方法都会工作，并且前面我们也已经提前使用过它了，即 getAppropriatePlanet 方法的最后一行(代码片段 8-23，c 处)。

得益于我们早就构建好的核心方法 getStar(String)，这个 getStar(Class)站在了“兄弟”的肩上，只需要寥寥数行逻辑就可以完成复杂的功能，如代码片段 8-29 所示(路径：universe-core 模块，com.purpblue.universe.core.ioc.UniverseImpl#getStar(Class))。

代码片段 8-29：按类型获取 Star 的 getStar(Class)重载方法

```
public<T> T getStar(Class<T> starType) {
    //a.如果是 UniverseImpl 兼容类型,直接返回当前正在工作的 Universe 对象
    if (Universe.class.isAssignableFrom(starType) || StarDataHolder.class.isAssignable-
From(starType)) {
        return (T) this;
    }
    //b.查找全部此类型的 Star,形成 List
    List<?> sdList = getStars(starType);
    if (sdList.size() > 1) {
        //b1.若 Star 不止一个,检查@Main 注解
        int mainCount = 0;
        Object mainStar = null;
        for (Object star : sdList) {
            List<Main> mainAnnoOp = findStarAnnotation(star, Main.class); //x
            if (!mainAnnoOp.isEmpty()) {
                mainCount ++;
                mainStar = star;
            }
        }
        if (mainCount == 1) {
            //b2.有且只有一个@Main 注解,返回这个 Star
            return (T) mainStar;
        }
        if (mainCount > 1) {
            //b3.@Main 注解不止一个,报错
            throw new IllegalStateException(...);
        }
        //b4.一个@Main 注解也没有,也报错。
```

```
        throw new IllegalStateException(...);
    }
    //c.若没有找到任何一个 Star,我们选择返回 null 而不报错
    if (sdList.isEmpty()) {
        return null;
    }
    //d.找到唯一的 Star,返回之
    return (T) sdList.get(0);
}
```

需要再次说明的是，在 Spring 中如果调用“beanFactory.getBean(BeanFactory.class)”会报错，因为全局根本没有 BeanFactory 类型的 Bean！而“@Autowired BeanFactory beanFactory;”这样的代码之所以可以注入成功，我们在第 2 章中介绍过这是用到了特殊依赖缓存(请回顾 2.4.4 小节相关内容)。在上面代码的 a 处将此功能进行了改造，即用户调用“universe.getStar(Universe.class)”并不会报错或者得到 null，而是真正可以获取到全局 Universe 对象。但需要注意该对象和 BeanFactory 情况一样，它不存在于全局 Star 缓存中，也就是说此对象不是一个真正意义上的 Star。

解释完了 a 处，其他的逻辑便不难理解。在 b 处我们看到了对@Main 注解的处理，它等同于 Spring 的@Primary 注解，此处不再赘述。

看完这个 getStar(Class)方法，不知道读者有没有想起 Spring 中的什么？请参阅 2.4.4 小节，复习一下 Spring 中找到多个 Bean 但只需要一个时的处理逻辑。

上面的代码中用到了另一个名字相似的方法 getStars(b 处)，即“获取 Universe 中全部此类型的 Star”，具体逻辑如代码片段 8-30 所示(路径：universe-core 模块，com.purpblue.universe.core.ioc.UniverseImpl#getStars)。

代码片段 8-30：获取全部同类型 Star 的 getStars 方法

```
public <T> List<T>getStars(Class<T> starType) {
    //a.“巡查”一遍目标类型的 StarDefinition,全部 getStar,全部创建 Star
    allDefinitions.values().stream()
        .filter(v -> starType.isAssignableFrom(v.getStarClass())
              || (v.getInterfaces() != null && v.getInterfaces().stream().anyMatch
(starType::isAssignableFrom)))
        .forEach(v -> getStar(v.getName()));
    //b.在 Star 缓存中找到对应的内容
    return (List<T>) allStars.values().stream()
        .filter(s -> starType.isAssignableFrom(s.getClass()))
        .sorted(OrderCmp.INSTANCE) //b1.排序
        .collect(Collectors.toList());
}
```

代码虽然简短，但其中的逻辑比较有趣。如果我们一上来就在 allStars 全局缓存中提取对应类型的全部 Star(b 处)，那就存在隐患——有可能当前 getStars 方法被调用时，starType 类型的 Star

还没有全部创建完毕，因此不作特殊处理的前提下(即省略掉 a 处)，有可能先调用此方法和后调用此方法会得到不一样的结果(先调用获取到的 Star 不完整，因为还有一部分 StarDefinition 没有来得及创建 Star)，这是不能被接受的。所以我们决定查找 allStars 缓存之前，将所有此类型的 StarDefinition 全部执行一遍 getStar 操作(a 处)，将它们对应的 Star 全部创建出来，这样任何时候调用 getStars 方法结果都将保持一致。

值得一说的是 b1 处，这里正是我们定义 UniverseOrder 接口的意义——排序(回顾 8.2.2 小节)。由前面 getAppropriatePlanet 方法(代码片段 8-23)可以发现，哪怕是用户批量注入多个 Star 到数组或集合，最终也是调用了这个 getStars 方法，排序机制依然生效(getAppropriatePlanet 方法中 a、b1 处的 createPlanetArray、createPlanetCollection 两个方法，其内部均调用了 getStars 方法)。排序的逻辑因为和 Spring 设定完全一样，因此作者直接从 Spring 把这个简单的方法给“借鉴”了过来，请读者自行查阅 OrderCmp#compare 方法源码，其逻辑简单易懂。

除了 getStars 之外，还有 getStarsWithAnnotation、getStarsIntoMap 等类似方法，同样得益于著名的 getStar(String)方法，它们的逻辑也都相对简单，请读者自行查阅源码。在 getStarsWithAnnotation 方法中同样对多个 Star 进行了排序。那么为什么不在 getStarsIntoMap 中对 Star 排序？这是因为在 Map 中对元素进行排序并无实际意义。

最后，在 getStar(Class)方法中我们用到了 findStarAnnotation 方法(代码片段 8-29，x 处)，在此也简单说明一下，它是 Spring 中同类型方法的简化版，具体逻辑如代码片段 8-31 所示(路径：universe-core 模块，com.purpblue.universe.core.ioc.UniverseImpl#findStarAnnotation)。

代码片段 8-31：寻找 Star 上的目标注解

```
private <T extends Annotation> List<T>findStarAnnotation(Object star, Class<T> annoCls) {
    //a.获取到 star 的具体类型
    Class<?> starClass = star.getClass();
    //b.如果是 JDK 动态代理,检查接口是否有目标注解
    if (Proxy.isProxyClass(starClass)) {
        Class<?>[] interfaces = starClass.getInterfaces();
        T[] annotations;
        for (Class<?> cls : interfaces) {
            //b1.getAnnotationsByType 返回的是数组
            annotations = cls.getAnnotationsByType(annoCls);
            if (annotations.length > 0) {
                //b2.数组非空,确实存在目标注解
                return List.of(annotations);
            }
        }
    }
    //c.如果是 CGLIB 动态代理,使用其父类的注解。
    if (starClass.getName().contains("$$")) {
```

```
        Class<?> superClass = starClass.getSuperclass();
        return Arrays.stream(superClass.getAnnotationsByType(annoCls)).toList();
    }
    //d.如果是普通 Star,直接检查其 StarClass
    return Arrays.stream(starClass.getAnnotationsByType(annoCls)).toList();
}
```

为什么是“简化版”？因为 Spring 中的 ListableBeanFactory#getBeansWithAnnotation 方法检查得非常全面，相应地其逻辑也比较复杂。毫无疑问这样做是对的，Spring 是用于大规模生产的完整框架，它必须保证逻辑的严谨性，但是我们的 Universe 就不必这样了——在 Star 上查找注解并不是我们要实现的核心功能。因此我们简单规定：无论要查找的注解是否有@Inherited 特性，只查询当前 StarClass 上的注解，查到就算，查不到也无妨。不过有两种情况特殊，那就是动态代理，包括 JDK 动态代理和 CGLIB 动态代理。对前者而言，因为用户只编写接口，因此这时候我们也只好查询 Star 的接口上是否有目标注解，不过只查询一层，不向上追溯(也就是不查询用户接口的父接口)；而对于后者而言，因为 CGLIB 是基于类的继承和方法重写，因此只需要查询这个 CGLIB 动态代理的父类型即可。这个“父类型”，也就是用户自行编写的原始 StarClass。有关 CGLIB 动态代理，请回顾 4.1.3 小节相关部分。

在上述代码的 b1、c、d 三处，查询注解没有使用我们常用的 Class#getAnnotation 方法，而是使用了支持查询@Repeatable 注解的 getAnnotationsByType 方法。这是因为我们处理的是任意注解，无法确定该注解是否支持@Repeatable，因此必须最大兼容。

getStars 方法至此分析完毕，至于和它类似的方法 getStarsWithAnnotation 和 getStarsIntoMap，请自行查阅其源码并对照理解。

8.2.11 Universe 的启动流程

基础功能差不多准备好了，是时候启动我们的 Universe 了！我们在这里模仿 Spring Boot 的 SpringApplication，专门为此做一个启动流程，在此流程中，前面介绍的很多重要方法将一一登场。至于承担启动流程的类，我们将其命名为 UniverseApplication。

与 SpringApplication 不同，我们的 UniverseApplication 中只有一个启动 Universe 的方法，即 start 方法——没错，又是“简化版”！

即便不编写这个 UniverseApplication，直接在 Universe 接口中定义 start 方法也是可以的，但这样的话用户在启动类的 main 方法中将手动创建 UniverseImpl 对象，这种方法显得原始且不易使用。考虑到 Universe 的实现类不应该直接向编写普通应用的用户呈现(大部分情况下此类用户只需要使用@Star、@Planet 等注解和 AfterBirth、AfterUniverseBorn 等接口即可)，因此我们还是按照规矩来编写一个 UniverseApplication 类，其 start 方法如代码片段 8-32 所示(路径：universe-core 模块，com.purpblue.universe.core.UniverseApplication#start)。

代码片段 8-32：Universe 的启动流程

```
public static void start(Class<? >mainClass) {
    //a.主启动类必须具有@UniverseGo 注解
    Asserts.requiresAnnotation(mainClass, UniverseGo.class);
    //b.创建全局 Universe 对象,这就是我们的 Universe
    Universe universe = new UniverseImpl();
    //c.UniverseImpl 本身也实现了 StarDefinitionHolder 接口,这里作类型转换执行相关方法
    StarDefinitionHolder starDefinitionHolder = (StarDefinitionHolder) universe;
    //d.获取需要扫描的包
    Set<String> packagesForScan = universe.getAllGalaxies(mainClass);
    //e.扫描路径下的 StarClass 并添加至缓存
    starDefinitionHolder.scanStarDefinition(packagesForScan, Star.class);
    //f.主启动类也一并扫描并添加
    ((ProtostellarDisk) universe).analyzeStarAndRegister(mainClass, false);
    //g.通过 SPI 获取各个 SuperCluster,扫描其定义的特有注解,同样注册为 StarDefinition
    ServiceLoader<SuperCluster> superClusters = ServiceLoader.load(SuperCluster.class);
    superClusters.forEach(sc -> {
        //g1.添加各个 SuperCluster 对象至 Universe
        universe.addSuperClusters(sc);
        //g2.使用此 SuperCluster 对象使用自定义的注解扫描各个包并注册 StarDefinition
        sc.scanStarDefinitionFor(packagesForScan, starDefinitionHolder);
    });
    //h.扫描 SPI 下的自动配置
    ServiceLoader < UniverseAutoConfiguration > autoConfigurations = ServiceLoader. load
(UniverseAutoConfiguration.class);
    for (UniverseAutoConfiguration autoConfiguration : autoConfigurations) {
        //h1.扫描自动配置类接口方法设定并注册相关 StarDefinition
        starDefinitionHolder
            .scanAutoConfiguration(autoConfiguration);
        //h2.扫描自动配置类本身,比如其上的@Explode 注解
    ((ProtostellarDisk) universe).analyzeStarAndRegister(
        autoConfiguration.getClass(), false);
    }
    //i.触发 Universe 创建全部 Star
   universe.createStars();
    //j.Universe 运行全局初始化方法,之后 Universe 正式运行
    universe.processAfterUniverseBorn();
}
```

与 Spring Boot 的主启动流程 SpringApplication#run(String...)方法相比(请回顾 2.5.1 小节)，大体上差不多。主流程关键步骤就那几步，所有的细节都在这“几步”的方法实现中。也就是这“几步”，撑起了整个框架的运行，无论是 Spring Boot 还是我们的 Universe。

1)不同于 Spring Boot，我们直接在 a 处就开始进行注解检查。我们在 8.2.1 小节提到过，Spring Boot 不是这样的，哪怕主启动类少了@SpringBootApplication 注解，启动流程依然可以继续，

只是最终无法正常启动而已，这有时候会令我们感到困惑。因此在 a 处，我们直接将中间可能产生困惑的环节省略了，一开始就检查核心注解。

2) b 处即为 Universe 重大事件之“初生”。正是在这里，我们的 Universe 对象诞生，之后一切的 Star 都将由它掌控!

3) 由于 UniverseImpl 类在实现 Universe 接口的同时还实现了 StarDefinitionHolder 接口，因此在 c 处可以进行身份转换。之后在 d 处开始运行第一个重要的接口方法——getAllGalaxies（请回顾 8.2.5 小节代码片段 8-5）。

4) 获取到需要扫描的各个包路径之后，在 e、f 两处自然就进入扫描逻辑，扫描其中带有目标注解的类并抽象成 StarDefinition（两处涉及的方法，请回顾 8.2.5 小节代码片段 8-6 和代码片段 8-9）。

5) 在 g 处，我们迎来了各个 SuperCluster 的初始化。SuperCluster 是 Universe 框架提供的核心接口之一，而实现则由用户自行完成，这一机制正是基于 SPI。于是我们规定，SuperCluster 通过 JDK 的 SPI 机制引入。搞清楚这点后，g 处的逻辑就顺理成章了。需要注意的是，若使用 JDK 的 SPI 机制，那用户编写好 SuperCluster 后就必须在 resources/META-INF/services 目录下创建 com.purpblue.universe.core.ioc.SuperCluster 配置文件（即 SuperCluster 的全限定名），并且将 SuperCluster 实现类的全限定名写入其中。

6) 获取到用户编写的 SuperCluster 对象后，立刻对它们进行循环处理。g1 处调用 Universe#addSuperClusters 接口将它们添加进 Universe 缓存（请回顾 8.2.8 小节代码片段 8-15），后续它们就会在著名的 createStar 方法中起作用（参见 8.2.9 小节代码片段 8-26）。添加至 Universe 后，在 g2 处立刻使用了 SuperCluster 的功能之一——在指定的包中依据自定义的注解扫描相关类并注册为 StarDefinition。

7) SuperCluster 的引入处理完毕后，我们迎来自动配置的处理。我们知道在 Spring Boot 中是通过 spring.factories（低版本）或 *.AutoConfiguration.imports（高版本）配置文件引入的，从理论上讲，我们也只需要照着“搬”就行了。然而，为了追求简洁高效，此步骤都可以省——像 SuperCluster 一样，直接使用 JDK 的 SPI 机制，虽然这样做可能会损失一些特性，但胜在简洁。于是在 h 处可以看到我们继续使用 SPI 的方式引入 UniverseAutoConfiguration 类型。此接口同样是 Universe 的核心之一，但在前面的介绍中我们并没有提及，原因是“自动配置”这一功能的处理，不到启动阶段不会涉及，所以只好放到这里才说了。同样因为 JDK 的 SPI 机制的原因，用户需要将其编写的 UniverseAutoConfiguration 实现类（自动配置类）的全限定名放到工程的 resources/META-INF/services 目录下的 com.purpblue.universe.core.UniverseAutoConfiguration 配置文件中（每个配置类占一行）。至于 UniverseAutoConfiguration 接口的定义，那也非常简单，请读者自行查阅源码。

在 h 处引入全部自动配置并获取到相应对象后，同样进行循环遍历。在 h1 处对当前自动配置类对象实现的接口方法进行处理，主要是扫描这些接口方法指定的包及其下全部子包，这其中 SuperCluster 也参与扫描（扫描自己支持的那部分注解并注册 StarDefinition）；在 h2 处则是处理当前自动配置对象本身，比如其中定义的@Star 方法需要注册 StarDefinition，其类上标注的@Explode 注解又引入了其他自动配置类，需要递归处理，等等。请读者自行参阅这两处方法的源码，重点关注实现细节。

在 h1 处的 scanAutoConfiguration 方法中，值得一提的是 UniverseAutoConfiguration 的接口方法 scanMyPackage。这是个便利性设定，即判断"是否扫描本配置类所在的包及其下全部子包"，这个便利性功能 Spring 似乎没有。在 Spring 中，以@ComponentScan 注解为例，一旦自行通过 basePackages 或 basePackageClasses 属性显式指定了扫描的包路径，如果该路径不包含当前配置类所在包的话，Spring 不会主动帮忙扫描。相比之下，我们若在 UniverseAutoConfiguration#scanMyPackage 方法中返回 true（默认如此），那无论 UniverseAutoConfiguration#basePackages 方法返回何种扫描路径，Universe 都会自动扫描当前配置类所在的包及其下全部子包（这是比较常见的情形）。

8）扫描完毕了，所有的 StarDefinition 已经就位，于是迎来了 i 处的 createStars（请回顾 8.2.10 小节代码片段 8-28），在这里每一个 StarDefinition 都会经历 getStar 的处理过程，然后按照其中记录的数据创建对应的 Star。并且我们还知道，在 createStars 方法中，优先创建的是 StarRound 类型的 Star，然后才会创建普通 Star。

9）所有的 Star 都创建完毕，Universe 也该迎来自己的初始化和启动了，这就像 Spring Boot 中的 SmartInitializingSingleton 接口。请读者回忆一下，我们在介绍 AfterUniverseBorn 和 DeferredAfterUniverseBorn 两个接口后，是不是一直没有说明它们在代码中的运行时机？现在请读者自行查阅 j 处 processAfterUniverseBorn 方法的源码，便可以找到答案。

至此，整个 Universe 的启动流程宣告结束，Universe 正式运转起来了。后面如果我们为 Universe 生态编写应用型框架，这里都不会再改动，因为这里呈现的已经是整个 Universe 框架的核心启动逻辑。

通过上面的启动流程分析可以发现，这个 start 方法就相当于一个纽带（或者说外观），将前面我们分散介绍的各个 Universe 重要接口和方法全部串起来了（相当于不严格的"外观模式"或"门面模式"），那些重要接口和方法的意义，也正是在 start 方法执行过程中得以体现。从语文的角度来说，我们介绍 Universe 框架采用了"总-分-总"的方式——先总体介绍 Universe 的理念和相关定义，然后分述各个接口和功能的具体实现，最终又通过 start 方法将这些分述的内容全部整合了起来，实现了完整的 Universe 功能。

自此，一个自编的 IoC 框架宣告诞生，Universe 正式诞生！

8.3 测试 Universe

Universe 核心部分编写完成，它已经是一个可独立运行的框架了，可以运行起来看看效果。但是，因为还没有应用框架的支持（比如 Web 框架），它可能暂时缺乏与最终用户的交互渠道，不过我们并不是最终用户，因此可以先测试一下。

需要指出的是，行文至此并非说明 Universe 框架已经彻底完成，目前只是完成了 universe-core 部分，也就是最核心的部分。我们后续还会继续基于 universe-core 编写其他应用框架(其中肯定包含最直观的 Web 框架)，让 Universe 真正能够提供服务。

8.3.1 通用测试

关于测试，我们在当前工程中创建“universe-test-app”模块，后续所有的测试都依托该模块展开。随着测试工作的推进，我们会在其 pom.xml 文件中引入各个依赖模块。再次说明，我们不进行专门的单元测试，一切测试都在独立模块中进行。

1. 测试准备

首先在模块的 pom.xml 文件<dependencies>节点中添加 universe-core 依赖，具体内容如代码片段 8-33 所示(路径：universe-test-app 模块，pom.xml)。

代码片段 8-33：为测试模块添加依赖

```
<dependency>
    <groupId>com.purpblue</groupId>
    <artifactId>universe-core</artifactId>
    <version>1.0.0-SNAPSHOT</version>
</dependency>
<dependency>
    <groupId>org.projectlombok</groupId>
    <artifactId>lombok</artifactId>
    <version>1.18.34</version>
    <scope>provided</scope>
</dependency>
```

由于本模块是可运行的应用程序，不同于 universe-core 这类纯功能性模块，因此启动类是必不可少的。我们在此模块中创建类似 Spring Boot 那样的启动类，具体内容如代码片段 8-34 所示(路径：universe-test-app 模块，com.purpblue.test.universe.MainApp)。

代码片段 8-34：创建 Universe 启动类

```
@UniverseGo
public class MainApp {
    public static void main(String... args)  {
        UniverseApplication.start(MainApp.class);
    }
}
```

和 Spring Boot 的风格一模一样，只不过换了注解而已。后续我们会对此启动类和其中的 main 方法进行一些有趣的处理，请读者继续向后阅读。

2. 开始测试

我们在一个 StarClass 中演示 Universe 的一般性使用，同时也会演示直接注入 Universe 对象的逻辑，具体内容如代码片段 8-35 所示(路径：universe-test-app 模块，com.purpblue.test.universe.common.TestStar0)。

代码片段 8-35：Universe 的一般性测试

```
@Star
public class TestStar0 implements AfterBirth, AfterUniverseBorn {
    private final Universe universe; //a.
    private final int someInt; //b.

    @Planet //c.
    private List<DataTypeConverter> dataTypeConverters;

    @Planet(required = false) //d.
    private FakeStarClass[] fakeStarClasses;
    //e.
    public TestStar0(
        Universe universe, //e1.
         @StarData(key = "someInt", useDefaultValue = true, defaultValue = "100") int
someInt, //e2.
        @StarData(key = "java.version") String javaVersion /*e3.*/) {
        this.universe = universe;
        this.someInt = someInt;
        System.out.println("当前 Java 版本:" + javaVersion);
    }
    @Override
    public void init() { //f.
        System.out.println("TestStar0 触发 AfterBirth 接口");
    }

    @Override
    public void go() { //g.
        System.out.println("TestStar0 触发 AfterUniverseBorn 接口");
    }
}
```

1)a、b 两处与 e1、e2 两处相对应，属于构造函数注入。a 处注入的是 Universe 对象(我们知道它不是真正的 Star，但兼容此种注入)。至于 b 处，则是普通的值注入，且指定了默认值。构造函数中的 e3 处也很有意思，我们并不需要提前在 universe.properties 全局配置文件中设定"java.version"属性，但却可以通过@StarData 注解在无默认值时获取到，它可以正确输出"21"这个值。究其原因，是因为注入这个属性时实际上调用了"UniverseImpl#getProperties(String)"方法(参见 8.2.6 小节代码片段 8-12)，而这个方法的优先查询对象，是 JDK 中的系统属性。

2）c 处是批量注入至 List。由于系统自身带有 DataTypeConverter 类型的 Star，因此这个注入必定会成功，List 必定非空。当然了，如果用户也自定义了 DataTypeConverter 类型的 StarClass，那这里的 List 会一并接收对应的 Star，并且 UniverseOrder 排序机制会起生效，其底层逻辑是调用了 getAppropriatePlanet 方法（参见 8.2.9 小节代码片段 8-23）。

3）d 处也是一个批量注入，不过看这个注入的类型，读者或许会心生疑惑。没错，情况不太乐观，作者根本没有在这个 com.purpblue.test.universe.common.FakeStarClass 的定义上标注@Star 注解（请读者参阅源码），也没有通过配置类的@Star 方法等机制注册它的对象，因此可以预见 d 处的注入一定会失败。正因为如此，作者在这里添加了 “required = false” 说明，否则的话，这里会因为无对应的 Star 注入数组而报错。读者可以尝试将 required 说明去掉，看看是否会报错。

4）f、g 两处是两个接口方法被 Universe 自动调用。建议读者在构造函数和这两个方法中都打上断点，代码运行到断点处停止后，看看各自该注入的对象是否都已成功注入。

测试完毕后，有些读者可能会奇怪，为什么方法执行完 JVM 就关闭了，Spring Boot 启动了并不会自动关闭。这是因为我们测试的还是纯粹的框架核心，不涉及 Web 容器等内容，逻辑执行完 JVM 就会关闭，有点类似于 Spring Boot 的单元测试。等后面我们完成 Web 框架的编写，接入了 Web 容器，Universe 启动之后就不会出现 JVM 自动关闭的现象了。对于这里的测试，主要还是通过断点观察各个注入的情况，当然，也可以配合日志或使用原始的 “System.out.println” 等手段打印输出。在这里测试，只要 Star 或值正确注入即表示成功。

8.3.2 独立模块的自动配置

“自动配置” 这个功能在 Spring Boot 中占据着重要地位，这并不是什么 IoC 概念，这就是 Spring Boot 的核心理念，因为它实在太强了，我们的 Universe 框架只好将之 “借鉴” 过来。

假定我们为业务编写了一些基于 Universe 的依赖模块（也可以理解为微型的应用型框架），用于将其注入至前面创建的测试模块 universe-test-app 中，那么和 Spring Boot 一样，存在自动引入和手动引入两种情形。

1. 自动引入的自定义模块

我们在工程中与测试模块 “universe-test-app” 平行新建一个 “supernova” 模块——没错，这颗 “超新星”，现在要加入至 Universe 中！

模块创建好后，同样需要引入 universe-core 依赖，但需要添加 provided 说明（读者不妨思考一下原因）。假定此模块中我们编写了一个代表 “宇宙” 中 “超新星” 的类，如代码片段 8-36 所示（路径：supernova 模块，com.purpblue.test.universe.supernova.Supernova）。

代码片段 8-36：创建 “超新星”

```
@Star
public class Supernova implements AfterUniverseBorn {
```

```
    private final Universe universe;
    public Supernova(Universe universe) {
        this.universe = universe;
    }
    public void explode() {
        System.out.println("超新星爆发!");
    }
    @Override
    public void go() { //x
        explode();
    }
}
```

这是一个普通的 StarClass，它代表着“宇宙”中超级强大的“超新星”。从代码中可以看出，当 Universe 进入初始化时，这个 Star，也就是一颗“超新星”，将自动迎来震撼星系的“超新星爆发”。从本质上讲，其实就是我们 Universe 框架中的一个 Star 在执行 AfterUniverseBorn#go 方法(x 处)。我们已经在“universe-test-app”测试模块中测试过类似的机制，这里不再细说，我们真正关心的是“如何将此类引入至测试模块”。这里我们选择自动引入的方式，即一旦用户引入当前模块(supernova)，上述 Supernova 类将被自动创建 Star 并添加至 Universe，不需要人工干预。

为实现自动引入，我们需要创建自动配置类，如代码片段 8-37 所示(路径：supernova 模块，com.purpblue.test.supernova.SupernovaAutoConfiguration)。

代码片段 8-37：supernova 模块的自动配置类

```
@Star
public class SupernovaAutoConfiguration implements UniverseAutoConfiguration {
}
```

这就是一个自动配置类，它通过实现 UniverseAutoConfiguration 接口来标记身份。这个自动配置类，正文部分什么内容也没有，但是功能却已具备，原因是其接口方法 UniverseAutoConfiguration#scanMyPackage 默认返回 true，即“扫描我所在的包及其下全部子包”（请回顾 8.2.11 小节相关说明）。至于另外一个方法 basePackages，在此我们不作定义，即“不再扫描其他的包”。

做完这些后，自动配置还没有完成。在前面介绍 Universe 启动的时候我们知道，自动引入其实借用了 JDK 的 SPI 机制，因此在当前模块中，我们还需要配置 SPI。

在 supernova 模块的 resources 目录下，依次创建 META-INF/services 目录，然后在该目录中创建 com.purpblue.universe.core.UniverseAutoConfiguration 配置文件(也就是 UniverseAutoConfiguration 接口的全限定名)，然后将 SupernovaAutoConfiguration 自动配置类的全限定名写进去即可完成 SPI 设置。

现在来测试我们的“超新星”吧。回到“universe-test-app”模块，在其 pom.xml 文件中添加对 supernova 模块的依赖，具体内容如代码片段 8-38 所示(路径：universe-test-app 模块，pom.xml)。

代码片段 8-38：在测试模块中添加 supernova 依赖

```
<dependencies>
    <dependency>
        <groupId>com.purpblue.universe.test</groupId>
        <artifactId>supernova</artifactId>
        <version>1.0-SNAPSHOT</version>
    </dependency>
</dependencies>
```

完成上述操作之后，直接启动“universe-test-app”模块的 MainApp 即可，可以看到在控制台会输出“超新星爆发!”这样的字样，说明我们的 supernova 模块已经自动加载了。当然了，不通过控制台观察也没什么关系，直接在 com.purpblue.test.supernova.Supernova#go 方法中设置断点也是没问题的。

如果在 supernova 模块的 SPI 配置中删除 UniverseAutoConfiguration 的配置，超新星还会爆发吗?如果重写 UniverseAutoConfiguration#scanMyPackage 方法，让它返回 false，超新星还会爆发吗? 请读者结合前面 Universe 启动流程中的相关处理逻辑思考这些问题。

2. 手动引入的自定义模块

说完了自动引入，现在我们来讨论手动启用功能的情形，即相当于 Spring Boot 中经典的 @Enable××× 注解。

我们在工程中新建模块“blackhole”——从宇宙天体角度来看，质量巨大的超新星爆发后，便形成黑洞了！此模块同样需要引入 universe-core 依赖(别忘了添加<scope>provided</scope>)。在此模块中我们编写代表“黑洞”的类，具体内容如代码片段 8-39 所示(路径：blackhole 模块，com.purpblue.test.blackhole.BlackHole)。

代码片段 8-39：演示手动启用功能

```
public class BlackHole implements DeferredAfterUniverseBorn {
    private final Universe universe;
    public BlackHole(Universe universe) {
        this.universe = universe;
    }
    public void swallow() {
        System.out.println("黑洞正在吞噬恒星!");
    }
    @Override
    public void go() {
        System.out.println("黑洞正式形成,当前 Universe 中 Star 数量为:" + universe.getStars
(Object.class).size());
        swallow();
    }
}
```

请注意一个细节：上述 BlackHole 类并没有标注@Star，因此从这个角度讲，它还不能算严格意义上的 StarClass。

之后，我们来编写配置类，具体内容如代码片段 8-40 所示(路径：blackhole 模块，com.purpblue.test.blackhole.BlackHoleAutoConfiguration)。

代码片段 8-40：blackhole 配置类

```
public class BlackHoleAutoConfiguration implements UniverseAutoConfiguration {
    @Star
    public BlackHole blackHole(Universe universe) {
        return new BlackHole(universe);
    }
}
```

此配置类中只有一个@Star 方法 blackHole，即注册 BlackHole 对象为 Star。如果我们愿意，我们可以在这个类中创建很多@Star 方法，注册很多 Star。blackHole 方法在运行时会先注入全局 Universe 对象，最终其返回值会当作 Star 被添加到 Universe 中。

配置类编写完毕后，和 supernova 一样需要在 universe-test-app 模块的 pom.xml 文件中添加对 blackhole 的依赖(此处省略具体添加代码)。因为是手动引入，所以并不需要进行 SPI 配置，只需要在测试模块的主启动类中添加@Explode 引入即可，具体如代码片段 8-41 所示(路径：universe-test-app 模块，com.purpblue.test.universe.MainApp)。

代码片段 8-41：手动引入 blackhole 模块

```
@UniverseGo
@Explode(BlackHoleAutoConfiguration.class) //a.在这里引入 blackhole
public class MainApp {
    public static void main(String... args) {
        UniverseApplication.start(MainApp.class);
    }
}
```

启动应用即可在控制台同时看到“超新星爆发!”和“黑洞正在吞噬恒星!”这样的内容，并且黑洞的相关信息永远在超新星爆发之后，原因也很简单：Supernova(代码片段 8-36)实现的是 AfterUniverseBorn 接口，而 BlackHole(代码片段 8-39)实现的是更靠后的 DeferredAfterUniverseBorn 接口。

自动配置的测试至此告一段落，作者给出的例子非常少，有兴趣的读者可以自行添加更多的内容，看看是否同样保持兼容。内容越多，Bug 就越可能出现。好在这只是一个练习框架，所以并不会造成什么实质性损害，如果确实碰到了 Bug，有兴趣的读者可以自行尝试在 universe-core 模块中进行修复。

8.3.3 测试 SuperCluster

完成配置测试之后，接下来测试另外一个重要部分——SuperCluster。我们知道 Universe 框架本身并不提供任何 SuperCluster 实现，它纯粹就是提供给用户使用的重量级接口，多用于基于 Universe 的应用型框架编写(当然也可以直接在普通应用中使用)。现在我们就尝试用它来做一些事情，比如，扫描自定义注解的接口，创建动态代理——这不就是 MyBatis、JPA、Feign、Calculator 等框架的实现思路么？除了创建动态代理，SuperCluster 也可以使用自定义注解直接创建 Star，我们在 createStar 方法中已经解析过了。

1. 编写 SuperCluster 实现

我们不再创建新模块，而是直接在之前创建的 supernova 模块中进行(自然也可以放到 blackhole 模块中)。首先，我们定义新注解@NewElement，如代码片段 8-42 所示(路径：supernova 模块，com.purpblue.test.supernova.supercluster.NewElement)。

代码片段 8-42：为 SuperCluster 创建组件

```
@Retention(RetentionPolicy.RUNTIME)
@Target(ElementType.TYPE)
public @interface NewElement {
    /** StarName */
    String name() default "";
}
```

@NewElement 从字面来看为新元素。超新星爆发时释放的毁天灭地般的巨大能量，会使较轻的元素通过核聚变和核反应生成较重的新元素，金、银等贵金属元素就是在这样的过程中产生的。@NewElement 是我们自定义的注解，这里我们规定：若标记此注解的是接口，则根据此接口创建 JDK 动态代理并将其注册为 Star(对应的 InvocationHandler，请查阅源码中 SupernovaInvocationHandler)；若标记此注解的是普通类，则直接将此类的对象注册为 Star。

注解准备好之后，真正的 SuperCluster 实现登场了，如代码片段 8-43 所示(路径：supernova 模块，com.purpblue.test.supernova.supercluster.NewElementCreator)。

代码片段 8-43：创建 SuperCluster

```
public class NewElementCreator implements SuperCluster {
    //a.本 SuperCluster 支持的 sdType(StarDefinitionType)
    public static final String PROXY_TYPE = "NewElementCreator_PROXY";
    //b.支持的自定义注解
    @Override
    public Set<Class<? extends Annotation>> annotations() {
        return Set.of(NewElement.class);
    }
    //c.创建 StarDefinition 时确定 StarName
    @Override
    public String getStarName(Annotation annotation) {
        NewElement pt = (NewElement) annotation;
        return pt.name();
    }
    //d.核心方法。扫描给定的包,并注册相关 StarDefinition
```

```
    @Override
    public void scanStarDefinitionFor(Collection<String> basePackages, StarDefinition-
Holder definitionHolder) {
        ...
        //d1.设置当前正在工作的 SuperCluster
        ((Universe) definitionHolder).setCurrentSuperCluster(this);
        /** d2.使用自定义的注解扫描给定的包路径(和 Universe 扫描@Star 注解的路径一致)。接口有默认
实现(适配绝大部分情形),也可自行实现,这里使用默认实现 */
        SuperCluster.super.scanStarDefinitionFor(basePackages, definitionHolder);
        //扫描完毕,开始后续处理
        definitionHolder.getStarDefinitions().stream()
            //d3.只处理当前 SuperCluster 对象扫描到的 StarDefinition
            .filter(sd -> sd.getSuperCluster() == this)
            .forEach(sd -> {
                if (sd.getStarClass() == Object.class) {
                    //d4.StarClass 是 Object 类型,说明@NewElement 标记在接口上,这是要创建动态
//代理,这里设置好 sdType
                    sd.setType(PROXY_TYPE);
                } else {
                    //d5.@NewElement 标记在普通类上,按@Star 注解处理,将 sdType 设置为 Universe
//自身支持的“CLASS”, Universe 会帮忙创建 Star
                    sd.setType(StarDefinition.STAR_TYPE_CLASS);
                }
            });
        //d6. 扫描完毕, 清除标记
        ((Universe) definitionHolder).setCurrentSuperCluster(null);
    }
    //e. 支持的 sdType
    @Override
    public boolean supportSdType(String sdType) {
        return PROXY_TYPE.equals(sdType);
    }
    //f. 只有自定义 sdType, 在创建 Star 时才会进入这里
    @Override
    public Object makeStar(StarDefinition sd) {
        return Proxy.newProxyInstance(
            NewElementCreator.class.getClassLoader(),
            sd.getInterfaces().toArray(Class<?>[]::new),
            new SupernovaInvocationHandler()
        );
    }
}
```

1) 类定义一开始，在 a 处立刻就指明了本 SuperCluster 支持的 StarDefinitionType 为 “NewElementCreator_PROXY”。那这个值在哪里使用？请读者回顾前文介绍的核心方法 createStar 片段 4(代

码片段 8-26)，看看具体哪一行会用到这个值？可以结合上面代码片段 8-43 中 e 处的方法一起分析。

2)b 处方法比较简单，其作用就是扫描的时候寻找带有此注解的目标类或接口。

3)c 处的方法用于确定当前@NewElement 类的 StarName。@NewElement 是自定义注解，其中的 name 属性指明了 StarName。请读者自行对照 makeSdForClass 源码(请回顾 8.2.5 小节代码片段 8-10)，探究当前 SuperCluster 中(代码片段 8-43)c 处的 getStarName 方法是如何被调用的。需要说明的是，并不要求自定义注解一定需要 StarName 属性，当没有此属性时，getStarName 方法返回 null 或空字符串(即"")都可以，makeSdForClass 方法的 e 处同样会兼容处理——使用目标类的全限定名作为 StarName。

4)继续解析当前的 SuperCluster(代码片段 8-43)，d 处开始了核心逻辑——以自定义注解扫描各个包。此方法第 1 入参 basePackages 即为当前待扫描的包，第 2 入参自然与 StarDefinition 的处理有关，它是全局 StarDefinitionHolder，我们早已知道此对象实际就是 UniverseImpl 对象，因为后者同时实现了诸多关键接口，StarDefinitionHolder 正是其中之一。至于这两个入参是从哪里传入的呢？请读者回顾本章解析 start 方法的部分(即 8.2.11 小节代码片段 8-32)，找一找在哪里调用了 d 处的 scanStarDefinitionFor 方法。

我们继续解析 d 处方法的逻辑。d1 和 d6 是相反的操作，用于让 Universe 确认“当前正在执行扫描的是哪个 SuperCluster”。这两步操作主要用于在 StarDefinition 或 Star 创建过程中进行归属检测——由哪个 SuperCluster 定义的注解，就得由哪个 SuperCluster 来处理。

d2 处是核心的扫描过程。考虑到扫描逻辑的通用性，作者在 SuperCluster 接口中为 scanStarDefinitionFor 方法给出了 default 实现，这里直接调用即可。请读者自行查阅源码，可以看到 scanStarDefinitionFor 方法中已经调用了 b 处的 NewElementCreator#annotations 方法，因此可以知道在扫描过程中，目标注解正是 b 处指定的@NewElement。

5)扫描完毕之后，需要对当前 SuperCluster 扫描到的 StarDefinition 作一些处理(遵循谁扫描谁负责的原则)。d3 处进行归属过滤——当前 SuperCluster 对象只处理自己扫描到的 StarDefinition。这里进行过滤的目的，是为了接下来为 StarDefinition 标记合适的 sdType(d4、d5 处)。我们在 createStar 方法中已经知道 Universe 本身支持的 sdType 是“CLASS”和“METHOD”两个值，而对于其他值，Universe 会把 StarDefinition 交由支持的 SuperCluster 处理。那么 Universe 是依靠什么逻辑寻找支持的 SuperCluster 呢？自然是 e 处的 supportSdType 方法。请读者回顾 createStar 方法，思考一下 Universe 在哪个位置调用了 supportSdType？

6)最后，只剩下 f 处的 makeStar 方法了，这也是一个重要方法，可以理解为它对标的是 Spring 中的 FactoryBean 功能——此方法直接接管了创建原始 Star 的逻辑，而 FactoryBean#getObject 方法也是如此。需要注意的是，makeStar 方法只有在自定义 sdType 时才会被 Universe 调用，当它是“CLASS”“METHOD”两个固有值的时候则会被 Universe 接管 Star 的创建过程(即 SuperCluster 本身的 makeStar 方法不会运行)。请读者回顾 createStar 方法，找一找其中原因。

在 f 处的 makeStar 方法中，只有创建动态代理的逻辑，即只有 sdType 在 d4 处被设置为 a 处定义的“NewElementCreator_PROXY”时才会触发这里的创建(进入 d5 处则由 Universe 接管创建过程)。那何时进 d4 处，何时进 d5 处呢？在 d4 处有明确的说明——StarDefinition 中的 StarClass 是 Object 类型。我们使用目标注解(比如@Star)标记一个自定义类的时候，StarDefinition 中的 StarClass 字段应该是这个类的类型才对(比如前面定义的 Supernova.class)，为什么突然间会用 Object.class 来代替呢？请读者回顾 8.2.5 小节中对 makeSdForClass 方法的解析(代码片段 8-10)，在其中的 b 处可以找到答案。

弄清楚来龙去脉后，当前 SuperCluster 便介绍完毕。后续如果我们想在 Universe 核心下编写基于动态代理的应用框架(比如再开发一个 Calculator？或者编写一个类 JPA 框架？)，完全可以依照上面的 SuperCluster 进行改装——不仅可以创建 JDK 动态代理，创建 CGLIB 动态代理同样可行，无非就是 makeStar 方法的逻辑会有区别。

需要说明的是，“创建动态代理”并非 SuperCluster 的专属技能。如果我们愿意，在需要对已有的 Star 进行增强时(比如添加 AOP 或事务支持)，我们也可以通过 StarRound#after 方法进行处理。毕竟人是灵活的，框架是固定的，灵活运用框架提供的各个组件完成需求即可。

一般说来，使用 SuperCluster 始终有编写框架的意味，不过在普通应用中使用也是可以的，没有什么特别的限制。

编写好 SuperCluster 之后，由 8.2.11 小节中对 start 方法的分析我们知道它需要被设置到 JDK 的 SPI 配置文件中。于是我们在当前模块的 resources/META-INF/services 目录下创建以 SuperCluster 全限定名为名称的文件(由于名称太长此处不具体写出，可参见源码)，将当前 SuperCluster(即 NewElementCreator)的全限定名放进去即可。

2. 测试 SuperCluster

SuperCluster 的实现类(NewElementCreator)已经就位，那我们就可以在测试应用中创建一些以@NewElement 标记的类或接口了。我们知道，若@NewElement 标记了类，它的对象最终会成为一个普通的 Star，与使用@Star 标记并无区别，而若@NewElement 标记了接口，那么它最终将会被创建 JDK 动态代理，此代理对象依然会成为一个 Star。从“NewElementCreator”这个名字可知它是超新星爆发时新元素的创建者，因此我们选取两个有代表性的元素进行测试。首先来定义由@NewElement标记的接口，如代码片段 8-44 所示(路径：universe-test-app 模块，com.purpblue.test.universe.proxy.Au)。

代码片段 8-44：定义金元素接口

```
@NewElement
public interface Au {
    void blingbling();
}
```

接着来定义由@NewElement 标记的普通类，如代码片段 8-45 所示(路径：universe-test-app 模

块，com.purpblue.test.universe.proxy.Ag）。

代码片段 8-45：定义银元素类

```
@NewElement
public class Ag {
    public void shine() {
        System.out.println("银光闪闪");
    }
}
```

上面创建了两个贵金属元素，很明显 Au 类型的 Star 最终是一个 JDK 动态代理，而 Ag 类型的 Star 最终是一个普通对象，不管如何，最终它们都会成为 Star。现在我们紧接着在同一个包下创建测试组件，如代码片段 8-46 所示(路径：universe-test-app 模块，com.purpblue.test.universe.proxy.TestSupernova)。

代码片段 8-46：测试@NewElement 标记的元素

```
@Star
public class TestSupernova implements AfterBirth {
    @Planet
    private Au au;
    @Planet
    private Ag ag;
    @Override
    public void init() {
        au.blingbling(); //a
        ag.shine(); //b
    }
}
```

这是一个非常简单的组件，实现了 AfterBirth 接口，其中分别注入了 Au 和 Ag 类型的 Star，并在初始化方法中分别调用了各自的方法。请读者启动 Universe，观察 init 方法中的输出情况。

至此测试工作基本结束。虽然我们一直在说“某处对照 Spring 进行”，但其实很多地方编码方式与 Spring 已经有了显著差异。只要我们理解了 IoC 思想，也熟悉了 Spring 的很多内部细节和实现方式，将它们转化到自己的编码中时，总会形成自己的风格，绝不可能是“复制粘贴”那么简单，这正是知识在我们脑袋中沉淀和转化的过程。

8.4 Universe 生态下的 Web 框架——Singularity

Universe 核心编写完毕，我们也进行了简单测试(其实必然还有很多 Bug)，那么接下来要做的事情，就是为它添加应用框架了。虽然我们在前面测试时添加过配置(包括自动引入和手动启用)，也添加过 SuperCluster 实现，颇有些框架的意味，但这些操作毕竟只是“小打小闹”，不成气候。这一次，我们要基于 Universe 编写出一个完整的框架。那么框架是哪个类型呢？在此我们决定编写最容易让开发者获得成就感的框架——Web 框架。

8.4.1 Web 框架命名

在 Spring 生态中，Web 框架有多种，其中使用最广的莫过于基于 Servlet 的 Spring MVC 了。同样，我们本节的目标，就是对标 Spring MVC 编写基于 Servlet 的 Web 框架。

确定大方向之后，又要面对那个问题了：框架叫什么名字？叫 Universe MVC？不太合适，我们能否取一个贴切且不带 MVC 字样的名字呢？Web 访问，本质上是终端用户在访问我们的服务器，有点像“其他宇宙的人”造访我们的宇宙(Universe)。当别人要访问我们的宇宙时，仅仅从空间上是永远也无法到达的，他们必须在特定状态下找到我们宇宙的“奇点”，通过这个特殊的存在才能进入我们的宇宙。在这样的设定下，我们的 Web 框架就命名为“奇点”，即“Singularity”。

需要注意的是，我们又回到了编写框架的主流程上，因此现在暂时关闭“universe-test-app”测试模块，转而在当前工程中与核心模块“universe-core”平行创建一个新模块“universe-singularity”，接下来所有 Singularity 框架的编码都在此进行。并且，因为 Singularity 是运行在 Universe 生态下的应用框架，因此在其 pom.xml 文件中需要引入 universe-core 依赖，具体内容如代码片段 8-47 所示(路径：universe-singularity 模块，pom.xml)。

代码片段 8-47：在 universe-singularity 中引入基础依赖——universe-core

```
<dependencies>
    <dependency>
        <groupId>com.purpblue</groupId>
        <artifactId>universe-core</artifactId>
        <version>1.0.0-SNAPSHOT</version>
        <scope>provided</scope>
    </dependency>
</dependencies>
```

后续编码过程中如果还要用到其他的依赖，我们会继续在此<dependencies>节点中添加。由于我们重新回到了编写框架的内容上来，所以添加依赖时需要像之前编写 universe-core 那样小心。

8.4.2 注解和接口设计

至此，框架命名已圆满完成，接下来设计 Singularity 框架的相关结构和规则吧。

Singularity 是基于 Universe 的应用型框架，所谓“应用型框架”，本质上还是一种应用，只不过它不针对具体的业务场景，其相关的逻辑偏抽象。我们要编写的是精简版的 Spring MVC，要实现的目标，就是能像 Spring MVC 那样支持类似@RestController、@RequestMapping、@RequestBody 之类的注解，并且能通过浏览器或 Postman 之类的工具发起 Web 访问。

1. 注解设计

Spring MVC 的常用注解我们非常清楚，在此我们直接对照它们设计自己的注解即可。我们所

需要的注解极少，支持的 HTTP 方法也极少——仅 GET 和 POST 两种。至于其他的 HTTP 方法，有兴趣的读者在阅读完本节之后，可以自行进行适配。Singularity 框架支持的注解如表 8-4 所示。

表 8-4　Singularity 核心注解

Singularity 注解	对应的 Spring MVC 注解
@Singularity	@RestController 加@RequestMapping
@SingularityEntrance	@RequestMapping
@PlanetBody	@RequestBody
@PlanetData	@RequestParam

对于 Singularity 框架而言，我们仅需要上面 4 个注解即可，秉持一切从简的原则，思想和框架的核心结构最重要，后续若有需要可自行添加新的注解支持。

1）@Singularity 是一个综合注解（请读者自行参阅源码，其逻辑较为简单）：既标明了当前类是像@RestController 那样的控制器（在我们的框架中称为“奇点”），Universe 需要为其创建 Star，同时其 mainPath 属性又指明了当前“奇点”的访问路径前缀。

2）@SingularityEntrance 是简化了的 Spring MVC 的@RequestMapping，标注在方法上，只支持 value 和 method 两个属性（请读者参阅源码），前者表明当前方法的访问路径，后者表明当前方法支持的 HTTP 方法。由于 HTTP 方法比较多，我们只选取最常用的 GET 和 POST 进行处理，有兴趣的读者可以自行补全。

至于@PlanetBody 和@PlanetData，它们与对应的 Spring MVC 注解功能等同，并且定义也都非常简单，请读者自行查阅源码。

上面这些注解在这里既用作标记，也携带数据，它们是用户（具体业务应用的编写者）在使用我们的 Singularity 框架时用得最多的工具。

根据以上说明，我们对照 Spring MVC 给出示例，具体代码如代码片段 8-48 所示。

代码片段 8-48：类比 Spring MVC

```
//Singularity 写法
@Singularity(name = "singularity0", mainPath = "/s")
public class SomeSingularity {
    @SingularityEntrance("/s")
    public String d(@PlanetData("p") String p) {
        return "abcd";
    }
}
//Spring MVC 写法
@RestController("singularity0")
@RequestMapping("/s")
public class TestController {
```

```
    @GetMapping("/s")
    public String d(@RequestParam("p") String p) {
        return "abcd";
    }
}
```

2. 接口设计

我们不是 Singularity 框架的用户，我们是 Singularity 框架的开发者，因此与前面构建 universe-core 相似，为了让用户能简单地使用几个注解就完成 Web 访问，我们得构建支撑这些注解的底层机制。那么，这次又需要用到哪些接口呢?

这次我们使用的接口并不多，而且没有提供由用户自行实现的接口(因为用户主要通过注解使用框架)，最重要的有两个：SingularityManager 和 SingularityStarter，光看名字就可以清楚这两个接口的作用——前者用于管理和支持 Singularity 框架内部的各种运行，而后者则专职负责启动 Singularity，很明显后者的调用时机在前者之后。

这两个接口的定义都很简单，均只有一个接口方法(请读者自行参阅源码)，因此它们都是函数式接口，后续我们会详述它们的具体实现。

除了这两个核心接口外，我们还有两个重量级的接口需要实现，那就是大名鼎鼎的 jakarta.servlet.Servlet 和 jakarta.servlet.Filter，毕竟，Servlet 容器的运行离不开它们！就像 Spring MVC 中的 DispatcherServlet 一样，我们也需要创建一个用于全局分发的 Servlet，这部分内容后续会详述。至于 Filter，并不需要提供什么默认实现，但由于其重要性，我们必须为用户自定义 Filter 提供支持。

除去上述重要接口外，自然还有一些功能性和协调性接口，不过均不属于重量级的框架型接口，因此不在这里提及，后续用到时我们再介绍即可。

8.4.3 SingularityManager 接口的设计和准备

因为是基于 Universe 生态，因此底层 IoC 实现我们早就准备好了，很快我们就迎来了核心编码部分。

现在，我们来分析 SingularityManager 的功能和设计理念。

1. 实现分析

SingularityManager 接口只有一个方法需要实现，那就是 findAllSingularities，方法名非常好理解。没错，此接口的作用就是管理各个由@Singularity 标注的 Star，以及其中定义的各个@Singularity-Entrance 方法。

2. 记录@SingularityEntrance 方法

为了缓存整个 Universe 中全部的@SingularityEntrance 方法，我们需要先找到各个被@Singularity 标记的 Star，然后分析其中的@SingularityEntrance 方法并缓存。不过如果只是缓存 Method 对象的话过于简略，我们需要把一些附属数据一并缓存起来，于是可以借鉴之前的 StarDefinition 实现来创建和它类似的 SingularityEntranceDefinition，具体逻辑如代码片段 8-49 所示(路径：universe-singularity 模块，com.purpblue.universe.singularity.access.definition.SingularityEntranceDefinition)。

代码片段 8-49：定义 Singularity 入口方法描述符 SingularityEntranceDefinition

```
public class SingularityEntranceDefinition {
    private Method method; //a.方法本身
    private List<ParameterDefinition> parameterDefinitions; //b.形参信息
    private Object singularity; //c.方法所属的 singularity(Star)
    ... //省略各个 Getter、Setter 方法
}
```

a 处即是@SingularityEntrance 方法本身，也就是用户编写的业务方法访问入口，后续我们将通过反射机制调起它。对实例方法而言，肯定要有对象才能调用，这是 Java 的规则。于是 c 处的 singularity 字段缓存此方法宿主类(@Singularity 类)的对象(Star)，这样在真实调用的时候就能进行对应。

b 处是方法的形参信息。对 Singularity 框架而言，方法的形参不仅仅是记录一个 Parameter 数组或集合，同样也需要将这些 Parameter 解析之后缓存起来以提升运行时的性能，因此这里专门定义了 ParameterDefinition 类型，具体实现如代码片段 8-50 所示(路径：universe-singularity 模块，com.purpblue.universe.singularity.access.definition.ParameterDefinition)。

代码片段 8-50：定义形参描述符 ParameterDefinition

```
public class ParameterDefinition {
    //a.形参本身
    private Parameter p;
    //b.形参的泛型(如果有)
    private Class<?>[] typeArgs;
    //c.形参类型
    private Class<?> type;
    //d.形参的@PlanetData 注解
    private PlanetData planetData;
    //e.形参的@PlanetBody 注解
    private PlanetBody planetBody;
    ... //省略各个 Getter、Setter 方法
}
```

a 处为形参本身；b 处为形参带有的泛型数组(按顺序排列)；c 处为形参的类型(Class 对象)；d 处为形参是否带有@PlanetData 注解，如果有，意味着当前形参用于接收用户 URL 中相应名称的参数值；e 处为形参是否带有@PlanetBody 注解，如果有，意味着当前形参用于接收用户通过 Body 提交的数据。

当@SingularityEntrance 方法中存在 HttpServletRequest 和 HttpServletResponse 类型的形参时，无

需用户处理，Singularity 框架会自行将本次 Web 访问的相关对象注入至这两种形参中，和 Spring MVC 情形一致。

形参解释完毕，现在用例子来简单说明，如代码片段 8-51 所示(伪代码)。

代码片段 8-51：演示 Singularity 的伪代码

```
@Singularity(name = "mySingularity", mainPath = "/abcd") //a.主路径
public class TestSingularity {
    @SingularityEntrance(value = "/body-test", method = HttpMethod.POST) //b
    public Object fromBody(@PlanetBody DataDTO dto, @PlanetData("str") String str, HttpS-
ervletRequest request) {
        return dto;
    }

    @SingularityEntrance("/test") //c
    public double m(double d, HttpServletRequest request) {
        return d;
    }

    @SingularityEntrance("/cal") //d
    public int cal(Map<String, Object> map) {
        return 5;
    }

    @SingularityEntrance(value = "/cc") //e
    public Stringcc(Queue<Integer> s) {
        return s.toString();
    }
}
```

上面展示了一个 Singularity 类。

1）a 处@Singularity 注解向 Universe 底层传递了关键信息：当前类是一个 StarClass，请在启动时为它创建对应的 Star，其 StarName 是“mySingularity”。同时此注解也向 Singularity 框架传递了关键信息：当前 Singularity 的访问路径前缀是“/abcd”。

2）b 处的@SingularityEntrance 支持 POST 方式，通过 Body 提交的数据将被转化为 DataDTO 类型注入 dto 形参中，而通过 URL 上的参数提交的名为“str”的数据将被注入 str 形参中，同时本次访问的 HttpServletRequest 对象也会被注入 request 形参。假定用户在自己电脑上启动了 Singularity 框架，应用的访问端口是 8000，contextPath 是“/singularity”，现在以 POST 方式访问“http://localhost:8000/singularity/abcd/body-test? str=accessStr”，同时通过 Body 提交了与 DataDTO 类型相应的 JSON 数据(此数据省略)，那么 Singularity 框架将根据路径调用 b 处的方法。此时，参数 dto 承载着 Body 中的全部数据，参数 str 的值是“accessStr”，参数 request 则承载着此次 Web 访问的 HttpServletRequest——我们在 Spring MVC 中早已知道通过它可以获取很多东西，比如访问参数、

Header 等。

3) c 处演示 GET 方式(默认)，并且是非常简单的情形：当前方法形参除了 HttpServletRequest 等系统组件之外有且只有一个用于接收用户数据时，此形参可以省略@PlanetData 注解，非集合类型的形参默认匹配用户通过 URL 提交的第一个数据。比如，用户可能会发起“GET /abcd/test? d=3.14”，或者“GET /abcd/test? a=3.14”请求，无论使用“d”还是“a”作为 key，这时候方法形参 d 的值都是 3.14(唯一匹配)，这一点和 Spring MVC 不一样，为了获取构造函数或方法中形参的名称，Spring 探索得非常深入，会通过.class 文件中的 LocalVariableTable(局部变量表)寻找形参名(参见 org.springframework.core.LocalVariableTableParameterNameDiscoverer)。但在本框架中，“获取方法形参的名称”不是重要的功能，没有投入大量精力实现的必要。后续如果读者有兴趣，可以考虑将 Spring 中 ParameterNameDiscoverer 相关机制引入 Singularity 框架中。回到 c 处方法中来，需要注意的是，若此方法中有多个形参接收用户数据，那就必须各自标明@PlanetData 注解，不然 Singularity 框架在运行时可能获取不到形参名，无法准确匹配各个用户数据至正确的形参。

注意

由于历史原因，编译时若不开启-parameters 参数，运行时 JVM 加载完字节码后可能获取不到构造函数或方法形参的真实名字。比如，“public void doSth(String name)”这个方法定义，编译完后 JVM 看到的可能是“public void doSth(String arg0)”，所以寻找正确的形参名也是个较为复杂的事情，Spring 为此专门准备了 org. springframework. core. ParameterNameDiscoverer 接口。

4) d 处把本次 Web 访问的 URL 中所有数据全部放入形参 map 之中，这很类似于使用 HttpServletRequest 调用“request.getParameterMap()”。

5) e 处使用集合类型的唯一形参接收数据，因此同样可以省略@PlanetData 注解，并且会匹配 URL 中与第一个 key 相同的全部数据。比如“GET/abcd/test? a=1&b=3&a=2”，最终 s 入参中包含两个元素：1 和 2，3 将会被丢弃。

除了上面的演示之外，Singularity 框架还支持文件上传以及数组、集合等类型，后文会详述。

8.4.4 SingularityManager#findAllSingularities 方法

设计部分告一段落，是时候来一步一步实现 SingularityManager 接口了，它的实现类简单命名为“DefaultSingularityManager”。

由于运行在 Universe 框架下，因此我们为 DefaultSingularityManager 类添加@Star 注解，这样它就可以享受到 Universe 对 Star 的各种自动处理功能，比如自动调用初始化接口(如 AfterBirth、AfterUniverseBorn 等)，自动被系统中 StarRound 后置处理等。下面给出 DefaultSingularityManager 的具体定义，如代码片段 8-52 所示(路径：universe-singularity 模块，com.purpblue.universe.singularity.access.DefaultSingularityManager)。

代码片段 8-52：核心接口 SingularityManager 的默认实现

```
@Star
public class DefaultSingularityManager implements SingularityManager, DeferredAfterUni-
verseBorn {
    ...
}
```

DefaultSingularityManager 除了实现重要的 SingularityManager 接口外，还实现了全局初始化接口 DeferredAfterUniverseBorn。我们知道前者是 Singularity 框架的接口，而后者则是 Universe 核心框架的接口，现在两者奇妙地出现在同一个类中。之所以还要实现 DeferredAfterUniverseBorn 接口，是因为寻找@Singularity 类型的 Star 和处理它内部的@SingularityEntrance 方法最好在所有 Star 都创建完毕后进行，以避免未知的问题。同时此接口因为运行时机极其靠后，因此它还承担着启动 Servlet 容器（比如 Tomcat）的作用。通过以上介绍，读者有没有感受到当前的 Singularity 站在 Universe 框架的肩上？同样的情形，基于 Spring 生态的各个应用框架（比如 Spring JPA、Spring Redis、Spring MVC 等）也都是依托于 spring-core/spring-context/spring-beans 等 Spring 核心组件上工作的。

讨论得已经够详细，接下来的编码无非就是前面思想的细化，相对简单，只需要注意一些细节即可，具体如代码片段 8-53 所示（路径：universe-singularity 模块，com. purpblue. universe. singularity.access.DefaultSingularityManager#findAllSingularities）。

代码片段 8-53：DefaultSingularityManager 实现核心接口

```
public void findAllSingularities() {
    //a1.创建 GET 方法缓存
    Map<String, SingularityEntranceDefinition> gets = ...
    //a2.创建 POST 方法缓存
    Map<String, SingularityEntranceDefinition> posts = ...
    //b.通过 Universe 对象寻找由@Singularity 标注的 Star
    universe.getStarsWithAnnotation(Singularity.class)
        .forEach(star -> {
            //b1.寻找 Star 的类型
            Class<?> singularityClass = star.getClass();
            if (singularityClass.getName().contains("$$")) {
                //b2.如果是 CGLIB 动态代理,寻找其父类
                singularityClass = singularityClass.getSuperclass();
            }
            //b3.获取到其上的@Singularity 注解
            Singularity singularity = singularityClass.getAnnotation(Singularity.class);
            //b4.处理 mainPath
            String mainPath = singularity.mainPath();
            if (!mainPath.isBlank() && !mainPath.startsWith("/")) {
                mainPath = "/" + mainPath;
```

```
            }
            //c.当前 Star 的全部 public 方法才是目标,不处理非 public 方法
            Method[] allMethods = singularityClass.getMethods();
            for (Method method : allMethods) {
                //d.只处理有@SingularityEntrance 注解的方法
                SingularityEntrance singularityEntrance = method.getAnnotation(Singulari-
tyEntrance.class);
                if (singularityEntrance != null) {
                    //d1.获取 finalPath,即访问路径
                    String finalPath = getFinalPath(method, singularityEntrance, mainPath);
                    //d2.创建 SingularityEntranceDefinition
                    SingularityEntranceDefinition seDefinition = makeSingularityDef(star,
method);
                    //d3.根据@SingularityEntrance 支持的 HTTP 方法,放入对应的缓存。使用 switch
//是为未来支持其他 HTTP 方法作准备
                    switch (singularityEntrance.method()) {
                        case GET -> {
                            SingularityEntranceDefinition sed = gets.get(finalPath);
                            ...
                            gets.put(finalPath, seDefinition);
                        }
                        case POST -> {
                            SingularityEntranceDefinition sed = posts.get(finalPath);
                            ...
                            posts.put(finalPath, seDefinition);
                        }
                        default -> throw ...;
                    }
                }
            }
        });
        //e.所有@SingularityEntrance 方法解析完毕,创建全局缓存
        singularityHandlers = Map.of(
            HttpMethod.GET, gets,
            HttpMethod.POST, posts
        );
}
```

上述方法的目的是搜寻当前系统中全部由@Singularity 标注的 Star，获取其下全部的公共@SingularityEntrance 方法，按它们支持的 HttpMethod 进行分类缓存。缓存采用 Map 形式（e 处 singularityHandlers 字段的定义请自行参阅源码），其 key 为 HttpMethod，而每个 key 下对应的 value 同样是 Map 形式（a1、a2 处），它们的 key 是当前@SingularityEntrance 方法对应的访问路径。当 Web 访问到达时，通过 HTTP 方法类型在 singularityHandlers 字段获取对应的子 Map，然后再通过访问路径作为 key 就可以提取出对应的@SingularityEntrance 方法。

上述代码只演示了 GET 和 POST 两类 HTTP 方法的缓存，如果读者有兴趣支持其他的 HTTP 方法(比如 DELETE、PUT 等)，可以在这里进行类似添加。

1) b3 处为了获得@Singularity 注解，需要区分当前 Star 是不是 CGLIB 动态代理(不可能是 JDK 动态代理，因为@Singularity 标注的目标只能是具体的类，标注在接口上不予支持)。如果不是(CGLIB 动态代理)，那就是用户编写的原始@Singularity 类的对象(Star)，处理相对简单；但如果是 CGLIB 动态代理(比如当前@Singularity 类的某些方法被 AOP 了)，由于 CGLIB 是基于继承的实现方式，所以在 b2 处以当前 Star 的类型再往上寻找其父类型，父类型就是用户编写的原始@Singularity类。

2) c 处需要注意，这里只支持 public 方法(getMethods 方法只能获取到 public 方法)——没错，又是"从简"思想。不想采用简化方式的读者可以自行通过 Class 系列的相关操作获取所有带@SingularityEntrance注解的方法，不仅限于 public 权限。

3) d1 处 getFinalPath 方法见名知意，其逻辑也很简单，请读者自行参阅源码，而 d2 处的 makeSingularityDef 则稍显复杂，但因为之前已介绍过类似的方法(UniverseImpl#makeSdForClass，请回顾 8.2.5 小节代码片段 8-10)，这里我们不再重复给出源码作相似的说明，请读者自行参阅随附源码，作者已作了详细的注释。

4) d3、e 处使用的都是高版本的 JDK 语法，在 JDK 8 下是无法正确运行的，不过我们不必考虑 JDK8 的兼容性。对于 e 处，"Map.of"的调用使得 singularityHandlers 字段成为不可变 Map，符合我们的预期，但其中的 gets 和 posts 却是普通的 HashMap(在 a1、a2 处定义)，它们并不是不可变 Map。要不要也使用类似"Collections.unmodifiableMap(gets)"的方法来将 gets 和 posts 转成为不可变 Map 呢？作者的看法是都行，看读者的意愿。原因是，若转成了不可变 Map，后续如果有用户需要在运行时手动添加(即"热添加")@SingularityEntrance 方法会比较麻烦，而保留原始 HashMap 类型的 gets 和 posts，用户可以通过简单的一句"singularityHandlers.get(HttpMethod.GET).put(xxx, yyy)"就能热添加@SingularityEntrance 方法并立刻可以访问，这对于一些低代码设计的框架或应用可能比较方便。不过，热添加@SingularityEntrance 方法的情形相对较少，因此为了保证安全，将这里的 gets 和 posts(甚至包括后续可能添加的 deletes、puts 等)包装成不可变 Map 似乎是更好的选择，请有兴趣的读者自行包装。

SingularityManager 接口的实现介绍完毕，但我们知道 DefaultSingularityManager 类还实现了 DeferredAfterUniverseBorn 接口，目前暂不讨论，接下来要先准备其他的组件。

8.4.5 Servlet 实现类的设计和具体实现

Spring MVC 中，Web 访问最终会到达用户编写的 Controller，这其实是 DispatcherServlet 在起作用。看名字就知道它是一个 Servlet(也就是它直接或间接实现了 Servlet 接口)，它遵循 Jakarta 的 Servlet 标准，而我们耳熟能详的 Tomcat 组件，就是 Servlet 容器。因此，如果我们想要 Singularity 框架也接入 Tomcat，那我们也必须遵循 Servlet 标准。当然了，如果只进行简单开发，仅想接受并处理用户的请求，我们可以自定标准，然后在本地启动一个 SocketServer 即可(作者也提供了这种简单实现的伪代码，详见 com.purpblue.universe.singularity.access.SimpleSingularitySingularityStarter，只有一个框架，没有详细逻辑)。但是，这样做给人一种虎头蛇尾的感觉——我们花费大量精力构建了 Universe 核心，同样也对 Singularity 框架中各个接口和组件进行详细设计与实现。结果在最激动人心、最能带来成就感的 Web 响应环节草草收场，这肯定不行，必须要处理好 Web 响应，那是我们成就的直观体现！基于以上考虑，我们需要引入 Servlet 容器，因此就得编写通用的 Servlet 实现(即 Universe 版的 DispatcherServlet)，通过它将用户请求分发至各个@SingularityEntrance 方法。

1. 依赖引入

我们的框架支持 Tomcat 和 Undertow 这两种容器，因此可以引入这两种 Servlet 容器的相关依赖，而它们的依赖中已自带了 Jakarta 依赖，所以就不必再显式引入了，具体依赖配置如代码片段 8-54 所示(路径：universe-singularity 模块，pom.xml)。

代码片段 8-54：引入 Servlet 容器

```
<dependency> <! -- a -->
    <groupId>org.apache.tomcat.embed</groupId>
    <artifactId>tomcat-embed-core</artifactId>
    <version>10.1.5</version>
    <optional>true</optional>
</dependency>

<dependency> <! -- b1 -->
    <groupId>io.undertow</groupId>
    <artifactId>undertow-core</artifactId>
    <version>2.3.13.Final</version>
    <optional>true</optional>
</dependency>

<dependency> <! -- b2 -->
  <groupId>io.undertow</groupId>
    <artifactId>undertow-servlet</artifactId>
    <version>2.3.13.Final</version>
    <optional>true</optional>
</dependency>

<dependency> <! -- c -->
    <groupId>com.alibaba.fastjson2</groupId>
    <artifactId>fastjson2</artifactId>
    <version>2.0.49</version>
</dependency>
```

a 处即为 Tomcat 依赖，b1、b2 两处则是 Undertow 依赖。需要注意的是，这些依赖都带了

<optional>标签。因为我们是通用框架编写者，并不清楚用户具体使用哪一种 Servlet 容器运行它们的应用。因此既要基于这些 Servlet 容器编写相关的底层逻辑，又不能帮用户真正引入它们，这个权利需要交给用户。至于 c 处，这里 Fastjson 的引入既没有<optional>标签，也没有<scope>标签指明 provided。这意味着，这里就是要真正引入它，至于原因，当然是因为 Singularity 框架要用它来解析用户数据。我们在第 5 章介绍框架编写原则时，并没有说"一定不能引入其他依赖"，而是可以引入价值极高的好用的工具——而 Fastjson，无疑就是这些好用的工具中的一个。回顾 5.1.2 小节，我们提到过 Spring Boot 引入了 Jackson 来解析 JSON，引入 SnakeYAML 解析.yml 文件。由于我们的 Universe 框架暂时不支持解析.yml 文件而只支持.properties 文件，因此我们在 universe-core 模块中并没有引入 SnakeYAML。这里不引入它并不是因为我们打算自编，而是因为我们尚未支持.yml配置！请读者回顾"8.2.6 编码实现——StarDataHolder 接口"一节的相关说明。而解析.properties 文件通常不需要第三方组件。

回到 c 处继续说明，对于 JSON 的处理，必定要引入解析器。既然 Spring Boot 使用了 Jackson，那我们不妨换个选择，采用 Fastjson。

为什么在第 6 章编写 UniController 时我们使用 Jackson 呢？因为那是在 Spring Boot 下编码，自带的 JSON 解析器就是 Jackson，在这种情况下不需要再去引入 Fastjson。

2. Servlet 主逻辑

依赖引入完毕，刷新 Maven，现在可以使用 Jakarta 的各种依赖了（自然也包括 Servlet 和 Filter 系列）。我们将 Singularity 框架中的通用 Servlet 命名为 SingularityManagerServlet，具体如代码片段 8-55 所示（路径：universe-singularity 模块，com.purpblue.universe.singularity.access.SingularityManagerServlet）。

代码片段 8-55：定义核心 Servlet

```
public class SingularityManagerServlet extends HttpServlet {
    ...
}
```

非常简单的声明，直接继承自抽像父类 HttpServlet，HttpServlet 是 Servlet 接口的实现类（请读者自行查阅源码）。通过这样的扩展，我们的 SingularityManagerServlet 间接实现了 Servlet 接口，从而能够接入 Servlet 容器接受用户访问。

大框架上已经定下来了，接下来要做的就是具体处理用户请求并发回响应。由于继承自 HttpServlet，要处理用户的 GET 请求，只需要重写 doGet 方法，同理要处理 POST 请求，也只需要重写 doPost 方法即可，其他的 HTTP 方法也如法炮制，do×××系列方法都是 HttpServlet 的 protected 方法，重写后就可以使用我们自己的逻辑了。

现在我们聚焦于 SingularityManagerServlet#processReq 方法，它是 Web 访问主逻辑，具体逻辑如代码片段 8-56 所示（路径：universe-singularity 模块，com.purpblue.universe.singularity.access.SingularityManagerServlet#processReq）。

代码片段 8-56：Web 访问的主逻辑

```
private void processReq(HttpServletRequest req, HttpServletResponse resp, Object body, Ht-
tpMethod httpMethod) throws IOException {
    try {
        //a1.ThreadLocal 缓存 HttpServletRequest
        RequestAndResponseHolder.setRequest(req);
        //a2.ThreadLocal 缓存 HttpServletResponse
        RequestAndResponseHolder.setResponse(resp);
        Object result;
        try {
            if ("/favicon.ico".equals(req.getRequestURI())) {
                //x.处理浏览器专门发出的"/favicon.ico"
                result = null;
            } else {
                //b.从之前缓存的@SingularityEntrance 方法中获取方法对象
                 SingularityEntranceDefinition definition = singularityHandlers.get(http-
Method).get(getSingularityPath(req));
                //c.调用方法并获取到返回结果
                result = definition.getMethod().invoke(
                    definition.getSingularity(),
                    makeArgArray(definition, req, body)
                );
            }
        } catch (...) {...}
        //d.发回结果
        resp.getOutputStream().write(makeFinalResult(result));
    } finally {
        //e.清除 ThreadLocal
        RequestAndResponseHolder.removeRequest();
        RequestAndResponseHolder.removeResponse();
    }
}
```

processReq 方法同时适用于 doGet 和 doPost 方法，两者是通用的，只是在初期准备数据时略有不同而已(当然也可以用于暂未支持的 doDelete、doPut 等方法)。processReq 方法的形参中包含 body 字段，这很明显是为 doPost 方法准备的。我们严格遵照标准，在 doGet 方法中直接忽略用户提交的 Body，因为 Get 方法中携带 Body 不符合规范。

1) a1、a2 两处其实是对 Spring MVC 思想的借鉴。我们知道在 Spring MVC 中，只要当前线程是 Web 访问的 Controller 主线程，在任何地方都可以通过“HttpServletRequest request = ((ServletRequestAttributes) RequestContextHolder.currentRequestAttributes()).getRequest();”获得当前访问的 HttpServletRequest 对象，这是 ThreadLocal 的应用。我们在这里采用了类似的方式，提前将 HttpServletRequest 和 HttpServletResponse 放入 ThreadLocal，之后只要在当前线程中，任何时候都可以通过 Re-

questAndResponseHolder 手动获取这两者。

2）ThreadLocal 设置结束后，开始处理访问路径问题。x 处是一个特别的处理：处理浏览器在发送用户请求之后自动附带发送的“/favicon.ico”。favicon，即“favorite icon”，是在浏览器显示当前网页的标签时用来达到个性化目的的图标，需要自行准备，而如果不在意这个显示，最简便的办法就是在这里返回 null。事实上应该返回长度为 0 的二进制数组（即 new byte[0]），这里之所以可以返回 null，是因为最终在 d 处发回数据时会自动将其转化为 new byte[0]（makeFinalResult 方法中）。如果读者有兴趣，可以自行准备 favicon.ico 资源，并在 SingularityManagerServlet 构造函数中加载 favicon 的逻辑和对应的 favicon 字段，然后将上述代码中 x 处的“result = null;”换成“result = favicon;”即可。

如果不是通过浏览器而是通过 Postman 等工具发起 Web 请求，那就不用管这个问题，这些工具不会主动发起“/favicon.ico”请求。

3）特殊处理结束，b 处迎来了普通@SingularityEntrance 方法的提取（这里提取出来的是前面介绍过的 SingularityEntranceDefinition），这样就与前面 SingularityManager#findAllSingularities 方法的功能相呼应。之前的方法已经进行了缓存，这里只需要根据 HTTP 方法类型和对应的访问路径获取即可。getSingularityPath 方法用于确定当前访问的路径，请读者自行查阅源码，作者已作了必要的注释。

虽然我们的提取过程看似简单，但这本质上就是请求的分发（Dispatch）操作。实际上，这一步其实就是承担了类似 Spring MVC 中 DispatcherServlet#getHandler 方法的作用。

4）方法确定后，就可以通过反射的方式调用了（c 处）。definition.getMethod()方法可以获取到当前方法的对象（Star），我们在之前 SingularityManager#findAllSingularities 方法中早已进行了设置和缓存，因此这里最复杂的反而是准备方法入参，也就是 makeArgArray 方法，它的作用类似于前面 Universe 核心的 UniverseImpl#fillArgs 方法，后续同样会对其进行详细分析，很多细节都隐藏在其中。

c 处是整个 Singularity 最核心最重要的地方，正是在这里通过反射调起了用户编写的@SingularityEntrance 方法，对应到 Spring MVC，相当于调用了 Controller 中各个带有@RequestMapping、@GetMapping、@PostMapping 等注解的 HandlerMethod。在这些方法中为了完成业务逻辑，往往伴随着 Service 处理、数据 CRUD、拦截器（包括 AOP）、事务等复杂操作。总之，用户（指业务应用编写者）编写的各种业务逻辑均在此运行，这也是“SingularityEntrance”中“Entrance”的含意——这是终端用户（指浏览器使用者）通过 Web 访问服务器的入口。

5）方法调用结束，那么就该发回响应数据给终端用户了。makeFinalResult 见名知意，其用于组装最终的返回结果，后续我们会介绍这里组装返回的思想和逻辑。

6）无论业务逻辑成功运行与否，都不影响 e 处的逻辑：既然在 a1、a2 处设置了 ThreadLocal，这里肯定是要移除掉了，避免出现比如内存泄漏等未知的问题。

由于我们在前面作了充分的准备，到这里只需要这几步（主要是 b、c 两处）就可以完成一次对 Web 请求的处理和响应，是不是也不复杂?

3. 主逻辑中最重要的辅助方法——makeArgArray

我们在主逻辑中可以看到，@SingularityEntrance 方法可以缓存，调用此方法的对象(Star)也可以缓存，但是很遗憾，方法实参无法缓存——这是因为每次终端用户访问时携带的数据可能都不一样。因此在运行时我们必须现场组装目标@SingularityEntrance 方法的入参，这就是前面提到过的 makeArgArray 方法，具体逻辑如代码片段 8-57 所示(路径：universe-singularity 模块，com.purpblue.universe.singularity.access.SingularityManagerServlet#makeArgArray)。

代码片段 8-57：组装 Web 访问的入参

```
private Object[] makeArgArray(SingularityEntranceDefinition seDefinition, HttpServle-
tRequest req, Object body) {
    //a.获取 URL 上携带的数据(k-v 结构)
    Map<String, String[]> paramMap = req.getParameterMap();
    //b.获取当前@SingularityEntrance 方法的形参定义
    List<ParameterDefinition> pdList = seDefinition.getParameterDefinitions();
    Object[] args = null;
    if (pdList != null) {
        args = pdList.stream().map(pd -> {
            //c.处理非用户类型(比如 HttpServletRequest),直接注入至对应的形参即可,不需要任何注解
                                    for    ( NoneUserTypeParameterInjector    injector    :
noneUserTypeParameterInjectors) {
                if (injector.supportTypes(pd.getType())) {
                    return injector.makeArgForInjection();
                }
            }
          try {
                //d.处理用户类型,需要做类型转换(因为 a 处接收的全是字符串)
                return typeConverter.resolve(pd, paramMap, body, seDefinition, req);
            } catch (Exception e) {...}
        }).toArray();
    }
    return args;
}
```

1)a 处是 HttpServletRequest 自身的方法(请读者参阅源码)，这是 Servlet 的规范，在任何 Servlet 容器中获取到的都是这种结构——Map<String, String[]>。由于这是从访问 URL 上获取到的数据，因此全字符串倒也不奇怪(URL 本身就是字符串)。至于为什么是 Map<String, String[]> 这种特殊的类型而不是简单的 Map<String, String>呢？因为 URL 本来就是允许传递数组类型的数据，比如：http://localhost:8080/doSth?a=a1&a=a2，这种情况下两个 a 节点的值都会被接收，因此自然需要 String[]类型来存储。当然了，因为统一调用的原因，哪怕只有一个 a 节点，最终依然会是 String[]类型。

2)b 处获取的是之前已缓存的形参定义，现在是时候派上用场了。在对所有形参进行处理的过程中，c 处首先检查当前形参是否属于非用户类型，即注入的是否是系统数据？这其中最典型的例子就是 HttpServletRequest 和 HttpServletResponse 了，这类非用户类型是不需要用户提供数据的，我们在这里会自动帮忙注入到@SingularityEntrance 方法中使用。c 处 NoneUserTypeParameterInjector 也是一个接口，我们在这里提供了 RequestInjector 和 ResponseInjector 两个实现，见名知意，它们的作用就是帮忙注入当次 Web 访问的 HttpServletRequest 和 HttpServletResponse 至方法形参中，同时这个接口也提供给依赖 Singularity 框架的应用或其他框架使用，这些应用或框架可以自行定义自己的 NoneUserTypeParameterInjector，从而实现@SingularityEntrance 方法形参中指定类型的自动注入。

3)若当前形参不是非用户类型，那肯定就是用户类型了，于是 d 处才真正迎来组装参数的挑战，用户定义的@SingularityEntrance 方法中各种各样的形参我们都需要在这里组装完毕，这里也本方法中最大的难点，我们在将下一部分单独进行分析。

通过上述方法后，传入参数全部准备完毕，再结合前面介绍的 processReq 方法的 c 处(代码片段 8-56)，方法本身、调用方法的对象(Star)和方法入参已全部就位，此刻就会真正进入用户编写的@SingularityEntrance 方法，各个 Service、DAO 组件将全部运转起来，最终处理完 Web 请求，然后在 processReq 方法的 d 处返回响应。当然，也可能在执行逻辑的过程已经提前调用当前 HttpServletResponse 进行了响应(比如直接通过浏览器下载文件)。

以上就是我们 Singularity 框架执行@SingularityEntrance 方法最核心的部分。注意，只是“Singularity 框架执行@SingularityEntrance 方法最核心的部分”，不是说以上是“Singularity 框架最核心的部分”。后续还有其他流程要介绍(比如启动 Servlet 容器和加载 Filter)，不过在此之前，我们先详细分析一下用户类型参数的组装方法，这里面包含了各种各样的细节。

4. 组装用户类型的参数

想一想，如果我们是 Singularity 框架的用户(应用编写者)，那@SingularityEntrance 方法形参会有哪些形式？这个问题不难回答，这类似于 Spring MVC 中编写 Controller 的 HandlerMethod 时形参的形式。大体上可以分为三类，一是非用户类型(前文已述)，二是“java. * ” “javax. * ” “jakarta. * ” 类型以及 8 大基本类型，它们都是 JDK 自带的类型，三是用户自定义类型，也就是我们所说的 DTO。我们目前需要处理的，就是后面两种类型。虽然第二种明显不是用户自编类型，但在当前语境下我们姑且将其称作“用户类型参数”，即“需要用户提供数据才能绑定(或者说注入)的参数”。

为组装用户类型参数，我们创建了 CompositeTypeConverter 类，“Composite”这个词说明了它是一个复合体，里面掌管着各种各样的类型组装策略。

为了实现类型转换，我们创建了新的接口 StringArrToTypeConverter，看名字就知道是将 String[ ]类型转换成给定类型的接口，它类似于 Spring 中的 ConditionalGenericConverter。String[ ]类型从何而来？读者想必已经想起了刚刚分析过的 makeArgArray 方法(代码片段 8-57)的 a 处。没错，StringArrToTypeConverter 接口正是要将从这里获取到的数据转换成形参类型。它也是一个对外开放的接口，所有基于 Singularity 框架编写应用和框架的用户都可以使用它。我们作为 Singularity 框架的开发者，提供了常用的几个 StringArrToTypeConverter 实现，分别是 StringArrToArrConverter、StringArrToBaseTypeConverter 和 StringArrToCollectionConverter，看名字都可以猜到它们的作用，请读者自行查阅它们的源码。得益于 Universe 框架，在这几个实现类上添加@Star 注解，Universe 可以很轻松地将这些类的对象纳入 Star 体系，并且可以在任何 StarClass 中注入使用。而拥有聚合功能的 CompositeTypeConverter，正是在其 AfterUniverseBorn#go 全局初始化方法中将所有 StringArrToTypeConverter 类型的 Star 纳入缓存，以便后续随时可以调用它们进行相关转换。需要注意这里“将所有 StringArrToTypeConverter 纳入缓存”，不仅仅包含刚刚提到的三个 Star，同时还包括用户自行定义的相关实现——只要用户在其实现类上标注了@Star 注解，或者在配置类的@Star 方法中自行创建了此类型的 Star，都会在 CompositeTypeConverter#go 方法中被搜索到然后被缓存。

缓存结束后，可以开始解析数据了，由于解析的逻辑很长，分成了几个类别，因此我们像 createStar 方法一样进行分段说明。解析用户数据类型部分如代码片段 8-58 所示(路径：universe-singularity 模块，com.purpblue.universe.singularity.support.CompositeTypeConverter#resolve)。

代码片段 8-58：解析数据，片段 1

```
public Object resolve(ParameterDefinition pd,
                      Map<String, String[]> originalParam,
                      Object body,
                      SingularityEntranceDefinition seDefinition,
                      HttpServletRequest request) throws Exception {
    //a.获取形参上标记的@PlanetBody
    PlanetBody planetBody = pd.getPlanetBody();
    Class<?> pType = pd.getType();
    if (isUserType(pd)) {
        //b.处理用户自编类型的数据注入
        return planetBody != null ?
            convertBodyToUserType(pd, body) : //b1
            convertToUserType(pd, originalParam); //b2
    }
    ...
```

对于这么多形参，结合前面介绍的 SingularityManagerServlet#makeArgArray 方法(代码片段 8-57)，我们再简单回顾一下。pd，即当前形参对应的 ParameterDefinition；originalParam 是通过 HttpServletRequest 获取到的 URL 中的入参集合，Map<String, String[]>类型；body 则是 POST、PUT(PUT 暂未支持)方法中通过 Body 提交的数据，它可以是普通字符串，或者 JSON 格式；seDefinition 是当前即将执行的@SingularityEntrance 方法定义；request 自然就是当次 HTTP 访问的 HttpServletRequest。

在 a 处检测@PlanetBody 注解，同时获取形参的类型，之后对形参进行类型判断：如果当前形参是用户定义类型，则进入 b 处处理。此时若形参存在@PlanetBody 注解，执行 b1 处逻辑以 Body 数据作为原料进行注入，反之若不存在@PlanetBody 注解，执行 b2 处逻辑以 URL 中携带的请求数据作为原料进行注入。

b1 处的处理逻辑较为简单：既然都是用户定义的类型（DTO 类型），那么 Body 数据必然是 JSON 格式，所以只需要使用 JSON 解析器处理用户数据即可（这正是我们在 pom.xml 文件中引入 Fastjson 的原因），具体代码如代码片段 8-59 所示（路径：universe-singularity 模块，com.purpblue.universe.singularity.support.CompositeTypeConverter#convertBodyToUserType）。

代码片段 8-59：转化用户提交的 JSON 格式的数据

```
private Object convertBodyToUserType(ParameterDefinition pd, Object body) {
    return JSON.to(pd.getType(), body);
}
```

这段代码简洁明了通过 JSON 处理，Body 中的数据会直接转化成用户类型！

下面通过具体例子来说明。假定有一个用户自编类型，如代码片段 8-60 所示（路径：universe-singularity 模块，com.purpblue.test.universe.access.UserDTO）。

代码片段 8-60：定义普通用户 DTO

```
@Data
class UserDTO {
    private int i;
    private String n;
}
```

同时有两个@SingularityEntrance 方法，其定义如代码片段 8-61 所示（路径：universe-test-app 模块，com.purpblue.test.universe.access.SingularityC）。

代码片段 8-61：定义使用 UserDTO 的@SingularityEntrance 方法

```
//a.POST 方式,dto 从 Body 读取
@SingularityEntrance(value = "/c4", method = HttpMethod.POST)
public String c4(@PlanetBody UserDTO dto) {
    return dto.toString();
}
//b.GET 方式,dto 从访问 URL 读取
@SingularityEntrance(value = "/c3")
public String c3(UserDTO dto) {
    return dto.toString();
}
```

对于 a 处的 POST 方式，形参 dto 是 UserDTO 类型，且拥有@PlanetBody 标记，因此要想注入用户数据至 dto 形参，需要在 Body 中提交 JSON 格式的内容，如代码片段 8-62 所示。

代码片段 8-62：提交 JSON 格式的内容以匹配 UserDTO

```
{
    "i": 10,
    "n": "OK"
}
```

上面的 JSON 数据会被 convertBodyToUserType 方法(代码片段 8-59)转换成 UserDTO 类型，这一点相信我们都清楚。接下来看一下代码片段 8-61 中 b 处的 c3 方法，它支持 GET 方式，方法形参也没有@PlanetBody 标记，因此它的数据来源不是终端用户的 Body 提交(就算提交了也不合规范，我们不予响应，因为这是 GET 方式)，而是通过 URL 携带。比如，“GET /c3? i=10&n=OK”这样的 URL 会携带与上面的 JSON 相同的数据。很明显，要通过解析此 URL 最终将对应的数值注入 b 处的形参 dto，难度比直接 JSON 格式化 Body 要高。我们回到 CompositeTypeConverter#resolve 片段 1(代码片段 8-58)，这种情形下程序进入 b2 处的方法。该方法的作用就是把 URL 中的各个请求参数收集起来，最终格式化成用户自编类型传入@SingularityEntrance 方法，本质上它的作用和代码片段 8-59 处的 convertBodyToUserType 方法是一样的，只是实现起来稍微复杂一点，具体逻辑如代码片段 8-63 所示(路径：universe-singularity 模块，com.purpblue.universe.singularity.support.CompositeTypeConverter#convertToUserType)。

代码片段 8-63：转化 URL 参数中的值为用户 DTO

```
private Object convertToUserType(ParameterDefinition pd, Map<String, String[]> original-
Param) {
    //a.形参类型
    Class<?> userType = pd.getType();
    //b.获取用户类型(DTO)的全部字段
    List<Field> allDtoFields = ClassUtils.getAllFieldsForClass(userType);
    Map<String, Object> dtoMap = new HashMap<>();
    //依次处理用户 DTO 的全部字段
    allDtoFields.forEach(f -> {
        //c.当前字段类型
        Class<?> fType = f.getType();
        //d.字段名称(作为全局变量一定可以拿到变量名)
        String name = f.getName();
        //e.在 URL 请求参数中通过对应的 key 获取 value,类型一定是 String[]
        String[] paramValue = originalParam.get(name);
        if (paramValue != null) {
            if (Collection.class == fType || List.class.isAssignableFrom(fType)) {
                //f1.字段是 Collection(精确匹配)或 List 相关类型,将 String[]类型的值包装成 List
                dtoMap.put(name, List.of(paramValue));
            } else if (Set.class.isAssignableFrom(fType)) {
                //f2.字段是 Set 相关类型,将 String[]类型的值包装成 Set
                dtoMap.put(name, Set.of(paramValue));
```

```
            } else if (fType.isArray()) {
                //f3.字段是数组类型
                if (paramValue.length > 0) {
                    //f3(1).获取数组的元素类型
                    Class<?> comType = fType.getComponentType();
                    //f3(2).将 paramValue 转换成数组放入 dtoMap
                    dtoMap.put(name, BaseTypeUtils.makeAppropriateArray(comType, paramValue));
                }
            } else if (BaseTypeUtils.BASE_CLASSES.contains(fType)) {
                //f4.字段是一些常见的 java.* 内置类型或 8 大基本类型,将 String[]类型的值中第 0 位
//的数据放入
                if (paramValue.length > 0) {
                    dtoMap.put(name, paramValue[0]);
                }
            }
        }
    });
    //g.所有对应的值(均以字符串的各种形式呈现,比如 String[]、List<String>、Set<String>等)全部
//在 dtoMap 中,通过 JSON 转换类型
    return JSON.to(userType, dtoMap);
}
```

首先看一下最后一行，也就是 g 处，可以发现这里与 convertBodyToUserType 方法将 Body 处理成用户类型的核心逻辑是一样的，都是通过一行“JSON.to(userType, ×××)”进行类型转换。除了这行代码之外，其他各处其实都是为了这一行的逻辑在收集数据而已。

1) a 处获取形参类型，即用户自编的 DTO 类型(比如前面演示的 UserDTO)，而 b 处则获取此 DTO 类型中的全部字段，目的是为了从 URL 中获取与这些字段名对应的值。

2) 接下来循环处理全部字段。c 处获取 DTO 的字段类型，d 处获取字段名。由于字段属于全局变量，因此可以轻松获取到名称，不像构造函数或普通方法形参那样，编译之后有可能丢掉参数名(如果没使用“-parameters”参数的话)。获取到字段名之后，就需要在原始的 URL 参数集合 originalParam 中提取与之对应的数据，由前文对 originalParam 的介绍可知这里一律为 String[ ]类型。接下来要做的，其实就是针对这个 String[ ]类型进行必要的处理。

3) 当用户 DTO 中的字段类型是原始的 Collection 类型，或者 List 类型时(f1 处)，将前面获取的 String[ ]类型的值包装成 List 存入 dtoMap 中，为后面 JSON 转换作准备；若是 Set 类型时(f2 处)，进行同样处理；但当字段类型是数组时(f3 处)，处理较为复杂。默认情形下 Fastjson 对数组转换的兼容似乎不好(也可能是作者水平所限没有正确使用)，导致这里 String[ ]类型不能直接存入 dtoMap 中，因此此处对于数组类型的 DTO 字段，我们只能自行转换。f3(1)处获取当前数组字段的元素类型，f3(2)处通过 BaseTypeUtils#makeAppropriateArray 方法以此类型为基础创建新数组。由于需要兼容 8 大基本类型，所以 makeAppropriateArray 方法比较小心，基本都是通过 java.lang.reflect.Array 类对数组进行反射操作，请读者自行查阅此方法源码。经过这样的处理后，存入 dtoMap

中的数组不再是 String[ ]类型，而是 DTO 字段对应的数组类型，这样后面进行 JSON 转换时类型就能匹配上了。我们紧接着会进行举例演示。

当形参不是任何集合或数组类型而是常见的 JDK 类型时(比如 8 大基本类型及其包装器类、String、BigDecimal 等，f4 处)，由于原始的数据是 String[ ]类型，因此这里直接取其中的第 0 个元素放入 dtoMap 中，等待后续的 JSON 转换即可。

通过各个方面的准备，最终我们获得与用户 DTO 类型对应的全部数据(除已经处理过的数组类型字段外，其他类型都与 String 相关)，接下来让 JSON 工具帮忙转换即可。关于这里的方法逻辑，我们模仿前面的 UserDTO，编写一个更为复杂的用户 DTO，如代码片段 8-64 所示(路径：universe-singularity 模块，com.purpblue.test.universe.access.ComplexUserDTO)。

代码片段 8-64：定义较复杂的用户 DTO

```
@Data
class ComplexUserDTO {
    //a.基本类型
    private int i;
    //b.包装器类型
    private Boolean b;
    //c.Collection 类型
    private Collection<Character> charColl;
    //d.List 类型
    private List<Double> doubleList;
    //e.Set 类型
    private Set<Long> longSet;
    //f.数组类型
    private char[] charArr;
}
```

准备好用户 DTO 之后，我们来编写使用 ComplexUserDTO 作为数据载体的@SingularityEntrance 方法(GET 方式)，如代码片段 8-65 所示(路径：universe-singularity 模块，com.purpblue.test.universe.access.SingularityC#c5)。

代码片段 8-65：GET 方式传递复杂数据至用户 DTO

```
@SingularityEntrance(value = "/c5")
public String c5(ComplexUserDTO dto) {
    return dto.toString();
}
```

该方法本身不需要再介绍，等后面我们启动 Servlet 容器后，可通过如下的 URL 进行测试：GET …/c5? i = 1&b = true&charColl = a&charColl = b&doubleList = 1. 1&doubleList = 1. 2&longSet = 123&charArr=c。由于暂时还没有讨论启动 Servlet 容器的相关内容，我们先从理论上进行分析。

上面的 URL 一共对应了如下几个 key：i、b、charColl、doubleList、longSet、charArr，可以发

现它们与 ComplexUserDTO 中的各个字段一一对应。当访问到达时，通过 convertToUserType 方法解析(代码片段 8-63)，在最后 g 处的 JSON 转换之前，dtoMap(Map 类型)的内部结构如图 8-2 所示。

```
∨ oo dtoMap = {HashMap@3449}  size = 6
  > ≡ "b" -> "true"
  > ≡ "charArr" -> {char[1]@3460} [c]
  ∨ ≡ "doubleList" -> {ImmutableCollections$List12@3461}  size = 2
    > ≡ key = "doubleList"
    ∨ ≡ value = {ImmutableCollections$List12@3461}  size = 2
      > ≡ 0 = "1.1"
      > ≡ 1 = "1.2"
  > ≡ "i" -> "1"
  ∨ ≡ "charColl" -> {ImmutableCollections$List12@3463}  size = 2
    > ≡ key = "charColl"
    ∨ ≡ value = {ImmutableCollections$List12@3463}  size = 2
      > ≡ 0 = "a"
      > ≡ 1 = "b"
  ∨ ≡ "longSet" -> {ImmutableCollections$Set12@3464}  size = 1
    > ≡ key = "longSet"
    ∨ ≡ value = {ImmutableCollections$Set12@3464}  size = 1
      > ≡ 0 = "123"
```

• 图 8-2　JSON 转换前相关数据的内部结构

图 8-2 中 charArr 字段已经是 char 数组(因为提前处理了，请读者回顾 convertToUserType 方法说明，代码片段 8-63)，其余则仍然是 String 形式(Debug 界面上双引号引着的内容，如果没有标明类型那就是 String)。而一旦完成了 JSON 转换，其类型就会成为 ComplexUserDTO，内部结构如图 8-3 所示。

从这两幅图可以直观看出 JSON 转换的作用：将承载原始数据的 Map 转换为目标 DTO 类型，同时内部的数据类型也进行转换。

```
∨ p dto = {ComplexUserDTO@3456} "ComplexUserDTO
    f i = 1
  > f b = {Boolean@3432} true
  ∨ f charColl = {ArrayList@3459}  size = 2
    > ≡ 0 = {Character@3464} a
    > ≡ 1 = {Character@3465} b
  ∨ f doubleList = {ArrayList@3460}  size = 2
    > ≡ 0 = {Double@3467} 1.1
    > ≡ 1 = {Double@3468} 1.2
  ∨ f longSet = {HashSet@3461}  size = 1
    > ≡ 0 = {Long@3470} 123
  > f charArr = {char[1]@3462} [c]
```

• 图 8-3　JSON 转换后相关数据的内部结构

5. 处理文件上传

我们已经介绍完了请求数据转换为用户类型，它的主逻辑是前面提到的 CompositeTypeConverter#resolve(代码片段 8-58)，接下来我们继续研究 CompositeTypeConverter#resolve 后续内容，这里将遇到文件上传处理。

我们知道在 Spring MVC 中，一般通过 MultipartFile 接口来接收用户上传的文件。究其本质，是 MultipartFile 的实现类内部封装了 jakarta.servlet.http.Part。需要注意的是 Part 来自 Jakarta，说明它是一个通用标准，并非 Spring 标准，就连 Spring 都得遵守它。Spring 就像良师益友，它这么做了，那我们也不妨效仿，也来定义一个类似的组件。考虑到 Part 组件并不对用户开放，并且我们的 Singularity 框架只是精简版的练习性质，所以只定义一个相当于 MultipartFile 接口的类即可，事实上这个类就是对 Spring MVC 的 StandardMultipartHttpServletRequest.StandardMultipartFile 进行了改名和原样复制(所以作者在随附源码中表明了代码来源)，如代码片段 8-66 所示(路径：universe-singularity 模块，com.purpblue.universe.singularity.file.UniverseFile)。

代码片段 8-66：定义 Singularity 框架下的“MultipartFile”

```
public class UniverseFile {
    private final Part part; //a.jakarta 之 Part
    private final String filename; //b.原始文件名
    public UniverseFile(Part part, String filename) {
        this.part = part;
        this.filename = filename;
    }

    //...c.省略各个方法定义(非 Getter、Setter 类型),后续会陆续使用
}
```

请读者查阅源码，可以看到 c 处省略的各个方法普遍是对 a 处 part 字段的封装。因为 part 字段是标准类型，与任何框架都无关，各个文件的功能都依赖它。用户上传的文件，我们都会将其封装到 UniverseFile 中便于用户操作(比如 getBytes、transferTo 等方法)。

有了这里的铺垫，我们就可以讨论如何将用户上传的文件传递到@SingularityEntrance 方法供业务逻辑处理了。CompositeTypeConverter#resolve 处理文件上传的部分如代码片段 8-67 所示(路径：universe-singularity 模块，com.purpblue.universe.singularity.support.CompositeTypeConverter#resolve)。

代码片段 8-67：解析数据，片段 2

```
//x.处理非 Map 外观的文件上传
if (...) {
    //c.通过通用的接口获取 Part
    Collection<Part> parts = request.getParts();
    //d.获取当前上传的全部文件
    List<UniverseFile> universeFiles = parts.stream().map(p -> new UniverseFile(p, p.get-
SubmittedFileName())).toList();
    if (pType == UniverseFile.class) {
        //e.简单的单文件,取 d 处的第 0 位结果注入
        return universeFiles.isEmpty() ? null : universeFiles.get(0);
    }
    if (pType == UniverseFile[].class) {
        //f.文件数组,将 d 处的结果转到数组即可
        return universeFiles.toArray(new UniverseFile[0]);
    }
    //g.如果是 Collection 类型(包括子类型)
```

```
    if (Collection.class.isAssignableFrom(pType)) {
        if (Collection.class == pType || List.class == pType) {
            //g1.如果是 Collection 接口或 List 接口,直接返回 d 处的结果
            return universeFiles;
        }
        if (Set.class == pType) {
            //g2.如果是 Set 接口类型
            return Set.copyOf(universeFiles);
        }
        if (Queue.class == pType) {
            //g3.如果是 Queue 接口
            return new LinkedList<>(universeFiles);
        }
        if (!pType.isInterface() && Collection.class.isAssignableFrom(pType)) {
            //g4.如果是具体实现类型,找到此实现类型的构造函数,创建对象并且将 d 处的结果直接注入
            Constructor<?> ctor = getCtorFromCache(pType, Collection.class);
            return ctor.newInstance(universeFiles); //g5
        }
    }
    //处理 Map 外观的文件上传
    if (Map.class.isAssignableFrom(pType)) {
        //h.包装 d 处获取到的文件
        Map<String, UniverseFile> originalMap = universeFiles
            .stream()
            .collect(Collectors.toMap(
                UniverseFile::getOriginalFilename,
                f -> f
            ));
        if (Map.class == pType) {
            //h1.Map 接口,即“Map<String, UniverseFile>”，直接返回 h 处结果
            return originalMap;
        }
        if ( !pType. isInterface ( ) && Map. class. isAssignableFrom ( pType ) ) {
            //h2. 具体的 Map 类型，寻找其构造函数，将 h 处结果注入
            return pType. getConstructor ( Map. class )
                . newInstance ( originalMap ) ;
        }
    }
}
```

所有用户上传的文件都在这里处理，我们来具体解析一下其中的逻辑。

c 处通过 HttpServletRequest 直接获取 Part 集合，这是 Jakarta 标准 API，与任何容器无关，因此它是通用的。d 处则对获取到的 Part 集合进行简单包装。在获取到所有 UniverseFile 之后，接下来根据用户在@SingularityEntrance 方法中编写的形参逐一处理。我们来举个例子，如代码片段 8-68 所示(路径：universe-test-app 模块，com.purpblue.test.universe.access.SingularityB)。

代码片段 8-68：应用 UniverseFile 的例子

```
@SingularityEntrance(value = "/file", method = HttpMethod.POST)
public void file(UniverseFile f, //e
                 UniverseFile[] fArr, //f
                 Collection<UniverseFile> fColl, //g1
                 Set<UniverseFile> fSet, //g2
                 Queue<UniverseFile> fQueue, //g3
                 ArrayList<UniverseFile> fArrayList, //g4
                 LinkedHashSet<UniverseFile> fLinkedHashSet, //g4
                 ArrayDeque<UniverseFile> fArrayDeque, //g4
                 Map<String, UniverseFile> fMap, //h1
                 TreeMap<String, UniverseFile> fTree /*h2*/) {
    //z.doSth
}
```

上述@SingularityEntrance 方法演示了各种各样的文件注入方式，在 z 处可以调用任何业务逻辑处理它们。上述示例代码中各个形参的注释标号与我们正在讨论的 CompositeTypeConverter#resolve 片段 2(代码片段 8-67)中一一对应(即代码片段 8-68 中的 e 处，其处理逻辑正好是代码片段 8-67 中的 e 处，其他标号同理)，下面对代码片段 8-67 进行简单说明。

1)e 处是最简单的情形，即只接受终端用户上传的单个文件(如果有的话)。这里作者的处理方式是，如果终端用户没有上传任何文件，则传递 null 到@SingularityEntrance 方法，而如果上传了多个文件的话，仅将第 0 位文件传递到@SingularityEntrance 方法。如果读者不喜欢这种处理方式，可以自行规定：如果终端用户没有上传任何文件，或者上传了不止一个文件，此处直接抛异常让其重新上传。这个逻辑很简单，有兴趣的读者可以自行修改。

2)f 处是数组形式，这个也非常简单：将 CompositeTypeConverter#resolve 片段 2 中 d 处获取的 List<UniverseFile>调用 toArray 方法转换一下就行了。

3)g1 处针对“Collection<UniverseFile>”或“List<UniverseFile>”的情形，处理起来非常简单：因为 d 处获取到的本来就是 List<UniverseFile>。g2 和 g3 处情形与 g1 差不多，就是接口类型的不同而已，处理方式类似。

4)g4 处处理用户使用 Collection 接口具体实现类的情形，比如“ArrayList<UniverseFile>”或“LinkedList<UniverseFile>”等，这种情况相比于处理直接使用接口形式的形参(如“List<UniverseFile>”)要麻烦一些，因为我们需要提前知道用户选用了哪一种 Collection 实现，是 ArrayList 还是 LinkedList？是 HashSet 还是 TreeSet？是 ArrayDeque 还是 ConcurrentLinkedQueue？考虑到 JDK 中常用的 Collection 实现类都有接受 Collection 类型的 public 构造函数，于是我们大胆决定：寻找用户在@SingularityEntrance 方法形参中所使用的 Collection 实现类中接受 Collection 类型的 public 构造函数(比如 ArrayList(Collection)、HashSet(Collection)、ArrayDeque(Collection)等)，然后直接调用该构造函数，相当于现场创建了一个对象出来，再把 d 处获取的 List<UniverseFile>作为 Collection 类型

的参数直接注入即可。以代码片段 8-68@SingularityEntrance 方法中三个 g4 处形参为例，对应于 CompositeTypeConverter#resolve 片段 2(代码片段 8-67)中 g5 处，针对 ArrayList<UniverseFile>类型的 fArrayList，相当于运行了“new ArrayList(universeFiles)”；针对 LinkedHashSet<UniverseFile>类型的 fLinkedHashSet，相当于运行了“new LinkedHashSet(universeFiles)”；针对 ArrayDeque<UniverseFile>类型的 fArrayDeque，相当于运行了“new ArrayDeque(universeFiles)”……不仅仅是列出的这三个类型，还有很多 Collection 实现类(包括并发 Collection)，在这里都可以得到兼容，请读者自行尝试。

通过上面的描述可以发现，当使用接口注入泛型为 UniverseFile 的各种 Collection(如 Collection、List、Set、Queue)时处理起来是最简单的。这种情形最抽象，对于我们(Singularity 框架编写者)和用户(使用 Singularity 框架的应用编写者)都很友好，不需要关注具体的实现类型，全程只和接口打交道。而一旦使用具体的 Collection 实现类(ArrayList、HashSet 等)注入 UniverseFile 时，问题就变得相对复杂。我们需要在 getCtorFromCache 方法(代码片段 8-67，g4 处，请读者自行参阅随附源码)中明确用户究竟使用了哪个类型，据此去寻找对应的构造函数帮用户创建相应的对象。因此，我们强烈推荐用户使用接口注入而不是具体的 Collection 实现类注入，我们在“5.3 软件设计之 SOLID 原则”一节中也已经知道，面向抽象(接口)编程比面向具体的类编程更为简洁、更易扩展和维护，这是最佳实践的基础。

如果读者不喜欢具体实现类注入，也可以在此规定：@SingularityEntrance 方法形参中，不允许使用 Collection 接口的具体实现类(ArrayList、HashSet 等)注入 UniverseFile，只接受接口(Collection、List、Set 等)。这样的话 CompositeTypeConverter#resolve 片段 2(代码片段 8-67)中 g4 处就不需要 getCtorFromCache 方法作复杂处理了，直接抛异常就行，作者认为这样做甚至更好。

除去原始的 Collection、List、Set、Queue 接口外，其实还有这些接口的子接口，比如 SortedSet、NavigableSet、Deque 等，作者没有在 CompositeTypeConverter#resolve 方法中提供处理逻辑，有兴趣的读者可以根据它们的特点自行处理(可以选择兼容它们，或者抛异常)。

5)说完了 CompositeTypeConverter#resolve 片段 2 中基于 Collection 形式的 UniverseFile 注入，接下来是与之类似的情形，那就是基于 Map 注入。它与基于 Collection 系列的注入非常相似(并且作者同样没有提供 Map 的子接口支持)，作者认为在此已经没有再详述的必要，相信读者已经搞清楚了，唯一需要说明的就是，由 h 处可以看到，Map 的 key 代表了对应文件的原始文件名。

6. URL 中的请求数据整体注入

用户类型注入和文件上传部分都已处理完毕，接下来我们来处理用户使用 JDK 相关类型注入数据的情况。有时候，用户可能会直接注入请求 URL 中的全部参数，这时候可以考虑使用 Map 接收，不过考虑到请求 URL 中的参数类型无法确定，我们不作过多处理，直接将 CompositeTypeConverter#resolve 方法的入参 originalParam 交给用户，让用户自行转换类型。我们不进行转换的原因是仅仅通过 Map 类型的形参，无法确定用户需要的类型。比如“GET /test?a=1&z=c”，直接以 Map

注入的情况下，用户接收“a”这个 key 究竟需要 int、Integer 类型的 1，还是字符串类型的“1”？“z”这个 key 究竟需要 char、Character 类型的‘c’，还是字符串类型的“c”？这些只有编写@SingularityEntrance 方法的用户知道，我们作为框架编写者肯定不知道，因此干脆直接把原始的参数传递给用户，让用户自行处理，以上思路的具体实现如代码片段 8-69 所示(路径：universe-singularity 模块，com.purpblue.universe.singularity.support.CompositeTypeConverter#resolve)。

代码片段 8-69：解析数据，片段 3

```
if (pType == Map.class) {
    if (planetBody == null) {
        //i.直接将原始的入参数组传递给用户自行处理
        return originalParam;
    }
}
```

很明显，这种注入方式比较粗放，它的优势是兼容任意 key 的请求参数，但从易用性上讲远不如注入为 DTO 类型。这里我们仅仅是支持这种注入方式而已，并不推荐使用，简单示例如代码片段 8-70 所示(路径：universe-test-app 模块，com.purpblue.test.universe.access.SingularityC)。

代码片段 8-70：注入 URL 上的所有请求数据为 Map 类型

```
@SingularityEntrance(value = "/c6")
public String c6(Map<String, Object> params) {
    return params.toString();
}
```

7. 格式化 Body 为 JDK 类型

前面我们已经介绍过 Body 数据格式化为用户 DTO 类型，现在接着处理 Body 数据(也就是形参带有@PlanetBody 标注)，将它格式化为 JDK 类型，具体实现如代码片段 8-71(路径：universe-singularity 模块，com.purpblue.universe.singularity.support.CompositeTypeConverter#resolve)。

代码片段 8-71：解析数据，片段 4

```
if (planetBody != null) {
    String bodyStr = body.toString();
    //j
    return Collection.class == pType ? JSON.to(List.class, bodyStr) : JSON.to(pType,
bodyStr);
}
```

借助 Fastjson，我们可以很轻松地将终端用户(浏览器使用者)通过 Body 提交的数据格式化为对应的 JDK 类型，无论@SingularityEntrance 方法的形参是接口类型还是它们的实现类。从代码中可以看到只有一种情形比较特殊，那就是 Collection 类型。由于 Collection 接口是 List、Set 等接口的父接口，Fastjson 默认没有直接支持它(也可能是作者没有找到支持方式)，因此我们约定，当形参是 Collection 类型时，将其当作 List 处理(当然也可以当作 Set 或 Queue 等类型处理)；而形参是其他集合类型时，无论是 List、Set、Queue 还是 Map 类型，抑或是这些类型的具体实现类(不推荐使用具体实现类)，一律通过 Fastjson 转换，示例代码如代码片段 8-72 所示(路径：universe-test-app 模块，com.purpblue.test.universe.access.SingularityC)。

代码片段 8-72：格式化 Body 为 JDK 类型

```
@SingularityEntrance(value = "/a1", method = HttpMethod.POST)
public String c0(@PlanetBody Map<String, Object> body, //Map 接口
                 @PlanetBody TreeMap<String, Object> body1, //具体类型
                 @PlanetBody SortedMap body2 /* Map 子接口 */) {
        return "";
}

@SingularityEntrance(value = "/a2", method = HttpMethod.POST)
public String c0(@PlanetBody Collection<Integer> body, //Collection
                 @PlanetBody Set<Integer> body1, //Set
                 @PlanetBody ArrayDeque<Integer> body2 /* 具体类型 */) {
      return "";
}
```

8. 格式化 URL 中的请求数据为 JDK 类型

我们已经介绍了很多“厉害”的@SingularityEntrance 方法形参准备方式，包括转化为用户 DTO、各种集合类型，甚至以各种形式接收上传的文件，接下来我们最后处理“漏网之鱼”——将请求 URL 中的各参数值转化为 JDK 相关类型。下面通过代码片段 8-73 中的方法形参示例进行说明(路径：universe-test-app 模块，com.purpblue.test.universe.access.SingularityC)。

代码片段 8-73：格式化 URL 参数为 JDK 类型

```
@SingularityEntrance(value = "/c7")
public void c7(@PlanetData("a") int a, //a.基本类型
               @PlanetData("b") Boolean b, //b.包装器
               @PlanetData("c") String c, //c.字符串
               @PlanetData("charList") List<Character> charList, //d.List
               @PlanetData("charList") HashSet<String> strSet, //e.具体实现类
               HttpServletRequest request, //f.自动注入
               HttpServletResponse response /* g.自动注入 */) {
    //doSth
}
```

示例中，需要注意 d、e 两处，它们的数据其实来源于相同的 URL 参数，只是表现类型不同，比如访问“GET /c7? a=1&b=true&c=ABCD&charList=c&charList=d”。至于 f、g 两处，则是自动注入，请读者回顾本节代码片段 8-57，c 处。

从上面的示例可以看出，不同于 Body 提交格式化好的数据，当前这种情况下我们无法依赖 JSON 工具。我们知道从 HttpServletRequest 获取到的请求参数全是 Map<String, String[ ]>类型，也

就是正在讨论的 CompositeTypeConverter#resolve 方法的 originalParam 入参。很明显，接下来我们要自行实现类型转换，在这里我们将使用 StringArrToTypeConverter 进行类型转换。具体到我们当前的需求，转换的相关逻辑如代码片段 8-74 所示（路径：universe-singularity 模块，com.purpblue.universe.singularity.support.CompositeTypeConverter#resolve）。

代码片段 8-74：解析数据，片段 5

```
//k.根据形参类型,从缓存中获取对应的转换器
StringArrToTypeConverter converter = getConverter(pd);
if (converter != null) {
    String[] valueArr;
    if (pd.getPlanetData() != null) {
        //k1.根据形参中@PlanetData 指定的 key,提取原始数据
        valueArr = originalParam.get(pd.getPlanetData().value());
    } else if (userDefinedParameter(seDefinition) == 1) {
        //k2.简单情形:用户定义的无@PlanetData 的形参仅一个,则不再管 originalParam 数组传入了多
//少数据,直接把第 0 位数据传入
        valueArr = (String[]) originalParam.values().toArray()[0];
    } else {
        //k3.无入参的情形,仅空对象占位
        valueArr = new String[0];
    }
    //l.执行类型转换
    return converter.convert(valueArr, pd);
}
```

上述逻辑无外乎就是按 key 提取对应的 String[]数据，然后寻找合适的 StringArrToTypeConverter 实现类对象（Star）进行转换。这其中，k1 处是最常见的情形；而 k3 处更简单，用于无形参，或者说仅有 HttpServletRequest、HttpServletResponse 等非用户类型形参的情形，这时候没有 URL 数据需要转换，因此使用长度为 0 的数组占位；最后我们来简单说一下 k2 处的简化情形，前面其实也简单演示过（请读者回顾 8.4.3 小节代码片段 8-51）。除去 HttpServletRequest 或 HttpServletResponse 等系统级形参外，若用户定义的非 Map 类型形参有且仅有一个，那我们认为，若此形参没有@PlanetBody 注解，则默认它具有@PlanetData 注解，这种情况下我们不作 key 名称校验，直接将 URL 中第一个 key 对应的值（String[]类型）当作需要注入的数据。这种特殊情形（实际非常常见）的应用编码示例如代码片段 8-75 所示（伪代码）。

代码片段 8-75：非 Map 单形参情形

```
@SingularityEntrance("/test") //a
public double d(double d, HttpServletRequest request) {
    return d;
}
@SingularityEntrance("/d") //b
public String p(LinkedList<String> p) {
```

```
    return"";
}
```

上面的示例中，a 处方法对应的请求 URL 可能为“GET/test? d=3.14”，b 处方法对应的请求 URL 可能为“GET/d? d=ABCD&d=XYZ”需要注意虽然后一种 URL 提交了多个数据，但因为是同一个 key，最终“ABCD”和“XYZ”这两个数据都会传入 p 参数中。

如果不止一个请求参数呢？比如针对 a 处方法，请求 URL 为“GET/test? e=3.14&d=2.72”会怎么样？按照 CompositeTypeConverter#resolve 片段 5（代码片段 8-74）中 k2 处的逻辑，可以知道只会取第 1 个参数 e 的值 3.14，第 2 个参数 d 对应的值 2.72 会被忽略。总之，我们规定仅一个用户形参的情形下，它应该匹配请求 URL 中的第 1 个 key。这个例子中如果我们确实需要匹配“d=2.72”这个值，那就需要在代码片段 8-75a 处方法的形参“double d”前面添加注解“@PlanetData("d")”。

不使用@PlanetData 注解的做法严格来说是不保险的，不过很多情况下应该是可行的，这是我们提供给用户（指应用编写者）的简化情形。如果读者不赞成作者的处理，可以去掉 CompositeTypeConverter#resolve 片段 5（代码片段 8-74）k2 处的逻辑，明确规定用户必须将@PlanetData 标注到形参上，无论形参有几个，或者也可以考虑引入 Spring 的 ParameterNameDiscoverer 体系，尤其是 LocalVariableTableParameterNameDiscoverer，它拥有在运行时直接读取.class 文件然后寻找真实形参名的能力。

再次回到 CompositeTypeConverter#resolve 片段 5（代码片段 8-74），k1、k2、k3 处准备好 String[]类型的值后，k1 处便是真实的类型转换。关于各个 StringArrToTypeConverter 实现类的转换逻辑，请读者自行查阅源码，并且读者也可以根据需要自行添加其他的 StringArrToTypeConverter 实现，只需要标上@Star 注解即可被 Universe 接管并创建 Star，然后在这里自动起作用。

通过上面的一系列操作，我们最终得以兼容用户（指应用编写者）的大部分形参类型，进而满足终端用户（指 Web 端用户）的各种 Web 处理需求。逻辑进入至@SingularityEntrance 方法后就由用户（指应用编写者）掌控，这里和 Spring MVC 的处理方式类似，可以调用各个 Service 或 DAO（它们都是 Star）处理业务。

9. 发回响应

既然已经可以处理业务了，那最终还得把响应结果发给终端用户才行。关于响应，有两种方式：一是用户在业务逻辑中直接调用当次访问的 HttpServletResponse 打开输出流，然后输出所需内容，比如一个 HTML 页面、一句简单的字符串或者终端用户正在下载的文件等等；二是像 Spring MVC 的@RestController 那样，将待输出的内容作为@SingularityEntrance 方法的返回结果，然后等待 Singularity 框架的处理。

对于用户使用 HttpServletResponse 直接发回的响应结果，我们不需要做任何处理，这与 Spring MVC 处理方式一样。HttpServletResponse 不是 Singularity 框架的组件（当然也不属于 Spring MVC 或 Tomcat），它是 Servlet 组件，所有基于 Servlet 的应用和框架都得兼容。相比之下对于通过@SingularityEntrance 方法返回的内容，我们就得处理一下再返回给用户。

我们知道在 Spring MVC 中有@Controller 和@RestController 两种控制器注解(后者其实是前者加上@ResponseBody)。对于前者而言，其 HandlerMethod 返回的字符串其实代表了一个模板文件名，后续 Spring MVC 还需要通过模板引擎渲染页面再输出给用户(即前后端不分离)。相比之下@RestController 更为直接，HandlerMethod 返回的内容，最终都会被转化成字节数组发回，后端不再准备页面模板，这也是目前流行的做法——前后端分离。我们在 Singularity 框架中定义的@Singularity 注解，自然与@RestController 对应(请读者回顾 8.4.2 小节相关内容)。在前后端分离的情况下，后端只负责数据操作即可，不负责页面渲染，这是最简洁、最流行、对后端服务器最友好的做法。

讨论完了这些，我们其实就已经有答案了：将用户在@SingularityEntrance 方法中的返回内容直接以字节数组的形式返回前端。如果用户返回的是 8 大基本类型或 JDK 类型，调用 String 类的相关方法就可以解决问题(基本类型使用其包装器类的 toString)，而用户如果返回的是自编类型(DTO 之类)，那就需要进行 JSON 转换。相关转换逻辑如代码片段 8-76 所示(路径：universe-singularity 模块，com.purpblue.universe.singularity.access.SingularityManagerServlet#makeFinalResult)。

代码片段 8-76：转换并发回响应数据

```
private byte[] makeFinalResult(Object result) {
    if (result instanceof byte[] byteResult) {
        //x.二进制数组直接返回,不作任何处理
        return byteResult;
    }
    if (result != null) {
        //a.@SingularityEntrance 方法返回结果非空,若是 java.* 类型,直接 String 处理,若是其他类
//型,转 JSON 字符串
        return result.getClass().getName().startsWith("java") ?
                String.valueOf(result)
                .getBytes(StandardCharsets.UTF_8) :
                JSONObject.toJSONString(result)
                .getBytes(StandardCharsets.UTF_8);
    }
    //b.返回 null 或方法本身就是 void 返回,使用 0 长度字节数组占位
    return new byte[0];
}
```

上面的逻辑一共分为 x、a、b 三段，一目了然。无论执行哪一段，最终的结果都是字节数组，这也是响应请求的最终形式。因为在网线中传输的是一个一个的 bit(位)，每 8 个 bit 组成一个 Byte(字节)，所以字节数组是网络中一切内容的载体。

这里获取到返回内容的字节数组后，如何发回给终端用户呢？我们把目光回到“2. Servlet 主逻辑”这部分，看看 SingularityManagerServlet#processReq(代码片段 8-56)主逻辑中的 d 处就明白了。

终于，我们将整个 Singularity 框架的核心逻辑介绍完了！接下来我们将处理配套内容，比如扫描@Singularity 注解、启动 Servlet 容器并添加 Filter 等等。

8.4.6 SingularitySuperCluster 和自动配置类

本小节的内容相对简单，我们在之前编写 universe-core 的时候就清楚了——通过 SuperCluster 扫描自定义注解并注册相关 StarDefinition。这个自定义注解自然就是@Singularity，它相当于 Spring MVC 的@RestController。Singularity 框架的 SuperCluster 实现如代码片段 8-77 所示(路径：universe-singularity 模块，com.purpblue.universe.singularity.SingularitySuperCluster)。

代码片段 8-77：Singularity 框架的 SuperCluster

```
public class SingularitySuperCluster implements SuperCluster {
    @Override //a
    public Set<Class<? extends Annotation>> annotations() {
        return Set.of(Singularity.class, WebFilter.class);
    }

    @Override //b
    public String getStarName(Annotation annotation) {
        if (annotation instanceof Singularity singularity) {
            return singularity.name();
        }
        WebFilter webFilter = (WebFilter) annotation;
        return webFilter.filterName();
    }
}
```

由于 SuperCluster 接口的一些重要方法已有 default 实现(请读者参阅源码)，因此我们的 SuperCluster 显得很简单，仅仅列出了支持的注解和通过当前注解获取 StarName 的方法，没有重新定义 sdType，这样由当前 SuperCluster 扫描出的 StarDefinition，最终将由 Universe 接管其 Star 的创建过程。这其中，@Singularity 注解自然不用说，@WebFilter 则是指@jakarta.servlet.annotation.WebFilter，我们知道它用于标注在过滤器上，声明当前类是 Filter 组件，这是 Servlet 体系的重要组件，后续我们说到 Servlet 容器时会专门谈到对它的支持，在这里先一并扫描。

为了支持底层功能，我们在 Singularity 框架中定义了一些带@Star 注解的“标准”StarClass(比如已经介绍过的 DefaultSingularityManager、CompositeTypeConverter 和各个 StringArrToTypeConverter 实现类)，因此也需要通过自动配置将这些组件纳入 Universe——它们只需要简单的自动配置类，而不需要 SuperCluster 协助，因为它们使用@Star 标准注解。这样一来，只要用户引入了我们的 universe-singularity 依赖，其应用就自动可以使用@Singularity 注解和相关 Web 功能，符合预期。自动配置的内容如代码片段 8-78 所示(路径：universe-singularity 模块，com.purpblue.universe.singularity.SingularityAutoConfiguration)。

代码片段 8-78：Singularity 框架的自动配置类

```
public class SingularityAutoConfiguration implements UniverseAutoConfiguration {
}
```

这个自动配置类看似什么内容都没有，但它就能生效。我们在之前介绍 Universe 框架时已经采用过这种方式(请读者回顾 8.3.2 小节代码片段 8-37)。

接下来，只需将 SingularitySuperCluster 和 SingularityAutoConfiguration 的全限定名设置到各自的 SPI 配置文件中就可以了，我们知道这些配置文件位于 resources/META-INF/services 目录下，一个是 com.＊＊＊.SuperCluster，一个是 com.＊＊＊.UniverseAutoConfiguration。经过这样配置之后，用户只要引入我们的 universe-singularity 模块，Singularity 框架就能自动运行了。

8.4.7 启动 Servlet 容器

目前所有 Singularity 的功能都已完成，它们可以正式工作了。我们知道虽然目前的编码处于 Singularity 框架的范畴，但其实底层一直都是 Universe 框架。我们在前文已经具体介绍了 DefaultSingularityManager#findAllSingularities 方法(参见 SingularityManager#findAllSingularities 方法部分，代码片段 8-53)，该方法用于寻找所有被@Singularity 标注的 Star 并缓存其中对外服务的@SingularityEntrance 方法。除了这个重要方法外，DefaultSingularityManager 还实现了 DeferredAfterUniverseBorn 接口，当整个 Universe 都准备好之后才会运行，至于其作用，自然是启动 Servlet 容器，以及在启动之前完成一系列配套功能，比如准备核心 Servlet(也就是刚刚介绍完的 SingularityManagerServlet)、寻找用户定义的 Filter、确定要启动的容器类型等。接口方法的具体逻辑如代码片段 8-79 所示(路径：universe-singularity 模块，com.purpblue.universe.singularity.access.DefaultSingularityManager#go)。

代码片段 8-79：DefaultSingularityManager 启动 Singularity 的逻辑

```
public void go() {
    //a.寻找并缓存各个@SingularityEntrance 方法
    findAllSingularities();
    //b.创建全局 Servlet,注入 a 步骤中获取到的@SingularityEntrance 方法,另外还有转换请求数据的
typeConverter 和解析非用户类型的组件
    Servlet globalServlet = new SingularityManagerServlet(
        singularityHandlers,
        typeConverter,
        universe.getStars(NoneUserTypeParameterInjector.class)
    );
    SingularityStarter singularityStarter;
    //c.获取用户定义的全部 Filter
    Map<String, Filter> filters = universe.getStarsIntoMap(Filter.class);
    //d.将各个 Filter 封装为 Singularity 框架自己的 UniverseFilterHolder
    List<UniverseFilterHolder> filterHolders = filters.entrySet().stream()
        .map(f -> {
            //d1.Filter 对象本身
            Filter filter = f.getValue();
            //d2.获取其上标注的@WebFilter 注解
            WebFilter webFilter = filter.getClass().getAnnotation(WebFilter.class);
```

```
        //d3.获取用户设置的 urlPattern(如果有的话)。优先使用 value 属性,如果没有,再寻找
//urlPatterns 属性
        String[] urlPatterns = webFilter.value();
        if (urlPatterns.length == 0) {
            urlPatterns = webFilter.urlPatterns();
        }
        //d4.为当前 Filter 设置过滤顺序。如果用户实现了 UniverseOrder 接口,以此为准,否则默认
//使用最低优先级
        int order = UniverseOrder.LOWEST_ORDER;
        if (filter instanceof UniverseOrder uo) {
            order = uo.getOrder();
        }
        return new UniverseFilterHolder(f.getKey(), filter, urlPatterns, order);
    })
    //d5.立刻排序,然后放入 List 中
    .sorted(Comparator.comparingInt(UniverseFilterHolder::getOrder)).toList();
  //以下根据类路径中的容器依赖决定启动哪一种 Servlet 容器
  if (ClassUtils.isPresent("org.apache.catalina.startup.Tomcat")) {
    //e1.存在 org.apache.catalina.startup.Tomcat 则创建 Tomcat 启动器
    singularityStarter = new TomcatSingularityStarter(
        globalServlet,
        universeName,
        universeChannel,
        filterHolders);
  } else if (ClassUtils.isPresent("io.undertow.Undertow") && ClassUtils.isPresent("io.
undertow.servlet.Servlets")) {
    //e2.存在 io.undertow.Undertow 和 io.undertow.servlet.Servlets 则创建 Undertow 启
//动器
    singularityStarter = new UndertowSingularityStarter(
        globalServlet,
        universeName,
        universeChannel,
        filterHolders);
  } else {
    throw new RuntimeException("No supported servlet container found.");
  }
  //f.通过启动器启动对应的容器,之后 Singularity 正式提供 Web 服务
  singularityStarter.startSingularity();
}
```

这个 go 方法中的一些步骤我们都很熟悉，现在来分类说明。

1）a 处正是前面详细介绍过的 findAllSingularities 方法，b 处立刻使用了此方法的结果（singularityHandlers 字段），同时还加上 typeConverter 和所有用于解析非用户类型（比如注入 HttpServletRequest、HttpServletResponse 至形参）的组件。没错，b 处是我们刚刚讨论过的 SingularityManagerServlet 的创

建过程。原来我们在其中使用的 typeConverter 字段和 NoneUserTypeParameterInjector 组件都是从这里通过构造函数注入的。

2)准备好全局 Servlet 之后，现在来处理用户定义的 Filter。对于 Filter，我们应该很熟悉。创建一个类，实现 jakarta.servlet.Filter 接口并重写其接口方法，然后标上@WebFilter 注解。如果想指定过滤的 URL 类型，在@WebFilter#urlPatterns 属性或@WebFilter#value 属性中指定即可，一切都和 Spring MVC 中的操作一样。因为 Filter 不是 Spring MVC 标准，而是顶级的 Jakarta 标准。不管哪个框架，只要在 Servlet 容器中运行，它就还是那个我们熟悉的 Filter，作用不会有任何改变——这，就是标准的威力。

之前已经介绍过，系统启动时 SingularitySuperCluster(代码片段 8-77)会扫描非@Star 的两个注解——@Singularity 和@WebFilter，因此用户 Filter 都会被 Universe 纳入 Star 管理，于是我们可以在 c 处非常轻松地获取所有 Filter 对象(Star)，同时还能获取其 FilterName(代码片段 8-77，b 处)。获取到这些内容后我们在 d 处将它们各自包装成 UniverseFilterHolder。之所以要包装一下，原因是后续在 Servlet 容器中注册 Filter 时需要 FilterName、Filter 对象和 urlPatterns 属性等内容。d1 ~ d4 的逻辑应该都很好理解，代码中的注释已经足够详细。在将各个 Filter 对象(Star)包装成 UniverseFilter-Holder 之后，d5 处立刻使用它的 order 属性进行排序，值越小越靠前，即优先级越高。这样最终形成的 List(即最后的“toList()”调用)将按此顺序向 Servlet 容器注册 Filter(稍后详述)，也就是说，这里 List 中 Filter 对象的顺序就是运行时 Filter 过滤 Web 请求的顺序。

3)全局 Servlet 和所有 Filter 都就位了，现在该决定 Servlet 容器的类型了！在这里作者通过判断类路径中各个容器典型组件的存在与否来确定用户引入的容器依赖，代码中已有详细的注释。如果后续读者还要支持其他的 Servlet 容器，可以接着往下写 else if 分支，或者干脆舍弃 else if 结构，使用工厂模式处理。在不同的容器下，工厂将创建出不同的 SingularityStarter 对象。通过 SingularityStarter 对象调用 SingularityStarter#startSingularity 接口方法就可以启动对应的 Servlet 容器(f 处)。SingularityStarter 只有 startSingularity 一个接口方法，它是函数式接口，请自行查阅源码。

在 e1、e2 两处可以看到，我们在此准备的全局 Servlet 和所有 Filter 全部注入到了对应容器的 SingularityStarter 对象中。至于 universeName，这其实就是 contextPath，在配置文件中由“universe.name”属性指定，相当于 Spring Boot 中的“server.servlet.context-path”，而 universeChannel 自然就是服务端口，由“universe.channel”属性指定，相当于 Spring Boot 中的“server.port”。通过观察 DefaultSingularityManager 的构造函数可以看到(请读者自行查阅)，universeName 和 universeChannel 两个字段的值都是通过@StarData 注解注入的，并且“universe.channel”属性有显式的默认值“9999”，而我们知道 Spring Boot 下默认端口是“8080”。

4)逻辑进入 f 处，我们开始分析 startSingularity 方法的具体行为，也就是容器的启动。

一般说来，我们用得最多的 Servlet 容器就是 Tomcat，因此对它是最熟悉的，于是我们就以 Tomcat 为例来介绍容器启动(即详细说明 TomcatSingularityStarter#startSingularity)。至于 Undertow，作者在随附源码中已经提供了完整的实现，只需在测试时屏蔽掉 Tomcat 依赖并引入 Undertow 依赖即可自动启动，请读者自行参阅 UndertowSingularityStarter 源码。在完全搞清楚了 Tomcat 和 Undertow 的启动和 Filter 引入之后，结合刚刚讨论过的 DefaultSingularityManager#go 方法 e 处，读者可以尝试添加对其他 Servlet 容器的支持，比如 Jetty。

需要注意的是，SingularityStarter 接口的每一个实现类都对应着一种 Servlet 容器，所以需要牢记一点：只能在对应的实现类中才使用当前容器内部的组件，不能跨容器使用，不然真实情况下是无法正确运行的。比如，我们创建 TomcatSingularityStarter 以支持 Tomcat 的启动，它的内部必然会用到 Tomcat 的一些组件（比如 org.apache.catalina.startup.Tomcat、org.apache.tomcat.util.descriptor.web.FilterDef 等），我们创建 UndertowSingularityStarter 以支持 Undertow 的启动，它的内部同样会用到 Undertow 的一些组件（比如 io.undertow.Undertow、io.undertow.server.HttpHandler 等）。这些特定于 Servlet 容器的组件是不能混用的，比如，不能在 TomcatSingularityStarter 中使用 Undertow 的组件，更不能扩散到 Singularity 框架通用组件中。往大处说，这是面向抽象编程——在 Singularity 框架的通用组件中，与 Web 相关的部分只应该使用 jakarta 命名空间中的组件（比如 Servlet、Filter、Part、HttpServletRequest 等），而不能使用任何一种具体 Servlet 容器中的组件（比如 org.apache.tomcat.util.buf.StringUtils 或 io.undertow.util.FileUtils），否则就会与这个容器绑定，失去了通用性和扩展性。试想，我作为一个应用编写者（用户），我引入了 Singularity 框架同时也引入了 Tomcat，那最终启动的 SingularityStarter 应该是 TomcatSingularityStarter，这和 Undertow 一点关系也没有，如果 TomcatSingularityStarter，或者某些 Singularity 通用组件（比如前面重点介绍的 SingularityManagerServlet）使用了 Undertow 的组件，由于此时类路径中并没有引入 Undertow，必然会报错。反过来，在引入 Undertow 容器的情况下，如果 UndertowSingularityStarter，或者 Singularity 框架通用组件使用了 Tomcat 的组件，结局是一样的。所以还是那句话，对于编写框架而言，使用各个依赖时一定要慎重，因为我们面对的是根本不确定的用户需求。

我们在容器的启动中重点处理两个问题：SingularityManagerServlet 对象的注册和 Filter 的注册（在刚刚介绍的 DefaultSingularityManager#go 方法中已经知道这些内容都已经通过构造函数传给了当前 SingularityStarter 对象）。另外再说明一下，我们根据 Filter 实现 UniverseOrder 接口的情况已经将它们排序成 List 了，接下来在容器中注册 Filter 时按 List 顺序来就可以由此决定运行时 Filter 过滤 Web 请求的顺序。

说明完毕，现在来观察 TomcatSingularityStarter 的核心编码，如代码片段 8-80 所示（路径：universe-singularity 模块，com.purpblue.universe.singularity.embed.tomcat.TomcatSingularityStarter#startSingularity）。

代码片段 8-80：Tomcat 的启动逻辑

```
public void startSingularity() {
    synchronized (lock) {
        ...
        try {
            //a.创建 Tomcat 对象
```

```
            Tomcat tomcat = new Tomcat();
            //b.设定端口
            tomcat.setPort(universeChannel);
            //c.设定 contextPath
            Context ctx = tomcat.addContext(universeName, null);
            //d.允许 Multipart,简单理解就是允许上传文件
            ctx.setAllowCasualMultipartParsing(true);
            //e.添加核心 Servlet
            Tomcat.addServlet(ctx, SERVLET_NAME, defaultServlet);
            //f.注册 Filter,它们的顺序之前已经排好了
            filters.forEach(f -> {
                //g1.FilterDef 是 Tomcat 的组件
                FilterDef fd = new FilterDef();
                //g2.设定 FilterName
                fd.setFilterName(f.getFilterName());
                //g3.设定 Filter 对象(Star)
                fd.setFilter(f.getFilter());
                //g4.添加至容器
                ctx.addFilterDef(fd);
                //h1.FilterMap 是 Tomcat 的组件
                FilterMap fm = new FilterMap();
                //h2.同样的 FilterName
                fm.setFilterName(f.getFilterName());
                //h3.获取用户指定的 urlPattern
                String[] urlPatterns = f.getUrlPatterns();
                if (urlPatterns.length == 0) {
                    //h4.用户没有指定 urlPattern,默认匹配全部 URL
                    fm.addURLPattern("*");
                } else {
                    //h5.多个 urlPattern 全部添加至 FilterMap
                    Arrays.stream(urlPatterns)
                        .forEach(fm::addURLPattern);
                }
                //h6.将当前 FilterMap 添加至容器
                ctx.addFilterMap(fm);
            });
            //i.设定 Servlet 匹配的 URL 类型
            ctx.addServletMappingDecoded("/*", SERVLET_NAME);
            //j.获取连接器
            tomcat.getConnector();
            //k.正式启动
            tomcat.start();
            started = true;
        } catch (...) {...}
    }
}
```

在开发早期，那时候还没有 Spring Boot，开发过程较为繁杂，Servlet 容器也没有集成至工程内(也就是没有作为工程的依赖引入)，它们从外部运行工程，这时候工程内必须有一个 web.xml 文件(可以称为“部署描述符”)。在这个文件中，<filter>标签对应 g1 处，其下的<filter-name>标签对应 g2 处，通过这种方式就可以注册 Filter(相当于 g4 处)。而<filter-mapping>标签则对应 h1 处，其下同样有<filter-name>标签对应 h2 处，里面有若干<url-pattern>标签，自然对应 h3～h5 各处。通过这种方式就可以注册 FilterMapping，相当于 h6 处——这样解释后，读者应该就能明白为什么有两处 setFilterName 了(g2、h2)。如今 web.xml 文件已进入博物馆，作者就不在这里给它的结构了，有兴趣的读者请自行上网搜索，重温那段编程历史。

至此，Servlet 容器正式启动，我们的 Universe 向外界开放了自己的 Singularity，现在可以像访问 Spring MVC 那样访问它了。

8.4.8 测试 Singularity

Singularity 构建完毕，到测试的时候了。测试 Singularity，本质上就是测试一个迷你版(且 Bug 很多的)Spring MVC，我们测试它比测试 Universe 框架可能会有更多的成就感，因为它才是和浏览器终端用户交互的入口。从 Universe 到 Singularity，我们终于迈出了真正具有实用性的重大一步。Universe 好比大楼的主体结构，它包括了地基、承重墙、承重柱、楼梯间、屋面等，是整座大楼赖以存在的基石，但是这些最底层最重要的内容却不会被大楼的使用者直接感知，他们直接打交道的大部分组件，反而是大楼的装修、水电、物业、配套设施等——没错，用在这里，就像 Singularity 一样直观可见。

由于不同的 Servlet 容器都需要遵循同样的规范，所以接下来的测试，无论使用 Tomcat 还是 Undertow 都是一样的，读者根据个人喜好使用即可。当依赖中存在 tomcat-embed-core 依赖时，Singularity会自动启动 Tomcat，而当依赖中不存在 tomcat-embed-core 却存在 undertow-core 和 undertow-servlet 时，会自动启动 Undertow，这其中的原理，我们早在 DefaultSingularityManager#go 方法中(代码片段 8-79)就分析过了。

我们继续沿用之前测试 Universe 框架的 universe-test-app 模块。

在接下来的测试中，我们需要在 universe.properties 配置文件中设定“universe.name=/un”(即 contextPath)和“universe.channel=9876”(即 server.port)，之后通过主方法启动系统(即 com.purpblue.test.universe.MainApp#main)。至于测试工具，对于 POST 请求而言，可以使用 Postman 或类似的工具，这里就不一一列举名字了；对于 GET 请求而言，既可以使用 Postman 等工具，也可以直接使用浏览器——使用浏览器的话，还可以顺便测试前面提到过的“/favicon.ico”(浏览器会自动发送此请求，参见“8.4.5 Servlet 实现类的设计和具体实现”一节)。

1. 单独接收 URL 中的请求参数

非常常见的情形，直接对请求 URL 中的相关参数进行处理。

(1)简单处理

以下演示一个简单的计算逻辑(使用 GET 方式)，直接通过@PlanetData 注解指定各个形参对应于 URL 中的 key，如代码片段 8-81 所示(路径：universe-test-app 模块，com.purpblue.test.universe.access.SingularityA#cal)。

代码片段 8-81：常见的 GET 方式

```
@SingularityEntrance("/cal")
public int cal(@PlanetData("b") int b, @PlanetData("a") int a) {
    return a + b; //x
}
```

方法形参中，作者故意把 b 写在前面，a 写在后面，请读者通过如下 URL 进行测试(断点打在 x 处)，看看@PlanetData 注解是否起了作用，URL 为：http://localhost:9876/un/cal? a=3&b=1。

尝试调换 URL 中 a 和 b 的位置，或者改变上面代码中 cal 方法的形参 a 或 b 的类型(比如变更为 short、long、double 或对应的包装器，等等)，观察程序是否正常运行。

cal 方法接收到的入参是经过了类型转换的，我们在本章前文已经详细介绍过(CompositeTypeConverter#resolve 方法)。

接下来，我们来演示简易情形，也就是仅一个用户形参的情况，如代码片段 8-82 所示(路径：universe-test-app 模块，com.purpblue.test.universe.access.SingularityA#test)。

代码片段 8-82：简易情形

```
@SingularityEntrance("/test")
public double test(double d, HttpServletRequest request) {
    return d;
}
```

test 方法中只有一个用户形参 d(request 不属于用户形参)，因此并不需要@PlanetData 注解，属于简易情形，可以通过如下 URL 进行验证：http://localhost:9876/un/test? d=3.14。

(2)处理数组(集合)

当 URL 中同一个 key 携带多个数据时，可以直接将它们注入为数组或 Collection 类型，如代码片段 8-83 所示(路径：universe-test-app 模块，com.purpblue.test.universe.access.SingularityB#de)。

代码片段 8-83：GET 传递数组或集合

```
@SingularityEntrance("/de")
public String de(@PlanetData("d") LinkedList<String> d, @PlanetData("e") Integer e) {
    return "d = " + d.toString() + ", e = " + e;
}
```

URL 中所有 key 为“d”的值最终都会汇聚到 d 形参中(注意这个形参的类型是具体的 List 实现类——LinkedList)，而 key 为“e”的值(必须是整数)则会进入 e 形参，可以通过如下 URL 验证：http://localhost:9876/un/b/de? d=XY&d=Z&e=123(注意 SingularityB 拥有“/b”的 mainPath)。

请读者尝试将形参 d 的类型修改一下，比如改为 Set、List、Queue 等接口类型或它们的具体实现类，甚至 String[ ]这样的数组类型，看看程序是否正常运行。

2. 将 URL 中的请求参数格式化为 DTO

这个情形其实我们在编码过程中就提到过了(参见 8.4.5 小节代码片段 8-65)，现在将此方法再展示一下，然后给出一个完整的测试 URL，如代码片段 8-84 所示(路径：universe-test-app 模块，com.purpblue.test.universe.access.SingularityC#c5)。

代码片段 8-84：GET 方式传递复杂数据至 DTO

```
@SingularityEntrance(value = "/c5")
public String c5(ComplexUserDTO dto) {
    return dto.toString();
}
```

我们通过 URL 中的参数来填充 ComplexUserDTO(此 DTO 的定义参见 8.4.5 小节代码片段 8-64)，测试 URL 为：http://localhost:9876/un/c/c5?i=1&b=true&charColl=a&charColl=b&doubleList=1.1&doubleList=1.2&longSet=123&charArr=c(注意 SingularityC 拥有“/c”的 mainPath)。

请读者自行修改其中的 key 或值，或者修改 ComplexUserDTO 中的字段定义，然后使用相应的 URL 再来测试它。

3. 处理 Body

相比于 GET 的各种组装，POST 情形下处理 Body 反而更为简单，因为提交的 Body 必然是提前适配好了格式的。一般说来，它们要么是“{”开头的 JSON 形式，要么是“[”开头的 JSON 数组形式，要么就是没有任何格式的普通字符串。

对于 JSON 形式的 Body，处理方式如代码片段 8-85 所示(路径：universe-test-app 模块，com.purpblue.test.universe.access.SingularityC#c4)。

代码片段 8-85：POST 方式处理 JSON

```
@SingularityEntrance(value = "/c4", method = HttpMethod.POST)
public String c4(@PlanetBody UserDTO dto) {
    return dto.toString();
}
```

以 POST 方式访问如下 URL：http://localhost:9876/un/c/c4，同时通过 Body 提交数据：“{"i":1,"n":"MN"}”，或者以 curl 的形式完整表达，具体表达如代码片段 8-86 所示。

代码片段 8-86：POST 方式通过 Body 提交 JSON

```
curl --location --request POST 'http://localhost:9876/un/c/c4' \
--header 'Content-Type: application/json;charset=UTF-8' \
--data-raw '{
```

```
    "i": 1,
    "n": "MN"
}'
```

针对 JSON 数组的形式，我们可以编写这样一个@SingularityEntrance 方法，如代码片段 8-87 所示(路径：universe-test-app 模块，com.purpblue.test.universe.access.SingularityC#c)。

代码片段 8-87：POST 方式处理 JSON 数组

```
@SingularityEntrance(value = "/c", method = HttpMethod.POST)
public String c(@PlanetBody Queue<Integer> c) {
    return c.toString();
}
```

访问此方法的 curl 如代码片段 8-88 所示。

代码片段 8-88：POST 方式通过 Body 提交 JSON 数组

```
curl --location --request POST 'http://localhost:9876/un/c/c' \
--header 'Content-Type: application/json;charset=UTF-8' \
--data-raw '[1, 23, 456]'
```

现在作者提一个问题：如果将代码片段 8-87c 方法的 c 形参前面的@PlanetBody 注解去掉，会发生什么事？请读者自行思考和实践。

处理完 JSON 形式数据之后，我们还剩下最简单的情况：终端用户直接通过 Body 提交了一长串字符串，如代码片段 8-89 所示(路径：universe-test-app 模块，com.purpblue.test.universe.access.SingularityC#str)。

代码片段 8-89：POST 方式处理字符串

```
@SingularityEntrance(value = "/str", method = HttpMethod.POST)
public String str(@PlanetBody String body) {
    return body;
}
```

访问此方法的 curl 如代码片段 8-90 所示。

代码片段 8-90：POST 方式通过 Body 提交字符串

```
curl --location --request POST 'http://localhost:9876/un/c/str' \
--header 'Content-Type: text/plain;charset=UTF-8' \
--data-raw 'abcdefg 这是字符串'
```

4. 上传文件

关于上传文件，我们在之前花费了大量篇幅介绍(参见 8.4.5 小节)，现在来对其进行测试，如代码片段 8-91 所示(路径：universe-test-app 模块，com.purpblue.test.universe.access.SingularityA#upload)。

代码片段 8-91：测试文件上传

```
@SingularityEntrance(value = "/upload", method = HttpMethod.POST)
public void upload(
    UniverseFile f, //a
    UniverseFile[] fs, //b
    Collection<UniverseFile> fc, //c
    Map<String, UniverseFile> fMap /*d*/) {
    //doSth
}
```

以上方法演示了多种获取文件的方式，它们各自独立捕捉终端用户上传的文件。我们在 8.4.5 小节也已经分析过底层逻辑。对于 a 处而言，无论终端用户上传了多少文件，都只取第 0 位文件(读者可以自行修改规则)；而 d 处，Map 方式接收用户上传的全部文件，其 key 表示原始文件名。请读者通过 Postman 等工具以 form-data 等方式自行测试文件上传。

5. 下载文件

文件下载有以下几种方式：一是让终端用户直接访问服务器上的静态文件资源；二是当作普通的@SingularityEntrance 方法，将文件数据包装成普通对象(比如 String)发回给前端页面，之后前端通过约定的办法(比如 Base64)将之还原成原始的文件；三是通过 HttpServletResponse 打开输出流，直接向浏览器写入文件的二进制数据。第一种情形属于“静态下载资源”，操作方便。第二种情形适用于小文件或文件中的一小部分，因为文件过大会导致内存开销过大，无论在服务器端还是浏览器端都是如此，毕竟所有文件数据全部会放在内存中处理。至于第三种情形，则是完全由后端控制的浏览器下载，即服务器持续发送数据，而浏览器则持续接收数据直到下载结束。第三种情形的好处是内存消耗较少，后端可以全流程控制，下载时的权限校验、数据统计等皆可以在执行下载时完成。

在当前环境下，第一种情形和我们的框架关系不大，直接略过。我们来实现第二种下载情形，如代码片段 8-92 所示(路径：universe-test-app 模块，com.purpblue.test.universe.access.SingularityA#downloadA)。

代码片段 8-92：演示文件下载(包装成 String)

```
@SingularityEntrance(value = "/downloadA") //a
public String downloadA() {
    byte[] data;
    try (FileInputStream fis = new FileInputStream({filePath})) {
        data = fis.readAllBytes(); //a1
    } catch (IOException e) {
        throw new RuntimeException(e);
    }
    return Base64.getEncoder().encodeToString(data); //a2
}
```

上面的代码中，请读者将占位符“{filePath}”换成自己文件的绝对路径。访问 a 处方法的 URL 为“GET http://localhost:9876/un/downloadA”。由 a1 处可以看出，文件的二进制数据是一次性读入 data 数组的(也就是一次性全部读入内存)，因此这种情形下不合适处理大文件。最终在 a2 处 data 数组被 Base64 编码成字符串，像普通访问那样返给前端。这样做的好处是，前端相关框架拥有极强的控制力，可以先接收数据，然后进行必要的统计、记录或校验，之后再按需(比如权限等要求)将其中的文件数据还原出来呈现给终端用户。对于后端而言，a 处方法同样也有着编码简单的特点，我们可以看到连 HttpServletResponse 都没有用到。上面示例中发回 Base64 的字符串外观仅仅是一种选择，读者也可以以其他类型的形式返回，甚至可以直接返回 data 数组(二进制数组)。

在本示例方法中，我们只是将文件数据以 Base64 方式编码成 String 格式发给了前端，前端在收到这个特殊的 String 后，会通过 Base64 将其中的文件数据解码出来。由于本书并不涉及前端，我们可以用后端来模拟前端下载，如代码片段 8-93 所示。

代码片段 8-93：模拟前端下载文件后解码的过程

```
String ss = {fileString} //a
byte[] data = Base64.getDecoder().decode(ss);
try (FileOutputStream fos = new FileOutputStream({path})) { //b
    fos.write(data);
} catch (IOException e) {
    throw new RuntimeException(e);
}
```

上面代码中 a 处的“{fileString}”正是前端下载的装着目标文件数据的特殊 String(请通过代码片段 8-92 自行获取)，而 b 处的“{path}”则是我们选定存储目标文件的磁盘路径。

接下来我们演示第三种情形，也就是浏览器和服务器之间的直接交互，如代码片段 8-94 所示(路径：universe-test-app 模块，com.purpblue.test.universe.access.SingularityA#downloadB)。

代码片段 8-94：演示文件下载(通过 HttpServletResponse 打开输出流)

```
@SingularityEntrance(value = "/downloadB") //b.浏览器直接下载
public void downloadB(HttpServletResponse response) {
    try (FileInputStream fis = new FileInputStream({filePath})) { //x
        response.setHeader("Content-Disposition", "attachment;fileName=" + URLEncoder.encode({fileName}, StandardCharsets.UTF_8));
        OutputStream os = response.getOutputStream(); //b1
        byte[] data;
        while ((data = fis.readNBytes(1024)).length > 0) {
            os.write(data); //b2
        }
    } catch (IOException e) {
        throw new RuntimeException(e);
    }
}
```

代码中的占位符“{filePath}”“{fileName}”请读者根据上一例自行替换。可以看到我们用到了 HttpServletResponse，并且在 b2 处通过循环的方式每次只发送 1024 个字节(即 1KB 数据。此值也可以适当设置得大一些)——这便是这种方式节省内存的原因。

在 b1 处我们通过 HttpServletResponse 打开了输出流，使用完之后也没有关闭，这没有关系，HttpServletResponse 的输出流，Servlet 容器最终会自己关闭——相比之下用于读取文件的 FileInputStream(x 处)就不能这样处理，我们得自己关闭它(示例中使用了 try-with-resources 语法确保其正确关闭)。

6. 自定义过滤器

过滤器我们并不陌生，它工作在 Servlet 之前，对每一次访问起到过滤作用，相当于为 Servlet 提前把关。Spring 生态中重要的过滤器非常多，有兴趣的读者可以自行通过 Debug 的方式在 Spring Boot 工程中调试。接下来我们定义两个过滤器，如代码片段 8-95 所示(路径：universe-test-app 模块，com.purpblue.test.universe.filter.Filter0/Filter1)。

代码片段 8-95：定义过滤器

```
@WebFilter //a
public class Filter0 implements Filter, UniverseOrder {
    @Override
    public void doFilter(ServletRequest request, ServletResponse response, FilterChain chain) throws IOException, ServletException {
        System.out.println("进入 Filter0");
        chain.doFilter(request, response);
    }
}

@WebFilter("/file") //b
public class Filter1 implements Filter {
    @Override
    public void doFilter(ServletRequest request, ServletResponse response, FilterChain chain) throws IOException, ServletException {
        System.out.println("进入 Filter1");
        chain.doFilter(request, response);
    }
}
```

我们定义了两个过滤器。在 a 处 Filter0 没有定义专门的匹配类型(因此它匹配全部 URL)，它额外实现了 UniverseOrder 接口，并且没有重写此接口的方法 getOrder，因此它的顺序值是默认的 0。在 b 处 Filter1 定义了专门的 URL 匹配类型：“/file”，但它没有实现 UniverseOrder 接口，因此其进入过滤器序列的顺序值是最低的 UniverseOrder#LOWEST_ORDER(参见 8.4.7 小节代码片段 8-79)。

请读者启动测试应用，随意访问某个 URL，看看这两个过滤器的工作情形。特别要注意 Filter1 只会过滤“/file”开头 URL。读者可以通过 UniverseOrder 接口改变它们的过滤顺序。

7. 在@SingularityEntrance 方法中引入 Service 组件

我们已经测试了许多@SingularityEntrance 方法，不过似乎只重点关注了形参的包装和注入、文件的上传和下载等，对于一般的逻辑则完全没考虑。仔细想想，在 Spring MVC 中处理业务逻辑时，常见的层次是“Controller-Service-DAO”，因此我们现在也来搭建类似结构，让@SingularityEntrance 方法调用 Service 来处理业务。

随意准备一个假装处理业务逻辑的 Service 类并标记@Star 注解，这样它的对象就是一个业务 Star。该 Service 类名为 com.purpblue.test.universe.access.AService（请读者自行查阅源码），并且有业务方法 doSth0、doSth1 等等。现在我们定义一个 Singularity 类，并注入 AService 来处理用户请求，具体逻辑如代码片段 8-96 所示（路径：universe-test-app 模块，com.purpblue.test.universe.access.SingularityX）。

代码片段 8-96：定义业务 Singularity 并注入业务 Star

```
@Singularity
public class SingularityX {
    @Planet
    private AService aService0; //a.注解注入

    private finalAService aService1; //b.构造函数注入
    public SingularityX(AService aService1) {
        this.aService1 = aService1;
    }

    @SingularityEntrance("/biz0")
    public String doBusiness0() {
        return aService0.doSth0(); //c
    }
    @SingularityEntrance("/biz1")
    public String doBusiness1() {
        return aService1.doSth1(); //d
    }
}
```

我们知道 Universe 框架下就两种注入方式：注解和构造函数，我们没有实现类似 Setter 注入的机制（有兴趣的读者可以尝试在 Universe 底层增加该功能）。因此在上面的 SingularityX 类中，我们演示了两种不同的注入方式，并使用它们各自工作（c、d 处）。可以看到构造函数注入有一定优势——可以使用 final 修饰符，不过相比之下写法要麻烦一些，这一点和 Spring 体系是一样的。

请读者自行测试上述@SingularityEntrance 方法，当然也可以把前面测试的那些情况全部结合起来，比如复杂的 URL 参数、POST 方式提交 Body、文件上传与下载等等。

8.5 仅三个类的 ORM 框架——UniverseMybatis

Singularity 构建好了，我们或许已经大功告成。不过，刚刚在上一节测试 Service 的过程中仍然有遗憾——我们没有 DAO 层。

如果我们足够拥有雄心壮志，或许会考虑自行封装 JDBC 为一个简单的 Universe 应用框架，不过这样一来工作量就上来了：不仅要管理数据库连接、对数据进行 CRUD、对查询结果进行各种格式化（想想在 Singularity 中处理各种形参注入的复杂程度），还有各种配套的内容需要处理。出于练习的目的，以这种思路做一个简单的框架其实也是可行的，不过我们还有更好的选择，那就是封装已有的 ORM 框架，比如 MyBatis。

有读者可能会问，MyBatis 不是只能工作在 Spring 生态下吗，我们在 Universe 生态下如何能使用它呢？此言差矣，以 Spring Boot 为例，相关依赖名为 "mybatis-spring-boot-starter"，查看其 pom.xml文件，可以看到内部集成了各种和 Spring Boot 相关的依赖（比如 mybatis-spring、spring-boot-starter-jdbc、mybatis-spring-boot-autoconfigure 等）。除了这些 Spring 系列依赖外，还有一个超级重要的依赖，它没有任何与 Spring 相关的字样，它的名称也非常简单，它就叫 "mybatis" ——没错，原始的 MyBatis 依赖并不与任何框架绑定，可以在任何 Java 代码中使用，而所谓的 mybatis-spring-boot-starter 依赖，也不过是对 "mybatis" 这个依赖的 Spring Boot 封装而已。因此我们可以从这里受到启发：基于 "mybatis" 依赖，对它进行 Universe 封装。

我们将此即将编写的 Universe 下的 MyBatis 依赖命名为 "UniverseMybatis"，对应的工程模块为 "universe-mybatis"。

由于借用了成熟的 MyBatis 组件，我们的 UniverseMybatis 框架十分简单，只有三个类，没错，数字一二三的三！所以本节内容很快就可以结束，但它仍然是一个应用型框架！

8.5.1 第一个类：自动配置 DataSource 和 SqlSessionFactory

首先回忆一下，在 Spring 体系下使用 MyBatis，我们需要做什么。一、引入依赖；二、编写 Mapper 接口（即@Mapper 注解的接口）；三、编写 Mapper 文件（即各种 * Mapper.xml 文件，SQL 语句都包含在其中）；四、像引入普通 Bean 一样引入它们（比如使用@Autowired）。之所以不使用任何实现类，我们知道这是 JDK 动态代理的原因——MyBatis 底层早已为我们准备好了 MapperProxy 类，真正查询的时候此类会工作起来，最终以 SqlSession 的形式完成当次 DB 操作——从这里我们可以得到启示，于是我们进行模仿来完成相关功能。

要运用原始的 MyBatis，需要对它的工作原理有一定了解。首先，我们肯定需要一个 javax.sql.DataSource，没有它我们甚至连不上数据库。接下来，也是全局最重要的一环，那就是需要一个全局的 SqlSessionFactory 对象（即 Star），用于每次访问时创建对应的 SqlSession。为了创建这个

SqlSessionFactory对象，我们还需要 MyBatis 的另外两个重要组件：org.apache.ibatis.mapping.Environment 和 org.apache.ibatis.session.Configuration(怎么都和 Spring 中的组件重名……)——作为对比，我们在 Spring Boot 中使用 MyBatis 进行业务查询时，根本不需要考虑这些内容！所以读者现在能深切感受到自动配置的威力了吧？我们要做的，就是将上述重要组件封装起来，然后以自动配置的形式提供给用户(应用编写者)，让他们能够享受我们 Universe 框架的自动配置功能，一如我们享受 Spring Boot 的 MyBatis 自动配置。

还记得 Universe 体系下的自动配置吧？没错，就是 UniverseAutoConfiguration 接口。现在我们来编写 UniverseMybatis 框架三个类之一的自动配置类，其构建 DataSource 对象(即 Star)的方法如代码片段 8-97 所示(路径：universe-mybatis 模块，com.purpblue.universe.mybatis.UniverseMybatisAutoConfiguration#dataSource)。

代码片段 8-97：UniverseMybatis 自动配置数据源

```
@Star
public DataSource dataSource(
    @StarData(key = "universe.db.url") String url, //x1
    @StarData(key = "universe.db.username") String username, //x2
    @StarData(key = "universe.db.password") String password, //x3
    @StarData(key = "universe.db.driver-class-name",useDefaultValue = true) String driv-
erClassName //x4
) {
    //a.检查用户是否配置了驱动类(全限定名)
    String currentDriverClassName = driverClassName;
    if ("".equals(driverClassName)) {
        //b.若用户没有配置 driverClassName,则以 SPI 形式引入数据库的驱动
        ServiceLoader<Driver> drivers = ServiceLoader.load(Driver.class);
        for (Driver driver : drivers) {
                //c.取第一个驱动
            currentDriverClassName = driver.getClass().getName();
            break;
        }
    }
    ...
    //d.创建 DataSource
    return new PooledDataSource(currentDriverClassName, url, username, password);
    }
```

为了构建 DataSource，需要用户在全局配置文件 universe.properties 中配置数据源相关信息。在 Spring Boot 中，我们的配置都以“spring.datasource.×××”的形式提供，作为对比，我们在这里也需要 4 个形参，它们以“universe.db.×××”的形式提供(x1～x4)。

x1～x4 四处对应于 Spring Boot 中哪四个配置，相信读者应该非常熟悉吧？这其中，最后一个配置“universe.db.driver-class-name”是可选的，它对应于 Spring Boot 中的“spring.datasource.

driver-class-name”。在 Spring Boot 中，如果数据库是一些常见的类型，比如 Oracle、MySQL、H2 等，可以不必配置驱动名，Spring Boot 会根据“spring.datasource.url”这个属性自行推断出来，推断的方法参见 DataSourceProperties#determineDriverClassName。作为对照，我们也来尝试复刻一下，不过我们不采用 Spring Boot 那样的推断方式，否则又会增加新的组件——Spring Boot 的推断中，使用了枚举类型 DatabaseDriver，只有在其中有对应枚举项的数据库才能被推断出来，否则就只能是“UNKNOWN”（参见 DatabaseDriver#fromJdbcUrl 方法源码）。我们另辟蹊径，换个思路：既然所有的数据库厂商提供驱动包时，都需要在包中配置 java.sql.Driver 这个 SPI 的实现类（请读者回顾“SPI 机制-JDK 中的 SPI 机制”部分，图 2-7 和图 2-8），那么我们在推断数据库驱动类型时可以通过 SPI 机制获取到这个实现类，它就是驱动本身，它的全限定名正是我们需要的 DriverClassName。基于这个想法，我们来分析方法中的逻辑。

1）若用户已经明确指定了 DriverClassName，那就没什么好说的，直接使用用户配置的值就行（a 处）。

2）若用户没有配置“universe.db.driver-class-name”属性，则通过 ServiceLoader 读取 SPI 配置，并且取其中第 1 个驱动作为我们需要的值，后面的不再考虑（c 处）——这样做涉及一个问题：如果用户在 pom.xml 中配置了多个数据库驱动，那就可能取错。因此如果读者不喜欢作者的 SPI 处理方式，可以仿照 Spring Boot 的逻辑自行使用枚举处理方式（不过需要维护枚举）。

通过上面的方法，我们准备好了 DataSource，接下来继续准备全局 SqlSessionFactory，如代码片段 8-98 所示（路径：universe-mybatis 模块，UniverseMybatisAutoConfiguration#sqlSessionFactory）。

代码片段 8-98：UniverseMybatis 自动配置 SqlSessionFactory

```
@Star
public SqlSessionFactory sqlSessionFactory(DataSource ds, StarDefinitionHolder starDefi-
nitionHolder) {
    //a.创建 Environment
    Environment.Builder builder = new Environment.Builder("universe.mybatis");
    builder.dataSource(ds);
    builder.transactionFactory(new JdbcTransactionFactory());
    Environment environment = builder.build();
    //b.传入 Environment 以创建 Configuration
    Configuration mybatisConfiguration = new Configuration(environment);
    //c.通过 StarDefinitionHolder 寻找带有@Mapper 接口的 StarDefinition(通过 SuperCluster 扫
//描,后文介绍),获取其中的@Mapper 接口(这就是用户编写的内容),添加至 Configuration
    starDefinitionHolder.getStarDefinitions()
            .stream()
            .filter(s -> s.getAnnotations() != null && s.getAnnotations().stream().anyMatch(a ->
a instanceof Mapper))
            .forEach(s -> mybatisConfiguration.addMapper(s.getInterfaces().toArray(Class<?>
[]::new)[0]));
    //d.创建 SqlSessionFactory 对象
```

```
    return new DefaultSqlSessionFactory(mybatisConfiguration);
}
```

整个过程一共包含四个重要步骤。

1) 创建 Environment(a 处)，接收全局 DataSource 对象(在代码片段 8-97 所示的方法中自动创建)，同时也集成一个 JdbcTransactionFactory 对象。

2) 创建 Configuration(b 处)，接收刚刚诞生的 Environment 对象。

3) 通过注入的 StarDefinitionHolder 对象查询所有的 StarDefinition，找出其中拥有@Mapper 注解的部分(即用户定义的@Mapper 接口)，将它们全部添加至 Configuration，后续我们就依靠这里添加的 Mapper 完成 DB 操作(c 处)。

4) 完成上述准备后，传入刚刚创建好的 Configuration，创建全局 SqlSessionFactory 对象(即 Star)。

经过上述步骤，SqlSessionFactory 对象也准备好了。现在，我们将 UniverseMybatisAutoConfiguration 配置至 JDK 的 SPI 配置文件中(具体配置过程省略)。

8.5.2 第二个类：用于 JDK 动态代理的 InvocationHandler

我们刚刚准备好了全局 SqlSessionFactory 对象(即 Star)。它的作用就是在每一次(或每一批)数据库操作中承担具体的功能。用户编写的@Mapper 接口有什么用？我们知道其最重要的作用就是定义需要执行的 SQL 语句，其余操作都是通过 MapperProxy 这个核心组件调起 SqlSession 完成的，而 SqlSessionFactory 就是用于创建 SqlSession 的工厂。

在 Spring Boot 中使用 Mybatis 是一件十分简单的事：定义一个@Mapper 接口并在其中编写相关的 CRUD 方法。这些方法对应的 SQL 语句，既可以通过@Select 等注解直接写在方法上，也可以专门准备 * Mapper.xml 文件，将 SQL 语句写在其中，然后在配置文件中指明 * Mapper.xml 文件的位置，之后在任何 Bean 中都可以注入这个接口并正常使用。虽然我们在前面编写 UniController 时已经使用过 MyBatis，但在这里我们再演示一次@Mapper 接口的作用，因为我们要做一些对比。假定我们定义一个@Mapper 接口，如代码片段 8-99 所示(路径：universe-test-app 模块，com.purpblue.test.universe.mybatis.TestMapper#findAll)。

代码片段 8-99：简单定义@Mapper 接口

```
@Mapper
public interface TestMapper {
    @Select("select id, name, version from test_entity")
    List<TestEntity> findAll();
}
```

上面的 TestMapper 接口用于查询“test_entity”这张表。如果在 Spring Boot 下，我们只需要注入此@Mapper 接口就可以查询了，如代码片段 8-100 所示(注意这是 Spring Boot 下的代码，在 Universe 下无法运行)。

代码片段 8-100：Spring Boot 下注入并使用@Mapper 接口

```
@Component
public class TestRunner implements CommandLineRunner {
    @Autowired
    private TestMapper testMapper;

    public List<TestEntity> doSth() { //x
        return testMapper.findAll(); //x1.调用 Mapper 接口相关方法
    }
    ...
}
```

现在回到我们的 Universe，如果只是拥有 SqlSessionFactory 而不作其他处理的话，那要完成上述 x 处 doSth( )方法中 x1 处这一句的功能，我们需要在 Universe 体系下作更多的编码，如代码片段 8-101 所示(路径：universe-test-app 模块，com.purpblue.test.universe.mybatis.TestMybatis#doSth)。

代码片段 8-101：Universe 下原始使用@Mapper 接口

```
@Star
public class TestMybatis implements AfterBirth {
    @Planet
    private SqlSessionFactory sqlSessionFactory;

    public List<TestEntity> doSth() { //y
        try (SqlSession sqlSession = sqlSessionFactory.openSession(true)) { //y1
            TestMapper testMapper = sqlSession.getMapper(TestMapper.class);
            return testMapper.findAll(); //z
        }
    }
}
```

可以看到，在 Universe 体系下如果我们不作任何处理的话，要完成类似 Spring Boot 下 “testMapper.findAll( )” 这么简单的一句操作，都需要上面 y1 处那样巨大的一个 try 块，这也过于影响用户体验了，因此我们得想办法，让用户只写 z 处那一句，也就是和 Spring Boot 下一样的 “testMapper.findAll( )”。

那怎么办呢？这几乎是一定能想到的答案，那就是动态代理。动态代理的重要作用之一，就是让用户只专注于业务代码(也就是 “testMapper.findAll( )”)，剩下的部分由框架来帮忙完成，前面提到过的 MyBatis(指 Spring 生态下的)、JPA、Feign 甚至我们自编的 Calculator，无一不是如此。因此，我们来编写在 Universe 体系下使用 MyBatis 的动态代理。由于 MyBatis 只需要用户编写@Mapper接口即可，因此我们使用基于接口的 JDK 动态代理。首先编写对应的 InvocationHandler，如代码片段 8-102 所示(路径：universe-mybatis 模块，com.purpblue.universe.mybatis.UniverseMybatisInvocationHandler)。

代码片段 8-102：编写支持@Mapper 接口的 InvocationHandler 实现

```
public class UniverseMybatisInvocationHandler<T> implements InvocationHandler {
    /** a.全局 SqlSessionFactory */
    private final SqlSessionFactory sqlSessionFactory;
    /** b.当前对象代理的 Mapper 接口 */
    private final Class<T> mapperInterface;
    //……省略构造函数

    public Object invoke(Object proxy, Method method, Object[] args) throws Throwable {
        //c.若用户调用了来自 Object 类的方法,不作干预,直接调用
        if (method.getDeclaringClass() == Object.class) {
            return method.invoke(this, args);
        }
        //d.通过全局 SqlSessionFactory 运行当次 DB 操作
        try (SqlSession sqlSession = sqlSessionFactory.openSession(true)) {
            T mapper = sqlSession.getMapper(mapperInterface);
            return method.invoke(mapper, args);
        }
    }
}
```

我们知道 JDK 动态代理的方法在运行时，最终都会进入 InvocationHandler#invoke 方法。c 处用于处理用户调用的“hashCode”“equals”“toString”“getClass”等从 Object 类继承的方法，对这些方法我们不作任何处理，直接使用当前对象调用就好。我们重点关注的，是用户的业务方法，也就是 d 处的逻辑。而对于 d 处的逻辑，其实已经不用再作说明，它就是刚刚我们在 TestMybatis 类中 y1 处的那个 try 块(代码片段 8-101)——这就是这里动态代理的意义，它“悄悄地”将和业务无关的逻辑准备好，这样用户只需要业务语句即可。

至此，我们准备好了动态代理的核心部分。

8.5.3 第三个类：扫描和自行创建 Star 的 SuperCluster

现在只剩下最后一步：扫描全部带有@Mapper 注解的接口，将它们注册为 StarDefinition，然后在创建 Star 阶段由我们接管，自行创建 JDK 动态代理——这不就是 SuperCluster 嘛，如代码片段 8-103 所示(路径：universe-mybatis 模块，com.purpblue.universe.mybatis.UniverseMybatisSuperCluster)。

代码片段 8-103：定义 UniverseMybatisSuperCluster

```
public class UniverseMybatisSuperCluster implements SuperCluster {
    //a.当前 SuperCluster 的 sdType
    private static final String PROXY_NAME = "UNIVERSE_MYBATIS_PROXY";
    ...
    @Override
    public Set<Class<? extends Annotation>> annotations() {
```

```
        return Set.of(Mapper.class); //b.支持@Mapper 注解
    }

    @Override
    public String getStarName(Annotation annotation) {
        return null; //c.@Mapper 注解不支持设置 StarName 的属性
    }

    @Override //d
    public void scanStarDefinitionFor(Collection<String> basePackages, StarDefinition-
Holder definitionHolder) {
        if (universe == null) {
            universe = (Universe) definitionHolder;
        }
        //d1.设置当前 SuperCluster
        ((Universe)definitionHolder).setCurrentSuperCluster(this);
        //d2.扫描支持的注解(@Mapper)
        SuperCluster.super.scanStarDefinitionFor(basePackages, definitionHolder);
        definitionHolder.getStarDefinitions().stream().filter(sd -> {
            SuperCluster sc = sd.getSuperCluster();
            return sc instanceof UniverseMybatisSuperCluster;
        }).forEach(sd -> sd.setType(PROXY_NAME)); //d3.设置 sdType
        // d4.去除当前 SuperCluster 标记
        ((Universe)definitionHolder).setCurrentSuperCluster(null);
    }
    ...
    @Override //e
    public Object makeStar(StarDefinition sd) {
        Class<?>[] interfaceArr = sd.getInterfaces().toArray(Class<?>[]::new);
        return Proxy.newProxyInstance(getClass().getClassLoader(),
            interfaceArr,
            new UniverseMybatisInvocationHandler<>(
                universe.getStar(SqlSessionFactory.class),
                interfaceArr[0])
        );
    }
}
```

我们在前文编写 Singularity 框架时已经编写过 SingularitySuperCluster(参见 8.4.6 小节代码片段 8-77)，这里的 UniverseMybatisSuperCluster 同样是 SuperCluster 实现，读者可以把二者对比一下，可以发现此二者也存在一些不同。同时，我们在前面测试 Universe 时也创建过 NewElementCreator(参见 8.3.3 小节代码片段 8-43)，它和当前的 UniverseMybatisSuperCluster 更相似。

1) a 处定义当前 SuperCluster 支持的 sdType(StarDefinitionType)名为“UNIVERSE_MYBATIS_PROXY”，而 SingularitySuperCluster 并没有定义专门的 sdType。究其原因，UniverseMybatisSuper-

Cluster 需要自行创建 Star，因此需要重写 supportSdType 和 makeStar 方法，这时候就需要设置专属的 sdType；而 SingularitySuperCluster 并不需要自行创建 Star，它的存在只是扫描自定义的@Singularity 注解，至于创建 Star 的过程，它是直接委托 Universe 完成的，所以它不需要定义自己专属的 sdType，使用默认值就行了。

2) b 处设置当前 SuperCluster 支持的注解为@Mapper。

3) c 处确定 StarName。由于@Mapper 注解本身是个空注解，没有任何属性(请读者自行参阅 Mybatis 源码 org.apache.ibatis.annotations.Mapper)，因此我们无法在此注解中指定 StarName——同样，我们在使用 Spring Boot 时也无法在此注解中指定 BeanName。由于无法从注解中获取 StarName，在此直接返回 null(若返回空字符串"", 效果一样)，在创建 StarDefinition 时 Universe 会帮忙自动生成——以当前类型的全限定名代替(请读者回顾一下这是在哪一步完成的?)。

4) d 处的 scanStarDefinitionFor 方法，和前面我们在测试 Universe 框架时创建的 NewElementCreator非常像，最大的区别或许就是 sdType 不一样而已，请读者自行对比。

5) e 处是我们最关心的，即使用用户编写的@Mapper 接口，结合前面创建的第二个类——Universe MybatisInvocationHandler，在此完成动态代理的创建。

完成上述操作之后，将 UniverseMybatisSuperCluster 配置至 JDK 的 SPI 配置文件中(具体配置过程省略)。

就这样，我们创建了三个类，完成了一个简单的框架。

8.5.4 测试 UniverseMybatis

转眼间我们迎来了测试环节。通过对三个类的准备，我们现在终于可以像 Spring Boot 那样直接注入并使用用户编写的 Mapper 接口了。

我们重新回到“universe-test-app”模块，并且在 pom.xml 文件中引入刚刚编写好的 universe-mybatis 依赖(具体引入过程省略)。

1. 准备工作

引入任意数据库驱动(前面我们在编写 UniController 时使用的数据库任选)，比照 Spring Boot 中配置数据源的“spring.datasource.×××”属性来配置我们 UniverseMybatis 的“universe.db.×××”属性(具体配置过程省略)。配置好数据源后，现在来编写一个简单的 Entity，如代码片段 8-104 所示(路径：universe-test-app 模块，com.purpblue.test.universe.mybatis.TestEntity)。

代码片段 8-104：编写测试 Entity

```
@Data
@AllArgsConstructor
@NoArgsConstructor
public class TestEntity {
    private String id;
```

```
    private String name;
    private Integer version;
}
```

来了来了，Lombok 登场了！因为这是测试应用(业务应用)，所以我们可以毫无顾忌地使用各个依赖。然后，我们来准备对应的 Mapper 接口，如代码片段 8-105 所示(路径：universe-test-app 模块，com.purpblue.test.universe.mybatis.TestMapper)。

代码片段 8-105：编写测试 Mapper

```
@Mapper
public interface TestMapper {
}
```

接下来，我们对“test_entity”表的 CRUD 操作就在此接口中进行，只需编写相关方法即可。我们偷个懒不去编写 *Mapper.xml 文件，转而通过@Select、@Insert 等注解直接标注在方法上，效果一样。TestMapper 中定义的各个 DB 方法，接下来会一一演示。

为了观察，我们创建一个测试组件，如代码片段 8-106 所示(路径：universe-test-app 模块，com.purpblue.test.universe.mybatis.TestMybatis)。

代码片段 8-106：基于 Universe 的 AfterBirth 接口的测试组件

```
@Star
public class TestMybatis implements AfterBirth {
    @Planet
    private TestMapper testMapper; //a.注入 TestMapper

    @Override
    public void init() {
        //x.在这里测试各个 TestMapper 方法
    }
}
```

AfterBirth 组件准备好了，测试已就绪。或许有读者更喜欢通过 Web 访问来观察，那就创建@Singularity 组件并注入 TestMapper，这一过程非常轻松，如代码片段 8-107 所示(路径：universe-test-app 模块，com.purpblue.test.universe.access.UniverseMybatisSingularity)。

代码片段 8-107：基于 Singularity 框架的 Web 测试组件

```
@Singularity
public class UniverseMybatisSingularity {
    @Planet
    private TestMapper testMapper;
    @SingularityEntrance("/all")
    public String allStudents() {
```

```
        //doSth
    }
}
```

上面两个测试组件使用方式不一样，这我们很清楚：TestMybatis 组件基于 AfterBirth 接口，仅在 Universe 启动时运行一次，胜在简洁；而 UniverseMybatisSingularity 组件基于 Singularity（通过 Web 访问），Universe 启动完成后可以反复访问。读者可以按喜好自由选择。

2. 普通 CRUD 测试

先用简单的 SQL 语句测试一下，就像在 Spring Boot 中编码。我们在 TestMapper 接口中编写一些简单 SQL 语句，如代码片段 8-108 所示（路径：universe-test-app 模块，com.purpblue.test.universe.mybatis.TestMapper）。

代码片段 8-108：在 TestMapper 中编写一些 SQL 语句

```
@Select("SELECT ID, NAME, VERSION FROM TEST_ENTITY")
List<TestEntity> findAll();

@Insert("INSERT INTO TEST_ENTITY (ID, NAME, VERSION) VALUES (#{id}, #{name}, #{version})")
void insert(TestEntity entity);

@Delete("DELETE FROM TEST_ENTITY WHERE ID = #{id}")
void delete(String id);
```

各个方法的作用一看便知，它们可以在 TestMybatis 的 init 方法中运行，或者在 UniverseMybatisSingularity 中通过 Web 形式运行，当然也可以在其他 Star 中自由运行，请读者自行测试。

3. 带标签测试

MyBatis 的一大特点就是各个灵活而复杂的标签，我们同样可以直接使用这些标签，如代码片段 8-109 所示（路径：universe-test-app 模块，com.purpblue.test.universe.mybatis.TestMapper）。

代码片段 8-109：支持复杂的 SQL 语句

```
@Update("""
    <script>
    UPDATE TEST_ENTITY
    <set>
    <if test='name != null'>, name = #{name}</if>
    <if test='version != null'>, version = #{version}</if>
    </set>
    WHERE id = #{id}
    </script>
    """)
void update(TestEntity entity);
```

上面是一个按需更新的例子，我们在@Update 注解中使用了由三个引号（"""）引起来的文本块(这是 JDK 17+的语法)，它比低版本 JDK 的字符串拼接更好用。因为 SQL 中带有标签，所以需要以“<script></script>”包裹。可以看到，这个更新传入一个 TestEntity 对象，按里面的内容进行更新：若 name 字段有值，则更新之，否则不更新，同样，若 version 字段有值，则更新之，否则不更新。另外无论如何，想要更新某一行数据，entity 对象必须携带 id 值。

通过上面的各个 Mapper 方法，我们已经集齐了 C、R、U、D 各方法，请读者安排合理逻辑，在 TestMybatis(或 UniverseMybatisSingularity)中自行测试。另外，读者也可以仿照上面的 update 方法编写带有更复杂标签的 SQL 语句。

4. 关于事务

数据库事务涉及一个或多个 DB 方法，这些方法的执行结果，要么全成功，要么全失败，从而最大限度保持数据一致。前面的各个测试都没有涉及事务，那当前由三个类组成的框架支持事务吗？事务本质上是数据库的功能，只要我们持有数据库连接 java.sql.Connection 对象，就能支持事务。那 Connection 对象从何而来呢？这很简单，它直接来自 DataSource(javax.sql.DataSource#getConnection 方法)，而 DataSource 我们在第一个类(UniverseMybatisAutoConfiguration)中已经配置好了——如此就闭环了，事务是一定支持的，现在的问题主要是如何支持？

对于不需要事务控制的方法自然是非常简单的，我们刚才的测试就足以证明，而有事务控制的方法，就有些麻烦了。我们知道在 Spring Boot 中事务既可以手动控制也可以以注解的形式实现，并且后者才是推荐的形式，它让我们专注于业务逻辑，而事务的提交、回退等控制交给框架(或者说拦截器)完成。由刚才编写第二个类 UniverseMybatisInvocationHandler 的理念和经验我们知道，使用注解标注方法(比如@Transactional)，再通过动态代理帮忙自动完成事务功能是最理想的方式，这样用户可以专注业务逻辑，这也是我们努力的方向。但问题在于，基于注解的自动事务控制确实不简单，并且最重要的一点，它不是我们要讨论的核心功能，为了实现该功能而去破坏当下“三个类组成的框架”，真有些不划算。为了实现事务的相关控制，Spring 生态下甚至专门准备了“spring-tx”模块来处理，可想其复杂程度。

MyBatis 中事务可以通过 SqlSession 间接控制，同一个 SqlSession 的各个操作共享事务。由于基于注解的自动事务较为复杂，我们就不支持了，我们只演示一下手动事务控制即可，如代码片段 8-110 所示(路径：universe-test-app 模块，com.purpblue.test.universe.mybatis.TestMybatis)。

代码片段 8-110：手动控制 Mybatis 事务

```
@Star
public class TestMybatis implements AfterBirth {
    @Planet
    private SqlSessionFactory sqlSessionFactory;
    @Override
    public void init() {
        //a.创建 SqlSession,并且设定不自动提交事务
```

```
        final SqlSession sqlSession = sqlSessionFactory.openSession();
        try (SqlSession session = sqlSession) {
            //b.创建不自动提交事务的 Mapper 对象
            TestMapper localTestMapper = session.getMapper(TestMapper.class);
            //c1.创建目标数据 1
            TestEntity newEntity = new TestEntity(
                UUID.randomUUID().toString().replace("-", ""),
                "事务测试 1",
                0);
            //c2.插入数据,但不提交事务
            localTestMapper.insert(newEntity);

            //d1.创建目标数据 2
            TestEntity newEntity2 = new TestEntity(
                UUID.randomUUID().toString().replace("-", ""),
                "事务测试 2",
                1);
            //d2.插入数据,但不提交事务
            localTestMapper.insert(newEntity2);

            //e.获取系统时间戳,一半几率触发异常
            if (System.currentTimeMillis() % 10 > 4) {
                throw new RuntimeException("Exception");
            }
            //f.若未触发异常,提交事务
            sqlSession.commit();
        } catch (Exception e) {
            //g.若触发异常,回滚事务
            sqlSession.rollback();
            throw e;
        }
    }
}
```

我们改进了 TestMybatis 类，让它的 init 方法变成手动支持事务的形式。可以看到我们手动进行了事务的提交或回滚操作(f、g 处)。之所在必须在 b 处重新创建局部 TestMapper 对象，是因为我们通过@Planet 注入的全局 TestMapper 对象(即 Star)其实是个 JDK 动态代理，它的核心是 UniverseMybatisInvocationHandler#invoke 方法。在此方法中，我们通过 SqlSessionFactory 打开 SqlSession 时，设置了自动提交(即“openSession(true)”)，即“每个 DB 方法执行完毕后就立刻提交”，事实上就相当于没有事务。相比之下我们在上面 init 方法中不是这样的，我们在 a 处创建 SqlSession 时没有设置自动提交(即“openSession()”)，然后使用此属性在 b 处全新创建了不自动提交事务的局部 TestMapper 对象，这样在全部 DB 方法执行完之后在 f 处提交事务(实现全部操作成功)，或者在 g 处回滚事务(实现全部操作失败)。

8.6 Universe 中的 AOP 框架——Wormhole

我们对 AOP 早已不陌生了，它本质上是拦截器，在目标方法执行前或执行后额外执行一些逻辑。如果用户愿意，他们可以手动编写这些拦截器并和业务代码结合在一起，不过如果真这样做的话，那代码就变得很混乱了。正是需要将业务代码独立管理，所以我们通过切面的形式执行拦截，即 AOP(Aspect Oriented Programming)。

在 Spring 生态下，如果要拦截某个 Bean 方法，Spring 会自动进行检测并将目标 Bean 进行增强(Enhance)，即创建动态代理，然后在动态代理中，会在 Bean 方法执行的前后插入相关的拦截逻辑(Advice)。这些拦截逻辑的典型实现就是我们在切面 Bean 中编写的各个@Before、@After、@Around 等注解标记的方法。因为被拦截的 Bean，其核心实现由用户编写，Spring 无法提前确定是否和接口相关，因此 AOP 增强就有两个方向：若用户编写的是具体的类(比如常见的 Controller、Service 等)，那就创建 CGLIB 动态代理；而若用户仅仅编写了核心接口(比如 MyBatis、JPA、Feign 等)，则创建 JDK 动态代理。

对于 Universe 生态而言，AOP 框架的存在，相当于让本来应该立刻执行的方法进入了一个虫洞(Wormhole)之中，被引到其他地方去了，只是最后兜兜转转总算又回来了。鉴于此，我们将 Universe 下的 AOP 框架命名为“Wormhole”，因此当前新建的模块名也就称为“universe-wormhole”。

本节是作者介绍 Universe 生态的最后一个框架，其内容并不多，在此之前，请读者务必弄清楚前面介绍的 Universe、Singularity 和 UniverseMybatis 模块，尤其是前两者。

8.6.1 依赖说明

前面编写 UniverseMybatis 时，我们引入了原始的“mybatis”依赖，并对其重新演绎。这里编写 Wormhole 也一样，我们可以引入原始的 AOP 依赖，然后重新演绎，并且和 Spring 一样，针对纯接口类型的 StarClass，使用 JDK 动态代理，而针对一般业务类型的 StarClass，因为它们是否实现接口并不确定，因此使用与接口无关的 CGLIB 动态代理。对于 JDK 动态代理我们已经清楚，不需要引入任何依赖，但 CGLIB 动态代理，就不得不引入其他依赖。本来，引入“cglib”这个依赖就可以了，但很遗憾此依赖最新版本为 3.3.0，其更新的日期停留在 2019 年 8 月(参见 https://mvnrepository.com/artifact/cglib/cglib)，它无法在当前 JDK 21 环境下正常工作。不过即便如此，我们也还有 Plan B，那就是 Spring 自行维护的那个分支，因此我们需要在 universe-wormhole 模块的 pom.xml 文件中引入相关依赖(同时还要引入与切面相关的 aspectjweaver 依赖)，具体内容如代码片段 8-111 所示。

代码片段 8-111：引入 AOP 和 aspectjweaver 依赖

```
<dependency>
    <groupId>org.springframework</groupId>
```

```
    <artifactId>spring-aop</artifactId>
    <version>6.1.9</version>
</dependency>
<dependency>
    <groupId>org.aspectj</groupId>
    <artifactId>aspectjweaver</artifactId>
    <version>1.9.19</version>
</dependency>
```

看到 Spring 字样了？没事，我们只是借用其中可以在 JDK 21 环境下正常工作的 CGLIB 组件而已，其余和 Sping 强绑定的内容(比如和 Bean 相关的东西)一概不用。否则，由于我们的系统中没有 BeanFactory(只有 Universe)，肯定无法正常工作。

CGLIB 这个组件，除了提供创建 CGLIB 动态代理的功能外，同时也为我们提供了耳熟能详的@Before、@After、@Around 等 AOP 注解，这些注解自然和 Spring 没有丝毫关系——再强调一次，是 Spring 使用了 CGLIB，而非 CGLIB 依赖了 Spring。我们在当前 Wormhole 框架中同样会使用 CGLIB 的这些东西，这和 Spring 没有关系。

8.6.2 大致思路

现在，我们一起来复习一下 Spring 生态下的各个 AOP 组件：切面使用@Aspect 注解标记，其中相关的拦截方法(即 Advice)则由@Before、@After 等注解标记，并且在其中写好切点表达式，Spring 会自动帮我们完成相关的切面逻辑。同样，我们也试着在 Universe 体系下完成此类工作——是不是感觉我们的目标还挺远大？

对于@Aspect 注解标记的切面，在 Spring 体系下需要额外添加@Component 注解它才能进入 Bean 体系(因为@Aspect 本身不属于模式注解)；同样，在 Universe 体系下它也需要额外添加@Star 注解我们才让它进入 Star 体系，两相对比如代码片段 8-112 所示。

代码片段 8-112：演示 Spring 和 Universe 下的切面定义

```
@Aspect
@Component //a.Spring 体系下@Aspect 之外还需要@Component
public class TestAspect {
}

@Aspect
@Star //b.Universe 体系下@Aspect 之外还需要@Star
public class TestAspect {
}
```

如果读者觉得这种方式不满意，可以这样规定：在 Universe 体系下，只要某个类标记了@Aspect 注解，它的对象就可以被 Universe 纳入 Star 体系，不再需要@Star 注解，像@Singularity 注解那样……若采用这种情形请自行准备相关 SuperCluster。

通过上面的讨论，我们准备好了切面，那如何切入各个方法呢？自然直接使用 AOP 下的相关逻辑——也就是说，用户像在 Spring 体系那样准备切点表达式就行了。比如，“@After("execution(* findAll(...))")”可以匹配全部的 findAll 方法(任意形参)，再比如“@Around("@annotation(com.×××.Anno)")”可以匹配全部带有@Anno 注解的方法，等等。我们在分析@Aspect 切面 Star 时，会通过这些表达式去匹配目标方法。

一个方法要执行，如果想在它的前面或后面插入一些其他的逻辑(Advice)，那肯定要重写它，这便是动态代理的意义。那么在哪里执行呢？由于我们匹配 AOP 切点表达式的时机是 Star 创建好以后(其实创建之前也可以进行，这时候的分析目标是类而非对象)，因此考虑通过 StarRound 或 AfterUniverseBorn 接口进行。由于前者能实时处理刚刚生成的 Star，具有更高的时效性，因此就选它了。

通过系统级的 StarRound，对每一个创建出来的 Star 进行检查：若其中有方法被切点表达式匹配，则创建该 Star 的动态代理，并且织入所有匹配的 Advice，否则不处理即可。至于匹配切点表达式的逻辑，CGLIB 组件中已经自带，我们直接用就行了(后文会详述)。

对于用户编写的切入目标方法的 Advice，我们规定不使用 JoinPoint、ProceedingJoinPoint 接口当形参，因为这些接口较麻烦(追求一切从简)。我们自己定义了一个非常简单的类似接口 UniverseJoinPoint，在 Advice 中用它来操控目标方法即可，两者对比如代码片段 8-113 所示。

代码片段 8-113：演示 Spring 和 Universe 下的 Advice 形参

```
@Before("execution(xxxxx)") //a1.Spring 写法
public void before0(JoinPoint joinPoint) {
    //doSth
}
@Before("execution(xxxxx)") //a2.Universe 写法
public void before1(UniverseJoinPoint joinPoint) {
    //doSth
}

@Around("@annotation(com.xxx.yyy)") //b1.Spring 写法
public Object around0(ProceedingJoinPoint joinPoint) ... {
    return joinPoint.proceed();
}

@Before("@annotation(com.xxx.yyy)") //b2.Universe 写法
public void around1(UniverseJoinPoint joinPoint) ... {
    return joinPoint.proceed();
}
```

以上，a1、b1 是我们在 Spring 体系下经常使用的 AOP 风格，而 a2、b2 则是对应于 Universe 体系下的写法，效果一样。再次强调，@Before、@Around 这些注解并不是 Spring 的，而是属于 AspectJ 的，因此在 Spring 和 Universe 下都可以使用。

8.6.3 UniverseJoinPoint 组件

我们在上文提到，由于 JointPoint、ProceedingJoinPoint 接口的定义略显复杂(请读者自行查阅源码)，我们决定不采用它们，而是自行定义类似的接口，即 UniverseJoinPoint，如代码片段 8-114 所示(路径：universe-wormhole 模块，com.purpblue.universe.wormhole.aspect.UniverseJoinPoint)。

代码片段 8-114：定义 Universe 中使用的 JoinPoint

```
public interface UniverseJoinPoint {
    /**
     * a.执行目标方法
     */
    Object proceed() throws Throwable;

    /**
     * b.目标方法入参
     */
    Object[] args();

    /**
     * c.目标方法本身
     */
    Method method();

    /**
     * d.执行目标方法的对象(Star)
     */
    Object star();

    /**
     * e.其他信息,由各个实现类自行定义
     */
    Object others();
}
```

此接口可以认为是 Spring 中 ProceedingJoinPoint 的简化版，我们主要用它来完成方法的调用(即 “proceed()”)和当前 Star 的获取(即 “star()”)等功能。

由于切面的织入需要区分 JDK 动态代理和 CGLIB 动态代理，因此 UniverseJoinPoint 也就对应着两个实现类，下面我们简单展示一下 JDK 动态代理下的实现，如代码片段 8-115 所示(路径：universe-wormhole 模块，com.purpblue.universe.wormhole.aspect.UniverseJdkProxyJointPointImpl)。

代码片段 8-115：适用于 JDK 动态代理的 UniverseJoinPoint 实现类

```
public class UniverseJdkProxyJointPointImpl implements UniverseJoinPoint {
    /** a.方法入参 */
```

```
    private final Object[] args;
    /** b.方法本身 */
    private final Method method;
    /** c.执行方法的对象(Star) */
    private final Object star;

    public UniverseJdkProxyJointPointImpl(Object star, Object[] args, Method method) {
        this.args = args;
        this.method = method;
        this.star = star;
    }

    @Override
    public Object proceed() throws Throwable {
        return method().invoke(star(), args());
    }
    ...//省略其他接口方法
}
```

此 UniverseJoinPoint 实现会在进入 Advice 时组装完毕，然后在@Before、@After、@Around 等方法的入参中提供给用户使用。对于 CGLIB 动态代理下的实现，其思想是一样的，只是具体实现细节略显不同，请读者自行参阅 UniverseCglibJointPointImpl 源码。

UniverseJoinPoint 组件只能算“辅助材料”，没有太多需要讨论的部分。

8.6.4 动态代理组件

为了“切中”目标方法，我们肯定得将目标方法所在的对象变成动态代理，这样才能在其执行前、执行中和执行后(甚至执行异常时)插入切面逻辑。无论是 JDK 动态代理还是 CGLIB 动态代理，它们的执行思想都是一样的。正是因为“中心思想”是一样的，这就给了我们一个统一的处理模板——我们将统一的执行思路抽象出来，然后针对 JDK 动态代理和 CGLIB 动态代理各自实现相关细节就行了。没错，设计模式之模板方法登场了。

创建抽象父类 AbstractProxyInvoker，如代码片段 8-116 所示(路径：universe-wormhole 模块，com.purpblue.universe.wormhole.proxy.AbstractProxyInvoker)。

代码片段 8-116：适配两种代理的模块方法

```
public abstract class AbstractProxyInvoker {
    protected Object uniInvoke(
        Object proxy, //a1.当前代理对象
        Object star, //a2.代理对象内部包含的 Star
        Method method, //a3.业务方法本身
        Object[] args, //a4.业务方法的执行入参
        Object methodProxy, //a5.方法代理,仅用于 CGLIB 动态代理
```

```
        Map<Method, List<AspectHolder>> aspectMap) throws Throwable {
        if (method.getDeclaringClass() == Object.class) {
            //b.若执行来自 Object 类的方法,直接略过
            return callObjectMethod(proxy, star, method, args, methodProxy);
        }
        Object result = null;
        //c.对@Around 类型 Advice 特别处理,因为此类 Advice 内部将由用户自行调起业务方法并返回结
//果。这里定义@Around 类型标记
        boolean hasAround = false;
        //d.获取当前方法的全部 Advice 信息
        List<AspectHolder> aspectHolders = aspectMap.get(method);
        UniverseJoinPoint joinPoint = null;
        if (aspectHolders != null) {
            //e.创建 UniverseJoinPoint
            joinPoint = makeJoinPoint(proxy, star, method, args, methodProxy);
            //f.调用全部@Before 类型的 Advice
            invokeAspect(aspectHolders, Before.class, joinPoint);
            List<AspectHolder> arounds = aspectHolders.stream()
                .filter(a -> a.getType() == Around.class)
                .toList();
            if (!arounds.isEmpty()) {
                //g.调用全部@Around 类型的 Advice,需要返回值,用户必须自行在 Advice 中调用业务
//方法
                hasAround = true;
                for (AspectHolder ah : arounds) {
                    try {
                        result = ah.getAopMethod().invoke(ah.getStar(), joinPoint);
                    } catch (...) {...}
                }
            }
        }

        if (!hasAround) {
            //h.若用户没有调用过@Around 类型 Advice,这里帮忙调用业务方法
            result = invokeMyself(proxy, star, method, methodProxy,  args);
        }

        if (aspectHolders != null) {
            //i.调用@After 类型 Advice
            invokeAspect(aspectHolders, After.class, joinPoint);
        }
        return result;
    }
    ...//省略 invokeAspect 方法和与动态代理类型有关的抽象方法定义
}
```

上面抽象类的主逻辑就一个方法——uniInvoke，也就是我们刚刚提到的“模板方法”。无论哪一种动态代理，最终调用方法时都会进入此方法，只不过其中有几个细节需要各自实现而已：callObjectMethod(b 处)，用于调用所有类的基类 Object 的各个方法(如 hashCode、equals、toString 等)；makeJoinPoint(e 处)，上文刚刚提到过，用于创建不同动态代理下的 Advice 入参；invokeMyself (h 处)，调用业务方法本身。上述几个方法在当前抽象类中都是抽象方法，跟随动态代理类型的不同而不同，它们需要不同的子类各自实现。从整个执行模板来讲这些抽象方法都属于细节部分，读者自行参阅实现类的源码即可(WormholeInvocationHandler、WormholeMethodInterceptor)，现在我们重点说明作为主干的 uniInvoke 方法。

1) a1～a5 各处形参代表的内容已经在注释中标明。这其中，a1 处 proxy 是“当前代理对象”，其内部封装着原始的 Star 和各个 Advice；a5 处 methodProxy 形参，虽然是 Object 类型，但其真实类型是 org.springframework.cglib.proxy.MethodProxy(不要被 springframework 的前缀误导，这是 CGLIB 的组件。还记得我们在 5.1.3 小节提到过的全组件复制吗?)，并且此类型只会出现在 CGLIB 动态代理中——对于 JDK 动态代理，此值一定为 null。之所以不直接将之声明为真实的 MethodProxy 类型，是因为这里是通用模板方法，它不仅仅由 CGLIB 动态代理使用。这就好比我们在前面编写 Singularity 框架，通用的组件中不要引入 Tomcat 或Undertow 的专属组件一样。

2) 我们在 Spring 体系中知道@Before、@After 与@Around 类型的 Advice 不一样，前两者只是在业务方法执行前后进行一些额外的逻辑，它们是没有返回值的(有也会被忽略)，而后者则需要用户在 Advice 内部手动调用业务方法并返回执行结果，框架不会帮忙调用，如此就造成了@Before、@After 类型的 Advice 和@Around 类型的 Advice 存在调用差异。对于 Spring 而言，其处理方式较为复杂，各种 Advice 都有专属的类型和处理逻辑(毕竟它是面向全世界生产使用的，当然要做到无比周全)。但对于我们而言，可以简单规定：创建一个布尔变量 hasAround(c 处)，初始值为 false，一旦发现当前动态代理拥有@Around 类型的 Advice，那就设置为 true。在主体逻辑即将自动调用业务方法时(h 处)，检查此变量的值，若为 true，说明执行过@Around 方法，用户必然(也必须)在其中手动触发过业务方法了，作为框架我们不再处理；而若仍然是 false，说明当前业务方法没有调用过@Around 方法，则框架会自动帮忙触发业务方法并将方法返回值作为最终结果。需要注意的是，全程我们都在说@Around 类型的 Advice，只有这会影响 h 处的调用逻辑，@Before 和@After 类型的 Advice 是不影响流程的。

3) 剩下的逻辑其实就很简单了，无非就是在适当的地方调用各个@Before、@After 类型的 Advice 而已，请读者对照源码中的注释自行理解。

就这样，练习级别的 AOP 核心逻辑就介绍完了。针对 JDK 动态代理和 CGLIB 动态代理，继承此类并实现其中的抽象方法就行了，各个抽象方法实现起来也非常简单，请读者自行参阅源码。对于 JDK 动态代理，InvocationHandler 是必不可少的，因此其实现类是 WormholeInvocationHandler；对于 CGLIB 动态代理，MethodInterceptor 是必不可少的，因此其实现类是 WormholeMethodInterceptor。

8.6.5 StarRound 组件和自动配置

组件(UniverseJoinPoint)准备好了，AOP 底层调用逻辑(AbstractProxyInvoker)也准备好了，是时候创建 AOP 动态代理了。

我们通过后置处理的形式，在 Star 刚刚创建出来之后立即使用所有 Advice 进行匹配。Universe 体系下后置处理由 StarRound 组件完成，现在来创建该组件，具体逻辑如代码片段 8-117 所示(路径：universe-wormhole 模块，com.purpblue.universe.wormhole.UniverseWormholeRound#after)。

代码片段 8-117：后置处理器创建 AOP 动态代理

```
public Object after(String name, Object star) {
    if (aspects == null) {
        ... //a.构建全局 aspects 缓存,即切面信息缓存(全量)
    }
    //x.Star 的增强逻辑正式开始
    Method[] starMethods;
    Class<?> starClass = star.getClass();
    if (Proxy.isProxyClass(starClass)) {
        //b1.若当前 Star 是 JDK 动态代理类型,需要寻找其接口中的方法声明
        starMethods = Arrays.stream(starClass.getInterfaces())
            .map(i -> Arrays.asList(i.getMethods()))
            .flatMap(Collection::stream)
            .toArray(Method[]::new);
    } else {
        //b2.非 JDK 动态代理类型,直接获取 StarClass 的 public 方法
        starMethods = starClass.getMethods();
    }
    //b3.当前 Star 所有方法的全部 Advice 信息(并非每个方法都有 Advice 匹配)
    Map<Method, List<AspectHolder>> aspectMap = new HashMap<>();
    for (Method starMethod : starMethods) {
        //b4.当前方法的全部 Advice 信息
        List<AspectHolder> aspects = new ArrayList<>();
        for (AspectHolder holder : aspectHolders) {
            //c.将 Star 中的方法与所有 Advice 依次匹配
            ShadowMatch shadowMatch = PointcutParser
                .getPointcutParserSupportingSpecifiedPrimitivesAndUsingSpecifiedClass-
LoaderForResolution(
                    PointcutParser
     //c1.默认支持的切点表达式类型(其实我们支持不了这么多)
    .getAllSupportedPointcutPrimitives(),
                    //d.获取 PointcutParser 对象
                    UniverseWormholeRound.class.getClassLoader())
                .parsePointcutExpression( //e.解析切点表达式
                    //e1.用户在@Before、@After、@Around 等注解中编写的 AOP 切点表达式
```

```
                        holder.getAopExpression(),
                        Aspect.class,
                        new PointcutParameter[0] //e2.除 UniverseJoinPoint 外的"额外"形参
                    )
                    .matchesMethodExecution(starMethod); //f.切点表达式与当前 Star 方法进行匹配
                if (shadowMatch.maybeMatches()) {
                    //g.若当前方法确实有 Advice 匹配,添加至列表
                    aspects.add(holder);
                }
            }
            if (!aspects.isEmpty()) {
                //h.当前方法检查结束。若确实存在 Advice 匹配,列表放入全局切面 Map
                aspectMap.put(starMethod, aspects);
            }
        }
        if (!aspectMap.isEmpty()) {
            //i.若切面 Map 非空,说明当前 Star 确实需要增强(具有匹配的 Advice),根据需要创建动态代理,并
//将相关信息置入
            return simpleProxyFactory.createProxy(star, name, aspectMap);
        }
        return star;
    }
```

我们来大致说明一下方法中的整体思想：首先，创建一个 Map(aspectMap，b3 处)，它的 key 是当前 Star 的各个方法，value 是此方法匹配的全部 Advice。接下来我们的各种逻辑，都是为了填充此 Map 而进行。到最后，若此 Map 非空，说明当前 Star 至少有一个方法被切面命中，那肯定就要创建动态代理，并且将此 Map 一并置入动态代理中，运行时直接以方法为 key 执行 get 查找就知道是否有匹配的 Advice；若此 Map 最终还是空的，那就说明当前 Star 没有方法被切面命中，不用处理即可。由于此行为发生在系统启动中，因此没有什么特别的性能考量。

1) a 处获取全部由@Aspect 标记的 Star(即切面)。之所以在这里获取而不是直接通过构造函数或@Planet 注解注入它们，主要是由于 Universe 的规定：StarRound 是基础组件，它的对象(即 Star)创建时机早于普通 Star，自然不应该通过构造函数或@Planet 注解直接注入拥有@Aspect 标记的普通 Star。类比 Spring，BeanFactoryPostProcessor(BFPP)或 BeanPostProcessor(BPP)之类的基础组件，它们的依赖注入是不会被 BeanFactory 响应的，或者说不保证能被正确响应，这里我们的思想和 Spring 是一致的(也没有别的处理方法，因为实在不好处理)。

理清楚这个逻辑后，我们再次回到当前需求——需要在 StarRound 中获取所有带有@Aspect 注解的普通 Star，于是只好在 after 方法中(a 处)进行了。说实话，在这里初始化显得有点简单，主要是 Universe 提供的接口(功能)太少了，这是“从简”思想导致的，毕竟我们重点关注的是框架思想而非这些面面俱到的细节。框架有了，读者可以自行将这些细节细化一下——比如让 Universe 提供更多的扩展功能、在 a 处使用 StarDefinition 而非 Star 进行匹配……

a 处在获取到全部带有@Aspect 标记的 Star 之后，会逐一分析其中带有@Before、@After 和@Around 注解的方法，提取它们的 AOP 切点表达式，并将切面 Star(带@Aspect 标记的 Star)、Advice 类型(切面 Star 中带@Before、@After、@Around 标记的方法)和目标方法(业务逻辑)本身一并封装成 AspectHolder 并置入全局缓存。相关逻辑在上述代码中已省略，请读者自行参阅随附源码。

我们暂时只支持@Before、@After、@Around 三种 Advice，其他诸如@AfterReturning 等请读者自行比照解析和支持——框架搭好了，细节是可以自行完善和修改的。

2)从 x 处开始，就是前面整体介绍过的增强逻辑。b1 和 b2 处的区别就是当前业务 Star 是不是 JDK 动态代理。我们知道 JDK 动态代理比较特殊，用户和它接触时一般只编写接口而不需要实现类(框架会帮忙接上 InvocationHandler 实现类)，所以我们考查该 Star 时，需要先“脱壳”，即无视动态代理本身，更不需要关心其内部的 InvocationHandler，我们只关心它的接口，所以就有了 b1 处的逻辑。至于 b2 处，比较简单便不进行说明了。

3)在 b3 处，创建了前面说过的 Map。一旦此 Map 最终存在数据，即说明当前 Star 有方法被 Advice 命中，需要创建动态代理。

4)之后开始对每个方法进行检查。b4 处的 List 正是 b3 处 Map 的 value，也就是说，只要此处的 List 最终存在数据，则 b3 处的 Map 就必定存在数据。接下来的逻辑，就是通过方法与 Advice 的匹配情况来决定是否往 List 中添加数据。c 处是获取 PointcutParser 的逻辑，这个来自 aspectjweaver 依赖的方法名字较长。获取到 PointcutParser 对象之后(d 处)，立刻在 e 处解析用户编写的切点表达式，然后在 f 处与当前业务 Star 的方法进行匹配，最终在 g 处获取匹配结果。这里有一个地方需要略微提一下，那就是 e2 处。

为了解析出准确的切点表达式，除了@Before、@After、@Around 等注解中的 value 属性外(即用户编写的切点表达式)，还需要当前 Advice 除 UniverseJoinPoint 以外的形参配合。我们规定，Universe 体系下 Advice 有且只有使用 UniverseJoinPoint 作为唯一形参，其他的一概不支持，因此这里永远不会有额外形参，于是其数组长度固定为 0。比照 Spring，什么情况下会存在额外形参呢?比如代码片段 8-118 所示的情况。

代码片段 8-118：Advice 中的“额外形参”

```
@Before("@annotation(info)") //x
public void beforeExe(JoinPoint joinPoint, ControllerInfo info) { //y
    ...
}
```

上面是一段伪代码。假定 ControllerInfo(com.xxx.yyy.ControllerInfo)是一个自定义注解，标注在方法上，那么上述 Advice 将匹配所有标注了@ControllerInfo 的方法。仔细看@Before 中的写法，非常简洁(x 处)，直接用 info 就能代表“com.xxx.yyy.ControllerInfo”这么长的内容。究其原因，是因为此 Advice 的形参有两个(y 处)：第一个是基础的 JoinPoint 类型，第二个正是 info。也就是说，

Spring 需要同时知道“@annotation(info)”和“info 是 com.xxx.yyy.ControllerInfo 类型”才能完成切点解析，这时候这个 info 形参就是作者所说的“额外形参”——确实不错，但我们暂不进行支持，有兴趣的读者可以自行实现。

在我们 Universe 体系下，由于不支持额外形参，代码片段 8-118 的伪代码可以改一下，如代码片段 8-119 所示，其效果一样。

代码片段 8-119：Universe 下不支持额外的 Advice 形参

```
@Before("@annotation(com.xxx.yyy.ControllerInfo)")
public void beforeExe(UniverseJoinPoint joinPoint) {
    ...
}
```

5）回到前面 StarRound 主方法（代码片段 8-117），最后需要专门提及的就是 i 处，这里我们使用了一种设计模式——简单工厂：如果 Star 本身是 JDK 动态代理，被增强过后它还是 JDK 动态代理（但是是新的动态代理，不是原来那个了）；而如果 Star 本身不是 JDK 动态代理，那被增强过后它就应该是 CGLIB 动态代理。在这里同为动态代理，却出现了两种不同的情况。鉴于我们的目的是获取动态代理，于是我们创建代理工厂 SimpleProxyFactory，根据 Star 的不同情况创建不同代理。其实 Spring 就是这么处理的，我们再次借鉴它的处理方式，读者可以自行参阅 DefaultAopProxyFactory#createAopProxy 方法。

SimpleProxyFactory 创建动态代理的过程，与我们前面讨论过的 AbstractProxyInvoker 及其实现类联系上了。其内部实现，无非就是置入当前 Star 的 Advice 信息，同时传入当前 Star 作为运行时调用方法的对象，请读者自行参阅其源码，作者已经作了详细的注释。

万事俱备！现在我们只需要准备一个自动配置类 UniverseWormholeAutoConfiguration，将其配置到 SPI 文件中即可，这一点就不再演示了。至此为止，Wormhole 框架就编写好了。

8.6.6 测试 Wormhole

我们又迎来了测试环节。这一次的测试也是很简单的：像我们在 Spring Boot 中一样编写切面，然后看看执行业务逻辑时是否按预想那样进入切面，确切地说是进入“虫洞”——Wormhole。

我们继续使用 universe-test-app 工程进行测试，并且在其中引入 Wormhole 依赖，请读者自行查阅 pom.xml 文件。

在测试正式开始之前，为了让切面更丰富多彩，我们事先准备一个注解，如代码片段 8-120 所示（路径：universe-test-app 模块，com.purpblue.test.universe.aop.AspectAnno）。

代码片段 8-120：添加测试用注解

```
@Retention(RetentionPolicy.RUNTIME)
@Target(ElementType.METHOD)
public @interface AspectAnno {
}
```

这个注解没有任何特点，仅仅是个标记，后续我们会用 Advice 来匹配它。

假定我们的应用使用了经典的三层结构：有一个提供 Web 服务的 Singularity，其中引入了一个 Service，而 Service 又引入了一个 UniverseMybatis 的 Mapper，它们各自定义如代码片段 8-121 所示(路径：universe-test-app 模块，com.purpblue.test.universe.wormhole.WormMapper 等)。

代码片段 8-121：定义测试用的经典三层结构

```
@Mapper //a.Mapper 接口
public interface WormMapper {
    @Select("SELECT id, name, version FROM test_entity where id = #{id}")
    TestEntity findById(String id);

    @Select("SELECT id, name, version FROM test_entity")
    List<TestEntity> findAll();
}

@Star //b.Service
public class WormService {
    @Planet //b1.注入了 a 处的 WormMapper
    private WormMapper wormMapper;

    public TestEntity findThis(String id) {
        //doSth
        return wormMapper.findById(id);
    }

    public List<TestEntity> findAll() {
        //doSth
        return wormMapper.findAll();
    }
}

@Singularity(mainPath = "/worm") //c.Singularity
public class WormholeSingularity {
    @Planet
    private WormService wormService; //c1.注入了 b 处的 WormService

    @SingularityEntrance("/one")
    @AspectAnno
    public TestEntity entity(String id) {
        return wormService.findThis(id);
    }

    @SingularityEntrance("/all")
```

```
    public List<TestEntity> all() {
        return wormService.findAll();
    }
}
```

如上所示，这是一个经典的三层结构。其中 a 处 WormMapper 操作的数据依然是前面用过的 TestEntity，因此启动服务时需要同时启动数据库，和前面测试 UniverseMybatis 时一样。

现在我们编写一个 Aspect，看看其能否正常工作，如代码片段 8-122 所示(路径：universe-test-app 模块，com.purpblue.test.universe.aop.TestAspect)。

代码片段 8-122：添加测试用切面

```
@Aspect
@Star
public class TestAspect {
    @After("execution(* findAll(..))") //a
    public void after(UniverseJoinPoint joinPoint) {
        System.out.println("进入 after,当前方法:" + joinPoint.method());
    }

    @Before("@annotation(com.purpblue.test.universe.aop.AspectAnno)") //b
    public void before0(UniverseJoinPoint joinPoint) {
        System.out.println("因为@AspectAnno 进入 before,当前方法:" + joinPoint.method());
    }

    //c
    @Around("execution(* com.purpblue.test.universe.wormhole.WormService.*(..))")
    public Object around2(UniverseJoinPoint joinPoint) throws Throwable {
        System.out.println("Around2 切面");
        Object result = joinPoint.proceed(); //c1
        System.out.println("Around2 切面执行完毕");
        return result; //c2
    }
}
```

上面的切面定义和 Spring 中是一样的，因为我们使用的注解和语法本来就是基于 AspectJ 的。a 处 Advice 在所有名为“findAll”的方法执行完毕时运行；b 处 Advice 在所有带有@AspectAnno 注解的方法执行前运行；c 处则是@Around 类型，在 WormService 任意方法执行时运行，其中 c1 处是手动触发目标业务方法的逻辑，c2 处则返回业务方法的执行结果，这是@Around 与@Before、@After 的不同之处。

请读者启动系统，测试 WormholeSingularity 这个 Star 的相关 Web 功能，看看各个 Advice 的运行情况是否符合预期。之后读者也可自行定义其他业务方法和切面，再行测试。

8.7 余兴节目

终于，我们的 Universe 框架和生态编写基本结束了！在将本节前面的内容完全弄懂之后，不知道读者是否有一种酣畅淋漓的成就感？我们相当于从无到有构建了一个类似于 Spring 那样的“体系”（虽然是微型的且有很多 Bug），而不是仅仅在 Spring 的庞大生态下为它添砖加瓦。通过这样“筚路蓝缕”般的设计、构建、编码、借鉴和测试，我们可以从中领悟到很多东西，并且让它们真正转化成我们可支配的知识。IoC 思想我们早已耳熟能详，如何实现？Spring 那庞大的生态下，各个组件如何结合在一起协同工作？如何让我们的代码和已有的标准化组件（比如 Servlet、Mybatis、AspectJ）集成？估计很多读者平时就对这些问题很有兴趣，现在行文至此，相信心中应该已经有答案了吧。

虽然正式内容已经结束，不过我们打算进一步探索一些进阶内容，让我们的 Universe 看起来更高深、更灵活一些。这部分内容属于选学，供有兴趣的读者阅读。

8.7.1 无实物表演——丢掉主启动类的 main 方法

我们相信，绝大多数情况下，我们的主启动类（即标注了@UniverseGo 的类），其 main 方法通常只有一行代码，如代码片段 8-123 所示（路径：universe-test-app 模块，com.purpblue.test.universe.MainApp）。

代码片段 8-123：通常情况下的主启动类

```
@UniverseGo
public class MainApp {
    public static void main(String... args)  { //a
        UniverseApplication.start(MainApp.class);
    }
}
```

在作者看来，整个 a 处的 main 方法都没什么意义，因为它们都长得一个样（没错，Spring Boot 也是这样）！既然如此，那这个方法的存在似乎也很多余，甚至不需要用户手动编写它——就算某些插件在创建工程时可能会自动生成 main 方法，但哪怕自动生成了，它确确实实也是“多余”的。于是作者产生了一个想法——干脆我们连这个 main 方法都省了，仅保留启动类（即标记了@UniverseGo 的类）就可以了。至于 main 方法，可以像 Lombok 或者作者自己编写的 Pbwired 工具一样（参见 2.2.1 和 3.2.1 小节的相关内容），在编译的时候自动生成就行了，反正逻辑都是固定的：对于 MainApp 这个启动类，main 方法就是一句“UniverseApplication.start(MainApp.class);”（代码片段 8-123），如果启动类名为“XApp”，那 main 方法也只需要一句“UniverseApplication.start(XApp.class);”即可。

如果用户在启动类（假定名为“XApp”）中确实创建了 main 方法，但是没有写方法体，也就是说 main 方法是个空方法，那我们可以帮用户把“UniverseApplication.start(XApp.class);”给自动填充；而如果用户自行编写了方法体，那我们就无法知晓用户的真实意图，这时候就不要修改用户的逻辑了，让它自行运行即可(不作干预)。

总之，把一切可预测的、格式化的代码，都交由编译时完成，尽量让用户少做无趣的工作——没错，我们打算构建一个基于注解处理器(Annotation Processing Tool，APT)的模块，在编译时修改主启动类的抽象语法树(Abstract Syntax Tree，AST)，帮用户完成格式化的工作。APT 和修改 AST 相关的内容不是本书的讨论范围(要详细讨论它们可能得再写一本书)，因此作者仅仅提供对应的源码，并对其进行简要说明，不深入解释。

1. 编写核心逻辑

新建一个名为“universe-generator”的模块。需要注意，这不是一个普通的模块，它不工作在运行时，而是工作在编译时。该模块基于 APT 机制进入编译流程，然后按照我们前面所述的逻辑检查主启动类并按需要对 AST 进行相关修改和补充，核心代码如代码片段 8-124 所示(路径：universe-generator 模块，com.purpblue.universe.generator.UniverseMainMethodProcessor#process)。

代码片段 8-124：编译时生成 main 方法的主逻辑

```
public boolean process(Set<? extends TypeElement> annotations, RoundEnvironment roundEnv) {
    //x.寻找拥有@UniverseGo 注解的类
    Set<? extends Element> elements = roundEnv.getElementsAnnotatedWith(UniverseGo.class);
    for (Element e : elements) {
        //a.通过内部组件将主启动类 Element 转成 AST 形式(JCTree)
        JCTree.JCClassDecl mainClass = (JCTree.JCClassDecl) javacTrees.getTree(e);
        //b.获取其中的 main 方法
        Optional<JCTree> mainMethodOp = mainClass.getMembers()
            .stream()
            .filter(m -> {
                if (METHODDEF.equals(m.getTag())) {
                    JCTree.JCMethodDecl methodDecl = (JCTree.JCMethodDecl) m;
                    JCTree.JCModifiers mods = methodDecl.getModifiers();
                    Set<Modifier> modifiers = mods.getFlags();
                    //c.main 方法的判断标准:名称必须是 main,修饰符包括 public static,形参有且只
//有一个,且是 String[]或 String...类型
                    if (MAIN.equals(methodDecl.getName().toString()) && modifiers.contain-
sAll(PUBLIC_STATIC)) {
                        List<JCTree.JCVariableDecl> params = methodDecl.getParameters();
                        if (params != null && params.length() == 1) {
                            JCTree.JCVariableDecl p0 = params.get(0);
                            String typeStr = p0.getType().toString();
                            return MAIN_METHOD_PARAM_TYPES.contains(typeStr);
                        }
                    }
```

```
                }
                return false;
            }).findFirst();
        JCTree.JCMethodDecl mainMethod;
        if (mainMethodOp.isPresent()) {
            //d.存在 main 方法
            mainMethod = (JCTree.JCMethodDecl) mainMethodOp.get();
            List<JCTree.JCStatement> bodyStates = mainMethod.getBody().getStatements();
            if (bodyStates.isEmpty()) {
                //d1.main 方法体为空,这里为其添加"UniverseApplication.start(xxx.class);",
//并放入方法体中
                 mainMethod.body.stats = mainMethod.body.stats.append(makeMainMethodBody
(mainClass));
            }
        } else {
            //e.没有 main 方法,这里帮忙构建一个,并且填充"UniverseApplication.start(xxx.class);"
             JCTree.JCBlock mainMethodBlock = treeMaker.Block(0, List.of(makeMainMethodBody
(mainClass)));
            JCTree.JCVariableDecl param = treeMaker.VarDef(
                treeMaker.Modifiers(Flags.PARAMETER),
                names.fromString("args"),
                treeMaker.TypeArray(access("String", false)),
                null
            );
            param.pos = mainClass.pos;
            mainMethod = treeMaker.MethodDef(
                treeMaker.Modifiers(Flags.PUBLIC | Flags.STATIC),
                names.fromString(MAIN),
                treeMaker.TypeIdent(TypeTag.VOID),
                List.nil(),
                List.of(param),
                List.nil(),
                mainMethodBlock,
                null
            );
            //f.将构建好的 main 方法放入当前启动类的 AST 集合中
            mainClass.defs = mainClass.defs.append(mainMethod);
        }
    }
    return false;
}
```

读者有没有觉得晦涩难懂，这似乎完全不是平时写的 Java 代码。没错，处理 AST 的代码就是这个样子，不管是 Lombok 还是 Pbwired 底层其实都是这么运行的，所以作者才说要想讲清楚它们得再写一本书。读者可以简单看一下代码中的注释，有助于理解我们说的“帮忙填充或直接构建

main 方法”的思想：若有 main 方法但方法体为空，进入 d 处；若完全没有 main 方法，进入 e 处；若用户自行编写了有方法体的 main 方法，则什么也不做。

2. 简单测试

由于本依赖的特殊性(工作在编译时)，为了实现最大限度的兼容，在 IDEA 环境下，需要进行如下设置，选择 Build，Execution，Deployment→Compiler，然后选择 User-local build process VM options(overrides Shared options)，将其值设为“-Djps.track.ap.dependencies=false”。在非 IDEA 环境下(比如打成 jar 包后独立运行)无此问题，不需要任何特别处理。其实早在第 2 章使用 Pbwired 时我们就提过此设置了，请读者自行回顾 2.2.1 小节相关内容。

同样使用前面的 universe-test-app 模块进行测试。我们需要先在 pom.xml 文件中引入 universe-generator 依赖——因为此依赖工作在编译时而非运行时(即“运行时不需要”)，因此需要像 Lombok 一样将 scope 设置为 provided，或者使用<optional>标签，具体设置请读者参阅源码。之后我们来处理主启动类，具体内容如代码片段 8-125 所示(路径：universe-test-app 模块，com.purpblue.test.universe.MainApp)。

代码片段 8-125：去除主启动类的 main 方法体

```
@UniverseGo
public class MainApp {
    public static void main(String... args)  { //空方法体
    }
}
```

或者我们再大胆一点，修改为如代码片段 8-126 所示的代码(路径：universe-test-app 模块，com.purpblue.test.universe.MainApp)。

代码片段 8-126：去除主启动类的 main 方法

```
@UniverseGo
public class MainApp { //无 main 方法
}
```

接下来使用 Maven 编译整个工程(这一步是必须的)，编译完成后找到 universe-test-app 模块的 target 目录，打开 MainApp.class，IDEA 会自动反编译，可以看到字节码如代码片段 8-127 所示(路径：universe-test-app 模块，target 目录，com.purpblue.test.universe.MainApp)。

代码片段 8-127：MainApp 字节码反编译

```
@UniverseGo
public class MainApp {
    public MainApp() {
    }

    public static void main(String[] args) {
```

```
        UniverseApplication.start(MainApp.class);
    }
}
```

可以看到 main 方法及其方法体都完好地在这里面呢！可以尝试修改主启动类的名字（由 MainApp 换成其他名字），执行 clean 操作并重新全局 Maven 编译，之后重新检查字节码，可以看到生成的 main 方法依然是正确的。

如果在主启动类中已经为 main 方法编写了方法体（至少有一个语句），那我们的 APT 不会对 main 方法进行任何修改，请读者自行测试。

只是省掉 main 方法体的话，在 IDEA 中调试时可以正常启动，与平时的操作没有任何区别；但如果省掉的是整个 main 方法的话，启动操作略有变化，原因是 IDEA 不认为这是一个可以启动的类，因为源码中没有 main 方法。我们知道源码中有 main 方法时，右击 MainApp，可以看到有 Run 和 Debug 选项，如图 8-4 所示。

现在源码中去掉了 main 方法，由于 IDEA 只检查源码本身，无法智能地提前探知 main 方法会在编译时自动生成，因此它认为这不是一个可以启动的类，所以右键菜单中就没有了 Run 和 Debug 选项，如图 8-5 所示。

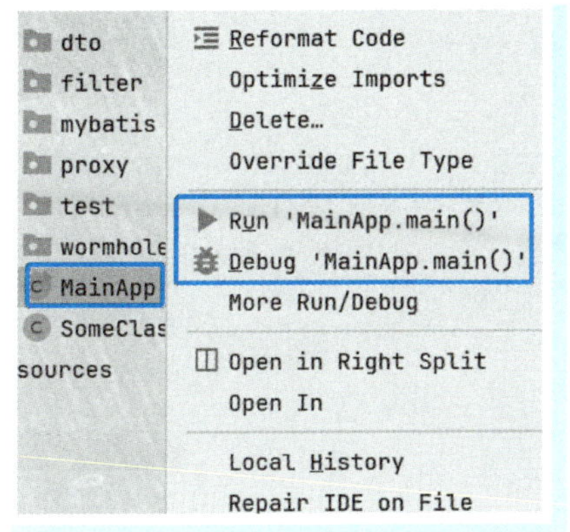

图 8-4 源码中存在 main 方法时，右键菜单有 Run 和 Debug 选项

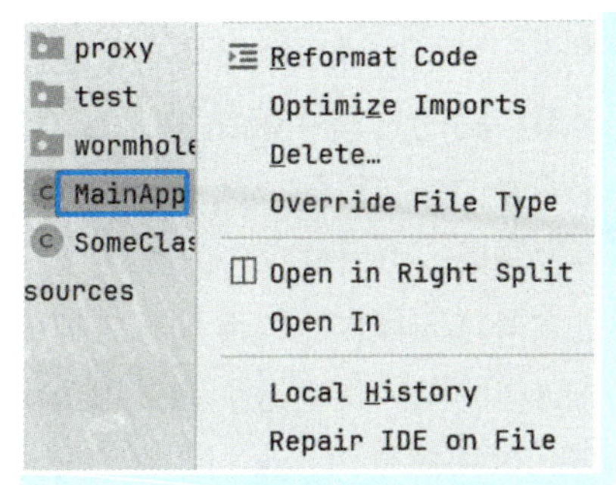

图 8-5 源码中不存在 main 方法时，右键菜单没有 Run 和 Debug 选项

虽然菜单中没有了 Run 和 Debug，但我们知道这个类其实是可以 Run 和 Debug 操作的，所以我们需要一点特殊的“手段”才能将此类启动起来。

首先，右击 target 目录中那个编译好的 MainApp（即代码片段 8-127。这是非常普通的一步操作，相关图示省略），然后单击 Run 或 Debug 菜单，这样会弹出编辑配置的对话框，如图 8-6 所示。

无须更改任何设置，直接单击对话框底部的 Run 按钮或 Debug 按钮，这时候 IDEA 还会再弹出一个警告框，如图 8-7 所示。

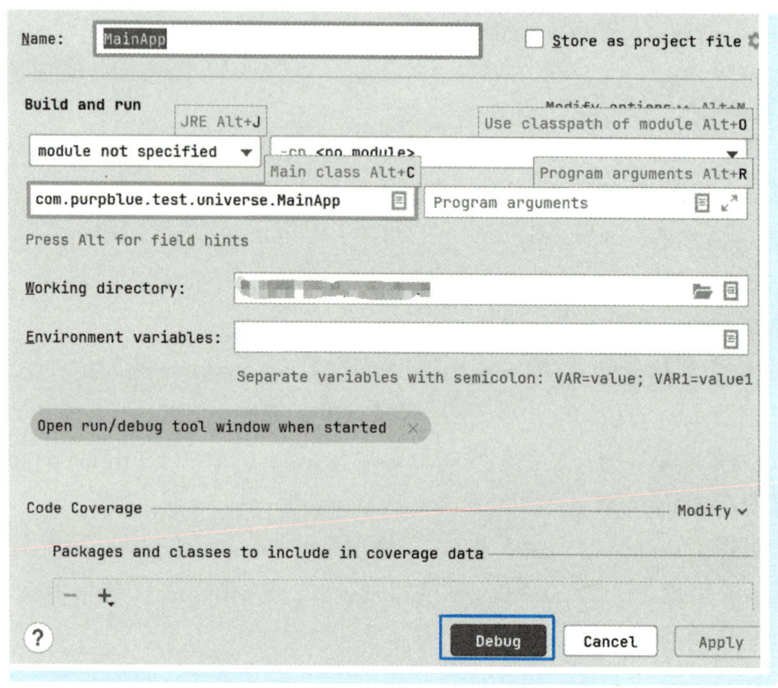

● 图 8-6　编辑配置的对话框

无须理会，单击 Continue Anyway 按钮就能启动系统了。如果启动的过程中报错，比如“服务配置文件不正确”之类的错误提示，不要执行 clean 操作，直接再次编译，之后就可以正常启动。

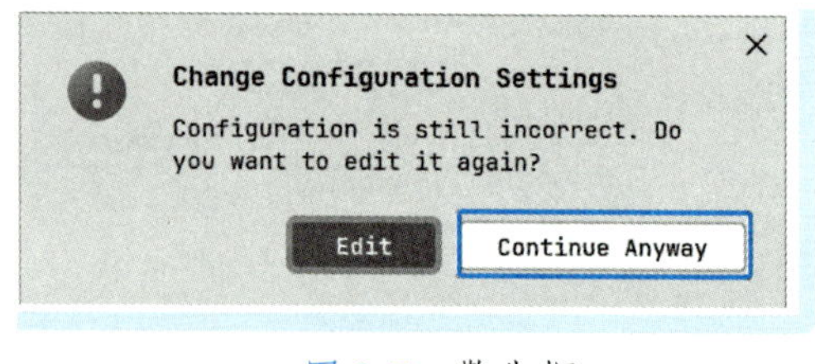

● 图 8-7　警告框

是不是觉得这样操作比较麻烦，去掉 main 方法之后竟然有这样的副作用？这个副作用仅仅在 IDEA 环境下存在，如果使用 Maven 打包之后在其他环境中运行，那和普通应用没有任何区别，通过“java -jar ×××.jar”就能正常启动。

通过上面的讨论和实践，现在我们再深入一点，可不可以连主启动类整个都省掉呢，然后一切都在编译时生成？从逻辑上来讲肯定是可以的，但是这里存在一个多变的情形：主启动类本身也是配置类，其上不仅仅会标注@UniverseGo 注解，可能还会标注@Explode 注解(用于引入自动配置)和其他功能性注解(比如@Enable×××，就像 Spring Boot 主启动类那样)，这是我们作为框架编写者无法提前预知的，它取决于用户的实际需求。从这些方面来看，省掉主启动类似乎不是一个好的选项(除了@UniverseGo，用户还会在上面标注哪些注解并不确定)，所以本节我们的探索只集中在简化 main 方法上。

除了这个 universe-generator 依赖，关于其他的 APT，比如 Lombok，我们早已知道是可以在 Universe 体系下正常运行的，因为 Lombok 和框架完全没有关系，它是一个独立的 APT。相比之下第 2、3 两章中介绍过的作者自编的 Pbwired 就无法在 Universe 体系下正常运行，它和 Spring 体系是强绑定的，其中使用了 BeanFactory、@Autowired、@Value 等 Spring 组件。或许哪天作者会专门改一个 “UniversePbwired” 版本出来。

8.7.2 让我们的应用可以线上部署——打包运行

差不多可以宣告全章结束了，但到这里仍然还有一个不小的遗憾——到目前为止，我们的所有代码似乎只在 IDEA 环境下运行。这肯定不是我们的最终目的，我们希望的是能将所有依赖像 Spring Boot 那样，打包成可执行的 jar 包，这样才能方便地部署到各处独立运行，这样看起来才像是一个完整的流程。

我们在 8.2.5 小节已经知道：一旦将项目打成 jar 包，Universe 或 SuperCluster 扫描各个 StarClass 的逻辑就得有所变动。原因是未打包时，我们都是通过文件的形式扫描，而打成 jar 包之后，操作系统眼里只有一个文件，那就是当前的 jar 包，所以相关 StarClass 的扫描逻辑需要同步修改。关于此，请读者自行参阅随附源码中 universe-core 模块的 com.purpblue.universe.core.ioc.UniverseImpl#scanStarDefinition 方法，其中包含扫描 jar 包的部分，这借用了 Spring 的逻辑。

扫描的问题处理好了，那障碍就扫清了，是时候打包了！那么怎么打包，用平时一般性的 maven-jar-plugin 或 maven-shade-plugin 吗？不行！这些插件在打包时会将依赖包解开，然后统一放一起处理，这不符合我们的要求。比如，universe-singularity 和 universe-mybatis 模块中都有 SuperCluster 的 SPI 配置，如果打包时将它们解开再全部放一起的话，此二者中 SuperCluster 的 SPI 配置就会相互覆盖。因为它们的配置文件目录都是 MEAT-INF/services，文件名都是 com.purpblue.universe.core.ioc.SuperCluster，根本无法放入同一个目录下共处。鉴于此，我们必须将各个依赖的模块原样放入 jar 包，不能解开它们，就像在 Spring Boot 下打包一样。要满足这个要求，maven-jar-plugin 或 maven-shade-plugin 都不太好用，真正好用的反而是 spring-boot-maven-plugin——没错，就是我们在 Spring Boot 下用于打包的 Spring 官方插件。通过它，我们可以直接打出符合要求的 jar 包，由此可见 Spring 生态的强大。

在测试应用 universe-test-app 的 pom.xml 文件中引入 spring-boot-maven-plugin，如代码片段 8-128 所示。

代码片段 8-128：在测试模块中引入 spring-boot-maven-plugin 用于打包

```
<build>
    <plugins>
        <plugin>
            <groupId>org.springframework.boot</groupId>
            <artifactId>spring-boot-maven-plugin</artifactId>
            <version>3.0.3</version>
            <executions>
                <execution>
```

```
                <goals>
                    <goal>repackage</goal>
                </goals>
            </execution>
        </executions>
    </plugin>
  </plugins>
</build>
```

大功告成！现在，通过 Maven 执行一下全局 clean 操作，然后进行全局打包操作。打完包之后，找到 universe-test-app 应用，它的 jar 包自然和 Spring Boot 一样位于 target 目录中，这就是可以直接部署至线上的 jar 包！对于我们本机环境，自然也可以直接运行它，如代码片段 8-129 所示（假定当前位于 target 目录）。

代码片段 8-129：在 target 目录下运行带有 Universe 框架的 jar 包

```
java -jar ./universe-test-app-1.0.0-SNAPSHOT.jar
```

运行以上命令时请确保这里的"java"命令版本是 21 或更高（可以通过"java -version"命令查看）。如果默认的"java"命令版本低于 21，要么修改环境变量，要么直接使用 21 或更高版本"java"命令的绝对路径。

请读者自行打包，并在任何环境中部署或运行它，看看它是不是终于像 Spring Boot 那样作为独立的应用程序提供服务了。

8.7.3 未完成或可改进的部分

我们在编写各个模块的过程中早已知道当前的 Universe 生态其实是个超级简化版，有很多功能可以增加或细化（比照 Spring），这里简略提一些，有兴趣的读者可以自行对其进行增补或改进。

1. Universe、StarDefinitionHolder、StarDataHolder 接口（universe-core 模块）

这几个接口可类比 Spring 的 BeanFactory、BeanDefinitionRegistry、Environment 接口，属于是它们的简化版，StarDataHolder 甚至只支持.properties 文件而不支持.yml 文件，因此很明显有很多可改进的空间。Universe、StarDefinitionHolder、StarDataHolder 接口本身提供的功能非常少，仅能维持 Universe 运行的最低需求。反观 Spring，仅核心的 getBean 就有众多重载版本，更不说其他的配套功能了。请读者自行对比两边相似接口的方法，选择其中感兴趣的部分自行增补或改进。

2. Star 的销毁（universe-core 模块）

这可是一个重要的功能模块。当系统关闭时，线程池需要关闭，数据库连接需要释放，某些 Bean 持有的特定资源需要清理。可是到了我们的 Universe 生态下，相关功能就缺失了，变成了"爆炸式"关闭，即直接关闭，所有清理全部交给 JVM 和操作系统。很明显这是不合适的，JVM 和操作系统虽强，但不可能比我们自己更了解我们的系统，因此有兴趣的读者可以增加类似

DisposableBean 或 AutoClosable 的机制，在 Universe 关闭时像 Spring 那样进行清理。

3. 后置处理器过于简单（universe-core 模块）

可以说，我们在 Universe 体系将后置处理器的“简”发挥到了极致——仅有一个接口 StarRound，并且其中也只定义了一个 after 方法。反观 Spring，后置处理器可以找到一大堆，作者在这里也不列举了。请读者自行寻找，之后或许可以考虑为我们的 Universe 增加更多类型的后置处理器以适配更加丰富的场景。

4. Singularity 支持的 HTTP 方法太少（universe-singularity 模块）

关于这个问题，我们早在编写此应用框架的时候就指出来了。这个增补方法比较简单：增加 @SingularityEntrance 注解中 method 属性需要的 HttpMethod 枚举项，同时在 SingularityManagerServlet 核心组件中重写 doPut、doDelete、do×××等方法。这其中，doPut 和 doPost 非常像，也支持 Body，而对其他的 do×××方法，则可以自行决定是否响应 Body（非标准）。至于 do×××方法中的逻辑，完全可以参照作者已经编写好的 doGet 和 doPost 方法。

5. 支持的 Servlet 容器类型可以扩充（universe-singularity 模块）

我们目前仅支持 Tomcat 和 Undertow 两种 Servlet 容器，如果读者有兴趣，可以支持更多的容器，这意味着需要创建更多的×××SingularityStarter。需要明白的是，编写哪一种容器的 SingularityStarter，就需要弄清楚哪一种容器的 Servlet 和 Filter 添加逻辑、启动流程以及端口和 contextPath 设定。如果读者编写时不清楚目标容器的相关逻辑，可以通过自行 Debug 源码、上网查询或参阅相关书籍获取所需信息。

6. 可以简化 CRUD 时的事务处理（universe-mybatis 模块）

关于这一点，我们在编写 universe-mybatis 模块时也明确说明了。由于注解式事务处理非常复杂，我们直接放弃了，这样使得我们的 UniverseMybatis 框架仅有三个类，从某种意义上来说，也算是值得自豪的一个点。后续同样可以考虑像 Spring 那样基于注解或其他合理的方式简化 CRUD 中的事务处理，这一点还是很“香”的，不过相应的编码量也会增加。

7. 可以支持更多更灵活的 Advice 类型（universe-wormhole 模块）

同样，这也是一个之前提到过的问题。我们的 Wormhole 模块支持的注解式 Advice 仅三种类型：@Before、@After 和@Around——虽然被官方称为“most powerful”的@Around 注解包含在内，但 Advice 类型仍然较少。@AfterReturning、@AfterThrowing 注解没有支持，并且我们也没有支持 Advice 中除了 UniverseJoinPoint 以外的形参，这些都可以考虑增补。

在本章同时也是本书即将结束之际，作者来谈几句个人感受：从基于 Universe 生态的业务编写者角度来看，接触到的主要就是@Star、@Planet、@Explode、@Singularity 等注解和 AfterBirth、AfterUniverseBorn 等接口，可能完全感受不到底层的支撑，但是作为 Universe 的开发者我们深知，为了支持应用编写者简单地使用那些注解和接口，我们作了何等深入的思考和努力。在经历了各个接口和注解的设计，以及各个核心组件的编写之后，或许我们更加明白各种框架的强大——应用编写者岁月静好，那是因为框架开发者在底层负重前行。

8.8 本章小结

本章的内容，方才是真正的“激动人心”。我们在本书的最后一章，终于也亲自创建了一个属于自己的 Spring，并为它添加了一些应用框架。正所谓“他山之石，可以攻玉”。研究学习 Spring 生态这么久了，我们也该尝试创新展现一点研究成果了，这甚至可以看作是一种仪式。自编类 Spring 生态确实有难度，但还是那句话：完成的那一瞬间，相信我们会有一股巨大的成就感，而打包并独立运行的那一刻，相信我们的成就感会达到巅峰。

本章以 Universe 这个 IoC 组件作为基础和核心，展现了从类加载开始，到 Star 创建，再到依赖注入(DI)和依赖查找(DL)等一系列过程，之后我们围绕它构建了 Web 框架、ORM 框架和 AOP 框架，并且让这些框架在一个测试应用中协同工作，并行不悖。最后从用户体验的角度出发，我们还完成了简化启动类和打包运行的“余兴节目”，从一个较浅的层次体验了一把 Spring“全家桶”的诞生过程。

本章是全书的终章，也是 Java 编程技巧的全面综合，熟读本章并将其中的知识融会贯通具有十分重要的意义。可以说，将本章的内容完全掌握之后，各种 Spring 编码应该都不在话下，无论是业务应用，还是抽象框架。